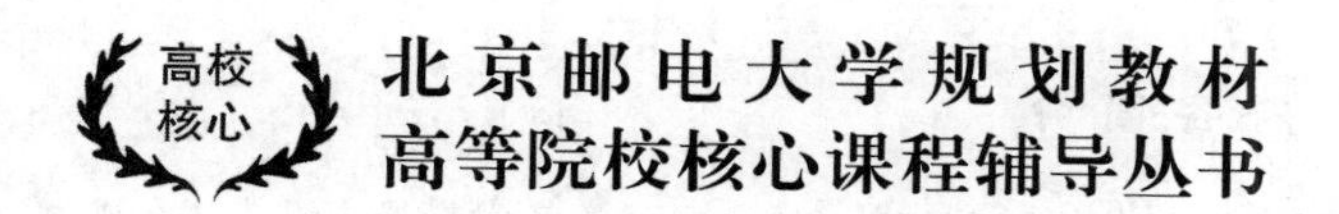

电路分析基础教学指导书

组云霄　李巍海　侯　宾　编写

北京邮电大学出版社
www.buptpress.com

内 容 简 介

本书是与俎云霄、李巍海、侯宾、张勇主编的《电路分析基础》(第 3 版)配套的教学指导书。本书的主要内容包括两部分:一部分对该教材中前 12 章的内容进行概括总结,并给出一些重要知识点的学习提示;另一部分对每章的绝大部分习题给出解析,包括涉及的知识点、解题思路和具体解题方法。以上内容均按照《电路分析基础》(第 3 版)的章节内容逐一进行介绍。

本书可作为高等院校理工科电路基础类相关课程的教师和学生的辅助教学及学习用书,也可以供考研及相关人员参考。

图书在版编目(CIP)数据

电路分析基础教学指导书 / 俎云霄,李巍海,侯宾编写. -- 北京 :北京邮电大学出版社,2022.2
ISBN 978-7-5635-6588-7

Ⅰ. ①电… Ⅱ. ①俎… ②李… ③侯… Ⅲ. ①电路分析－高等学校－教材 Ⅳ. ①TM133

中国版本图书馆 CIP 数据核字(2021)第 274718 号

策划编辑:姚 顺 刘纳新 **责任编辑**:徐振华 谢亚茹 **封面设计**:七星博纳

出版发行:北京邮电大学出版社
社 址:北京市海淀区西土城路 10 号
邮政编码:100876
发 行 部:电话:010-62282185 传真:010-62283578
E-mail:publish@bupt.edu.cn
经 销:各地新华书店
印 刷:保定市中画美凯印刷有限公司
开 本:787 mm×1 092 mm 1/16
印 张:15.5
字 数:386 千字
版 次:2022 年 2 月第 1 版
印 次:2022 年 2 月第 1 次印刷

ISBN 978-7-5635-6588-7 定价:45.00 元

前　言

“电路分析基础”是电子信息类专业学生必修的专业基础课，也是该专业学生接触的第一门专业基础课。本课程内容涉及很多不易掌握的概念、定律、定理和分析方法，其中某些概念与中学物理中的电磁学部分有关，但又在其基础上有进一步的延伸和拓展。因此，学生在本门课程的学习过程中容易混淆这些概念，甚至遇到障碍。又因为分析方法、定律、定理多，同一道题可以用不同的方法进行分析求解，所以如何使用正确、简便的方法进行求解，也是困扰学生的一个问题。为了让学生更好地理解并灵活运用本门课程的知识，同时也为了教师能更好地进行教学，我们编写了这本与《电路分析基础》(第 3 版)配套的教学指导书。《电路分析基础》(第 3 版)由俎云霄、李巍海、侯宾、张勇主编，2020 年 1 月由电子工业出版社出版，该教材于 2020 年被评为北京市优质本科教材。

本书的架构如下。

1. 按照《电路分析基础》(第 3 版)的章节内容进行安排。每章的第一部分首先给出该章的知识结构图，然后逐节给出该章的基本知识总结和学习提示；第二部分是习题解析。

2. 习题解析涵盖了《电路分析基础》(第 3 版)每章的绝大部分习题，并且题号与教材对应，所以读者在学习过程中如果看到题号不连续，不要奇怪。

3. 对于每一道题都先说明该题考查的知识点，然后说明解题思路，最后给出解题过程。

本书的编写工作由俎云霄、李巍海和侯宾完成。俎云霄编写了每章的第一部分内容和第 1～6 章的习题解析，并对全书进行了整理和审阅；李巍海编写了第 7～10 章的习题解析；侯宾编写了第 11、12 章的习题解析。

研究生张宇和本科生侯镜宇也在习题解答方面做了大量工作，北京邮电大学电子工程学院“电路分析基础”课程组的老师也对本书的编写给予了一定的帮助，在此一并向他们表示衷心的感谢！

本书得到了北京邮电大学本科教材建设项目的基金资助，特表谢意！

由于作者水平有限，难免存在错漏之处，恳切希望同行专家、学者及读者提出宝贵意见，以便今后改进、提高。作者联系方式如下。

俎云霄：北京邮电大学 94 信箱，100876，zuyx@tsinghua.edu.cn。

李巍海：北京邮电大学 94 信箱，100876，liweihai@gmail.com。

侯　宾：北京邮电大学 94 信箱，100876，robinhou@bupt.edu.cn。

作　者

目　录

绪　论

“电路分析基础”是一门系统性强、内容前后联系紧密的课程，要想学好并不难，关键是理清内容之间的关系，掌握电路分析的基本方法和基本定理。在我们编写的《电路分析基础》(第3版)教材中，主要的分析方法和定理都在前三章(直流电阻电路)中进行介绍。其实，其他大部分教材也一样，都先介绍直流电阻电路和电路的基本分析方法和定理，这些方法和定理在后续介绍的动态电路和正弦稳态电路的分析中同样适用，只不过形式不同。

学习“电路分析基础”，首先要知道电路的基本概念、集总参数电路分析的基本理论和基本方法，然后能根据给出的电路结构、元件类型及参数和激励情况，对电路中的电压、电流和功率进行分析与计算。

该门课程的知识结构如图0-1所示，该图清晰地展示了知识点及课程内容之间的关系。只要理解了这张图并掌握了主要知识点，学习这门课程就比较容易了。

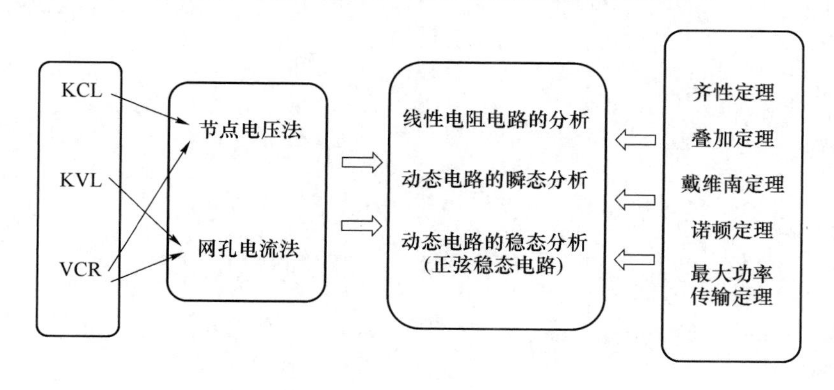

图0-1　知识结构图

从图中可以看出，该门课程最重要的知识点之一就是两类约束，即由基尔霍夫定律(KCL和KVL)决定的拓扑约束和由元件自身性质决定的元件约束，也就是元件的电压电流关系(VCR)。特勒根定理也是很重要的，但是，KCL、KVL、特勒根定理三者任由其二即可推出第三个，所以就没有放在图中。另外的知识点就是电路的基本定理，主要是齐性定理、叠加定理、戴维南定理或诺顿定理和最大功率传输定理。注意，虽然我们在分析电路时经常用到节点电压法和网孔电流法，但这两种方法都从KCL、KVL和VCR而来，即使不用这两种方法，仅根据 KCL、KVL 和 VCR 列写方程，也能得到问题的解，在计算机辅助计算非常强大的今天更是如此；同样地，即使不用上述电路定理，仅根据 KCL、KVL 和 VCR 也能得到问题的解。因为这些方法都是电学发展的早期为了减少手工计算量而发展起来的。但对于最大功率问题，联合应用戴维南定理和最大功率传输定理更方便计算。

第1章

电路模型和电路元件

1.1 基本知识及学习指导

本章主要介绍电路的基本模型、基本定律、电路元件、等效变换。基本定律即基尔霍夫电压定律(KVL)和基尔霍夫电流定律(KCL),这是集总参数电路最基本的定律,是构建整个电路分析理论的基础。本章的知识结构如图 1-1 所示。

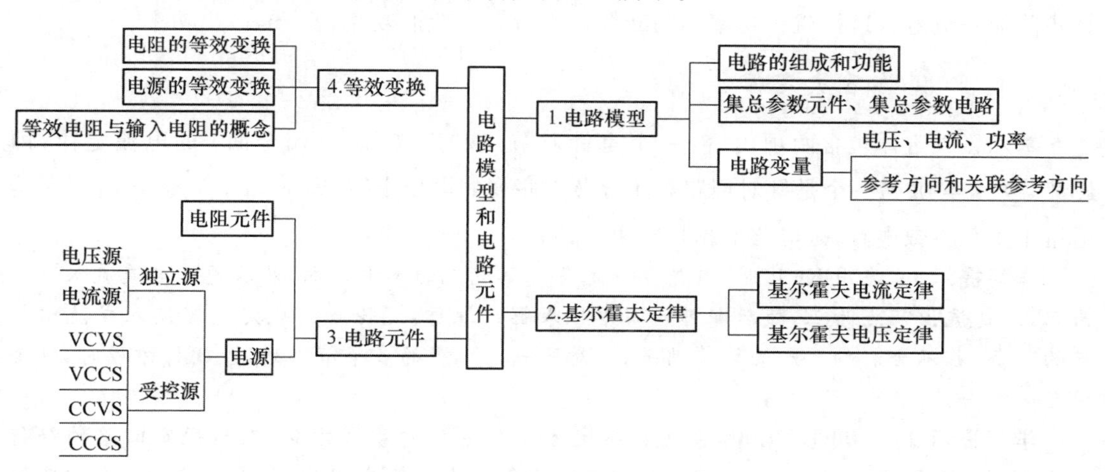

图 1-1　第 1 章知识结构

这一章的很多名词大家都很熟悉,例如电压、电流、功率、电阻、电源,这些名词在高中物理中都有介绍,但是,大家不要因此就掉以轻心,因为在电路分析中会对这些概念加以扩展和延伸,这是需要特别注意之处。

本章还要引入受控源、等效及等效变换和输入电阻的概念,其中受控源是一个难点,不容易被理解,在分析含有受控源的电路时也容易出错。学习本章需要重点注意和掌握以下内容。

1.1.1　参考方向与关联参考方向

参考方向是针对电压和电流来说的,是电路分析中最重要的概念之一,对电路进行分析、列写方程都基于参考方向。参考方向的定义很简单,就是任意选定的方向,但实际使用时容易出错。

学习提示: 大家学习时要牢牢掌握一点,我们不用特别在意电压、电流的真实方向,可以暂且认定自己假设的电压、电流方向就是真实的电压、电流方向,不用再纠结电流到底向哪个方向流动,某一元件上的电压到底哪边高、哪边低。因为根据计算出的电压、电流值的正负,很容易判断出电压、电流的真实方向。

关联参考方向是为了分析问题方便而引入的。原则上电压、电流的参考方向可以分别任意选定。

1.1.2 功率的计算及判断

在引入关联参考方向后,功率的计算式有两种形式,即 $p=u\cdot i$ 和 $p=-u\cdot i$,其分别对应电压、电流为关联参考方向和非关联参考方向。

学习提示: 无论哪种计算形式,其所计算的均是元件或网络吸收的功率,根据计算值的正负才能判断元件或网络到底是吸收功率还是产生功率。

从物理学角度来看,当电场力推动正电荷在电场中从高电位移动到低电位(即电压、电流为关联参考方向)时,电场力对正电荷做正功,电路消耗电场能量,即吸收功率。而当电场力推动正电荷在电场中从低电位移动到高电位(即电压、电流为非关联参考方向)时,电场力对正电荷做负功,电路提供电场能量,即产生功率,亦即吸收负功率,在这种情况下,功率计算式前加一负号。这样就将功率的判断统一为:$p>0$,吸收功率;$p<0$,产生功率。

1.1.3 基尔霍夫定律

基尔霍夫定律包含两项内容:一个是针对节点和广义节点(闭合面)的电流定律,即KCL,$\sum i=0$;另一个是针对回路和闭合节点序列的电压定律,即KVL,$\sum u=0$。二者均适用于集总参数电路,是电路的拓扑约束。

学习提示1: 应用KCL时,首先要确定各支路电流的参考方向,然后规定电流流入节点为正,还是流出节点为正,随后即可列写方程求解。注意:无论如何规定电流流入或流出节点的正负,都不会影响最后的计算结果,但对同一电路中的多个节点列写KCL方程时,这个规定必须一致。

学习提示2: 应用KVL时,首先要确定各支路电压的参考方向,然后规定回路的绕行方向是顺时针还是逆时针,随后即可列写方程求解。在列写方程时,如果支路方向与回路绕行方向一致,则该项前取正号;否则,取负号。无论绕行方向是顺时针还是逆时针,都不影响最后的计算结果,但对同一电路中的多个回路列写KVL方程时,各回路的绕行方向必须一致。

1.1.4 电阻元件

对于电阻元件大家都很熟悉,其电压电流关系服从欧姆定律,即 $u=R\cdot i$,但这是在电压、电流为关联参考方向时的关系。在引入了关联参考方向的概念后,欧姆定律有了进一步的扩展,即 $u=\pm R\cdot i$,当电压、电流为关联参考方向时,该式前面取正号;否则,取负号。电阻为无穷大时,电路为开路;电阻为零时,电路为短路。

电阻元件是无源耗能元件，其消耗的功率为 $p=i^2R=\frac{u^2}{R}=\pm ui$。对于最后一个计算式，当电压、电流为关联参考方向时，该式前面取正号；否则，取负号。

电阻又有线性和非线性、时变和非时变之分，本书主要介绍线性非时变电阻元件，第4章将介绍非线性非时变电阻元件。关于时变电阻元件，本书不再介绍。

学习提示： 只有线性非时变电阻元件的电压电流关系（VCR）才服从欧姆定律。

1.1.5　独立源

独立源就是我们通常说的电源，包括电压源和电流源，它们又分为理想电压源、非理想（实际）电压源、理想电流源、非理想（实际）电流源。实际中是不存在理想电源的，但其在电路分析中具有重要的作用，实际电源就用理想电源与电阻的串联或并联组合作为模型，而且在不考虑电源内阻时，实际电源的模型就是理想电源。

学习提示： 要充分理解和掌握理想电压源和理想电流源的两个特性。对理想电压源来说：(1)端电压是定值或是固定的时间函数，与流过的电流无关；(2)流过电压源的电流由与之相连接的外电路决定。对理想电流源来说：(1)供出的电流是定值或是固定的时间函数，与其两端的电压无关；(2)电流源两端的电压由与之相连接的外电路决定。这是后续关于电路等效变换和进行电路分析的基础。

1.1.6　受控源

受控源并不是实际存在的元件，而是由某些电子器件抽象而来的一种电源模型，用以表示这些器件的输出与输入之间的某种控制关系。由于输出（受控量）可能是电压，也可能是电流，而输入（控制量）同样可能是电压，也可能是电流，所以受控源有4种类型。

学习提示： 首先，要能正确判断受控源的类型，受控量看元件符号，控制量看元件符号旁边的数学表达式中包含 i（电流）还是 u（电压）。其次，当分析含有受控源的电路时，一定要先把受控源当作独立源来对待。

1.1.7　等效及等效变换

等效是电路理论中非常重要的概念，也是分析电路的有效手段，即等效变换。在给出等效的定义前，先说明端口的概念。端口由一对端钮构成，这对端钮具有如下关系：由一个端钮流入的电流大小等于从另一个端钮流出的电流大小。如果电路中只有一对这样的端钮，就称这个电路为单口电路或单口网络。本书主要介绍单口网络的分析求解，在第12章将介绍双口网络（二端口网络）及其求解方式。

等效的定义如下：如果一个单口网络N和另一个单口网络 N_1 端口处的电压电流关系完全相同，即它们在平面上的伏安特性曲线完全重合，则称这两个单口网络是等效的。

对于纯电阻网络，无论其连接如何复杂，都可以用一个电阻等效替代。一般情况就是电阻的串联或并联，更为复杂的情况就是星形连接与三角形连接的变换，即Y-Δ变换。大家在学习时要注意找到两种形式相互变换的规律，计算公式如下：

$$\text{星形电阻 } R_i=\frac{\text{三角形中连接于 } i \text{ 的两电阻的乘积}}{3\text{ 个电阻之和}}$$

$$三角形电阻\ R_{ij}=\frac{星形中电阻两两乘积之和}{星形中接在除\ i、j\ 以外端钮的电阻}$$

对于含有独立源的网络，除了涉及上述所说的电阻的等效变换外，还要用到独立源的特性及两种实际电源模型之间的关系。

学习提示1：等效仅指对与其连接的外电路等效。由于网络结构或元件值发生变化，因此内部通常是不等效的。

学习提示2：含理想电源的电路等效主要基于理想电源的特性进行。

学习提示3：两种实际电源模型的等效非常重要，在电路分析中经常用到。要能正确判断等效后电压源的极性和电流源的方向，基本方法仍然是根据等效的定义确定，即让端口短路，看等效前后端口电流的方向是否一致。

如图1-2所示，无论由图1-2(a)所示电路等效变换为图1-2(b)所示电路，还是由图1-2(b)所示电路等效变换为图1-2(a)所示电路，当把A、B两点短路时，AB支路的电流都由A流向B。

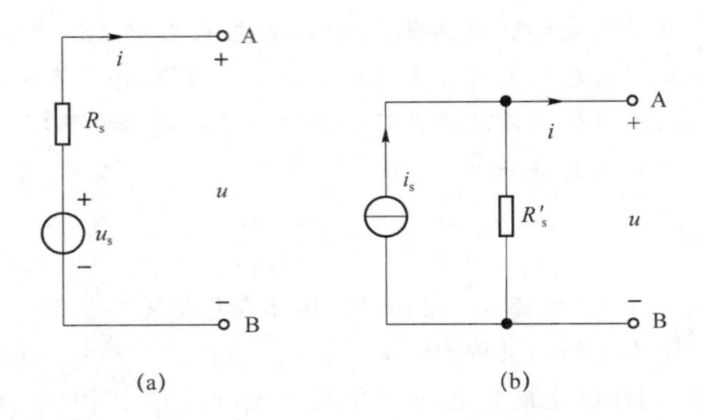

图1-2　实际电源模型间的等效变换

1.1.8　输入电阻

输入电阻的概念：对不含独立电源（可以含有受控源）的单口网络，定义端口的电压和电流之比为该单口网络的输入电阻（入端电阻）。用公式表示为

$$R_i \overset{\text{def}}{=} \pm\frac{u}{i}$$

学习提示：输入电阻计算式前的正负号要根据端口的电压、电流参考方向而定。从端口向里看，如果电压、电流为关联参考方向，则取正号，否则，取负号。注意一定要从端口向里看，否则就会出错。

对于同一单口网络，等效电阻和输入电阻的数值相等，但概念不同，所以等效电阻可以通过输入电阻计算，反之亦然。

1.2　部分习题解析

1-2　已知通过某二端元件的电荷 $q(t)=2\sin(3t)$ C，$t>0$，求电流 $i(t)$。

解析：此题考查电流的定义。

$$i(t)=\frac{\mathrm{d}q(t)}{\mathrm{d}t}=6\cos(3t)\ \mathrm{A},\quad t>0$$

1-3　已知通过某二端元件的电荷 $q(t)=(10+5\mathrm{e}^{-3t})$ C,$t>0$,求通过此元件的电流 $i(t)$。

解析: 此题考查电流的定义。

$$i(t)=\frac{\mathrm{d}q}{\mathrm{d}t}=-15\mathrm{e}^{-3t}\ \mathrm{A},\quad t>0$$

1-4　设通过图 1-3(a)所示元件的电荷波形如图 1-3(b)所示。若单位正电荷由 a 移至 b 时获得的能量为 2 J,求流过元件的电流 $i(t)$及元件的功率 $p(t)$,并画出 $i(t)$与 $p(t)$的波形。

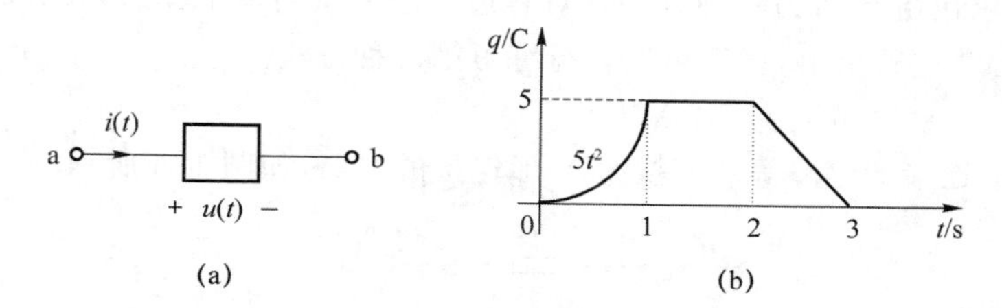

图 1-3　题图 1-2

解析: 此题考查电流和功率的定义。

当 $0<t\leqslant1$ s 时,$i(t)=\frac{\mathrm{d}q}{\mathrm{d}t}=10t$ A;由于 $\mathrm{d}W=u\cdot\mathrm{d}q$,由题知,单位正电荷由 a 移至 b 时获得的能量为 2 J,所以 a、b 间的电压 $u=\frac{\mathrm{d}W}{\mathrm{d}q}=-2$ V,$p(t)=ui(t)=-20t$ W。

当 1 s$<t\leqslant$2 s 时,$i(t)=0$;由于电流为零,所以 $p(t)=0$。

当 2 s$<t\leqslant$3 s 时,$i(t)=-5$ A,$p(t)=ui=10$ W。

$i(t)$、$p(t)$的波形如图 1-4 所示。

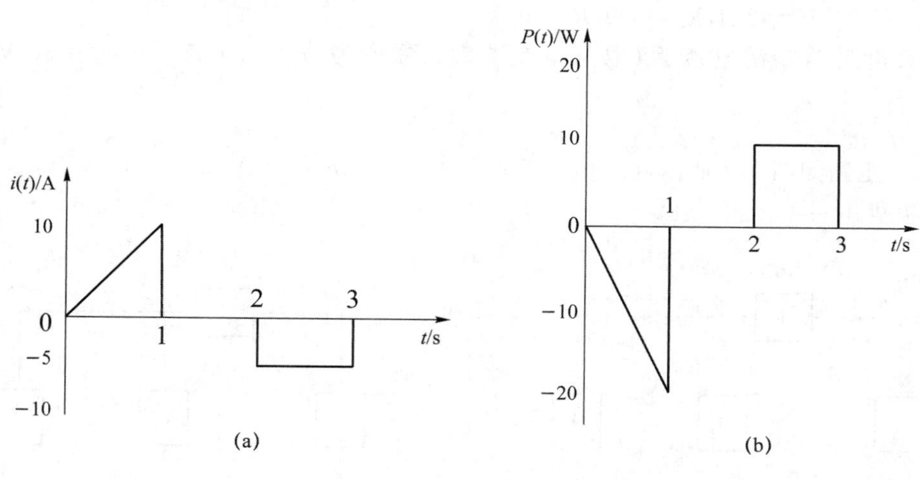

图 1-4

1-7　图 1-5 所示电路为某电路的一部分,已知 $i_1=6$ A,$i_2=-2$ A,求图中电流 i。

解析: 此题考查基尔霍夫电流定律。应用 KCL 的推广形式求出 i_3,此后有两种方法求 i。一种方法是将右边三角形连接的 3 个电阻等效变换为星形连接,然后求出 12 Ω 电阻两

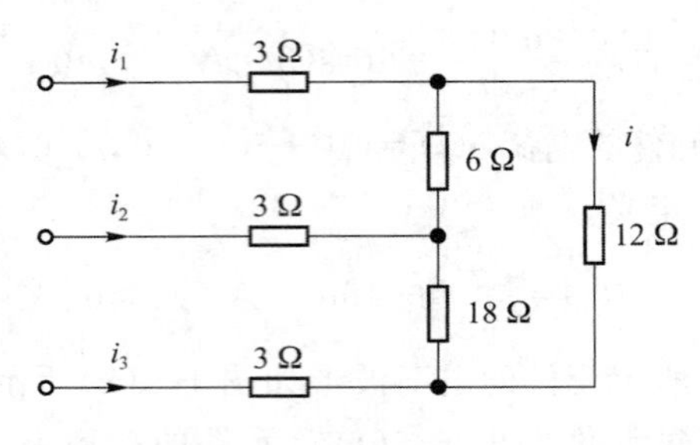

图 1-5 题图 1-5

端的电压，进而求出电流 i；另一种方法是对右边 3 个节点列写 KCL 方程，联立求解得到 i。下面用第一种方法进行求解，读者可以自行练习第二种方法。

由 $i_1+i_2+i_3=0$，得 $i_3=-4$ A。

将右边 Δ 形连接的电路等效变换为 Y 形连接的电路，如图 1-6 所示。

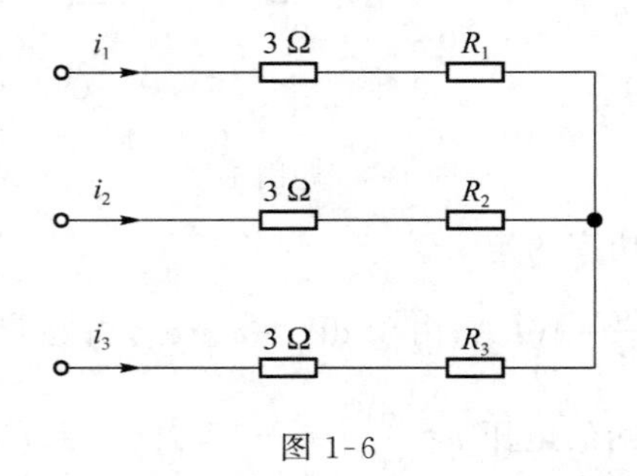

图 1-6

根据 Y-Δ 变换规则：

$$\text{星形电阻 } R_i=\frac{\text{三角形中连接于 } i \text{ 的两电阻的乘积}}{3 \text{ 个电阻之和}}$$

可以求得：$R_1=2\ \Omega$，$R_2=3\ \Omega$，$R_3=6\ \Omega$。

12 Ω 电阻两端的电压为（取与电流 i 为关联参考方向）$u=2i_1-6i_3=36$ V，因此 $i=\frac{36}{12}=3$ A。

1-9 电路如图 1-7 所示，已知 $i_1=2$ A，$i_3=-3$ A，$u_1=10$ V，$u_4=-5$ V。试求各元件吸收的功率。

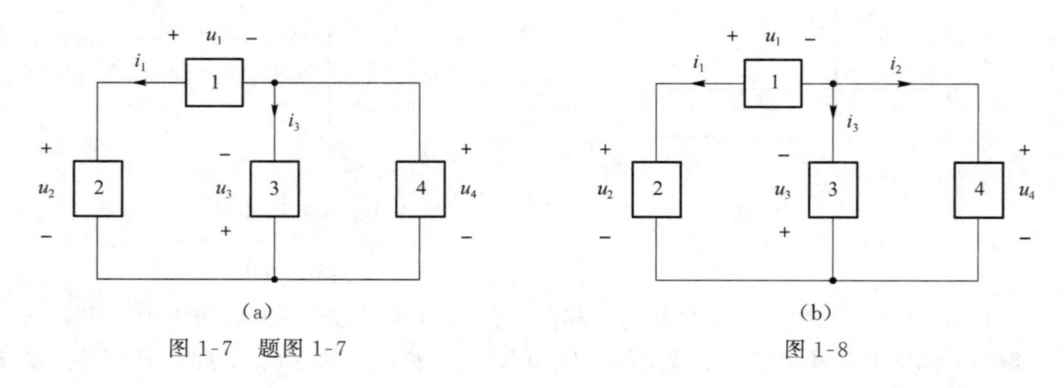

图 1-7 题图 1-7　　图 1-8

解析：此题需要综合应用 KCL、KVL 和功率计算的知识，因为要计算功率，所以需要知道各元件的电压和电流。

首先，对上面节点列写 KCL 方程，求出通过元件 4 的电流，其参考方向如图 1-8 所示。由 $i_1+i_2+i_3=0$，求得 $i_2=1\ \text{A}$。

然后，对元件 1、2、4 构成的回路列写 KVL 方程，$u_1-u_2+u_4=0$，求得 $u_2=5\ \text{V}$。

对元件 3，4 构成的回路列写 KVL 方程，$u_3+u_4=0$，求得 $u_3=-u_4=5\ \text{V}$。

最后，计算各元件吸收的功率。根据各元件上的电压、电流参考方向，可得

$$P_1=-u_1\times i_1=-20\ \text{W},\quad P_2=u_2\times i_1=10\ \text{W}$$

$$P_3=-u_3\times i_3=15\ \text{W},\quad P_4=u_4\times i_2=-5\ \text{W}$$

1-10　电阻元件两端的对地电压如图 1-9 所示，求通过各电阻元件的电流 i。

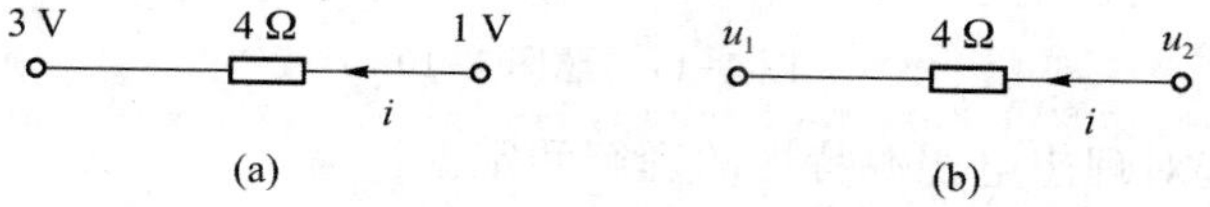

3 V　4 Ω　1 V　i　(a)

u_1　4 Ω　u_2　i　(b)

图 1-9　题图 1-8

解析：此题考查电压的概念和电阻元件的 VCR。

(a) 根据图 1-8 中电流的参考方向，可得 $i=\dfrac{1-3}{4}=-0.5\ \text{A}$。

(b) 根据图 1-8 中电流的参考方向，可得 $i=\dfrac{u_2-u_1}{4}$。

1-11　电阻电路中各点对地电压及各支路电流如图 1-10 所示，求各电阻的阻值。

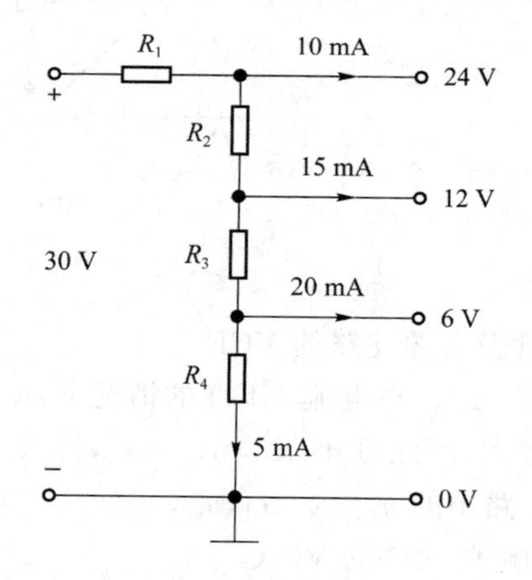

图 1-10　题图 1-9

解析：此题考查电压的概念和电阻元件的 VCR。

设通过电阻 R_1 的电流为 i_1，方向由左向右，通过 R_2、R_3 的电流分别为 i_2、i_3，方向由上向下，则由已知条件可知：

$$i_3=5+20=25\ \text{mA},\quad i_2=25+15=40\ \text{mA},\quad i_1=40+10=50\ \text{mA}$$

$$R_1=\frac{30-24}{i_1}=120\ \Omega,\quad R_2=\frac{24-12}{i_2}=300\ \Omega$$

$$R_3=\frac{12-6}{i_3}=240\ \Omega,\quad R_4=\frac{6-0}{5\times10^{-3}}=1\ 200\ \Omega$$

1-12　电路如图 1-11 所示，其中 U_s 为理想电压源，试判断若外电路不变，仅电阻 R 变化，将会引起电路中哪条支路电流的变化。

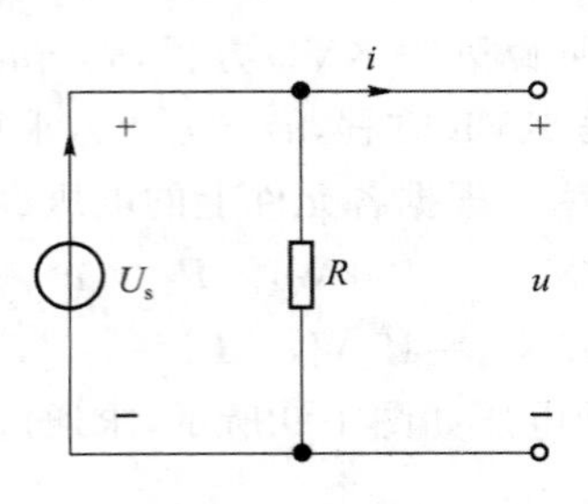

图 1-11　题图 1-10

解析：此题考查对理想电压源特性的理解和掌握。

电阻 R 变化，会使 R 所在支路电流变化，但端口电压不变，因此外电路两端电压不变，电流 i 也不改变。因此理想电压源支路的电流也会变化。

1-13　一段含源支路及其 u-i 特性如图 1-12 所示，图 1-11(b)中 3 条直线对应于电阻 R 的 3 个不同数值 R_1、R_2、R_3，试根据该图判断各电阻的大小关系。

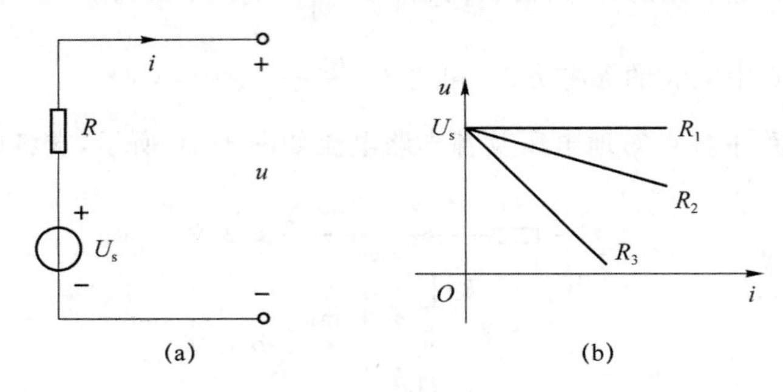

图 1-12　题图 1-11

解析：此题考查电阻元件及含源支路的 VCR。

该支路的 VCR 为 $u=U_s-Ri$。在电流 i 不变的情况下，R 越大，电阻上的电压降越大，端口的 VCR 曲线倾斜程度越大，因此可知，$R_3>R_2>R_1$，且 $R_1=0$。

1-14　求图 1-13 所示电路中的 u_{ae}、u_{be}、u_{cf}、u_{df}、u_{ef}。

解析：此题考查 KCL 和电阻元件的 VCR。

对节点 a、b、c、d、e 和 f 分别列写 KCL 方程，求出通过每个电阻的电流，然后根据电阻元件的 VCR 即可得到所求。

$$i_{ae}=-3-1=-4\ \text{A},\quad i_{be}=1-2=-1\ \text{A},\quad i_{cf}=2+4=6\ \text{A}$$

$$i_{df}=3-4=-1\ \text{A},\quad i_{ef}=i_{be}+i_{ae}=-1-4=-5\ \text{A}$$

$$u_{ae}=5i_{ae}=-16\ \text{V},\quad u_{be}=5i_{be}=-5\ \text{V},\quad u_{cf}=10i_{cf}=60\ \text{V}$$

$$u_{df}=8i_{df}=-8\ \text{V},\quad u_{ef}=20i_{ef}=-100\ \text{V}$$

1-15　电路如图 1-14 所示，欲使 $u_{AB}=5$ V，问电压源电压 u_s 应是多少？

解析：此题需要联合应用 KCL、KVL 及电阻元件的 VCR 知识进行求解。

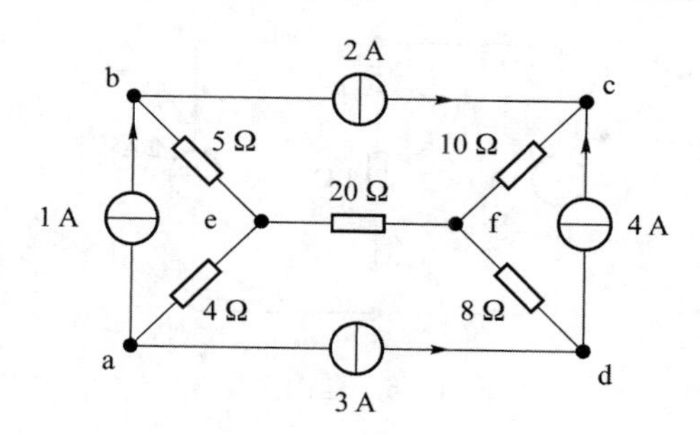

图 1-13　题图 1-12

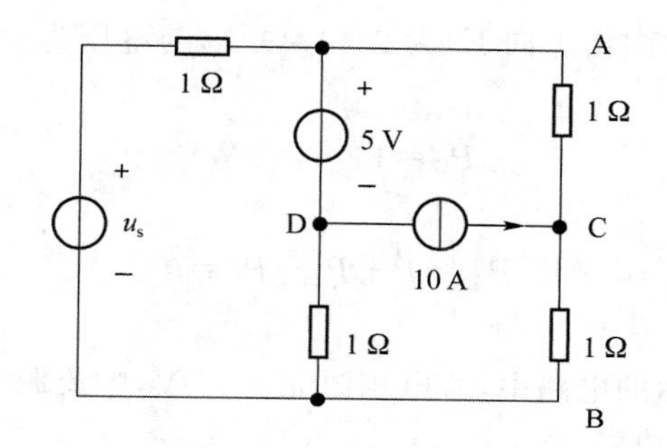

图 1-14　题图 1-13

假设各支路电流参考方向如图 1-15 所示。

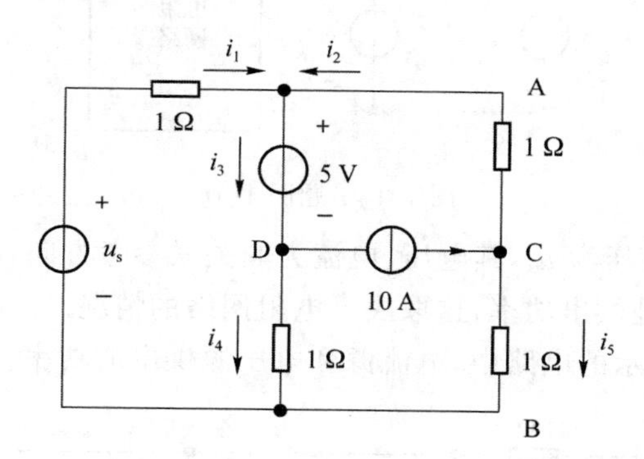

图 1-15

当 $u_{AB}=5\ \text{V}$ 时，$u_{BD}=u_{AB}-u_{AD}=0$，所以 $i_4=0$，$i_3=10\ \text{A}$。

因为 $u_{AB}=1\times(-i_2)+1\times i_5=i_5-i_2=5\ \text{V}$，且 $i_2+i_5=10\ \text{A}$，由此求得 $i_2=2.5\ \text{A}$，又因为 $i_1+i_2=i_3$，所以 $i_1=7.5\ \text{A}$，则 $u_s=1\times i_1+5=12.5\ \text{V}$。

1-17　电路如图 1-16 所示，试验证该电路功率守恒。

解析： 此题考查功率计算及功率守恒的概念。

通过电阻的电流(方向由上向下)为 $i=\frac{1}{1}=1\ \text{A}$。因为电压、电流为关联参考方向，所以吸收的功率为

$$P=1\times 1=1\ \text{W}$$

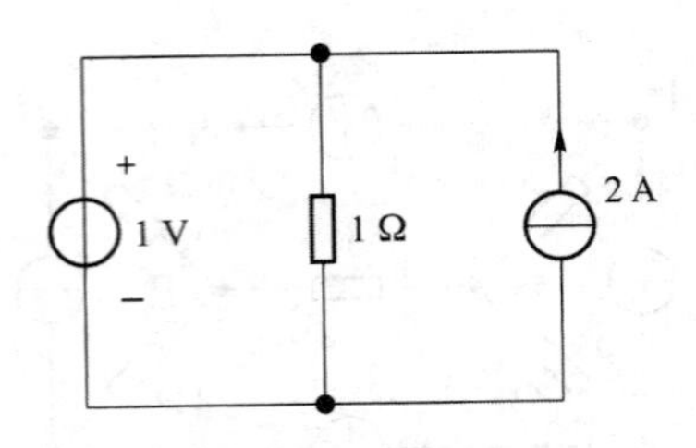

图 1-16　题图 1-15

电流源的电流与其两端的电压为非关联参考方向，所以吸收的功率为

$$P_I=-2\times1=-2\ \text{W}$$

通过电压源的电流（方向由上向下）为 2−1=1 A，与电压为关联参考方向，所以吸收的功率为

$$P_U=1\times1=1\ \text{W}$$

电路中的总功率为

$$P_{总}=P+P_I+P_U=0$$

所以，功率守恒。

1-18　在图 1-17 所示的电路中，若电压源 $u_s=10$ V，电流源 $i_s=1$ A，试说明电压源和电流源是否一定都在供出功率。

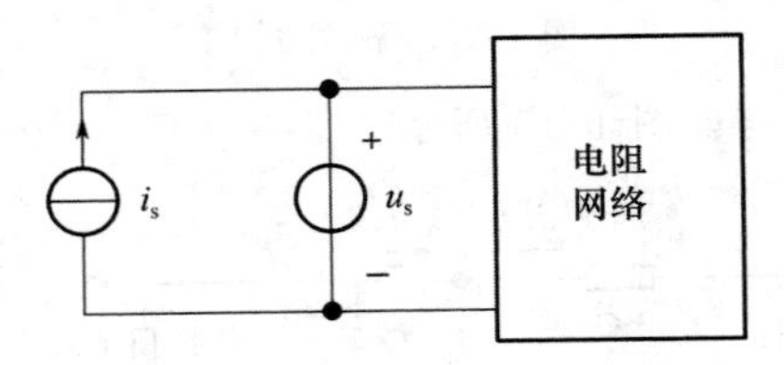

图 1-17　题图 1-16

解析：电流源两端电压为 u_s，其电压、电流为非关联参考方向，故一定是供出功率；电压源则不能确定是吸收还是供出功率，这取决于电阻网络的情况。

1-19　求图 1-18 所示的电路中，电流源和电压源供出的功率。

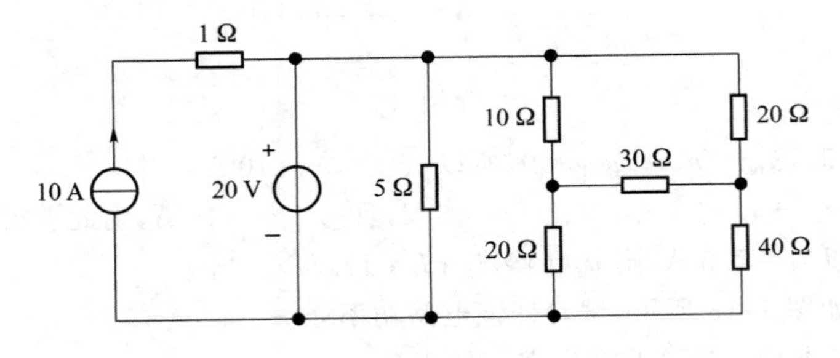

图 1-18　题图 1-17

解析：此题考查功率的计算及功率吸收和供出的概念。需要分别求出电流源两端的电压和通过电压源的电流，然后再计算功率。

电流源两端的电压（上正下负）为 20+10×1=30 V。由于电压、电流为非关联参考方向，所以电流源供出的功率为

$$P_I = UI = 300\ \mathrm{W}$$

计算通过电压源的电流比较复杂，需要先求出电压源右端部分的等效电阻。根据 Y-Δ 变换规则：

$$\text{星形电阻}\ R_i = \frac{\text{三角形中连接于}\ i\ \text{的两电阻的乘积}}{3\ \text{个电阻之和}}$$

将 10 Ω、30 Ω、20 Ω 组成的 Δ 形连接等效变换为 Y 形连接，如图 1-19 所示。最后求得等效电阻为 4 Ω，通过的电流（方向由上向下）为 $\frac{20}{4}=5$ A，则通过电压源的电流（方向由上向下）为 10－5＝5 A。由于电压源的电压与通过其的电流为非关联参考方向，所以电压源供出的功率为

$$P_U = -20\times 5 = -100\ \mathrm{W}$$

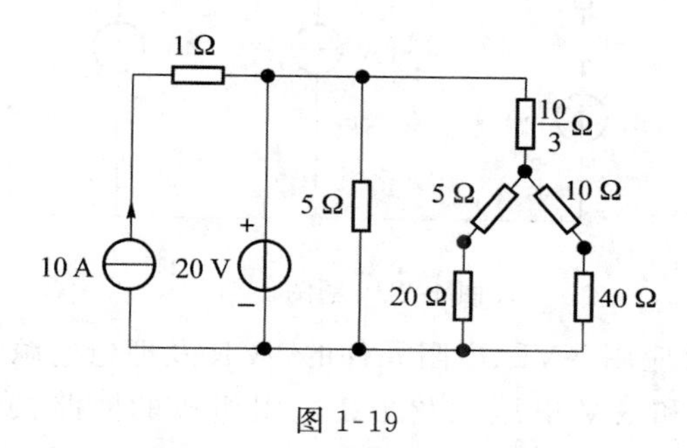

图 1-19

1-21　求图 1-20 所示部分电路中 A、B 两点间的电压 U_{AB}。

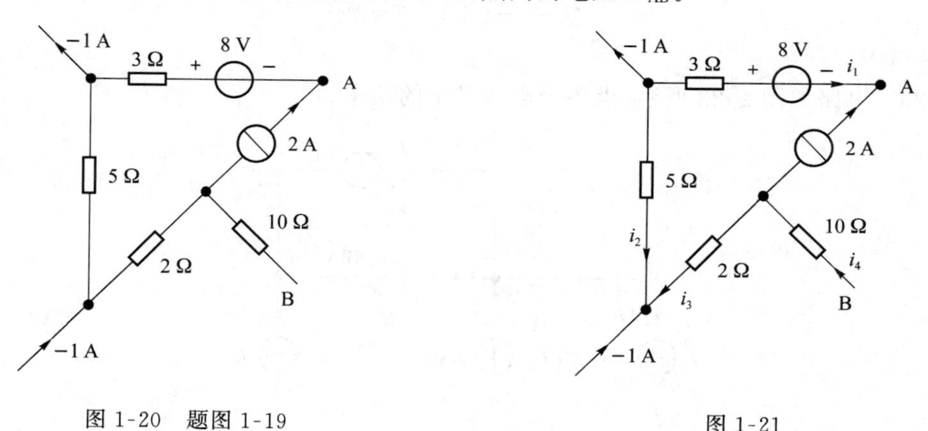

图 1-20　题图 1-19　　　　图 1-21

解析：此题需要联合应用 KCL、KVL 及电阻元件的 VCR 知识进行求解。要求 A、B 两点间的电压，需要求出 2 A 电流源和 10 Ω 电阻元件两端的电压。

假设各支路电流方向如图 1-21 所示。首先由 KCL 的推广形式（应用于闭合面）可得

$$i_4 + (-1) - (-1) = 0$$

解得 $i_4=0$，因此 10 Ω 电阻两端的电压为零，且 $i_3=-2$ A。在这种情况下，A、B 两点间的电压就是 2 A 电流源的电压。对图 1-21 最下方的节点列写 KCL 方程，可得

$$-1 + i_2 + i_3 = 0$$

解得

$$i_2 = 1 - i_3 = 3\ \text{A}$$

由电路图可知，$i_1 = -2$ A。对图 1-21 中的回路按照顺时针绕行方向列写 KVL 方程（从 A 点开始），可得

$$U_{\text{AB}} + 2i_3 - 5i_2 + 3i_1 + 8 = 0$$

解得

$$U_{\text{AB}} = 17\ \text{V}$$

1-22　电路如图 1-22 所示，求 3 A 电流源两端的电压 U。

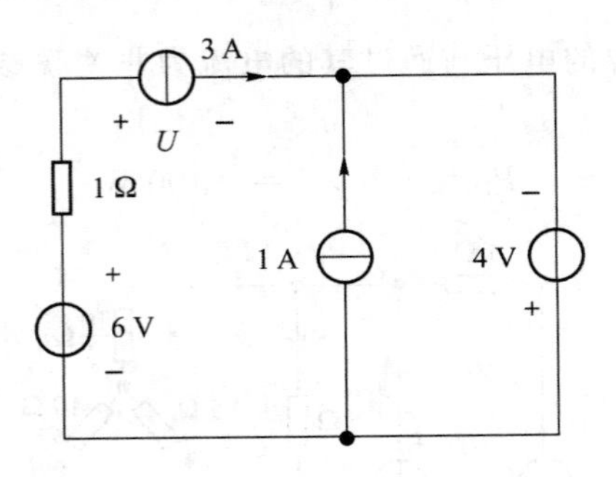

图 1-22　题图 1-20

解析：此题需要联合应用 KVL、电阻元件的 VCR 及理想电源的性质进行求解。

对 3 A 电流源、4 V 和 6 V 电压源及 1 Ω 电阻组成的回路按照顺时针绕行方向列写 KVL 方程如下：

$$U - 4 - 6 + 1 \times 3 = 0$$

解得 $U = 7$ V。

1-23　电路如图 1-23 所示，求各个电源供出的功率。

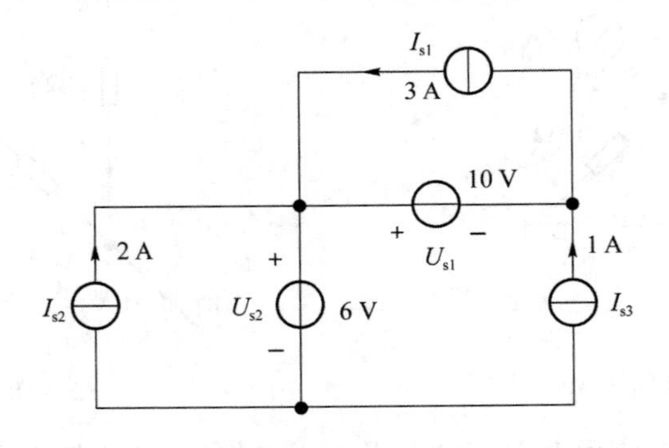

图 1-23　题图 1-21

解析：此题需要联合应用 KCL、KVL、理想电源的性质及功率计算式进行求解。要计算电源的功率，需要计算各电源的电压或电流。

根据 KCL 求出通过电压源 U_{s1} 和 U_{s2} 的电流。假设通过 U_{s1} 的电流从左向右，通过 U_{s2} 的电流从上向下，分别对右边节点和下面节点列写 KCL 方程并求解。

$$I_{U_{s1}} = I_{s1} - I_{s3} = 3 - 1 = 2\ \text{A},\quad I_{U_{s2}} = I_{s2} + I_{s3} = 2 + 1 = 3\ \text{A}$$

根据 KVL 求出电流源 I_{s3} 两端的电压，假设极性为上正下负，对右边网孔列 KVL 方程并求解。

$$U_{I_{s3}}=U_{s2}-U_{s1}=6-10=-4\ \mathrm{V}$$

至此,所有电源的电压和电流均已知,利用功率计算式进行计算即可。但要注意,要求的是电源供出的功率,所以结果如下:

$$P_{I_{s1}}=U_{s1}I_{s1}=10\times3=30\ \mathrm{W},\quad P_{I_{s2}}=U_{s2}I_{s2}=6\times2=12\ \mathrm{W}$$

$$P_{I_{s3}}=U_{I_{s3}}I_{s3}=(-4)\times1=-4\ \mathrm{W},\quad P_{U_{s1}}=-U_{s1}\times I_{U_{s1}}=-10\times2=-20\ \mathrm{W}$$

$$P_{U_{s2}}=-U_{s2}\times I_{U_{s2}}=-6\times3=-18\ \mathrm{W}$$

可以通过功率守恒定理验证所求结果是否正确。

1-24　电路如图 1-24 所示,求两个电流源两端的电压 U_1、U_2。

解析: 此题需要联合应用 KCL、KVL 及电阻元件的 VCR 知识进行求解。假设中间支路电流方向如图 1-25 所示。

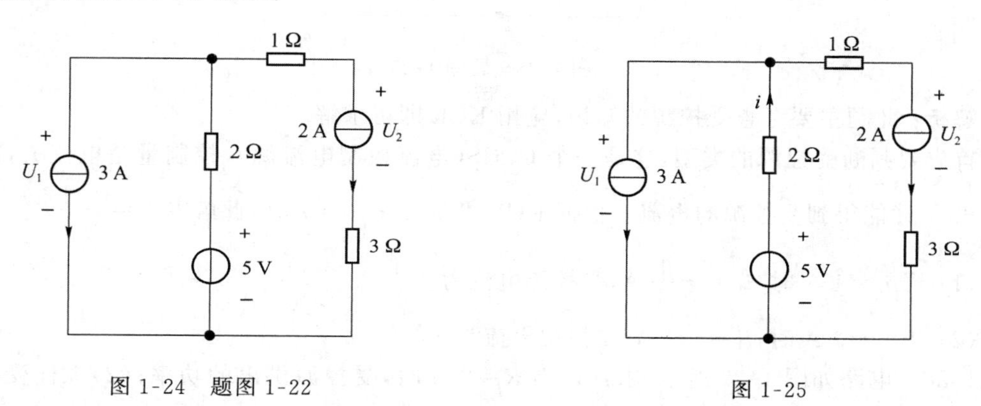

图 1-24　题图 1-22　　　　图 1-25

对上面的节点列写 KCL 方程,可求得 $i=3+2=5$ A。由图 1-25 可知 $U_1=5-2i=-5$ V。对整个大回路按照顺时针绕行方向列写 KVL 方程并求解。

$$U_2+3\times2-U_1+1\times2=0,\quad U_2=-13\ \mathrm{V}$$

当然,对右边网孔列写 KVL 方程也能求得 U_2,但不如上述方法简单。所以,大家在求解时要考虑哪种方法更简单。

1-25　电路如图 1-26 所示,求电流 $I=0.5$ A 时的 U_s。

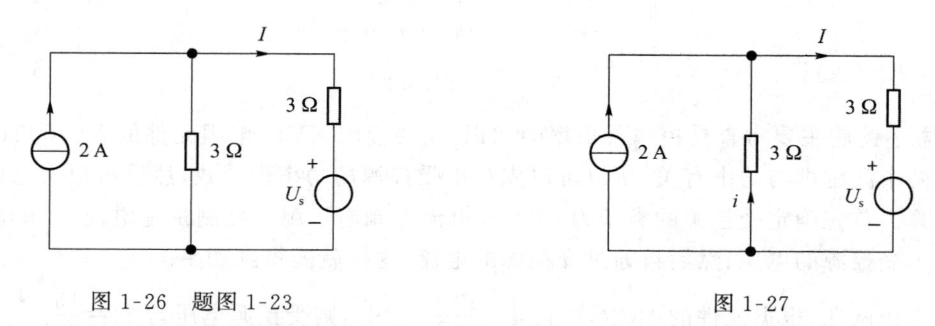

图 1-26　题图 1-23　　　　图 1-27

解析: 此题需要联合应用 KCL、KVL 及电阻元件的 VCR 知识进行求解。

假设中间支路的电流方向如图 1-27 所示。根据 KCL,可求得

$$i=I-2=-1.5\ \mathrm{A}$$

对右边网孔按照顺时针绕行方向列写 KVL 方程,有

$$3I+U_s+3i=0$$

解得

$$U_s=-3i-3I=3\ \text{V}$$

1-27　电路如图 1-28 所示，求在下列条件下受控源的电流。

(1) $i_s=1$ A，　(2) $i_s=3$ A。

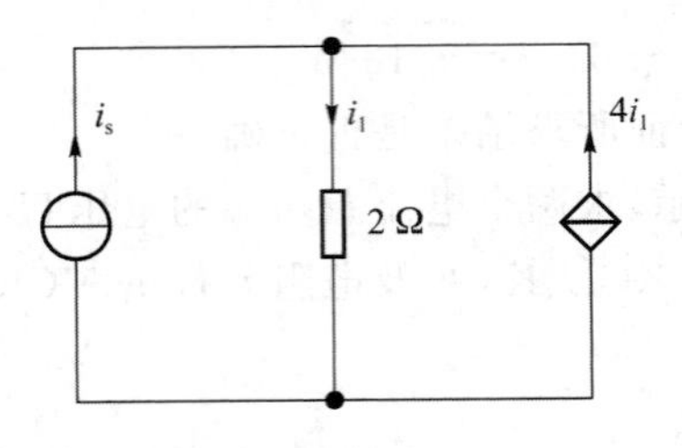

图 1-28　题图 1-25

解析：此题主要考查受控源的知识，应用 KCL 即可求解。

首先要判断受控源的类型，这是一个 CCCS(电流控制电流源)，控制量是电流 i_1，因此要求出 i_1 才能得到受控源的电流。根据 KCL 可得 $i_s+4i_1=i_1$，由此解得 $i_1=-\frac{1}{3}i_s$。

(1) 当 $i_s=1$ A 时，$i_1=-\frac{1}{3}$ A，受控源电流为$-\frac{4}{3}$ A。

(2) 当 $i_s=3$ A 时，$i_1=-1$ A，受控源电流为-4 A。

1-28　电路如图 1-29 所示，求：(1)当 $R=2\ \Omega$ 时，受控源供出的功率；(2)欲使受控源吸收 4 W 的功率，则电阻 R 应为多少？

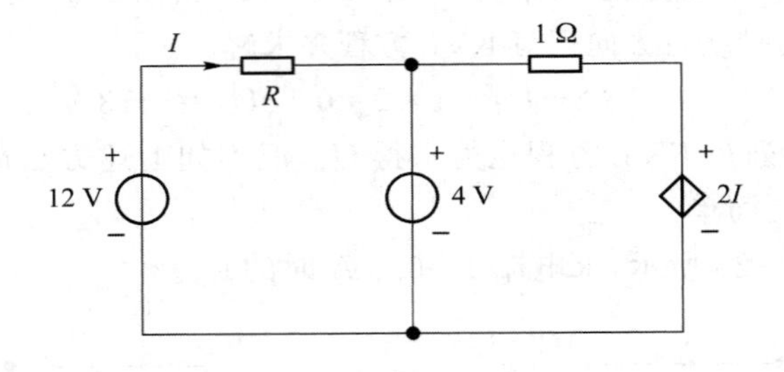

图 1-29　题图 1-26

解析：此题主要考查受控源及功率的知识，需要应用 KVL、电阻元件的 VCR 知识进行求解。两个问题都与功率有关，所以可以先写出受控源的功率表达式，然后再根据题目要求进行计算。首先确定受控源的类型为 CCVS(电流控制电压源)，控制量是电流 I，求出了 I，就知道了受控源的电压；然后再通过受控源的电流，这样就能得到功率。

对左边网孔，根据元件的 VCR，可得 $I=\frac{12-4}{R}=\frac{8}{R}$，则受控源电压为 $2I=\frac{16}{R}$。

对右边网孔，按照顺时针绕行方向列写 KVL 方程，求出通过受控源的电流 I_1，假设其方向为从上向下，有

$$I_1+2I=4,\quad I_1=4-2I$$

因为受控源的电压、电流为关联参考方向，所以吸收的功率为

$$2II_1 = 2I(4-2I) = 8I - 4I^2$$

(1) 当 $R=2\ \Omega$ 时，$I=\frac{8}{2}=4$ A，受控源供出的功率为 $-(8I-4I^2)=32$ W。

(2) 欲使受控源吸收 4 W 的功率，即 $8I-4I^2=4$，亦即 $\frac{16}{R}-\frac{64}{R^2}=1$，解得 $R=8\ \Omega$。

此题一定要注意所求的两个问题，第一问是求受控源供出的功率，第二问则是通过吸收的功率求电阻。另外，此处给出的解题方法是先找到功率表达式，再根据具体要求及数据进行计算。读者也可以根据已知数据对两个问题分别进行计算。但第一种方法更具有一般性，因为无论元件的参数怎样变化，只要电路结构不变，表达式就不变。

1-29　求图 1-30 所示的电路中受控电流源吸收的功率。

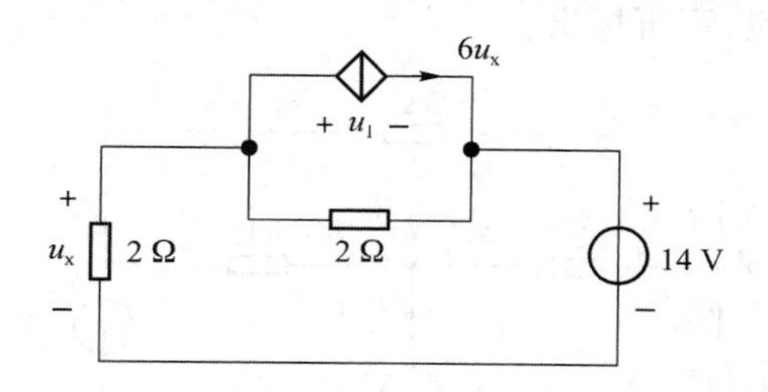

图 1-30　题图 1-27

解析： 此题主要考查受控源及功率的知识，需要应用 KVL、KCL 和电阻元件的 VCR 知识进行求解。首先确定受控源的类型为 VCCS(电压控制电流源)，控制量是电压 u_x，其两端电压为 u_1，要计算受控源的功率就需要先计算出这两个量。

根据 KVL 可得

$$u_x - u_1 = 14\ \text{V} \tag{1}$$

根据 KCL，求出通过与受控源并联的 2 Ω 电阻的电流(假设方向为从左向右)，为 $-(\frac{u_x}{2}+6u_x)$，由此得到

$$u_1 = -(\frac{u_x}{2}+6u_x)\times 2 \tag{2}$$

(1)、(2)式联立，可得

$$u_x = 1\ \text{V},\quad u_1 = -13\ \text{V}$$

由于受控源两端的电压、电流为关联参考方向，所以吸收的功率为

$$p = u_1 \times 6u_x = (-13)\times 6\times 1 = -78\ \text{W}$$

负值说明该受控源实际在供出功率。

1-30　图 1-31 所示的电路各参数已给定，试求受控源的功率，并说明是吸收功率还是供出功率。

解析： 此题主要考查受控源及功率的知识，需要联合应用 KVL、KCL 和电阻元件的 VCR 知识进行求解。首先，确定受控源的类型为 CCCS，控制量是电流 I_1，假设其两端电压为 U_1，如图 1-32 所示。要计算受控源的功率就需要先计算出 I_1 和 U_1。这道题较为复杂，需要列写多个方程才能得到所求，应使各个方程都尽量用 U_1 或 I_1 表示，最终得到包含二者的方程并进行联立求解。假设各支路电流如图 1-32 所示，支路电压与电流为关联参考方

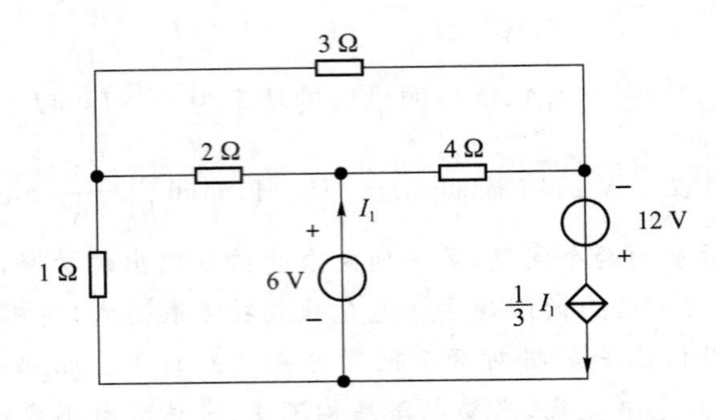

图 1-31　题图 1-28

向，表示方法也与电流对应，不再标出。

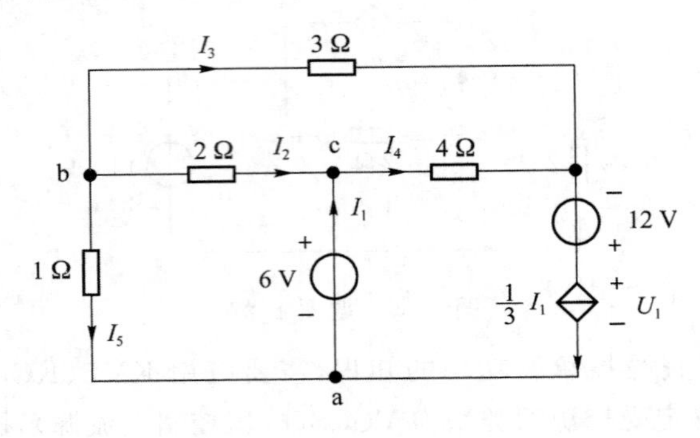

图 1-32

对节点 a 列写 KCL 方程求 I_5，进而求 U_5：

$$I_5=I_1-\frac{1}{3}I_1=\frac{2}{3}I_1,\quad U_5=I_5=\frac{2}{3}I_1$$

对左下网孔应用 KVL，求 2 Ω 电阻两端的电压，进而求电流：

$$U_2=U_5-6=\frac{2}{3}I_1-6,\quad I_2=\frac{U_2}{2}=\frac{1}{3}I_1-3$$

对节点 c 列写 KCL 方程，求 I_4：

$$I_4=I_1+I_2=\frac{4}{3}I_1-3$$

对右下网孔按照顺时针绕行方向列写 KVL 方程，求 U_1：

$$4I_4-12+U_1-6=0$$

将 I_4 带入上式并整理，得

$$\frac{16}{3}I_1+U_1=30 \tag{1}$$

对节点 b 列写 KCL 方程，求 I_3：

$$I_3=-I_5-I_2=3-I_1$$

对外环回路按照顺时针绕行方向列写 KVL 方程，得

$$3I_3-12+U_1-U_5=0$$

将 I_3 及 U_5 带入上式并整理，得

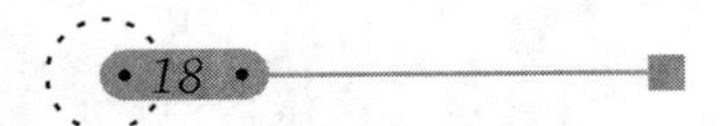

$$-\frac{11}{3}I_1+U_1=3 \tag{2}$$

(1)、(2)式联立求解,可得

$$I_1=3\ \text{A},\quad U_1=14\ \text{V}$$

由于受控源的电压、电流为关联参考方向,所以其吸收的功率为

$$U_1\times\frac{1}{3}I_1=14\ \text{W}$$

由于功率大于零,所以受控源确实在吸收功率。

此题也可以先将上面 Δ 连接的电阻等效变换为 Y 形连接,然后再列方程求解。读者可以自己练习,看哪种方法更简单一些。

遇到这样的题容易不知从何下手,一个基本原则就是找与所求量相关的量。如果电路比较复杂,例如此题,就要对几乎所有的节点、网孔或回路列写方程,找出各量之间的关系,但注意不要重复应用同一个网孔或回路。

1-31　求图 1-33 所示单口网络的等效电阻。

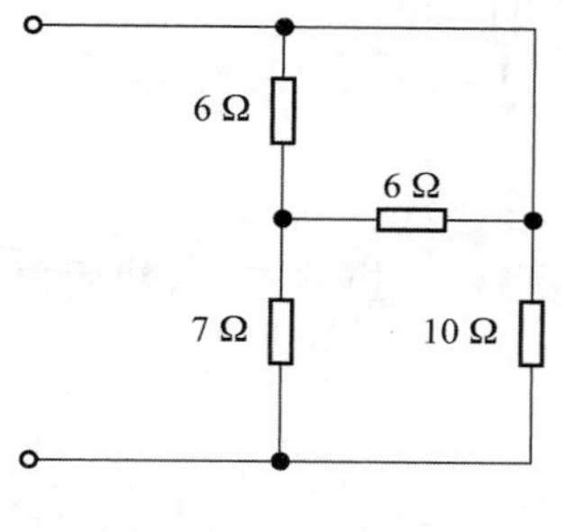

图 1-33　题图 1-29

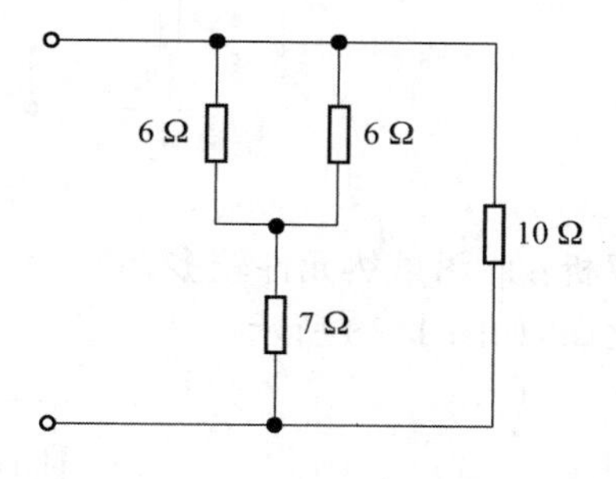

图 1-34

解析: 此电路中没有受控源,所以直接利用电阻的串、并联等效变换或 Y-Δ 等效变换求解即可。要注意看明白各电阻之间的连接关系:此题中两个 6 Ω 电阻并联,然后与 7 Ω 电阻串联,最后再与 10 Ω 电阻并联。看懂了连接关系就容易求解了。此电路可以重画为如图 1-34 所示的电路。

串联部分的等效电阻为 6//6+7=10 Ω,单口网络的等效电阻为 10//10=5 Ω。

一定要注意看明白各电阻之间的连接关系,深刻理解串联、并联的含义。如果电路元件的连接关系比较复杂,可以重新画一下,重画电路时一定要注意元件连接在哪两个节点之间。

1-32　求图 1-35 所示的单口网络分别在 S 打开和闭合时的等效电阻。

解析: 注意电路中间的两条支路是交叉状态,并没有连接在一起。如果连接在一起,一般都用实心点"·"表示,如图 1-35 中其他几个节点所示。

S 打开时,各元件间的连接关系比较简单,分别是 36 Ω 和 24 Ω 电阻串联的两条支路,这两条支路又是并联关系,所以等效电阻为$\dfrac{36+24}{2}=30\ \Omega$。

S 闭合时,不太容易看明白各元件间的连接关系,这时可以重新画一下电路,如图 1-36 所示,这时就很容易看出各元件之间的连接关系了。等效电阻为 $R=\dfrac{36}{2}+\dfrac{24}{2}=30\ \Omega$。

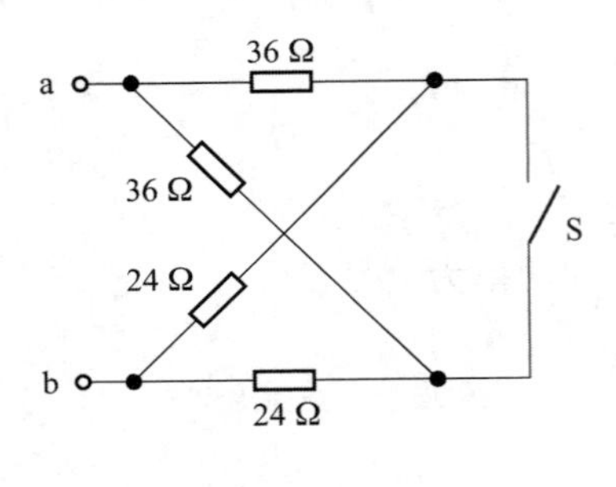

图 1-35　题图 1-30

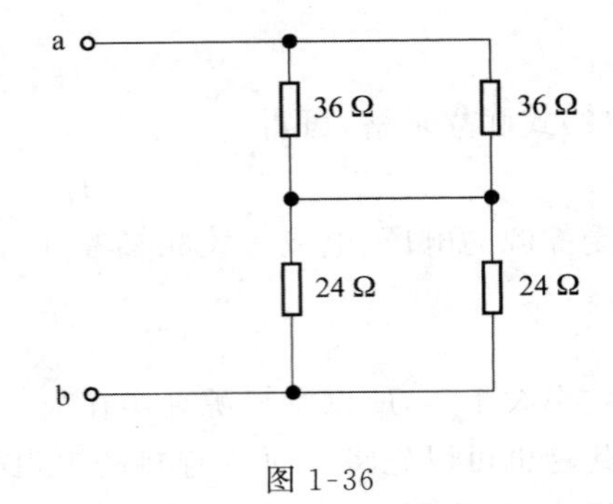

图 1-36

1-33　求图 1-37 所示电路中的电流 i_x 和 i_y。

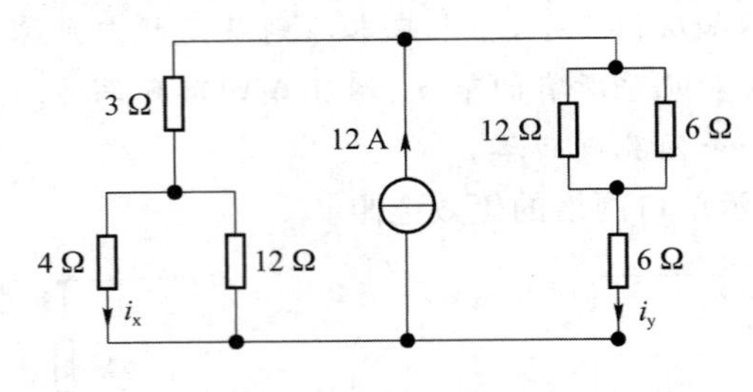

图 1-37　题图 1-31

解析：此图虽然元件较多，但并不难。先对电阻进行等效变换并求 i_y，然后再求 i_x。将原图化简，如图 1-38 所示。

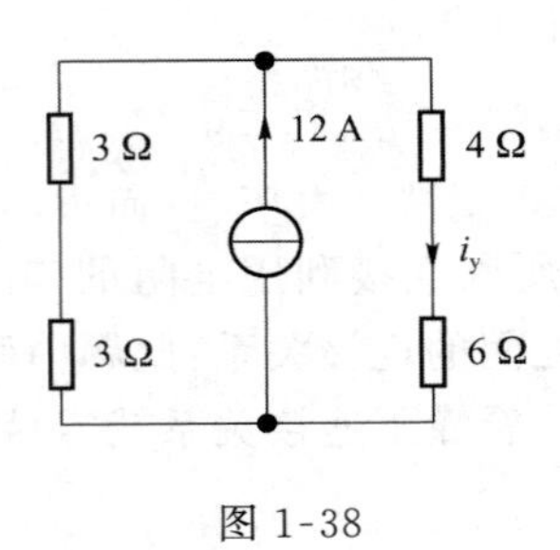

图 1-38

利用分流公式，可得

$$i_y=12\times\frac{3+3}{3+3+4+6}=4.5\ \text{A}$$

回到原图，利用 KCL 求出通过 3 Ω 电阻的电流(由上向下)，为

$$12-i_y=12-4.5=7.5\ \text{A}$$

再利用分流公式，即可求出

$$i_x=\frac{12}{4+12}\times7.5=5.625\ \text{A}$$

1-34　求图 1-39 所示各电路中的电阻 R。

(1) 图 1-39(a)所示电路中 $i=\frac{2}{3}$ A。

(2) 图 1-39(b)所示电路中 $i=\frac{2}{3}$ A。

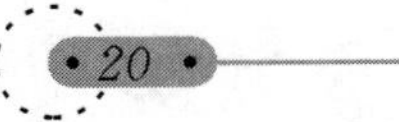

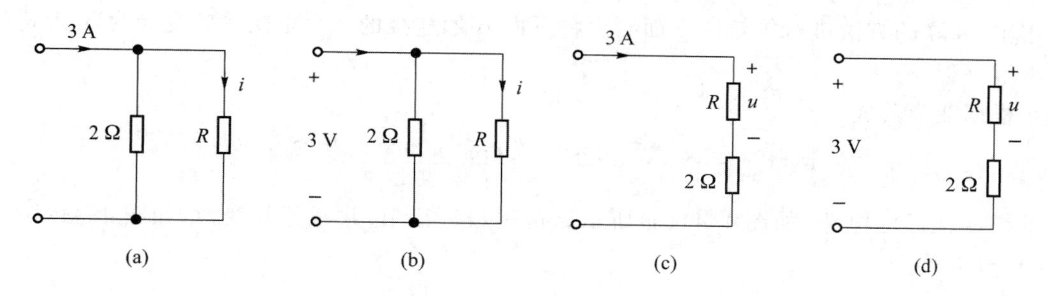

图 1-39　题图 1-32

(3) 图 1-39(c)所示电路中 $u=\frac{2}{3}$ V。

(4) 图 1-39(d)所示电路中 $u=\frac{2}{3}$ V。

解析：此题需要利用 KCL、KVL 和元件的 VCR 知识进行求解。

(1) 先利用 KCL 求出通过 2 Ω 电阻的电流，进而求出电压，然后即可求得

$$R=\frac{2\times(3-i)}{i}=7\ \Omega$$

(2) 此题非常简单，利用欧姆定律即得所求。

$$R=\frac{3}{i}=4.5\ \Omega$$

(3) 此题非常简单，利用欧姆定律即得所求。

$$R=\frac{u}{3}=\frac{2}{9}\ \Omega$$

(4) 先利用 KVL 求出 2 Ω 电阻两端的电压，进而求出电流，然后即可求得

$$R=\frac{u}{\frac{3-u}{2}}=\frac{2u}{3-u}=\frac{4}{7}\ \Omega$$

1-35　求图 1-40 所示电路 ab 端口的等效电阻。

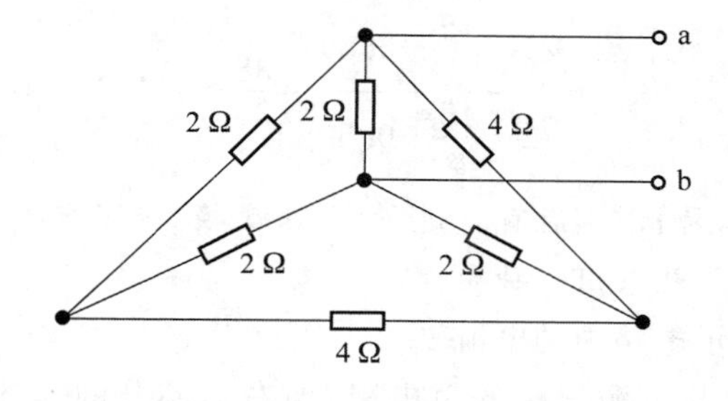

图 1-40　题图 1-33

解析：此题需要利用 Y-Δ 等效变换的知识求解，因为电路中有些电阻既非串联也非并联。初步看有几种求解方法：一是将左边或右边或下面 Δ 形连接的 3 个电阻等效变换为 Y 形连接；二是将左下角或右下角 Y 形连接的 3 个电阻等效变换为 Δ 形连接。注意，不能把上面 Y 形连接的 3 个电阻等效变换为 Δ 形连接，因为这样会使得节点 a 消失。但实际变换时会发现，左边或右边 Δ 形连接的 3 个电阻等效变换为 Y 形连接后，电路仍然比较复杂，不

能用串、并联的方法进行等效。下面给出将下面Δ形连接的3个电阻等效变换为Y形连接的求解过程。

根据变换公式

$$星形电阻\ R_i=\frac{三角形中连接于\ i\ 的两电阻的乘积}{3个电阻之和}$$

可求得变换后的电路，如图1-41(a)所示。再逐步进行串、并联等效变换，如图1-41(b)和1-41(c)所示。

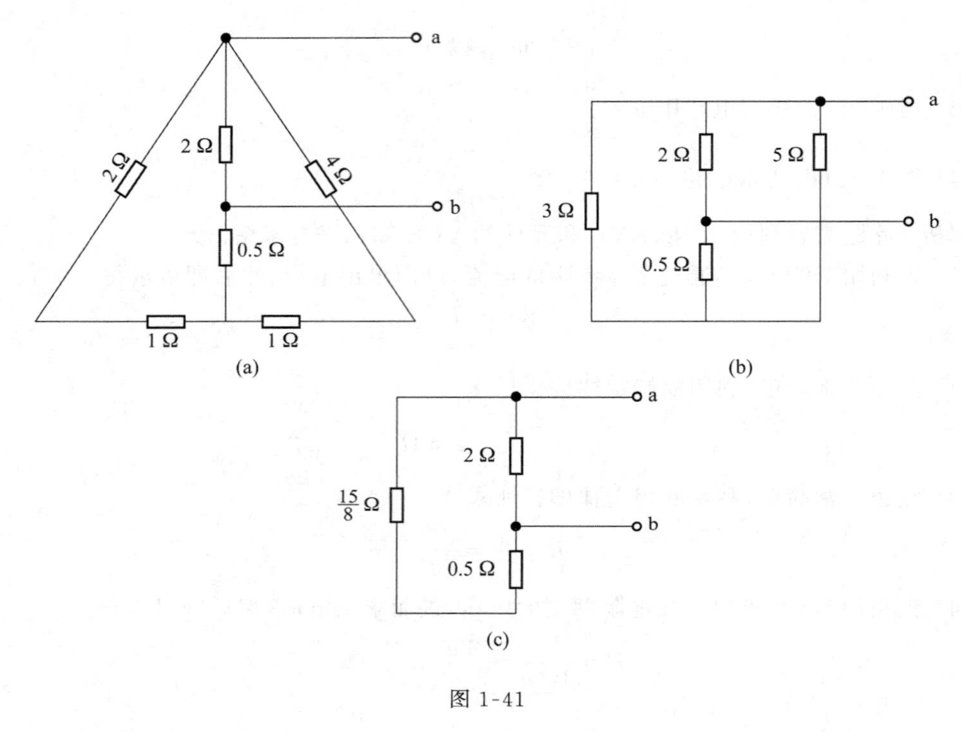

图1-41

最后求得

$$R_{ab}=\frac{2\times(\frac{15}{8}+0.5)}{2+\frac{15}{8}+0.5}=\frac{38}{35}\approx1.1\ \Omega$$

通过此题的求解可以看出，不能盲目进行Y-Δ变换，一定要初步画一下变换后的电路结构，哪种便于下一步计算就采用哪种变换。

1-36　求图1-42所示电路中的电流 i。

解析： 此题需要求出与电源连接的总电阻，即右边部分的等效电阻，然后即可求得电流。但右边部分不是简单的串、并联，下面的3个电阻(4 Ω、4 Ω、8 Ω)和右边的3个电阻(1 Ω、4 Ω、8 Ω)是Δ形连接，中间的3个电阻(1 Ω、4 Ω、8 Ω)是Y形连接，需要对其中一部分进行Y-Δ等效变换。

利用公式

$$星形电阻\ R_i=\frac{三角形中连接于\ i\ 的两电阻的乘积}{3个电阻之和}$$

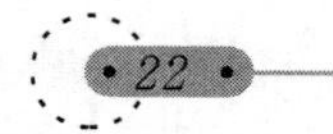

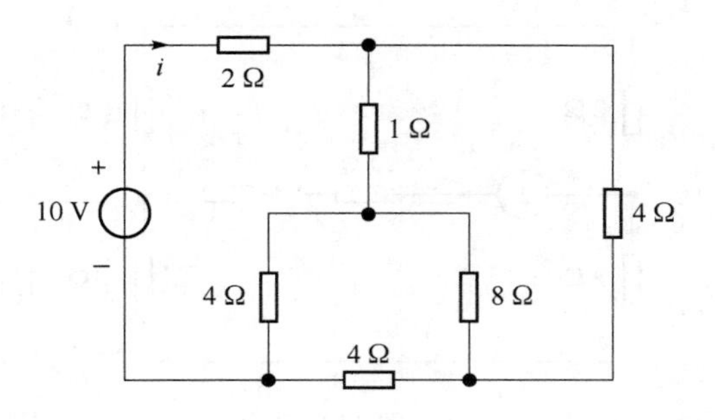

图 1-42　题图 1-34

将下面 Δ 形连接的 3 个电阻(4 Ω、4 Ω、8 Ω)等效变换为 Y 形连接,如图 1-43 所示。

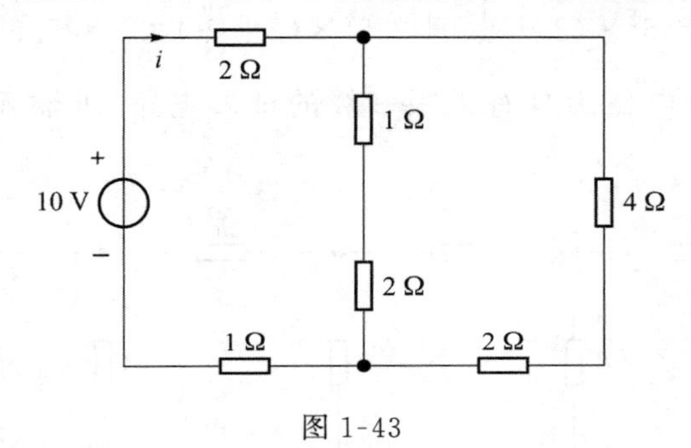

图 1-43

再利用电阻的串、并联等效,即可求得与电压源连接的等效电阻为

$$R_{eq}=2+\frac{(1+2)\times(4+2)}{1+2+4+2}+1=5\ \Omega$$

由此可求得

$$i=\frac{10}{R_{eq}}=\frac{10}{5}=2\ \text{A}$$

1-37　求图 1-44 所示电路中电流源供出的功率。

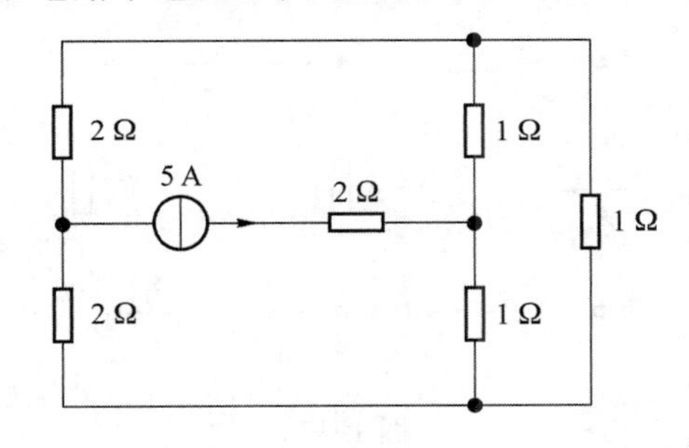

图 1-44　题图 1-35

解析:求电流源供出的功率有两种途径:一是求出电流源两端的电压;二是根据功率守恒定理,先求出各电阻消耗的功率,则电流源供出的功率为各电阻消耗的功率之和。因为电阻连接关系比较复杂,所以无论哪种方法,都不太简单。采用后一种方法,先把右边 Δ 形连接的 3 个电阻等效变换为 Y 形连接,因为 3 个电阻阻值一样,所以等效后的 3 个电阻也一样。

利用公式 $R_{\text{T}}=\frac{1}{3}R_{\Pi}$,可求得 3 个电阻为$\frac{1}{3}$ Ω,电路如图 1-45 所示。

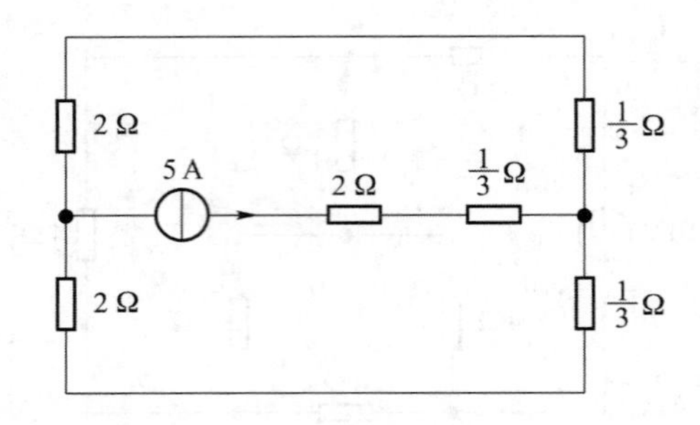

图 1-45

由于电路对称，所以，可以求得电流源供出的功率为

$$P_I=5^2\times(2+\frac{1}{3})+2.5^2\times(2+\frac{1}{3})\times2=87.5\ \mathrm{W}$$

1-38　图 1-46 所示电路为具有无限多级的梯形电路，求输入端 a、b 之间的等效电阻 R_{ab}。

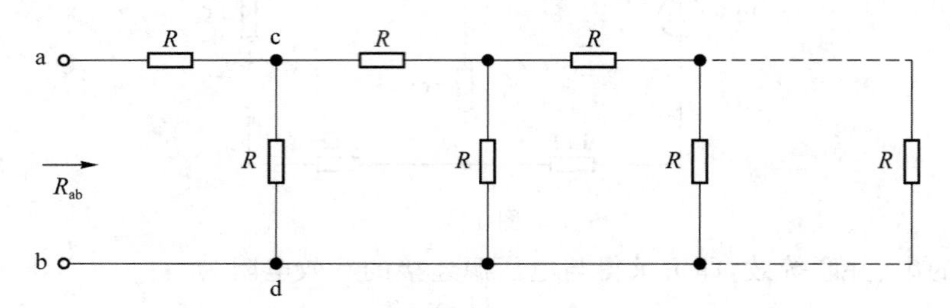

图 1-46　题图 1-36

解析：此题不能用常规的方法求解。因为这是一个无限多级的网络，所以从任何一个端口向里看，例如 cd 端口，看到的等效电阻均应与从 ab 端口看到的等效电阻一样，因此，可把电路等效为图 1-47 所示的形式。

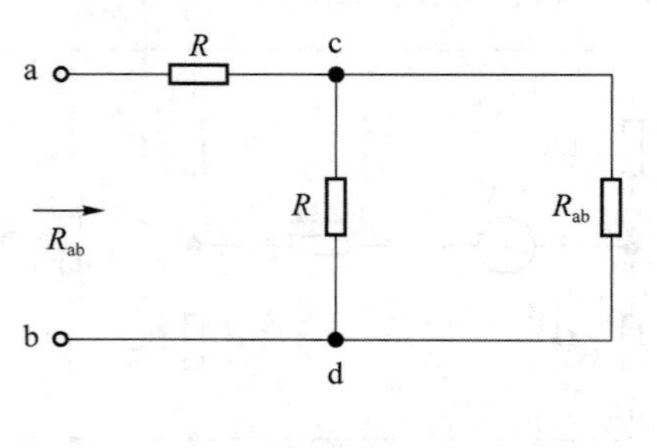

图 1-47

由图 1-47 可得

$$R_{ab}=R+\frac{RR_{ab}}{R+R_{ab}}$$

整理得

$$R_{ab}^2-RR_{ab}+R^2=0$$

解得

$$R_{ab}\approx1.62R$$

1-40　求图 1-48 所示单口网络的输入电阻。

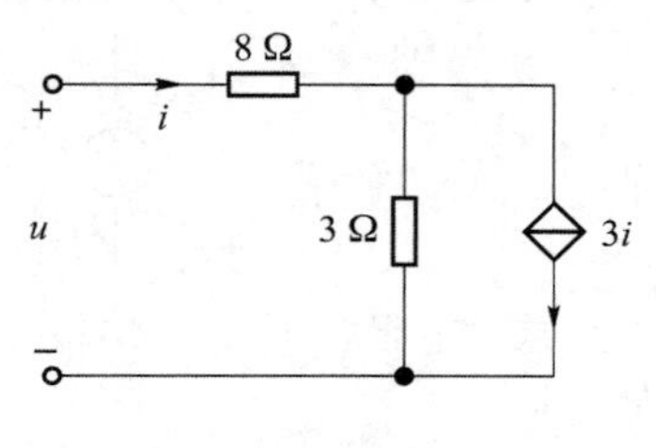

图 1-48　题图 1-38

解析：由于电路中有受控源，所以要根据输入电阻的定义求解。

列写端口的 VCR：

$$u=8i+3\times(i-3i)$$

整理得 $u=2i$。

由于端口的电压、电流为关联参考方向，所以输入电阻为

$$R_i=\frac{u}{i}=2\ \Omega$$

求单口网络输入电阻的一般方法是先找端口的电压电流关系，然后根据定义计算输入电阻。如果电路中没有受控源，则可按照求等效电阻的方法求解。另外，注意正确判断端口的电压、电流参考方向，即从端口向电路看电压、电流是否是关联参考方向，这是容易出错的地方。

1-41　写出图 1-49 所示各电路的端口电压 u 与各独立电源参数的关系。

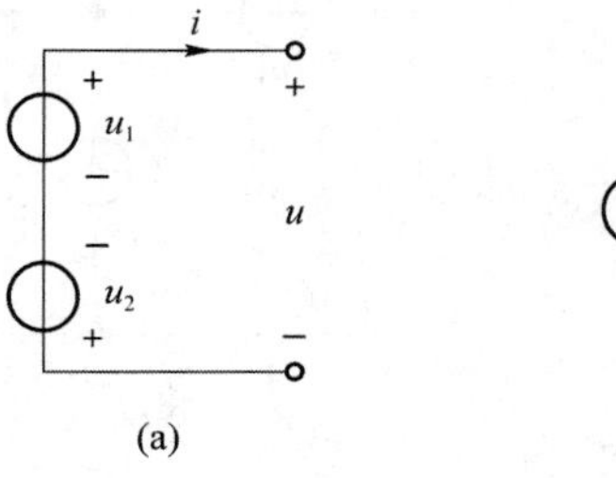

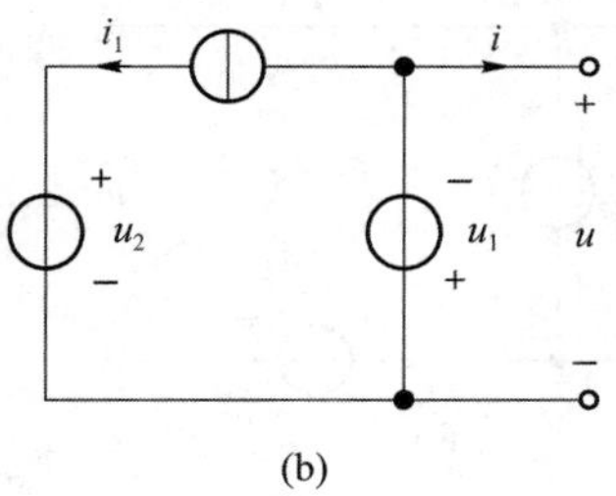

图 1-49　题图 1-39

解析：这属于电源等效变换的内容。此题主要应用理想电压源、理想电流源的特性和 KVL 进行分析。

(a) 两个理想电压源串联，根据 KVL，有 $u=u_1-u_2$。

(b) 首先对左边支路进行等效变换，根据理想电流源的性质可知，对外电路来说其等效为一个电流源 i_1，这样整个电路等效为电流源 i_1 与电压源 u_1 并联。再根据理想电压源的特性可知，$u=-u_1$。

对于电路的等效变换，要从局部电路向整个电路（端口）逐步进行变换。

1-42　写出图 1-50 所示各电路的端口电流 i 与各独立电源参数的关系。

解析：这属于电源等效变换的内容。此题主要应用理想电压源、理想电流源的特性和 KCL 进行分析。

(a) 首先对左边部分进行等效变换，根据理想电压源的性质可知，对外电路来说其等效为一个电压源 u_1，这样整个电路等效为电压源 u_1 与电流源 i_1 串联。再根据理想电流源的

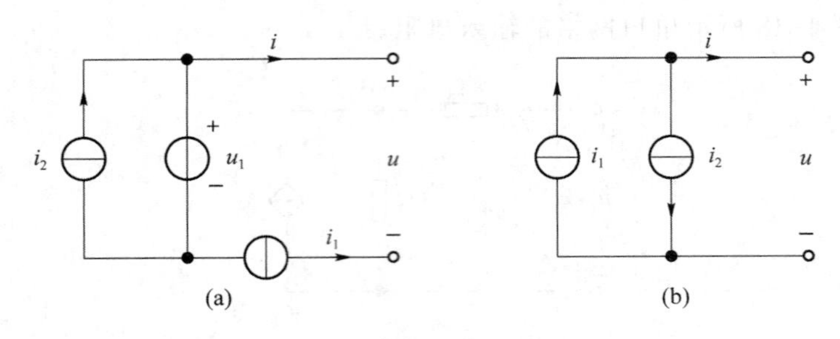

图 1-50　题图 1-40

特性可知，$i=-i_1$。

(b) 两个理想电流源并联，根据 KCL，有 $i=i_1-i_2$。

1-43　将图 1-51 所示的各电路化为最简形式。

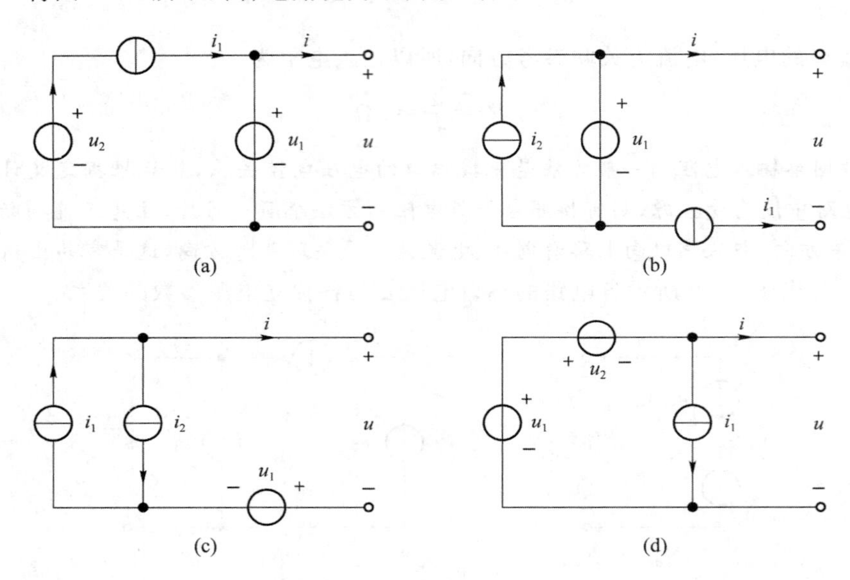

图 1-51　题图 1-41

解析：这属于电源等效变换的内容。此题主要应用理想电压源、理想电流源的特性进行分析。

(a) 首先对左边支路进行等效变换，根据理想电流源的性质可知，对外电路来说其等效为一个电流源 i_1，这样整个电路等效为电流源 i_1 与电压源 u_1 并联的形式。再根据理想电压源的特性可知，$u=u_1$，即其最简形式是一个电压为 u_1 的电压源，如图 1-52(a)所示。

(b) 此题解法与题(a)类似。首先对左边部分进行等效变换，等效为一个电压源 u_1，则电路变为电压源 u_1 与电流源 i_1 串联。再根据理想电流源的特性可知，$i=-i_1$，即最简形式是一个电流为 $-i_1$ 的电流源，如图 1-52(b)所示。

(c) 首先对左边部分进行等效变换，两个并联的电流源等效为一个电流源，电流值为 $i=i_1-i_2$。此电流源与电压源 u_1 串联，根据理想电流源的性质可知，电路等效为一个电流值为 i_1-i_2 的电流源，如图 1-52(c)所示。

(d) 首先对左边部分进行等效变换，两个串联的电压源等效为一个电压源，电压值为

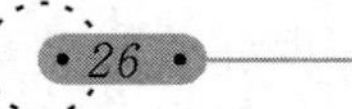

$u=u_1-u_2$。此电压源与电流源 i_1 并联，根据理想电压源的性质可知，电路等效为一个电压值为 u_1-u_2 的电压源，如图 1-52(d)所示。

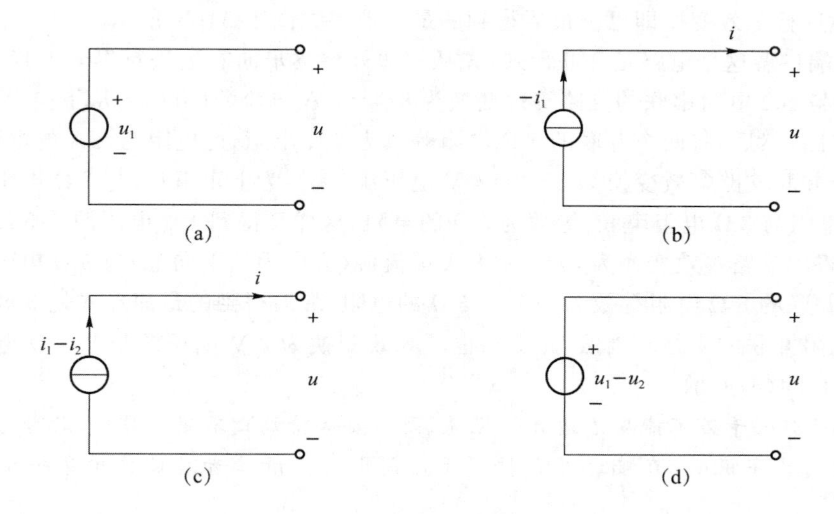

图 1-52

1-44　画出图 1-53 所示各电路的最简形式。

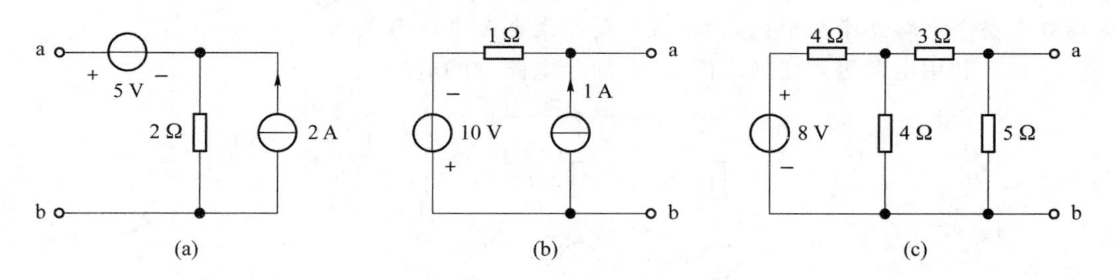

图 1-53　题图 1-42

解析：这属于等效变换的内容。此题主要应用理想电压源、理想电流源的特性及两种电源模型和电阻元件的等效变换进行分析。

(a) 从端口看这个电路是串联形式，所以先将右边部分电流源与电阻的并联支路等效变换为电压源(2×2=4 V，极性为上正下负)与电阻(2 Ω)的串联支路，然后再根据理想电压源的特性进行等效变换即可。最后得到的最简形式如图 1-54(a)所示。

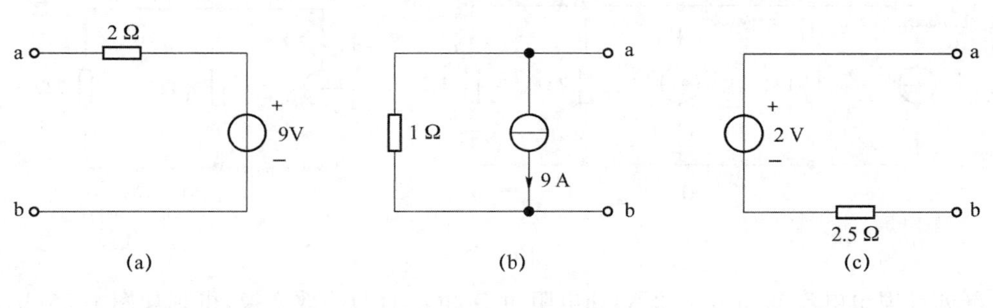

图 1-54

(b) 从端口看这个电路是并联形式，所以先将左边部分电压源与电阻的串联支路等效变换为电流源(10/1=10 A，方向为从上向下)与电阻(1 Ω)的并联支路，然后再根据理想电流源的特性进行等效变换即可。最后得到的最简形式如图 1-54(b)所示。

(c) 从端口看这个电路是并联形式，先从左边开始逐步向右边进行等效变换。首先，将 8 V 电压源与 4 Ω 电阻串联的支路等效变换为 8/4=2 A 电流源(方向为从下向上)与 4 Ω 电阻并联的支路；然后，将两个并联的 4 Ω 电阻等效为 2 Ω 电阻，此电阻与 2 A 的电流源并联，再将这两个并联支路等效变换为 2×2=4 V 电压源(极性为上正下负)与 2 Ω 电阻串联的支路；此 2 Ω 电阻与 3 Ω 电阻串联，等效为 5 Ω 的电阻，这样又得到 4 V 电压源与 5 Ω 电阻串联的支路，再将此支路等效变换为 4/5=0.8 A 电流源(方向为从下向上)与 5 Ω 电阻并联的支路；将两个并联的 5 Ω 电阻等效为一个 2.5 Ω 的电阻，最后得到的最简形式是 0.8 A 电流源与 2.5 Ω 电阻并联的支路。当然，此支路也可等效变换为 2 V 电压源与 2.5 Ω 电阻串联的支路，如图 1-54(c)所示。

对图 1-53(c)千万不能从右边开始化简，因为要保持端口不变。另外，此题可以不用像上述一样进行文字说明，直接通过逐步图示化简即可。请读者尝试画出每一步化简的电路图。

一般来说，如果没有特别说明，最简形式选择电压源与电阻的串联形式或电流源与电阻的并联形式均可。如果从端口看整个电路是并联形式，则一般最简形式也是并联形式；如果从端口看整个电路是串联形式，则一般最简形式也是串联形式。

1-45　利用电源等效变换求图 1-55 所示电路中的电流 i。

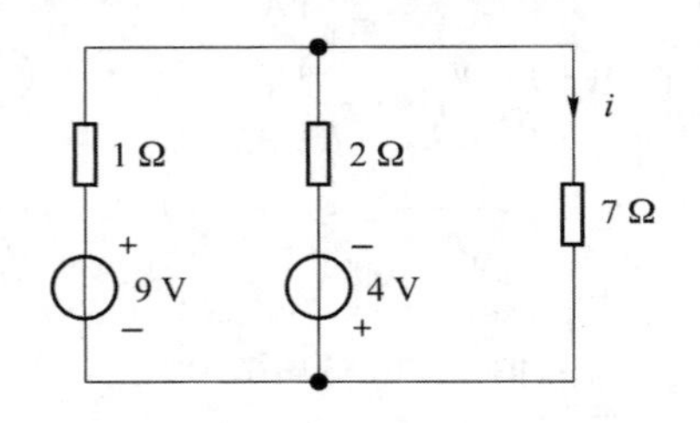

图 1-55　题图 1-43

解析： 因为要求电流 i，所以其所在的支路不能改变，对与该支路连接的其他部分电路进行等效变换。与该支路并联的是两个电压源与电阻串联的支路，所以要将其等效变换为电流源与电阻的并联支路，电路如图 1-56(a)所示。

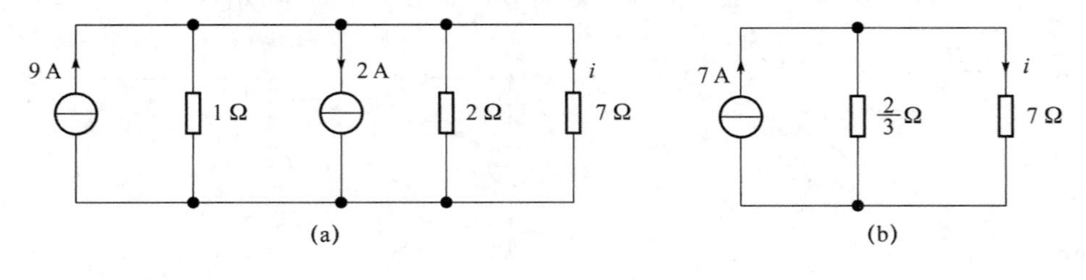

图 1-56

再进行理想电流源(9 A 和 2 A)和电阻(1 Ω 和 2 Ω)的等效变换，得到如图 1-56(b)所示的电路。

利用分流公式，可得

$$i=7\times\frac{\frac{2}{3}}{\frac{2}{3}+7}=\frac{14}{23}\approx0.61\ \text{A}$$

1-47　如图1-57所示的电路，欲使电压源 u_s 中的电流为零，试确定电阻 R_x 的值。

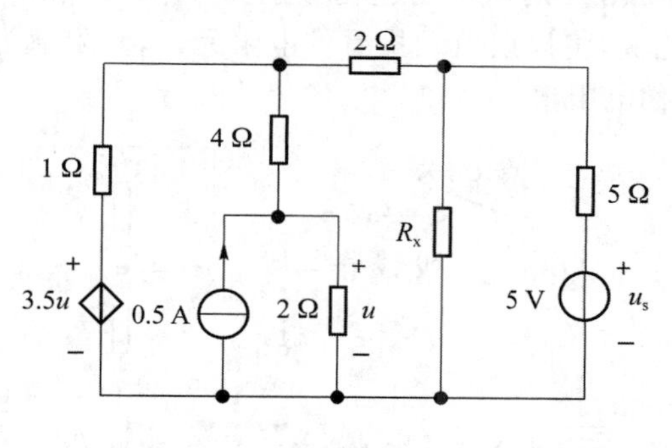

图1-57　题图1-45

解析：此题较为复杂，需要联合应用KCL、KVL和元件的VCR进行求解。

根据题目所给条件进行分析：当电压源 u_s 中的电流为零时，通过5 Ω电阻的电流也为零，进而其电压也为零，所以电路化简为图1-58所示的形式。其中 $i_x=\frac{5}{R_x}$。

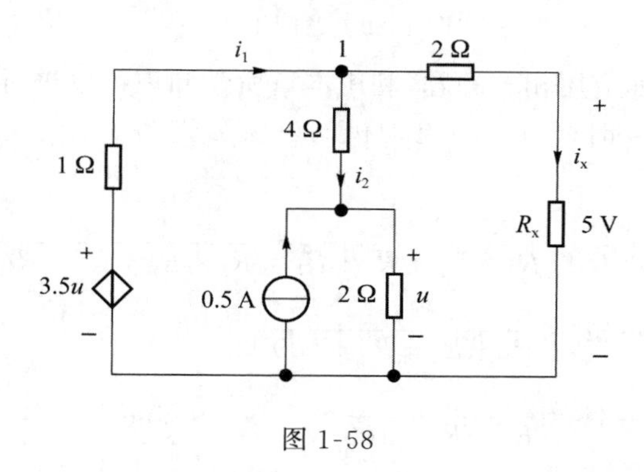

图1-58

对节点1列写KCL方程：

$$i_1-i_2-i_x=0 \tag{1}$$

对左边网孔按照顺时针绕行方向列写KVL方程：

$$i_1+4i_2+u-3.5u=0 \tag{2}$$

对右边网孔按照顺时针绕行方向列写KVL方程：

$$2i_x+5-u-4i_2=0 \tag{3}$$

另外有

$$u=2(i_2+0.5) \tag{4}$$

联立(1)、(2)、(3)、(4)式，求解可得

$$i_x=2.5\ \text{A}$$

所以

$$R_x=\frac{5}{i_x}=\frac{5}{2.5}=2\ \Omega$$

此题只要求求出 R_x，所以在联立方程求解时，只需求出与 R_x 相关的 i_x 即可，其他量不必求出。

1-49　图 1-59 所示为散热风扇的速度控制电路原理图。假设开关置于 1 时的风扇速度为 v_1，现要求开关置于 2、3、4 时风扇的速度分别为 $3v_1$、$4v_1$ 和 $5v_1$，且假设风扇速度与通过风扇电动机的电流成比例，将风扇电动机看作电阻元件，其阻值为 $R_L=100\ \Omega$。试确定电阻 R_1、R_2、R_3 和 R_4 的标称电阻值。

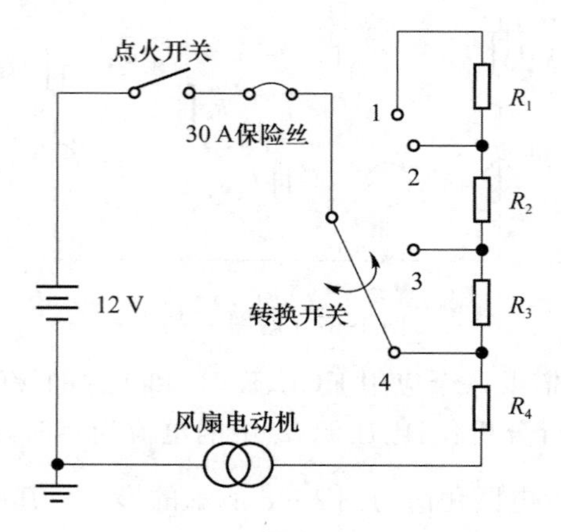

图 1-59　题图 1-47

解析：此题是与实际应用相关的题，利用本章所学知识可以进行分析。

令开关置于 1、2、3、4 时通过风扇电动机的电流分别为 i_1、i_2、i_3 和 i_4，则根据电路结构可得

$$i_1=\frac{12}{R_1+R_2+R_3+R_4+R_L}=\frac{12}{R_1+R_2+R_3+R_4+100}$$

$$i_2=3i_1=\frac{12}{R_2+R_3+R_4+100}$$

$$i_3=4i_1=\frac{12}{R_3+R_4+100}$$

$$i_4=5i_1=\frac{12}{R_4+100}$$

解上述方程得

$$R_1=\frac{8}{i_1},R_2=\frac{1}{i_1},R_3=\frac{3}{5i_1},R_4=\frac{12}{5i_1}-100$$

由题知，最大电流为 $i_4=\frac{12}{R_4+100}\leqslant 30\ \text{A}$，所以 $R_4+100\geqslant\frac{12}{30}=0.4\ \Omega$，取 $R_4=20\ \Omega$，则可求出 $i_1=20\ \text{mA}$，由此可得

$$R_1=400\ \Omega,R_2=50\ \Omega,R_3=30\ \Omega$$

取与理论计算值最接近的标称值：

$$R_1=390\ \Omega,R_2=51\ \Omega,R_3=62\ \Omega,R_4=20\ \Omega$$

第2章

电阻电路的基本分析方法

2.1 基本知识及学习指导

本章主要介绍电阻电路的基本分析方法，包括图论的基本知识，KCL、KVL的独立方程数，完备的独立电路变量，节点电压法，网孔电流法，回路电流法，含运算放大器的电阻电路分析等，其中节点电压法和网孔电流法是电路分析的基本方法。本章的知识结构如图2-1所示。

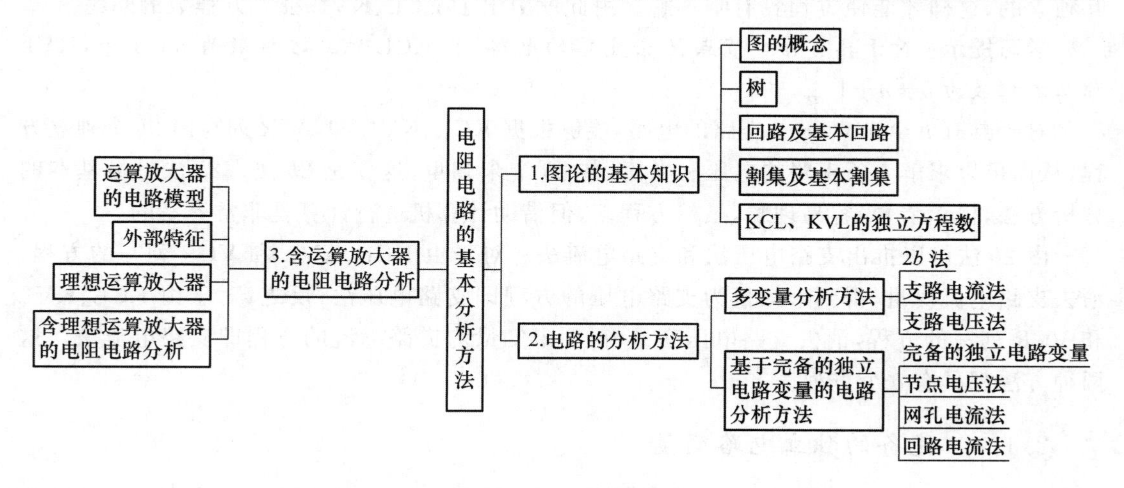

图2-1 第2章知识结构

这一章将引入一些新的电路名词，例如图、树、树支、连支、割集、基本回路、基本割集、完备的独立电路变量、节点电压、网孔电流、回路电流等。前面7个是图论中的一些名词术语，对复杂电路的分析需要借助图论进行，但本门课程不会涉及；后面的名词则是与电路的基本分析方法密切相关的概念。

本章还要介绍一些含有理想运算放大器的电阻电路的基本分析方法，这是与模拟电子电路密切相关的内容。有些学校不在“电路分析”课程中介绍这些内容，这是因为在“模拟电子电路”课程中会更深入地介绍。

本章介绍的这些概念及分析方法虽然是由直流电阻电路引出的，但其同样可以应用于其他集总参数电路，例如随后要介绍的动态电路和正弦稳态电路，只不过其表示形式有所不同。所以，掌握本章的内容对于学好这门课程非常重要。

2.1.1 图论的基本知识

图、树、树支、连支这些概念很容易理解，比较难理解的是割集。首先，应该明白割集是一个支路组合，把这些支路拿走，则图被分为两个部分，注意，只能是两个部分，不能多。其次，要掌握的就是：如果少移去这些支路中的任意一条支路，图将仍是连通的。所以，我们说割集是使图分为两部分的最小支路集合。

树是一个非常重要的概念，基本回路（只含有一条连支的回路）、基本割集（只含有一条树支的割集）都是在树的基础上定义的。树有3个要点：(1)包含所有节点；(2)各节点之间连通；(3)不能有回路。一个图有多个树，对于具有 n 个节点的树，树的数量为 n^{n-2}。

学习提示： 基本回路和基本割集都是在树的基础上引出的。如果没有树，就谈不上基本回路和基本割集。基本回路和基本割集是分析复杂电路的基本方法。

2.1.2 KCL、KVL 的独立方程数

根据 KCL、KVL 和 VCR 列写方程，能够求出电路中的所有支路电压和支路电流，但如何列写 KCL 和 KVL 方程，列写几个，这是必须要解决的问题。因为列出的方程必须是相互独立的，这样才能使方程具有唯一解。由此就引出了 KCL、KVL 独立方程数的问题。

学习提示： 对于具有 n 个节点、b 条支路的电路，其 KCL 独立方程数为 $n-1$ 个，KVL 独立方程数为 $b-n+1$ 个。

对于具有 n 个节点、b 条支路的电路，能够根据 KCL、KVL 和 VCR 列写出 $2b$ 个独立方程，从而可以求解 b 条支路的电压和电流，共 $2b$ 个未知量，这就是 $2b$ 法。$2b$ 法是最基本的分析方法，概念清楚，容易理解，虽然方程多，但借助计算机进行计算是非常容易的。

由 $2b$ 法可以推出支路电压法和支路电流法。对于由 KCL、KVL 和 VCR 列写的方程，消去支路电流变量，得到未知量为支路电压的方程即支路电压法；反之，对于由 KCL、KVL 和 VCR 列写的方程，消去支路电压变量，得到未知量为支路电流的方程即支路电流法。这两种方法都具有 b 个方程。

2.1.3 完备的独立电路变量

完备的独立电路变量是我们选择较少的未知量列写方程的基础。未知量首先要独立，这点不用再做介绍，因为2.1.2节中已经说明。完备则是从求解电路中所有支路电压、支路电流角度来说的，即在完备变量已经求出的情况下，利用 KCL 或 KVL 以及元件的 VCR，能够由完备变量求出电路中其他支路的电压和电流。由此可以看出，完备的独立电路变量数一般要比支路数或节点数少，以便于手工解方程。由完备的独立电路变量引出了后续的节点电压法、网孔电流法等分析方法。

学习提示： 完备的独立电路变量又分为完备的独立电压变量和完备的独立电流变量，节点电压和割集电压是完备的独立电压变量，网孔电流和连支电流是完备的独立电流变量。本课程中主要用到了节点电压和网孔电流，详见下面的节点电压法和网孔电流法。

2.1.4　节点电压法

此部分的一个重要概念就是节点电压，要知道什么是节点电压以及节点电压的方向。而要确定节点电压首先要选定参考节点：选定电路中的任一节点为参考节点，并假设其电位为零。节点电压则是电路中其他节点与参考节点之间的电压，其方向是由其他节点指向参考节点，即参考节点为低电位端，其他节点为高电位端。

要掌握节点电压方程的列写规则、自电导和互电导的概念及写法，以及方程的右端项的写法。特别是掌握以下 4 种特殊情况的处理方法：(1)电压源与电阻串联的支路；(2)理想电压源支路；(3)电流源与电阻串联的支路；(4)受控源支路。

对于具有 n 个节点的电路，其节点电压方程的一般形式如下：

$$\begin{cases} G_{11}u_{n1}+G_{12}u_{n2}+\cdots+G_{1(n-1)}u_{n(n-1)}=i_{s11} \\ G_{21}u_{n1}+G_{22}u_{n2}+\cdots+G_{2(n-1)}u_{n(n-1)}=i_{s22} \\ \vdots \\ G_{(n-1)1}u_{n1}+G_{(n-1)2}u_{n2}+\cdots+G_{(n-1)(n-1)}u_{n(n-1)}=i_{s(n-1)(n-1)} \end{cases}$$

其中，G_{ii} 为自电导，恒为正值；G_{ij} 为互电导，恒为负值；右端项 i_{sii} 为连接到第 i 个节点的所有电源电流的代数和，流入为正，流出为负。

学习提示 1： 虽然节点电压方程的未知量是电压，但节点电压法的实质是 KCL。节点电压方程由 KCL 和 VCR 联合推导而来，即首先根据节点电压的完备性，用节点电压表示各支路电压，然后带入 VCR 中(VCR 写为 $i=f(u)$)，再将用节点电压表示的各元件的 VCR 带入 KCL 中，最后整理即得到节点电压方程。所以，即使记不住如何写出自电导、互电导以及方程的右端项，自己也能按照上述方法推导出节点电压方程。

学习提示 2： 对于 4 种特殊情况，当需要列写补充方程时，一定要注意补充方程中不能再有新的未知量，即要用节点电压表示其他量。

2.1.5　网孔电流法

此部分的一个重要概念就是网孔电流，而要想知道什么是网孔电流，首先要知道什么是网孔。网孔是电路中的一个闭合回路，但此回路中不能再有其他支路，即网孔是一个自然孔。网孔电流是为了方便分析电路而引入的一种假想的电流，即假想有一个电流在网孔中流动，但实际并不存在。列写网孔电流方程前，首先要指定网孔电流的绕行方向。

要掌握网孔电流方程的列写规则，掌握自电阻和互电阻的概念及写法，以及方程的右端项的写法。特别是掌握以下 4 种特殊情况的处理方法：(1)电流源与电阻并联的支路；(2)理想电流源支路；(3)电压源与电阻并联的支路；(4)受控源支路。

对于具有 n 个网孔的电路，其网孔电流方程的一般形式如下：

$$\begin{cases} R_{11}i_{m1}+R_{12}i_{m2}+\cdots+R_{1n}i_{mn}=u_{s11} \\ R_{21}i_{m1}+R_{22}i_{m2}+\cdots+R_{2n}i_{mn}=u_{s22} \\ \vdots \\ R_{n1}i_{m1}+R_{n2}i_{m2}+\cdots+R_{nn}i_{mn}=u_{snn} \end{cases}$$

其中，R_{ii} 为自电阻，恒为正值；R_{ij} 为互电阻，其值可正可负，需要根据通过公共支路的两个网孔电流的方向而定，两个网孔电流方向相同则为正，否则为负；右端项 u_{sii} 为第 i 个网孔中所有电源电压的代数和，电源的电压降方向与网孔电流方向一致，则 U_{sii} 为正，否则为负。

学习提示 1： 虽然网孔电流方程的未知量是电流，但网孔电流法的实质是 KVL。网孔电流方程由 KVL 和 VCR 联合推导而来，即首先根据网孔电流的完备性，用网孔电流表示各支路电流，然后带入到 VCR 中（VCR 写为 $u=g(i)$），再将用网孔电流表示的各元件的 VCR 带入 KVL 中，最后整理即得到网孔电流方程。所以，即使记不住如何写出自电阻、互电阻以及方程的右端项，自己也能按照上述方法推导出网孔电流方程。

学习提示 2： 对于 4 种特殊情况，当需要列写补充方程时，一定要注意补充方程中不能再有新的未知量，即要用网孔电流表示其他量。

学习提示 3： 如果将各网孔电流的绕行方向假设为一致，即都是顺时针或都是逆时针，则互电阻总是负值。

2.1.6 回路电流法

回路电流法与网孔电流法的实质是一样的，回路电流方程的列写方法也与网孔电流方程的列写方法完全相同。二者的区别在于选择列写 KVL 方程的回路不同，网孔电流法选择自然网孔作为回路，而回路电流法可以选择任意独立的回路。因此，网孔电流法是回路电流法的一个特例。

学习提示 1： 因为连支电流是完备的独立电流变量，所以，确定独立回路的基本方法是借助树找到基本回路。

学习提示 2： 网孔电流法只适用于平面电路，而回路电流法则不受此限制。

2.1.7 含运算放大器的电阻电路分析

运算放大器是一种有源器件，也是一种多端元件，其工作特性及分析方法不同于一般的二端无源元件。关于运算放大器的详细内容将在“模拟电子电路”课程中介绍，本门课程简单介绍含有理想运算放大器的电阻电路分析方法。

从电路分析的角度，我们只关心运算放大器的输入输出关系。运算放大器有两个输入端和一个输出端，两个输入端分别是同相输入端和反相输入端，用“+”和“−”表示，如图 2-2 所示。图中只画出了输入端、输出端和接地端。

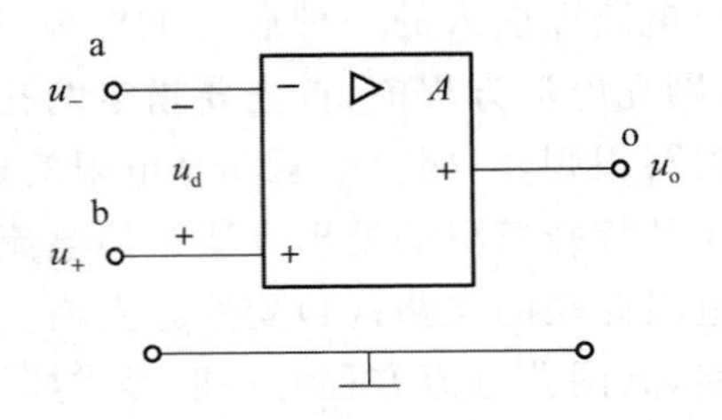

图 2-2 运算放大器的简化符号

当运算放大器工作于线性区时，输出电压与输入电压具有线性关系，即

$$u_o = Au_+ - Au_- = A(u_+ - u_-) = Au_d$$

其中，A 为运算放大器的开环放大倍数，u_+ 和 u_- 分别是施加在同相输入端和反相输入端的电压。

除了开环放大倍数外，运算放大器还有两个参数，分别是输入电阻和输出电阻。由于运算放大器的开环放大倍数很大，因此输入电阻和输出电阻相差也很大。如果开环放大倍数和输入电阻都趋于无穷大，则输出电阻趋于零，满足这样条件的运算放大器就称为理想运算放大器。

理想运算放大器有两个重要特性，分别是虚短（$u_+ = u_-$）和虚断（两个输入端没有电流流入），利用这样的性质可以大大简化电路的分析。所以，在误差允许的范围内，可以把运算放大器当作理想运算放大器对待。理想运算放大器的符号如图2-3所示。

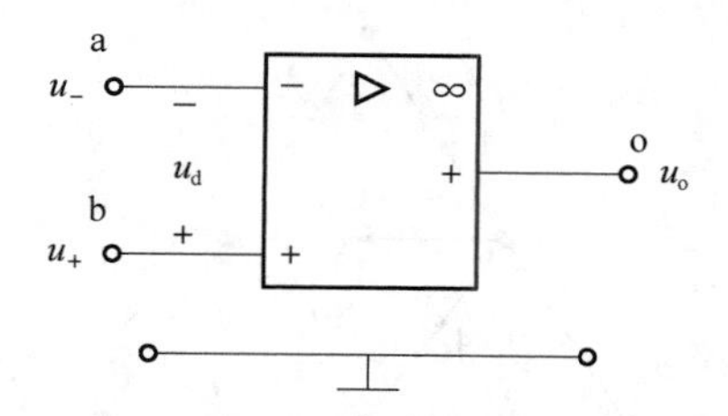

图2-3　理想运算放大器的符号

分析含有理想运算放大器电阻电路的基本方法就是利用KCL、KVL和VCR，再结合其虚短和虚断两个特性。

学习提示： 当分析含有多个理想运算放大器的电阻电路时，应用节点电压法对除运算放大器输出端之外的节点列写节点电压方程，然后联立求解。对于后续将讲到的含有电容、电感等元件的正弦稳态电路，求解方法也一样。因为运算放大器输出端的电流不能确定，所以不能对其输出端所在节点列写节点电压方程。

2.2　部分习题解析

2-1　试找出图2-4所示各连通图G的5个可能的树。

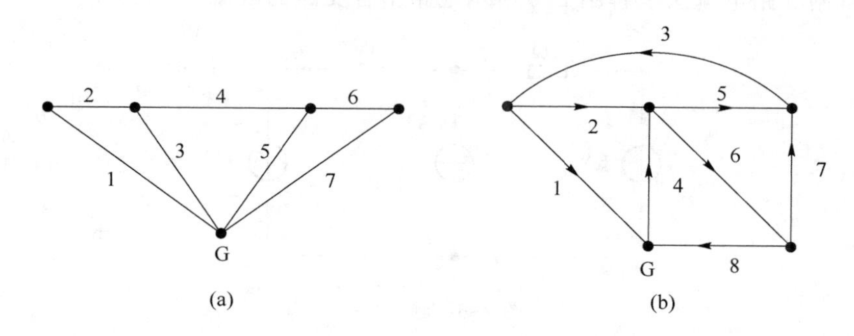

图2-4　题图2-1

解析： 此题考查关于树的定义的基本知识。对于具有n个节点的树，其树支数为$n-1$，这是检查所找树是否正确的一个基本判别标准。

对图2-4(a)，如下支路集合都构成树：(1,2,4,6)，(2,3,4,6)，(2,4,5,6)(2,4,6,7)，(1,3,5,7)。

对图2-4(b)，如下支路集合都构成树：(1,2,5,6)，(3,1,2,6)，(7,3,1,4)，(4,6,5,3)，

(4,6,7,3)。

2-3　在图 2-4(b)中选树 T{3,4,5,6},分别找出对应的基本割集及基本回路。

解析: 此题考查基本割集和基本回路的知识。

基本割集是只含有一条树支的割集,基本回路是只含有一条连支的回路,所以基本割集为(1,2,3),(1,4,8),(1,2,5,7),(6,7,8);基本回路为(1,3,5,4),(2,3,5),(5,6,7),(4,6,8)。

2-4　在图 2-5 所示连通图中选树 T(1,3,5,6,8),分别找出对应的基本割集及基本回路。

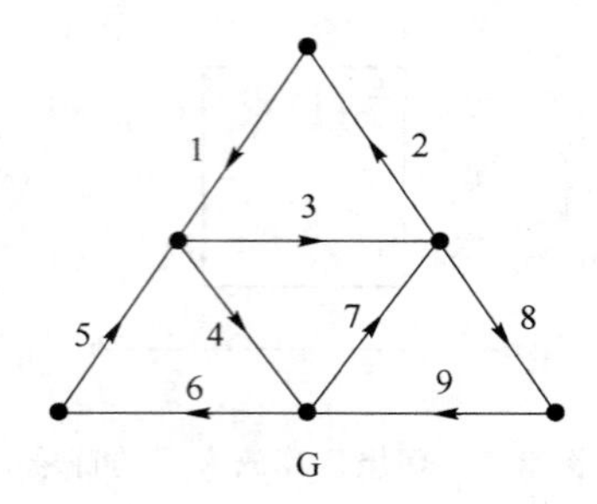

图 2-5　题图 2-3

解析: 此题与题 2-3 考查的知识点相同。

基本割集为(1,2),(2,3,7,9),(4,5,7,9),(4,6,7,9),(8,9);基本回路为(1,2,3),(4,5,6),(3,5,6,7),(3,5,6,9,8)。

2-5　对图 2-4(b)所示连通图所对应的电路,可写出的独立 KCL、KVL 方程数分别是多少?

解析: 此题考查独立 KCL、KVL 方程数的知识。

图 2-4(b)中含有 5 个节点、8 条支路,根据独立 KCL、KVL 方程数与节点数和支路数的关系可知:独立 KCL 方程数为 4,独立 KVL 方程数也为 4。

2-7　试用支路电流法求解图 2-6 所示电路中各支路的电流。

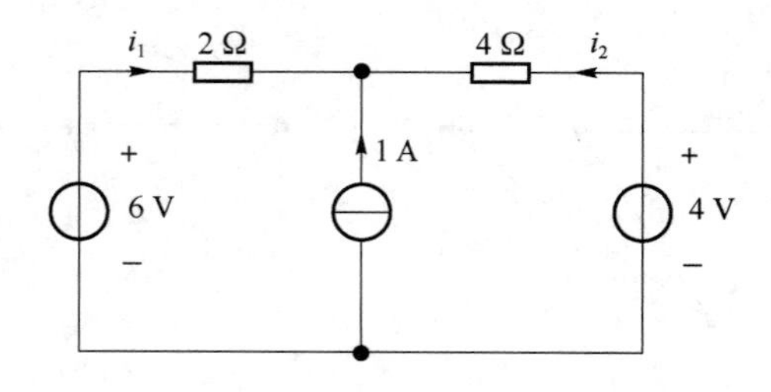

图 2-6　题图 2-5

解析: 此题考查利用 KCL、KVL 和 VCR 列写电路方程的知识。因为要求用支路电流法,所以方程的未知量应是各支路电流。图 2-6 中,共有 3 条支路、一个独立节点,因此可列写一个 KCL 方程和 2 个 KVL 方程。但对此题来说,其中一条支路含独立电流源,只有两条支路电流未知,所以 KCL 和 KVL 方程各列写一个即可。

KCL 方程:

$$i_1+i_2+1=0$$

KVL 方程(对外回路,按顺时针绕行方向):

$$2i_1-4i_2+4-6=0$$

以上两个方程联立求解,可得

$$i_1=-\frac{1}{3}\ \text{A},\quad i_2=-\frac{2}{3}\ \text{A}$$

2-8　试用支路电流法求图 2-7 所示电路中的电流 i_1 和 i_2。

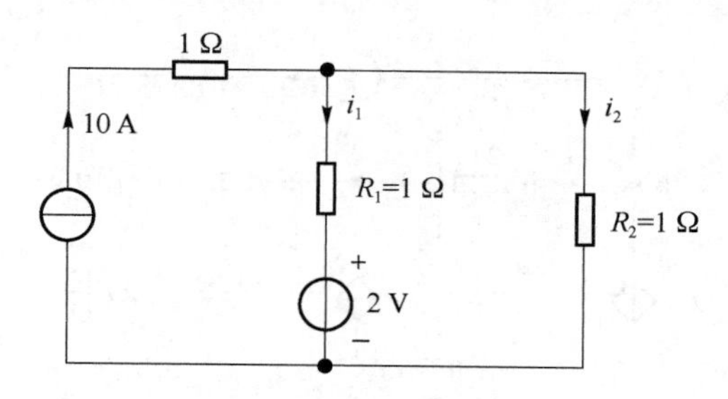

图 2-7　题图 2-6

解析: 此题与题 2-7 考查的知识点相同,而且电路中同样有 3 条支路、1 个独立节点,且 1 条支路含独立电流源,所以 KCL 和 KVL 方程各列写一个即可。

KCL 方程:

$$i_1+i_2=10$$

KVL 方程(对右边网孔):

$$R_2i_2-R_1i_1=2$$

以上两个方程联立求解,可得

$$i_1=4\ \text{A},\quad i_2=6\ \text{A}$$

2-9　求图 2-8 所示电路中的电压 u_1、u_2 和 u_3。

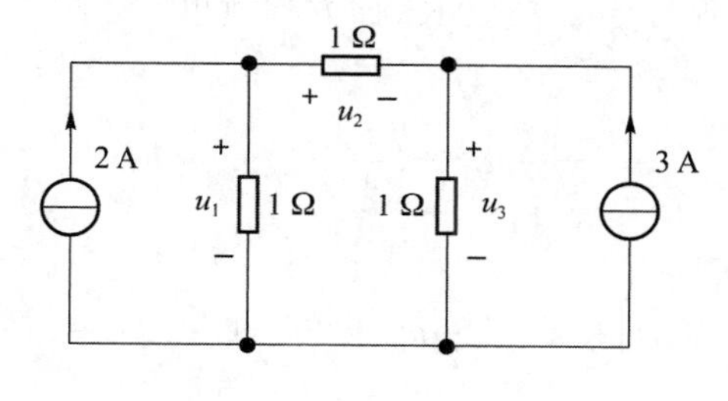

图 2-8　题图 2-7

解析: 此题用支路电流法和节点电压法都可求解。下面给出用支路电流法求解的方法,读者可自己用节点电压法求解。

图 2-8 含有 2 个独立节点、1 个独立回路,所以可列写 2 个 KCL 方程和 1 个 KVL 方程。对上面两个节点分别列写 KCL 方程如下:

$$\frac{u_1}{1}+\frac{u_2}{1}-2=0$$

$$\frac{u_2}{1}-\frac{u_3}{1}+3=0$$

对中间网孔列写 KVL 方程:

$$u_1-u_2-u_3=0$$

以上三式联立求解，可得

$$u_1=\frac{7}{3}\text{ V},\quad u_2=-\frac{1}{3}\text{ V},\quad u_3=\frac{8}{3}\text{ V}$$

注意：在列写 KCL 方程时，要用支路电压表示支路电流，因为待求量是支路电压。

2-10　按照指定的参考节点，列写图 2-9 所示电路的节点电压方程。

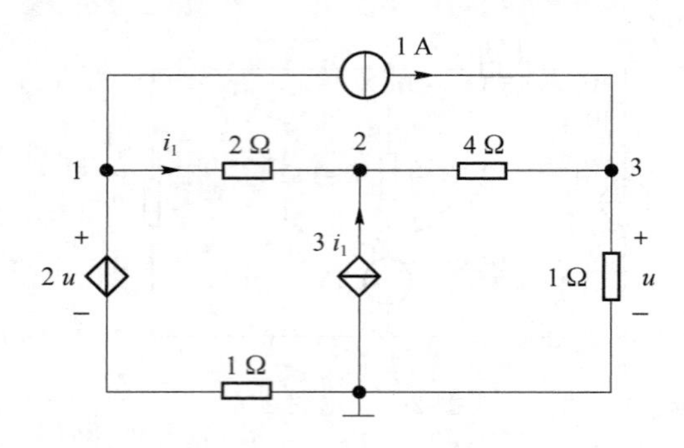

图 2-9　题图 2-8

解析：此题考查节点电压方程的列写。因为已经指明参考节点，所以就要对节点 1、2、3 分别列写节点电压方程。图 2-9 中含有两个受控源，所以需要补充两个控制量 u 和 i_1 与节点电压的关系方程。

节点 1 的方程为

$$(1+\frac{1}{2})u_{n1}-\frac{1}{2}u_{n2}=\frac{2u}{1}-1$$

节点 2 的方程为

$$-\frac{1}{2}u_{n1}+(\frac{1}{2}+\frac{1}{4})u_{n2}-\frac{1}{4}u_{n3}=3i_1$$

节点 3 的方程为

$$-\frac{1}{4}u_{n2}+(\frac{1}{4}+1)u_{n3}=1$$

整理得

$$\begin{cases}\frac{3}{2}u_{n1}-\frac{1}{2}u_{n2}=2u-1\\-\frac{1}{2}u_{n1}+\frac{3}{4}u_{n2}-\frac{1}{4}u_{n3}=3i_1\\-\frac{1}{4}u_{n2}+\frac{5}{4}u_{n3}=1\end{cases}\tag{1}$$

补充方程为

$$\begin{cases}u=u_{n3}\\\frac{1}{2}(u_{n1}-u_{n2})=i_1\end{cases}$$

将补充方程代入方程组(1)，整理得到节点电压方程：

$$\begin{cases}\frac{3}{2}u_{n1}-\frac{1}{2}u_{n2}-2u_{n3}=-1\\-2u_{n1}+\frac{9}{4}u_{n2}-\frac{1}{4}u_{n3}=0\\-\frac{1}{4}u_{n2}+\frac{5}{4}u_{n3}=1\end{cases}$$

此题不将补充方程代入也可以，这样就是 5 个方程。

2-12　求图 2-10 所示电路中的电流 i。

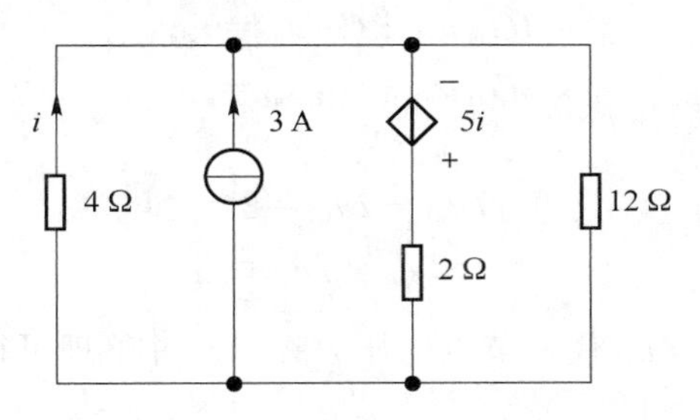

图 2-10　题图 2-10

解析：此题可以用节点电压法或网孔电流法求解，也可以用列写 KCL、KVL 和 VCR 方程的方法求解。因为本章的主要内容是节点电压法和网孔电流法，所以，我们采用节点电压法求解。求出节点电压后，即可求出电流 i。

将下端节点视为参考节点，对上端节点列写节点电压方程：

$$\left(\frac{1}{4}+\frac{1}{2}+\frac{1}{12}\right)U_{n1}=3-\frac{5i}{2}$$

由 VCR 列写补充方程：

$$i=-\frac{U_{n1}}{4}$$

联立以上二式，解得

$$i=-3.6\ \text{A}$$

2-13　按照图 2-11 所示电路中给定的节点，列出电路的节点电压方程。

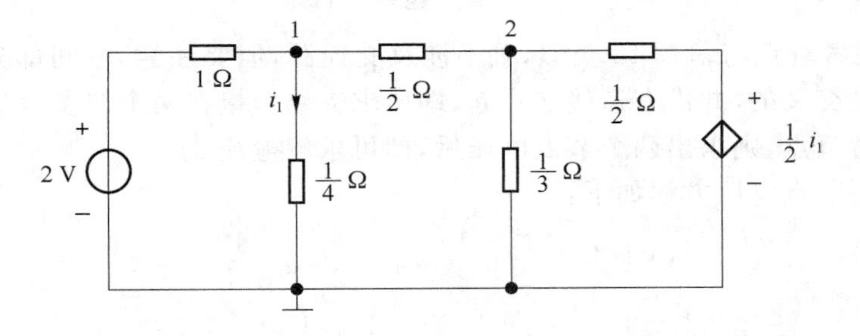

图 2-11　题图 2-11

解析：此题考查节点电压方程的列写，并涉及两种特殊情况的处理：电压源与电阻串联的支路和受控源支路。其中，前者可以化简为电流源与电阻并联的形式（如果对这部分内容比较熟悉，则不用画出化简后的电路图，在列写方程时直接写出等效电流源的电流即可）；后

者则需要补充电流 i_1 与节点电压的关系方程。

对于本题,先写出节点电压方程式中的各项,分别如下:

$$G_{11}=1+4+2=7\ \text{S},\quad G_{22}=2+2+3=7\ \text{S},\quad G_{12}=G_{21}=-2\ \text{S}$$

$$i_{s11}=\frac{2}{1}=2\ \text{A},\quad i_{s22}=\frac{\frac{1}{2}i_1}{\frac{1}{2}}=i_1$$

然后,将上述各项带入节点电压方程:

$$\begin{cases}G_{11}u_{n1}+G_{21}u_{n2}=i_{s11}\\G_{21}u_{n1}+G_{22}u_{n2}=i_{s22}\end{cases}$$

则有

$$\begin{cases}7u_{n1}-2u_{n2}=2\\-2u_{n1}+7u_{n2}=i_1\end{cases}\tag{1}$$

此外,将补充方程 $i_1=\frac{u_{n1}}{\frac{1}{4}}=4u_{n1}$ 代入节点电压方程(1),并整理可得

$$\begin{cases}7u_{n1}-2u_{n2}=2\\-6u_{n1}+7u_{n2}=0\end{cases}$$

有时不将补充方程带入方程(1),而是直接写成如下形式:

$$\begin{cases}7u_{n1}-2u_{n2}=2\\-2u_{n1}+7u_{n2}=i_1\\i_1=4u_{n1}\end{cases}$$

2-14 试用节点电压法求图 2-12 所示电路中的电流 i。

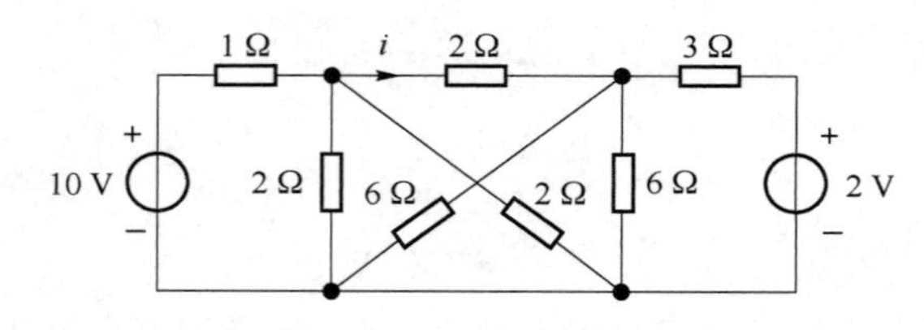

图 2-12 题图 2-12

解析:此题考查点与题 2-13 类似,且不涉及受控源,但要注意,中间部分的 2 Ω 与 6 Ω 电阻所在支路是交叉的,并没有连接在一起,即所求支路跨接在两个非参考节点之间。选择下端节点为参考节点,则求出两个节点电压后,即可求解电流 i。

可直接列写节点电压方程如下:

$$\begin{cases}\left(1+\frac{1}{2}+\frac{1}{2}+\frac{1}{2}\right)u_{n1}-\frac{1}{2}u_{n2}=\frac{10}{1}\\-\frac{1}{2}u_{n1}+\left(\frac{1}{2}+\frac{1}{6}+\frac{1}{6}+\frac{1}{3}\right)u_{n2}=\frac{2}{3}\end{cases}$$

整理得

$$\begin{cases}2.5u_{n1}-0.5u_{n2}=10\\-0.5u_{n1}+\frac{7}{6}u_{n2}=\frac{2}{3}\end{cases}$$

解得

$$\begin{cases} u_{n1}=4.5\ \text{V} \\ u_{n2}=2.5\ \text{V} \end{cases}$$

因此，

$$i=\frac{u_{n1}-u_{n2}}{2}=1\ \text{A}$$

2-15　电路如图 2-13 所示，欲使 3 Ω 电阻的功率为零，则 R 应为何值？

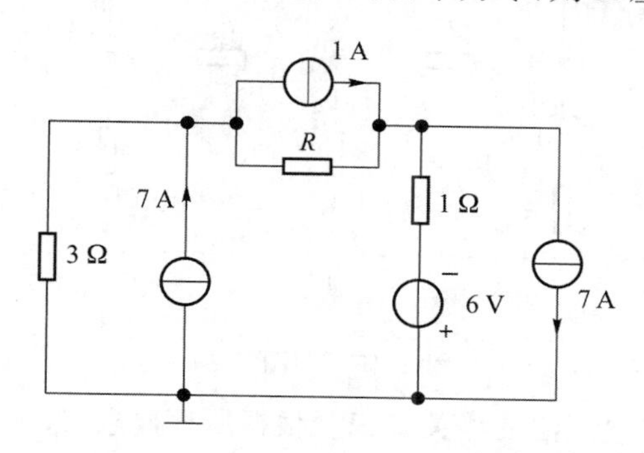

图 2-13　题图 2-13

解析：此题可以通过列写节点电压方程进行分析，也可以直接应用 KCL、KVL 以及 VCR 的知识进行分析。根据条件“3 Ω 电阻的功率为零”可知，其上电压和电流均应为零。因此，如果应用节点电压法，则在列出上部两个节点电压方程后，令左端节点电压为零即可。下面给出直接应用 KCL、KVL 和 VCR 进行求解的方法，即依次分析各个支路的电流电压关系，最后求得电阻 R 的阻值。

假设各支路电压、电流如图 2-14 所示，则有

$$u_1=0,\quad i_1=0$$

根据 KCL，可得

$$i_3=7-1=6\ \text{A},\quad i_4=7-7=0$$

根据 KVL，可得

$$u_3=6\ \text{V}$$

所以，

$$R=\frac{u_3}{i_3}=1\ \Omega$$

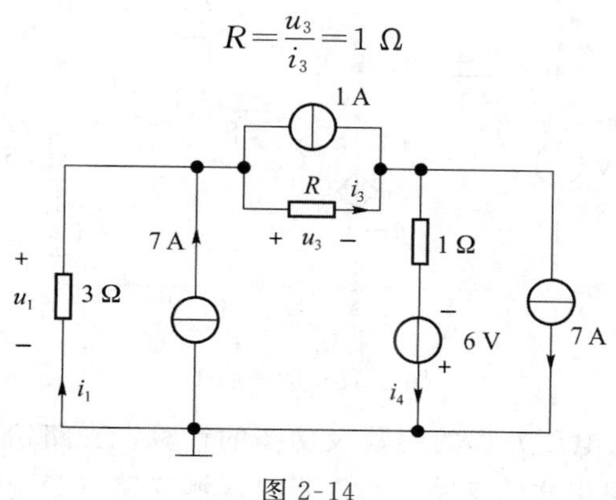

图 2-14

建议读者利用节点电压法计算一下。

2-16　在图 2-15 所示的电路中，已知 $R_o^2=R_aR_b$，试用节点电压法证明 $\frac{u_{34}}{u_{14}}=\frac{R_o}{R_o+R_a}=\frac{R_b}{R_o+R_b}$。

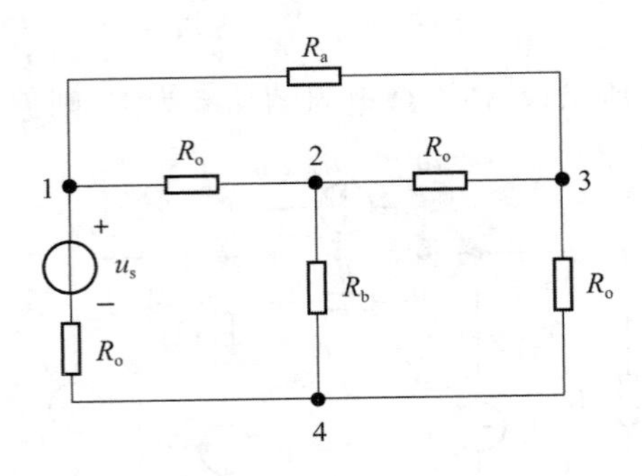

图 2-15　题图 2-14

解析：此题考查节点电压法的相关知识。根据所证要求，选节点 4 为参考节点，写出节点 1 和节点 3 的表达式，进而求出二者的比值 $\frac{u_{34}}{u_{14}}$，并注意将已知条件带入。

节点电压方程如下：

$$\begin{cases}(\frac{1}{R_o}+\frac{1}{R_o}+\frac{1}{R_a})u_{n1}-\frac{1}{R_o}u_{n2}-\frac{1}{R_a}u_{n3}=\frac{u_s}{R_o}\\ -\frac{1}{R_o}u_{n1}+(\frac{1}{R_o}+\frac{1}{R_b}+\frac{1}{R_o})u_{n2}-\frac{1}{R_o}u_{n3}=0\\ -\frac{1}{R_a}u_{n1}-\frac{1}{R_o}u_{n2}+(\frac{1}{R_o}+\frac{1}{R_o}+\frac{1}{R_a})u_{n3}=0\end{cases}$$

由上述方程组求出 u_{n1} 和 u_{n3}，并注意到 $u_{14}=u_{n1}$，$u_{34}=u_{n3}$，因此有

$$\frac{u_{34}}{u_{14}}=\frac{R_o}{R_o+R_a}=\frac{R_b}{R_o+R_b}$$

2-17　电路如图 2-16 所示，试列出电路的节点电压方程，并求出受控源的功率。

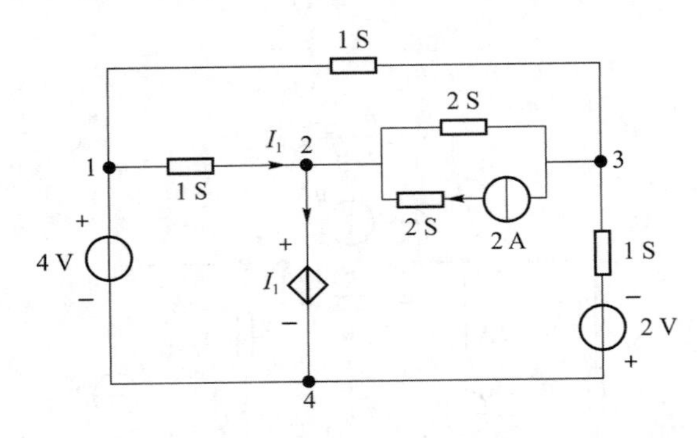

图 2-16　题图 2-15

解析：此题考查节点电压方程的列写及功率的计算。支路情况较为复杂，涉及 4 种特殊情况：(1)电压源与电阻串联的支路；(2)理想电压源支路；(3)电流源与电阻串联的支路；

(4)受控源支路。其中,针对情况(2),若电压源支路连接在参考节点与非参考节点之间,则可以少列一个节点电压方程,否则需要设理想电压源支路的电流为未知量,并补充理想电压源电压与相接节点电压的方程;情况(3)中的电阻可以忽略;情况(4)则需要在按规范列写节点电压方程后,补充控制量与节点电压的关系方程。

由图2-16可知,求出节点2的电压和电流 I_1 后,即可求得受控源的功率。此题选择节点4为参考节点,这是最简单的方法。节点电压方程如下:

$$\begin{cases} U_{n1}=4 \\ U_{n2}=I_1 \\ -U_{n1}-2U_{n2}+(1+2+1)U_{n3}=-2-\dfrac{2}{1} \\ I_1=U_{n1}-U_{n2} \end{cases}$$

解得

$$U_{n2}=2\ \text{V},\quad I_1=2\ \text{A}$$

由于受控源的电压、电流为关联参考方向,所以其功率为 $2\times2=4$ W。

2-19　试用网孔电流法求图2-17所示电路中的电压 u。

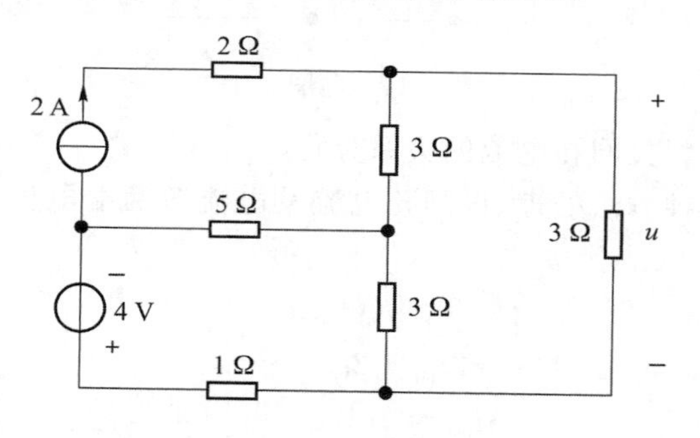

图2-17　题图2-17

解析: 此题考查网孔电流法及元件VCR的知识,电路涉及包含电流源支路这种特殊情况。因为当只有一个网孔电流通过电流源所在支路时,该电流源所在网孔的电流已知,故此题只需列两个网孔电流方程即可。

假设网孔电流方向如图2-18所示,则网孔电流方程如下:

$$\begin{cases} i_{m1}=2 \\ -5i_{m1}+(5+3+1)i_{m2}-3i_{m3}=-4 \\ -3i_{m1}-3i_{m2}+(3+3+3)i_{m3}=0 \end{cases}$$

解得

$$i_{m3}=1\ \text{A}$$

则

$$u=3i_{m3}=3\ \text{V}$$

2-20　试用网孔电流法求图2-19所示电路中的电流 i_1、i_2 和 i_3。

解析: 此题考查点与题2-19类似,但该题中电流源所在支路为两个网孔的公共支路,此时有两种处理方法:(1)在等效的情况下,将电流源所在支路与其他支路互换位置,使得只有一个网孔电流通过该支路;(2)设该电流源两端的电压为未知量并将其当作电压源对待,

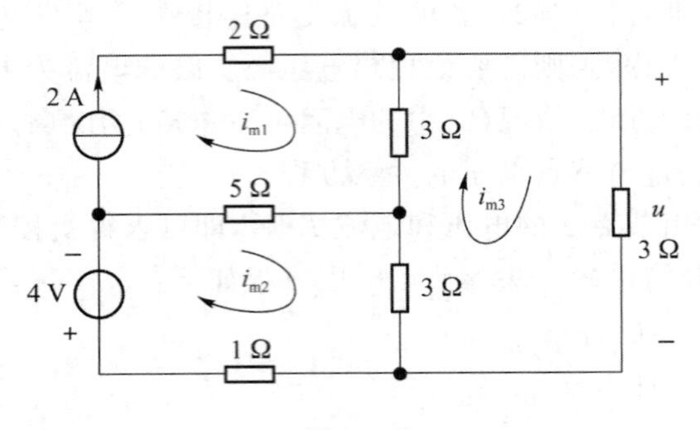

图 2-18

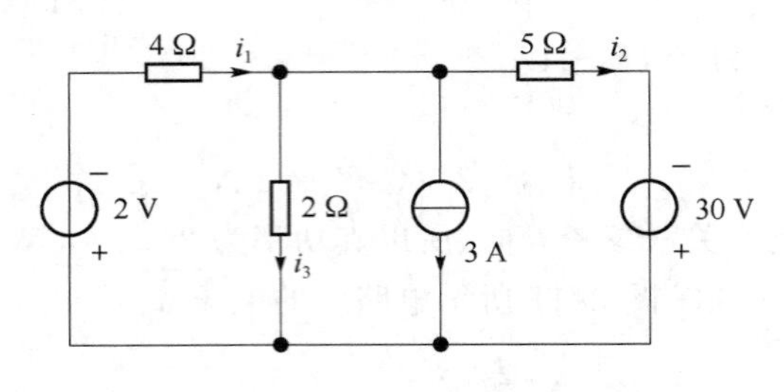

图 2-19　题图 2-18

然后补充电流源电流与相关网孔电流的关系方程。

此题我们按照第二种方法处理，设网孔电流及电流源两端电压 u 如图 2-20 所示，则网孔电流方程为

$$\begin{cases}(4+2)i_{m1}-2i_{m2}=-2\\-2i_{m1}+2i_{m2}=-u\\5i_{m3}=30+u\end{cases}$$

补充方程为

$$i_{m2}-i_{m3}=3$$

解得

$$i_{m1}=2\ \text{A},\quad i_{m2}=7\ \text{A},\quad i_{m3}=4\ \text{A}$$

因此，$i_1=i_{m1}=2\ \text{A}$，$i_2=i_{m3}=4\ \text{A}$，$i_3=i_{m1}-i_{m2}=-5\ \text{A}$。

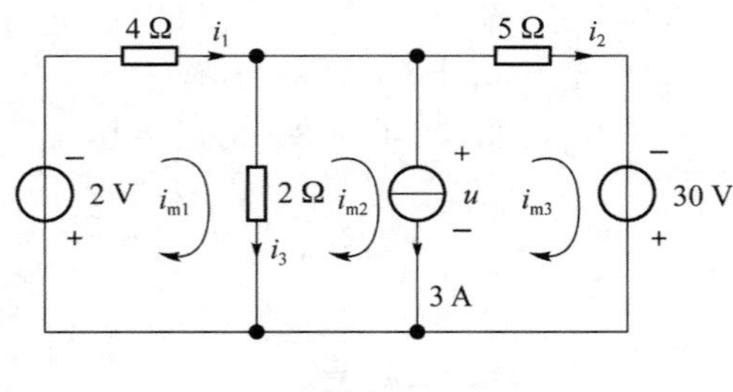

图 2-20

读者也可以将电流源所在支路与其右边的支路互换，然后按照第一种处理方式列写方程并求解。

2-21　试用网孔电流法求图 2-21 所示电路中的电流 i。

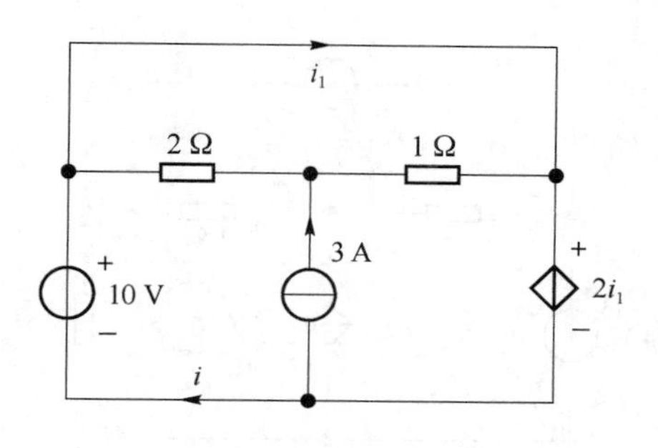

图 2-21　题图 2-19

解析：此题考查点与题 2-19 类似，但该题中电流源所在支路为两个网孔的公共支路，而且不能像题 2-20 那样与其他支路互换，因此只能按照题 2-20 中介绍的第二种方法处理。此外，此题有受控电压源支路，因此需要补充控制量与相关网孔电流的关系方程。

设电流源两端的电压为 u，方向为上正下负，网孔电流方向如图 2-22 所示，则网孔电流方程为

$$\begin{cases}(1+2)i_{m1}-2i_{m2}-i_{m3}=0\\ -2i_{m1}+2i_{m2}=10-u\\ -i_{m1}+i_{m3}=u-2i_1\end{cases}$$

补充方程为

$$\begin{cases}i_{m3}-i_{m2}=3\\ i_{m1}=i_1\end{cases}$$

解得

$$i_{m1}=5\ \text{A},\quad i_{m2}=4\ \text{A},\quad i_{m3}=7\ \text{A}$$

因此，$i=i_{m2}=4\ \text{A}$。

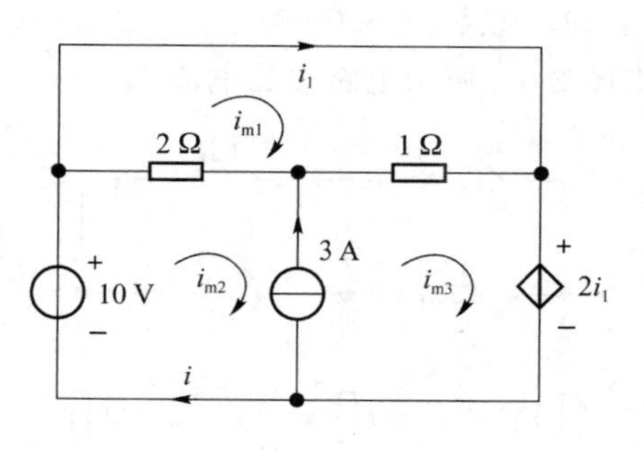

图 2-22

2-22　试列写图 2-23 所示电路的网孔电流方程，并计算受控源吸收的功率。

解析：此题考查网孔电流法及功率计算的知识。网孔电流法的考查点与前几道题类似，但该题中受控电流源所在支路为两个网孔的公共支路，不能像题 2-20 那样与其他支路互换，因此只能按照题 2-20 中介绍的第二种方法处理。此外，由于该电流源是受控电流源，所以除补充电流源的电流与相关网孔电流的关系方程外，还需要补充控制量与相关网孔电流的关系方程。

此题所求为受控源吸收的功率，所以需要求出受控电流源的电流及其两端的电压，此电

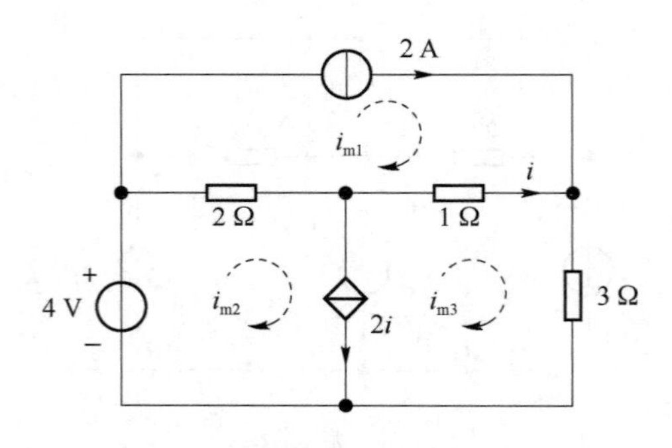

图 2-23　题图 2-20

压正好是列写网孔电流方程需要增加的未知量。假设受控电流源的电压为 u,方向为上正下负,即与电流为关联参考方向,则二者的乘积就是受控源吸收的功率。

因为题中已经标出网孔电流,所以按照指定的网孔编号及网孔电流方向列写方程即可。网孔电流方程如下:

$$\begin{cases} i_{m1}=2 \\ -2i_{m1}+2i_{m2}=4-u \\ -i_{m1}+(1+3)i_{m3}=u \end{cases}$$

补充方程为

$$\begin{cases} i_{m2}-i_{m3}=2i \\ i_{m3}-i_{m1}=i \end{cases}$$

解得

$$i_{m1}=2\ \text{A},\quad i_{m2}=1.4\ \text{A},\quad i_{m3}=1.8\ \text{A},\quad u=5.2\ \text{V},\quad i=-0.2\ \text{A}$$

所以,受控源吸收功率为

$$u\times 2i=5.2\times 2\times(-0.2)=-2.08\ \text{W}$$

2-23　用网孔电流法求图 2-24 所示电路中的电流 i。

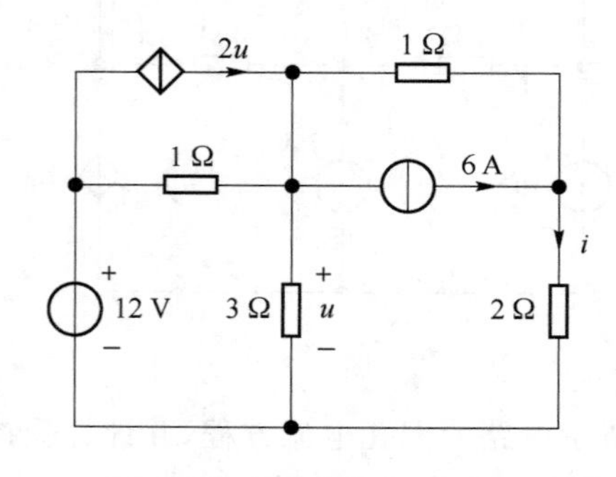

图 2-24　题图 2-21

解析:此题考查点与题 2-21 类似,但又包含类似题 2-22 的电流源支路,所以可以按照题 2-22 的方式处理。不过该题与题 2-22 不同的是:无论是受控电流源还是理想电流源,都有与其并联的电阻。所以,也可以先将受控电流源与和其并联的电阻、理想电流源与和其并联的电阻等效转换为电压源与电阻的串联支路,然后再列写网孔电流方程,此时电路中就只有两个网孔。

通过观察可以发现，可以将 6 A 的电流源与和其并联的 1 Ω 电阻互换位置，对电路没有任何影响。假设各网孔编号及网孔电流方向如图 2-25 所示，则网孔电流方程为

$$\begin{cases} i_{m1}=2u \\ i_{m2}=6 \\ -i_{m1}+4i_{m3}-3i_{m4}=12 \\ -i_{m2}-3i_{m3}+6i_{m4}=0 \end{cases}$$

补充控制量与相关网孔电流的关系方程：

$$u=3(i_{m3}-i_{m4})$$

解得

$$i=i_{m4}=-8\ \text{A}$$

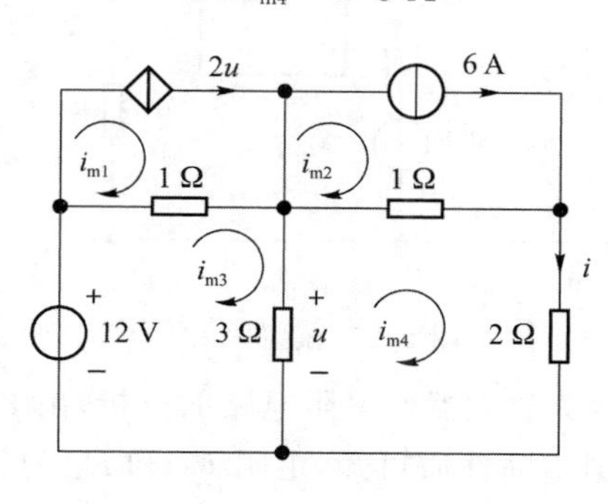

图 2-25

2-24　电路如图 2-26 所示，试列写其网孔电流方程。

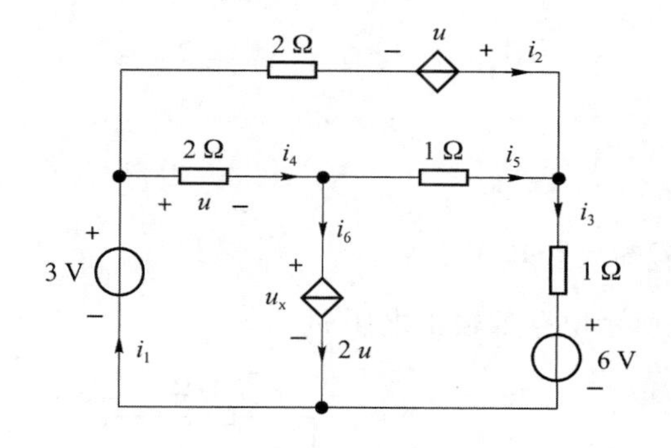

图 2-26　题图 2-22

解析：此题考查网孔电流方程的列写。与题 2-22 类似，该题中受控电流源所在支路为两个网孔的公共支路，因此处理方法也一样。此外，该题中还有一个受控电压源，但控制量也为 u，因此补充一个控制量与相关网孔电流的关系方程即可。

假设网孔电流绕行方向均为顺时针，且编号与其所含的独有支路编号一致，则网孔电流方程如下：

$$\begin{cases} 2i_{m1}-2i_{m2}=3-u_x \\ -2i_{m1}+5i_{m2}-i_{m3}=u \\ -i_{m2}+2i_{m3}=u_x-6 \end{cases}$$

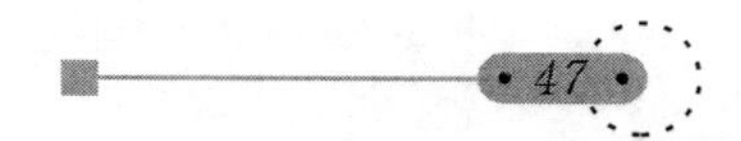

补充方程为$\begin{cases}2u=i_{m1}-i_{m3}\\u=2(i_{m1}-i_{m2})\end{cases}$。

2-26 对图 2-27 所示电路,试计算在下列情况下的输出电压 u_o。

(1) $u_{in}=300\ mV, R_1=10\ \Omega, R_2=75\ \Omega$

(2) $u_{in}=1.5\ V, R_1=R_2=1\ M\Omega$

(3) $u_{in}=-1\ V, R_1=3.3\ k\Omega, R_2=4.7\ k\Omega$

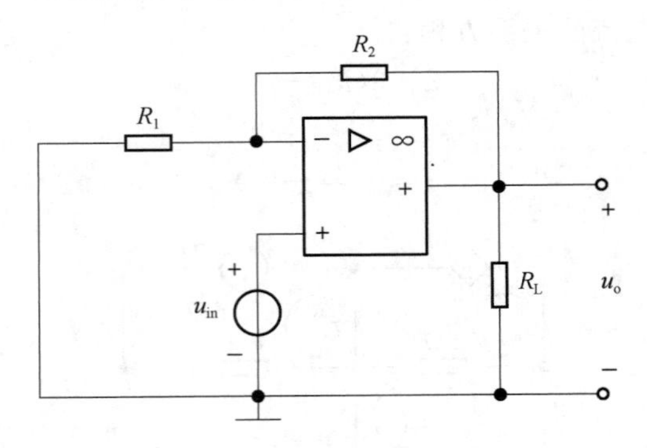

图 2-27 题图 2-24

解析:此题考查含理想运算放大器的电阻电路的分析,由 KVL 及理想运算放大器虚短与虚断的性质即可求解。根据虚断性质可知,电阻 R_1 和 R_2 为串联关系,输出电压是 R_1 和 R_2 的电压之和;根据虚短,通过 R_1 和 R_2 的电流为$\frac{u_{in}}{R_1}$。所以有 $u_o=\frac{u_{in}}{R_1}(R_1+R_2)$,因此可得:

(1) $u_o=\frac{u_{in}}{R_1}(R_1+R_2)=2.55\ V$;

(2) $u_o=\frac{u_{in}}{R_1}(R_1+R_2)=3\ V$;

(3) $u_o=\frac{u_{in}}{R_1}(R_1+R_2)\approx-2.42\ V$。

2-27 计算图 2-28 所示电路的输出电压 u_o

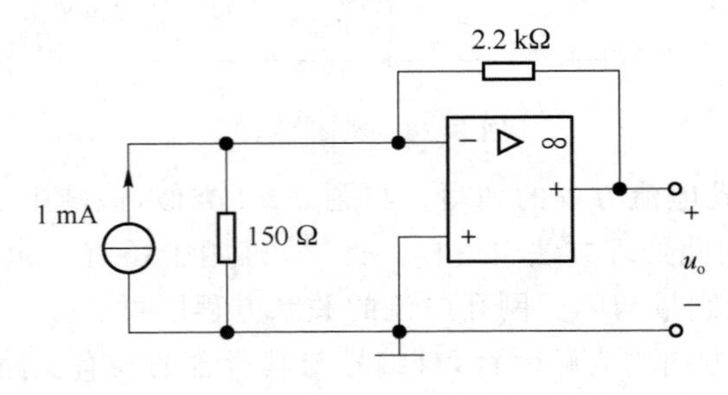

图 2-28 题图 2-25

解析:此题考查含理想运算放大器的电阻电路的分析。由虚短性质可知,输出电压即 2.2 kΩ 电阻上的电压。

根据虚断性质可求出通过 2.2 kΩ 电阻的电流为 1 mA,方向由左向右,所以

$$u_o = -1\times10^{-3}\times2.2\times10^3 = -2.2\ \text{V}$$

2-28　计算图 2-29 所示电路的电压 u_1。

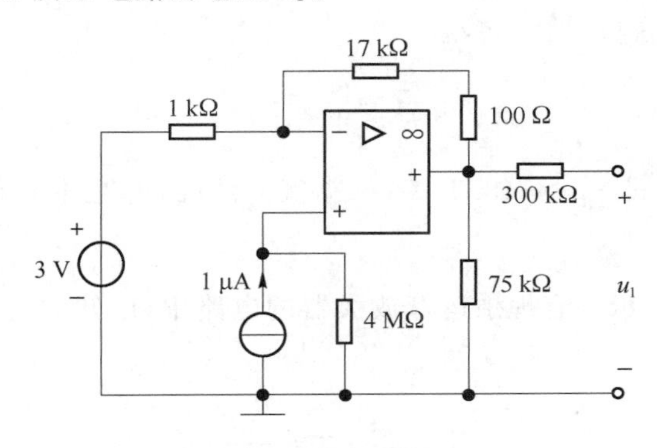

图 2-29　题图 2-26

解析：此题同样考查含理想运算放大器的电阻电路的分析。解题思路与题 2-27 类似，但此题的电路结构更复杂一些。

根据理想运算放大器虚短和虚断的性质，其同相输入端和反相输入端的电压为

$$u_+ = u_- = 1\times10^{-6}\times4\times10^6 = 4\ \text{V}$$

则流过 17 kΩ 电阻的电流（由右向左）为

$$i = \frac{u_- - 3}{1\times10^3} = \frac{4-3}{1\times10^3} = 1\ \text{mA}$$

所以，根据 KVL，可得

$$u_1 = u_+ + i(17\times10^3 + 100) = 21.1\ \text{V}$$

2-29　在图 2-30 所示的电路中，如果要求传递给 10 kΩ 电阻的功率为 150 mW，则电阻 R 应为多大？

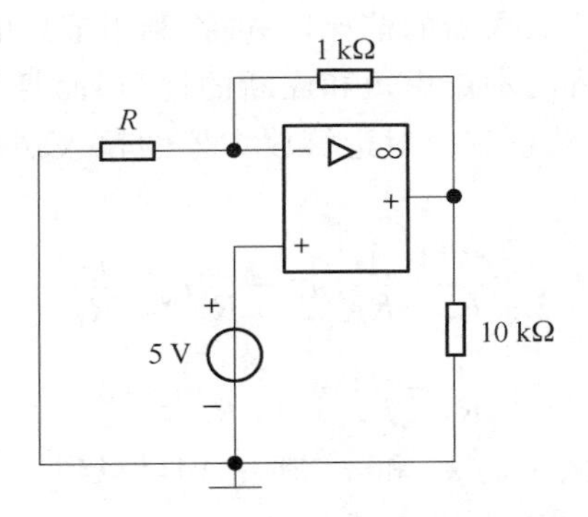

图 2-30　题图 2-27

解析：此题考查含理想运算放大器的电阻电路的分析，虽然所求与前面不一样，但仍然需要利用理想运算放大器虚短和虚断的性质进行分析，当然还涉及功率的计算。

由已知条件可求得 10 kΩ 电阻的电压，即理想运算放大器的输出电压，然后通过虚短、虚断性质以及 VCR，即可求出 R 的阻值。

理想运算放大器输出端的电压（上正下负）为

$$u_o = \sqrt{P\cdot R} = \sqrt{150\times10^{-3}\times10\times10^3} \approx \pm38.73\ \text{V}$$

根据理想运算放大器的虚短性质，可得

$$u_+ = u_- = 5\ \text{V}$$

根据理想运算放大器的虚断性质，可得

$$\frac{u_-}{R} = \frac{u_o - u_-}{1\times10^3}$$

所以，$R = \dfrac{10^3 u_-}{u_o - u_-} = \dfrac{5\times10^3}{38.73-5} \approx 148.24\ \Omega$（根据实际情况，$u_o$ 应取正值，因为电阻不可能为负值）。

2-30　在图 2-31 所示含有理想运算放大器的电路中，已知 $R_1 = R_3 = R_4 = 1\ \text{k}\Omega$，$R_2 = R_5 = 2\ \text{k}\Omega$，$u_i = 1\ \text{V}$，求 i_5。

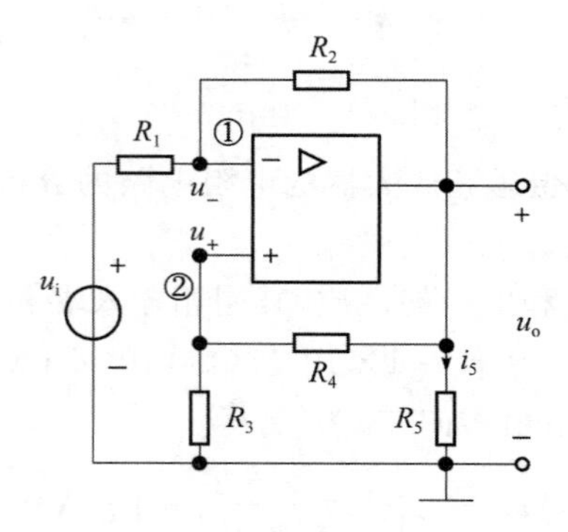

图 2-31　题图 2-28

解析：此题同样考查含理想运算放大器的电阻电路的分析，解题思路与前面几道题类似，但此题的电路结构复杂一些，仍然需要利用理想运算放大器虚短和虚断的性质进行分析。此题可以通过列写节点电压方程进行求解，先求出输出电压 u_o，再求 i_5。对于以后学习中遇到的含有多个理想运算放大器的情况，一般都利用节点电压法进行分析求解。

注意在列写节点电压方程时利用虚短和虚断的性质，而且不能对输出节点列写节点电压方程，因为输出端的电流无法确定。对运算放大器的输入端和输出端分别列写节点电压方程如下：

$$\begin{cases} \left(\dfrac{1}{R_1}+\dfrac{1}{R_2}\right)u_- - \dfrac{1}{R_2}u_o = \dfrac{u_i}{R_1} \\ \left(\dfrac{1}{R_3}+\dfrac{1}{R_4}\right)u_+ - \dfrac{1}{R_4}u_o = 0 \end{cases}$$

由于 $u_+ = u_-$，所以将上面二式中的 u_+ 和 u_- 消去，即可得到

$$u_o = \frac{R_1(R_3+R_4)}{R_3R_4(R_1+R_2)}u_i = \frac{1\times(1+1)}{1\times1\times(1+2)}\times1 = \frac{2}{3}\ \text{V}$$

所以，

$$i_5 = \frac{u_o}{R_5} = \frac{\frac{2}{3}}{2\times10^3} = \frac{1}{3}\ \text{mA}$$

第3章

电路的基本定理

3.1 基本知识及学习指导

本章介绍电路的基本定理，主要包括齐性定理、叠加定理、替代定理、戴维南定理和诺顿定理、最大功率传输定理、特勒根定理和互易定理。本章的知识结构如图 3-1 所示。

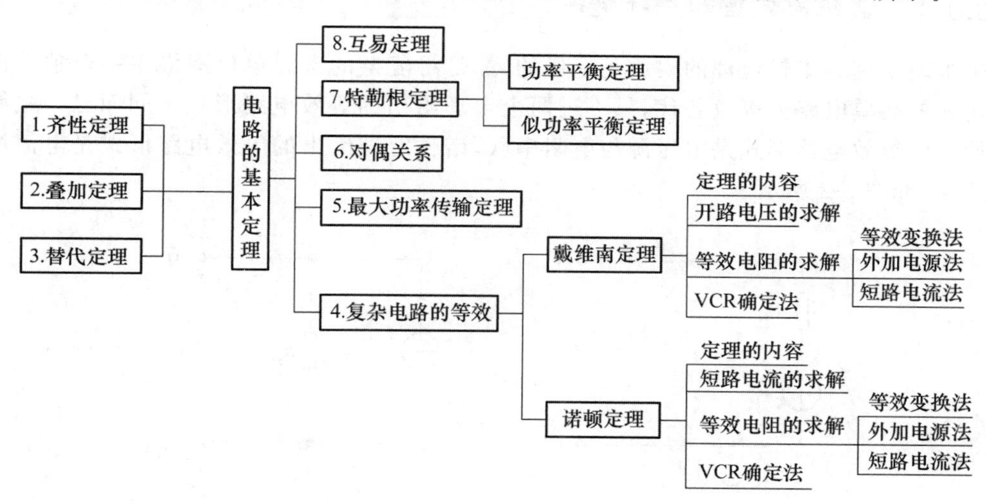

图 3-1 第 3 章知识结构

这些定理是分析电路的基本定理，利用这些定理，在某些情况下可以使电路的分析变得更简单，从而提高电路分析的效率。与第 2 章介绍的电路基本分析方法类似，这些定理虽然是在直流电阻电路中引出的，但其同样适用于随后将要介绍的动态电路和正弦稳态电路，所以，本章的内容非常重要。

3.1.1 齐性定理和叠加定理

齐性定理和叠加定理密切相关，都只适用于线性电路，通常只求电路中某一支路的电压或电流。齐性定理说明的是，当只有一个独立源作用于电路时，响应与激励之间的比例关系。叠加定理说明的是，当有多个独立源作用于电路时，如何以更简单的方式求得电路的响应，即将多个独立源作用时的响应分解为单个独立源作用时的响应的叠加。这种分析方法使得当某个独立源的大小有变化时，求电路的响应更简便，即只需根据齐性定理求出对应独立源变化后的响应，再与其他独立源产生的响应叠加即可。

学习提示1：一定要掌握叠加定理中无作用的独立源处理方法，即当某一独立源单独作用时，其他独立源应为零值，零值就意味着独立电压源短路，独立电流源开路。

学习提示2：进行叠加时一定要注意各响应的方向。为了避免出错，一般在求各独立源单独作用的响应时，就选择其方向与最初总的响应方向一致，不管其真实方向如何，这样求出的各响应直接相加即可。注意，此时求出的各响应值未必都是正值，叠加时直接带入即可。

学习提示3：受控源不能单独作用，即独立源单独作用时，受控源必须保留在电路中，而且要注意控制量的变化。

学习提示4：功率不能叠加。因为功率与电压、电流不是线性关系，所以，如果除了某些电压、电流为待求量外，还需要求功率，则必须用叠加后的总的电压、电流值进行计算。

学习提示5：如果电路中独立源较多，单独求其作用时的响应就更复杂，则可以让某些独立源作为一组，然后将各组独立源作用时的响应进行叠加。

3.1.2 戴维南定理和诺顿定理

戴维南定理和诺顿定理的实质是一样的，都是将复杂的含源单口网络用一个独立源和电阻构成的简单电路去等效替代，只不过两个定理给出的等效电路形式不同而已。戴维南定理给出的等效电路形式是电压源与电阻串联，诺顿定理给出的等效电路形式是电流源与电阻并联，如图3-2所示。

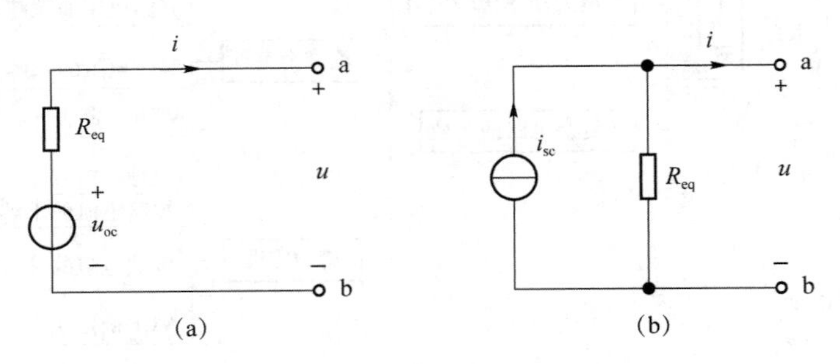

图3-2　戴维南等效电路(左)和诺顿等效电路(右)

大家回忆一下我们在第1章讲的两种实际电流模型及其等效变换，就可以知道戴维南定理和诺顿定理的关系了。所以，对于同一个含源单口网络，如果求出了其戴维南等效电路，则其诺顿等效电路也就很容易得到了。

戴维南等效电路中电压源的电压等于被等效的含源单口网络端口的开路电压，诺顿等效电路中电流源的电流等于被等效的含源单口网络端口的短路电流，二者的等效电阻均为被等效的含源单口网络内所有独立源置零后端口的等效电阻。这里独立源置零的概念与叠加定理中的一样。

开路电压和短路电流的确定，应用之前介绍的电路分析方法或叠加定理即可，而等效电

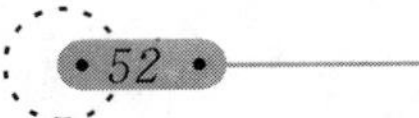

阻的确定则与电路的结构及元件构成有关。如果单口网络中没有受控源，则除源后就是一个电阻网络，根据电路结构，一般应用电阻的串、并联即可求得等效电阻，复杂一点的电路可以应用 Y-Δ 变换。如果单口网络中含有受控源，则其戴维南等效电阻的确定就相对困难，这也是一个难点。

含有受控源单口网络的等效电阻不能再用电阻串、并联或 Y-Δ 变换的方法确定。有两种方法可以应用。一种称为外加电源法，该方法基于单口网络输入电阻的概念而来，即先将网络中的独立源置零，然后求端口的输入电阻。另一种方法称为短路电流法，该方法基于单口网络的伏安特性而来，对于戴维南等效电路，求出单口网络端口的短路电流，则之前求出的开路电压与短路电流之比即等效电阻；对于诺顿等效电路，求出单口网络端口的开路电压，则此开路电压与之前求出的短路电流之比即等效电阻。所以，短路电流法也可以称为开路电压-短路电流法。实际上，这两种方法对纯电阻电路也适用，只不过有点化简为繁的感觉。

以上介绍的是通过分别求开路电压（或短路电流）和等效电阻，进而确定等效电路的方法。还有一种方法可以直接求出开路电压（或短路电流）和等效电阻，这就是 VCR 方法，该方法基于单口网络端口的 VCR 而来，即直接列写单口网络端口的电压电流关系，由此反推等效电路的形式及元件参数。这种方法对任何电路都适用。

学习提示 1：外加电源法求等效电阻时一定要把网络中的独立源置零，而短路电流法则必须保留独立源。

在一般的电路分析中，戴维南定理应用得更广泛，其主要的应用就是求某一支路的电压或电流，以及解决接下来要讲的最大功率传输问题。在电路分析中应用戴维南定理时，首先要对电路进行分解，将待求量所在的支路与电路的其他部分分开，其他部分通常就是一个含源的单口网络；然后应用戴维南定理将含源单口网络等效成电压源与电阻串联的形式；最后再将戴维南等效电路和待求量所在支路连接在一起，此时的电路就是一个非常简单的单回路电路，所以很容易求出待求量。

学习提示 2：如果电路中有受控源，则分解电路时一定要把受控源及其控制量放在同一部分，即单口网络中不能含有控制量在外部电路的受控源。

3.1.3　最大功率传输定理

最大功率传输定理与实际工程应用密切相关，也是由实际工程而来的。最大功率传输定理解决的是在电源一定的情况下，负载为何值时才能获得最大功率的问题。我们按照电源与负载直接相连的情况（如图 3-3 所示）推导出了负载获得最大功率的条件以及最大功率的计算式，即当 $R_{\mathrm{L}}=R_{\mathrm{s}}$ 时，负载获得最大功率，最大功率为 $P_{\mathrm{Lmax}}=\dfrac{u_{\mathrm{s}}^2}{4R_{\mathrm{s}}}$。

但与负载连接的通常是一个比较复杂的网络，那么这种情况下如何应用上述结论呢？这就要用到我们在 3.1.2 节中介绍的戴维南定理，即先将负载从电路中移除，求剩下的含源单口网络的戴维南等效电路，然后再把负载接上，此时就得到如图 3-3 所示的电路，最后应用最大功率传输定理的结论即可。也就是说，当 $R_{\mathrm{L}}=R_{\mathrm{eq}}$ 时，负载获得最大功率，最大功率为 $P_{\mathrm{Lmax}}=\dfrac{u_{\mathrm{oc}}^2}{4R_{\mathrm{eq}}}$。注意，此时 R_{eq} 与 R_{s} 对应，u_{oc} 与 u_{s} 对应，这是实际中常用的形式。但应注意，根据等效的概念，此时电源的传输效率不再是 50%，而是小于此值，具体数值需要根据原电路计算。

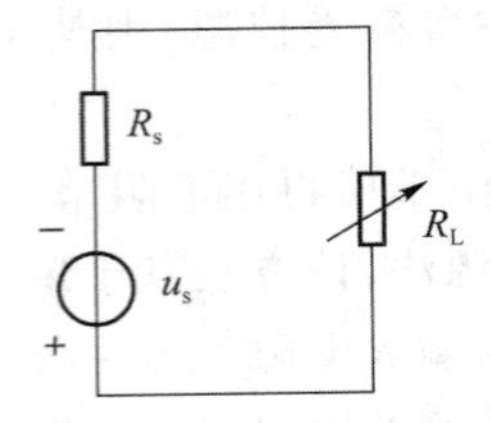

图 3-3　最大功率传输定理的推导

学习提示： 一定要注意最大功率传输定理的使用条件，即电源不变，负载可变。

3.1.4　特勒根定理

特勒根定理与基尔霍夫定律一样，是集总参数电路中普遍适用的定理。KCL、KVL 及特勒根定理三者中任知其二即可推出第三个。特勒根定理包含两方面的内容，一个是针对一个网络的，另一个是针对两个具有相同拓扑结构的网络的，分别称为定理 1 和定理 2。

定理 1 说明：对于具有 b 条支路、n 个节点的网络 N，假设各支路电流和支路电压分别为 $i_1, i_2, \cdots, i_b$ 和 $u_1, u_2, \cdots, u_b$，且同一支路的电压、电流取关联参考方向，则有 $\sum_{k=1}^{b} u_k i_k = 0$。可以看出，此定理表明任一电路的所有支路吸收的功率之和恒等于零，因此将其称为功率平衡定理。

定理 2 说明：对于两个具有 b 条支路、n 个节点的网络 N 和 $\hat{\mathrm{N}}$，它们由不同的二端元件组成，但其有向图完全相同。假设网络 N 的各支路电流和支路电压分别为 $i_1, i_2, \cdots, i_b$ 和 $u_1, u_2, \cdots, u_b$，且同一支路的电压、电流取关联参考方向，而网络 $\hat{\mathrm{N}}$ 的各支路电流和支路电压分别为 $\hat{i}_1, \hat{i}_2, \cdots, \hat{i}_b$ 和 $\hat{u}_1, \hat{u}_2, \cdots, \hat{u}_b$，且同一支路的电压、电流也取关联参考方向，则有 $\sum_{k=1}^{b} u_k \hat{i}_k = 0$，$\sum_{k=1}^{b} \hat{u}_k i_k = 0$。定理 2 中的各项也是电压和电流乘积项之和，然而它们是不同网络的对应支路电压与支路电流的乘积，不能用功率平衡来解释，因此将定理 2 称为似功率平衡定理，即形式与功率平衡类似。

特勒根定理 2 非常有用，即使不知道两个网络某些部分的内部结构，但只要确定这两个网络的这些部分相同，就可以根据已知部分很方便地确定某个未知量，而且对于同一电路的不同工作状态，也可以利用特勒根定理进行分析。因此，特勒根定理在线性、非线性及时变网络等领域都有广泛的应用。

学习提示： 应用特勒根定理时，一定要注意同一支路中的电压、电流参考方向要取关联参考方向；否则，公式中的该项前就要取负号。

3.1.5　互易定理

互易定理与特勒根定理密切相关，它是由特勒根定理推导出的表明线性网络的一种重要性质的定理。互易定理的内容如下：对不含独立源和受控源的线性网络，在单一激励的情况下，如果激励和响应互换位置，将不改变同一激励所产生的响应。其具体表现形式主要有 3 种：(1)一个支路电压源与另一个支路短路电流的互易关系；(2)一个支路电压源与另一个支路开路电压的互易关系；(3)一个支路电流源(电压源)与另一个支路短路电流(开路电压)的互易关系。

学习提示 1： 互易定理应用的前提条件是线性网络，且除外部支路(互易支路)外，内部不能含有独立源和受控源。如果电路中含有多个独立源，则可以应用叠加定理，对每个独立源单独进行处理。

学习提示 2： 互易支路的电压、电流参考方向在互易前后不能改变。但互易后其他支路的电压、电流发生变化，因此不能利用互易定理求出其他支路的电量。

3.2　部分习题解析

3-2　图 3-4 所示的电路中，已知 $u_2=6$ V，求电流源的电流 i_s。如果 $i_s=1$ A，则 u_2 是多少？

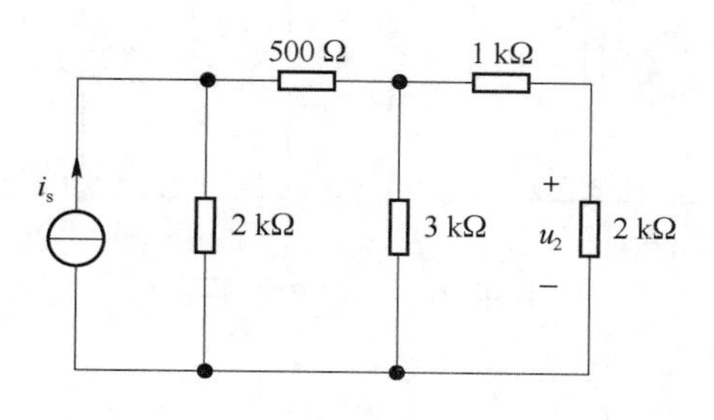

图 3-4　题图 3-2

解析： 此题考查齐性定理以及 KVL、KCL、VCR 的知识。从响应端开始依次计算各支路的电压和电流，最后求得电流源的电流。

一般对于这种情况，可将响应定为某一值，由此推出相应的激励，再根据齐性定理求出已知条件下的待求量。这种方法的优点是可以假设一个容易计算的数值，由此简化计算。

此题最后可求得，当 $u_2=6$ V 时，电流源的电流 $i_s=12$ mA。

根据齐性定理，当 $i_s=1$ A 时，$u_2=12\times6=500$ V。

3-3　利用叠加定理求图 3-5 所示电路中的电流 i。

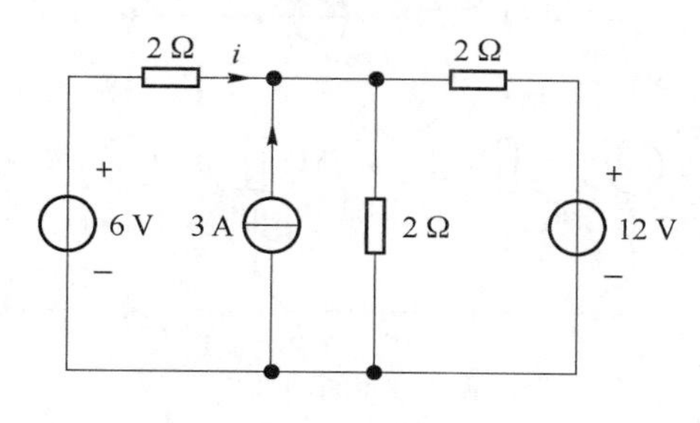

图 3-5　题图 3-3

解析： 此题明确说明要用叠加定理进行求解，考查某独立源单独作用时其他独立源如何处理。让 3 个独立源分别单独作用于电路，计算出相应的电流，最后将电流叠加即可，但叠加时要注意电流的方向。

6 V 电压源单独作用时的电路如图 3-6(a)所示，可以求得

$$i'=\frac{6}{2+2//2}=\frac{6}{2+1}=2\ \text{A}$$

3 A 电流源单独作用时的电路如图 3-6(b)所示，可以求得

$$i''=\frac{1}{2+1}\times(-3)=-1\ \text{A}$$

12 V 电压源单独作用时的电路如图 3-6(c)所示，可以求得

$$i'''=-\frac{12}{2+2//2}\times\frac{1}{2}=-2\ \text{A}$$

所以

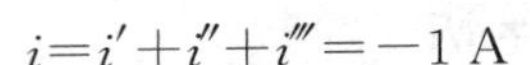

$$i=i'+i''+i'''=-1\ \text{A}$$

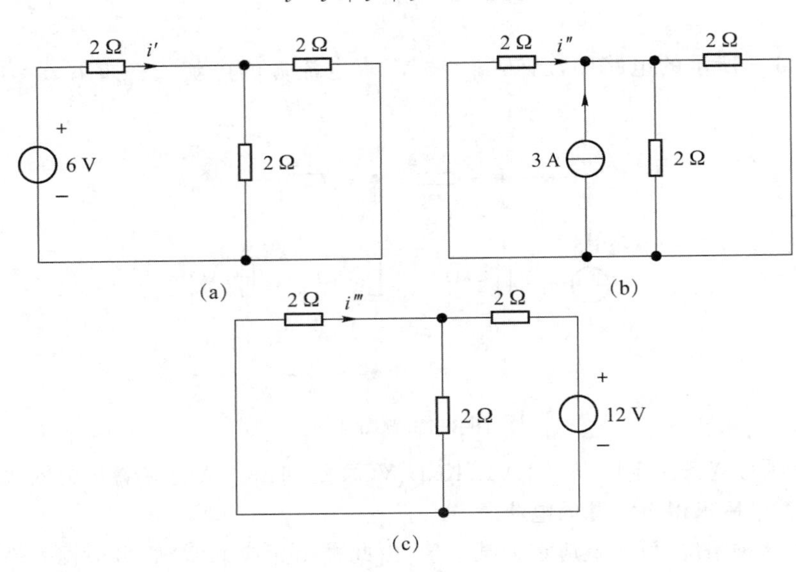

图 3-6

3-5　用叠加定理求图 3-7 所示电路中的电压 u。

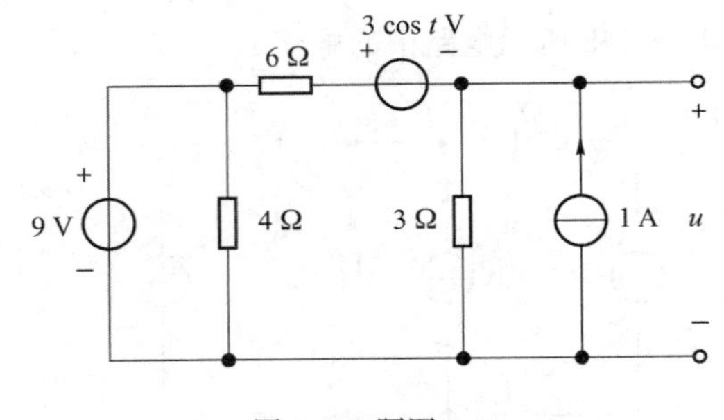

图 3-7　题图 3-5

解析：此题考查点与题 3-3 相同，让各独立源单独作用求响应再叠加即可。不过，此题中有一个激励源不是直流激励，这也没关系，求解时直接带入即可。

9 V 电压源单独作用时的电路如图 3-8(a)所示，可以求得

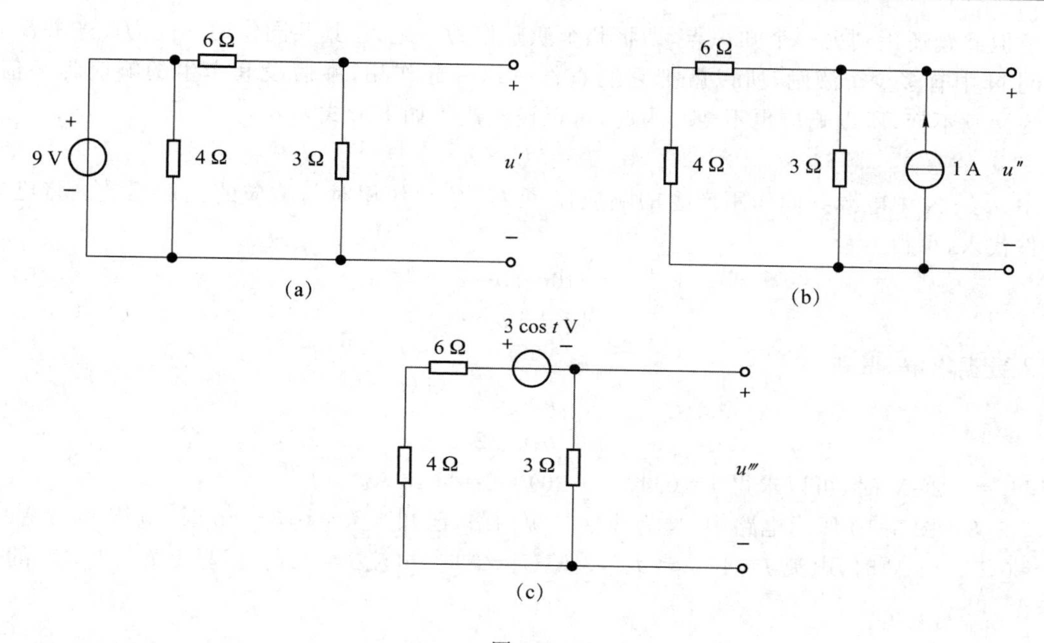

图 3-8

$$u'=9\times\frac{3}{6+3}=3\text{ V}$$

1 A 电流源单独作用时的电路如图 3-8(b)所示,可以求得

$$u''=1\times(6//3)\text{V}=1\times2\text{ V}=2\text{ V}$$

正弦电压源单独作用时的电路如图 3-8(c)所示,可以求得

$$u'''=-\frac{3}{6+3}\times3\cos t=-\cos t\text{ V}$$

所以,总电压为

$$u=u'+u''+u'''=(5-\cos t)\text{V}$$

3-6　图 3-9 所示电路中,N 为线性含源网络,当 $U_s=10$ V 时,测得 $I=2$ A;当 $U_s=20$ V 时,测得 $I=6$ A;试求当 $U_s=-20$ V 时,I 应为多少?

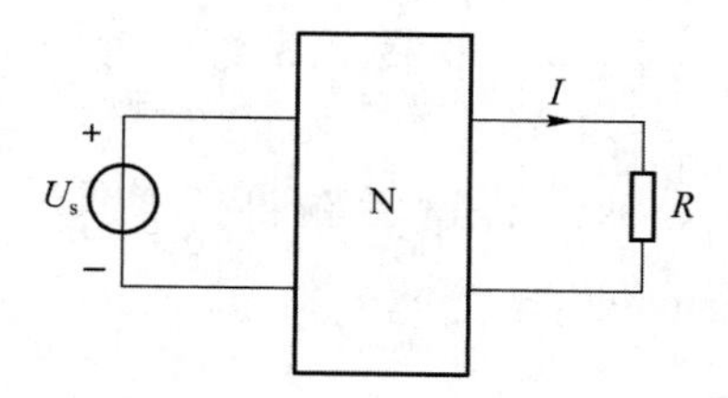

图 3-9　题图 3-6

解析:此题考查齐性定理与叠加定理的知识。这道题与前面几道题有所不同,这是叠加定理应用的另一种形式,即与齐性定理结合。因为在单一激励情况下,响应与激励有固定的比例关系,所以求出这个比例系数,就可以得到激励在任何情况下的响应。对于每一个激励都这样处理,然后将响应进行叠加,就可以得到每个激励在不同情况下的总响应。所以,解这种类型的题的思路就是先求出比例系数。

但此题还用到另一个知识点，即将几个激励作为一组，让其共同作用。因为此题并没有说明N中有多少个激励，所以就把它们看作一组一起作用，并假设其产生的响应为某值。因为激励不变，所以响应也不变。为此，可以设电流为如下形式：

$$I=kU_s+b$$

其中，b 是N中电源共同作用产生的响应，k 是 U_s 单独作用时与响应的比例系数。将已知条件代入，可得

$$\begin{cases}10k+b=2\\20k+b=6\end{cases}$$

代入数据求解，得到

$$\begin{cases}k=0.4\\b=-2\end{cases}$$

当 $U_s=-20$ V时，可以求得 $I=0.4\times(-20)-2=-10$ A。

3-8　图3-10所示电路中，N为线性含源网络，已知当 $I_s=0$，$U_s=0$ 时，电流 $I=1$ A；当 $I_s=0$，$U_s=8$ V时，电流 $I=4$ A；当 $I_s=3$ A，$U_s=0$ 时，电流 $I=2$ A。试写出 I 与 I_s、U_s 的关系式。

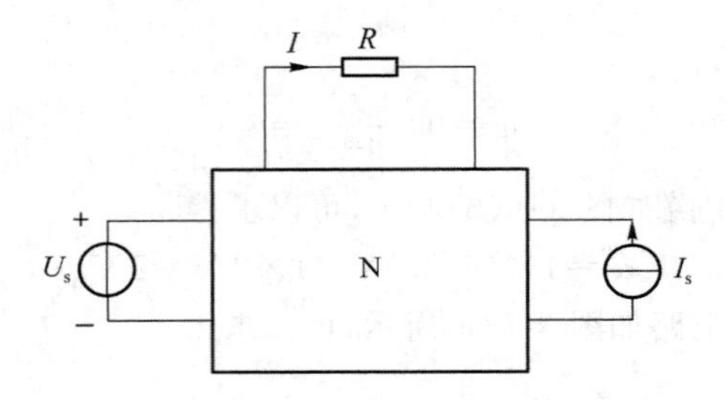

图3-10　题图3-7

解析：此题的考查点与题3-6相同，设 a、b 分别是 U_s 和 I_s 单独作用时与响应的比例系数，c 是N中电源共同作用时产生的响应，则有

$$I=aU_s+bI_s+c$$

代入已知数据，得

$$\begin{cases}c=1\\8a+c=4\\3b+c=2\end{cases}，\quad 解得\begin{cases}a=\dfrac{3}{8}\\b=\dfrac{1}{3}\\c=1\end{cases}$$

所以

$$I=\frac{3}{8}U_s+\frac{1}{3}I_s+1$$

3-9　图3-11所示电路中，N_0 为无源线性电阻网络。已知5 Ω电阻吸收的功率为0.8 W，若电流源电流由3 A增加为12 A，则5 Ω电阻吸收的功率为多少？

解析：此题考查齐性定理的知识。但要注意：功率不同于电流、电压，其不与激励成正比关系。所以一般要先由功率求出电阻的电压或电流，再求激励变化后的电压或电流，进而

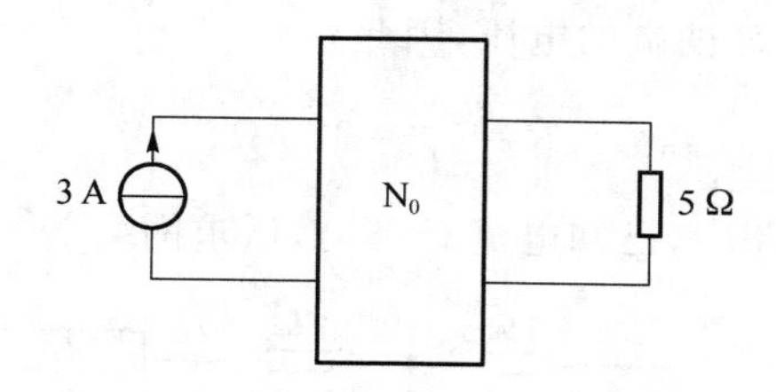

图 3-11　题图 3-8

求出功率。

但对于此题而言，由于只有一个激励，所以不用按照上述方法计算，直接由激励的比例关系就可以求出 5 Ω 电阻上电压或电流在激励变化前后的比例关系。可以求得，电流源电流变为原来的 4 倍，则 5 Ω 电阻上的电压或电流也变为原来的 4 倍。由于功率与电流为平方关系，所以 5 Ω 电阻吸收的功率为

$$P=0.8\times\left(\frac{12}{3}\right)^2=12.8\ \text{W}$$

3-10　电路如图 3-12 所示，欲使支路电流 $I=2$ A，试用替代定理求电阻 R 之值。

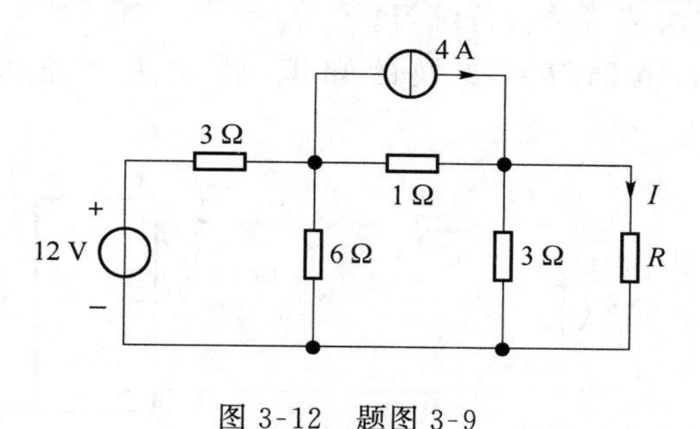

图 3-12　题图 3-9

解析：此题考查替代定理（置换定理）的应用，同时还涉及节点电压法的知识。根据替代定理，将所求电阻 R 用 2 A 的电流源等效替代，然后用节点电压法求其电压。在求得电压后，即可得到电阻的大小。

选节点 0 为参考节点，如图 3-13 所示，节点电压方程为

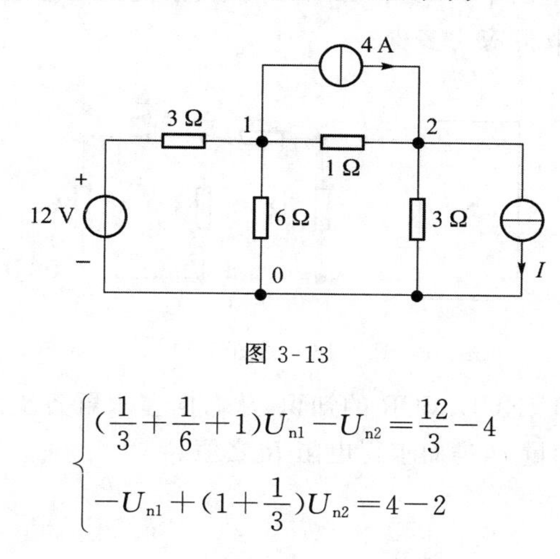

图 3-13

$$\begin{cases}\left(\dfrac{1}{3}+\dfrac{1}{6}+1\right)U_{n1}-U_{n2}=\dfrac{12}{3}-4\\-U_{n1}+\left(1+\dfrac{1}{3}\right)U_{n2}=4-2\end{cases}$$

解得 $U_{n2}=3$ V，此即为电阻 R 两端的电压，因此

$$R=\frac{U_{n2}}{I}=1.5\ \Omega$$

3-11　图 3-14 所示电路中，已知电流 $i=6$ A，试求网络 N 供出的功率。

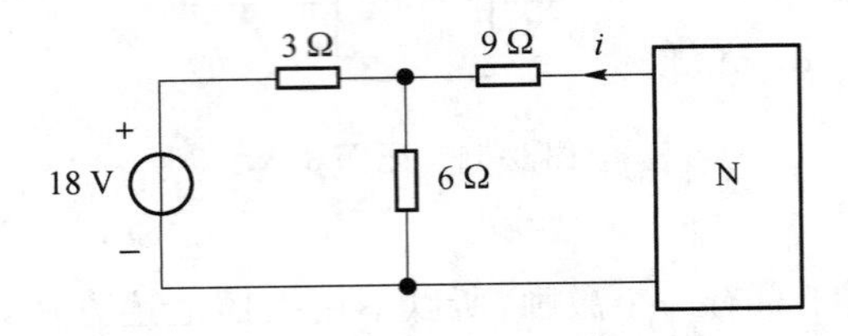

图 3-14　题图 3-10

解析： 看到此题，大家可能首先想到的是求出网络 N 的端口电压，并由此计算功率。那么如何求解电压呢？还是要利用叠加定理，分别求出 18 V 电压源单独作用和 N 中的所有独立源共同作用时的电压，然后即可求出功率。但还有另一种方法，就是利用功率守恒，即网络 N 供出的功率应该等于左边这部分电路消耗的功率，这样计算会更简单。下面给出第二种求解方法，第一种方法读者可自行练习。

利用第 1 章介绍的电源等效变换的知识，将左边电路进行等效化简，得到如图 3-15 所示的电路。

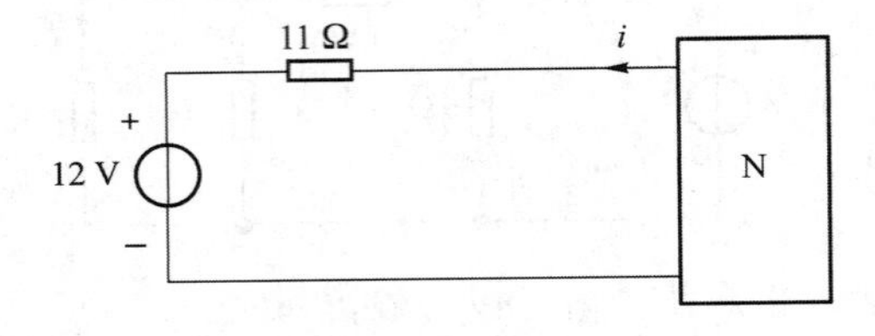

图 3-15

左边电路消耗的功率为

$$P=11i^2+12i=11\times6^2+12\times6=468\ \text{W}$$

3-12　图 3-16 所示电路中，N 为含源单口网络，欲使流经电阻 R 的电流为网络 N 端口电流的 1/6，则负载 R 的取值应为多少？

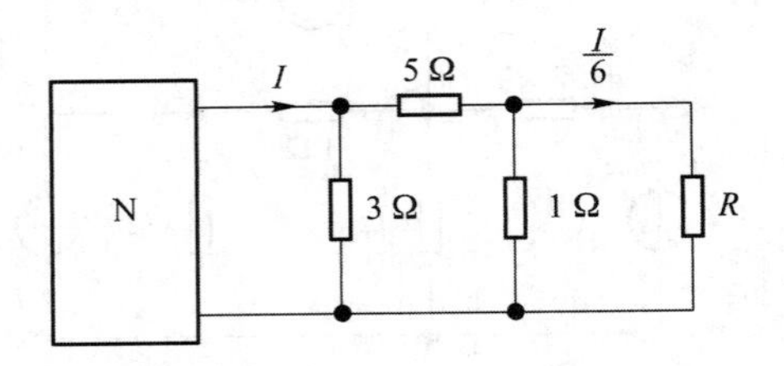

图 3-16　题图 3-11

解析： 此题考查 KVL、KCL、VCR 的知识，从右向左求解各支路的电流值，最后令总的电流等于 I 即可消去未知量 I，进而求得电阻 R 之值。

电阻R两端的电压为$\frac{IR}{6}$，通过5 Ω电阻的电流为$\frac{IR}{6}+\frac{I}{6}$，通过3 Ω电阻的电流为$\frac{(\frac{IR}{6}+\frac{I}{6})\times 5+\frac{IR}{6}}{3}$。根据KCL，可得

$$I=\frac{(\frac{IR}{6}+\frac{I}{6})\times 5+\frac{IR}{6}}{3}+\frac{IR}{6}+\frac{I}{6}$$

由此可得

$$R=\frac{10}{9}\ \Omega$$

3-13　已知某单口网络的端口$u-i$特性曲线如图3-17所示，试求出该单口网络的等效电路。

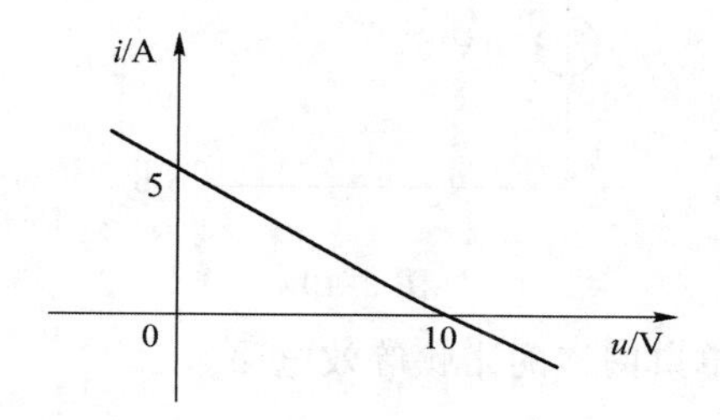

图3-17　题图3-12

解析：此题考查戴维南定理和诺顿定理的知识。由端口u-i特性曲线，可以确定开路电压，亦即戴维南等效电路的电压源电压，再根据开路电压和短路电流，即可确定等效电阻。

开路电压为10 V，短路电流为5 A，所以等效电阻为$\frac{10}{5}=2\ \Omega$，因此，戴维南等效电路为10 V电压源与2 Ω电阻的串联电路，诺顿等效电路为5 A电流源与2 Ω电阻的并联电路。

3-15　求图3-18所示单口网络的戴维南等效电路。

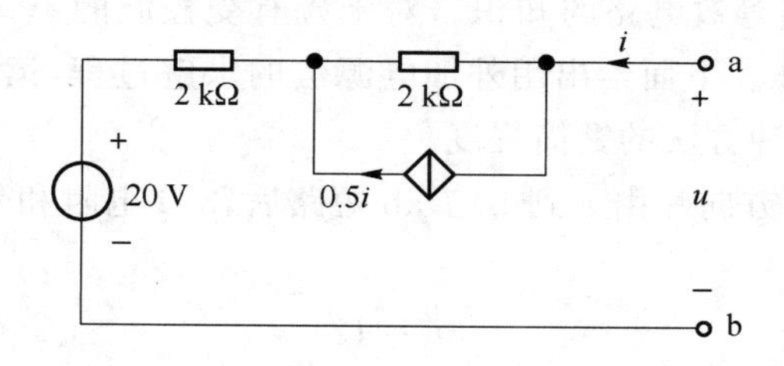

图3-18　题图3-14

解析：此题考查戴维南等效电路的知识。对于含有受控源的单口网络，常用的求等效电阻的方法有短路电流法和外加电源法，当然，也可以应用VCR方法直接得到戴维南等效电路的两个参数。下面给出用短路电流法的求解过程，读者可以用外加电源法进行求解，从而比较一下两种方法的繁简程度。

先求开路电压。ab开路时，$i=0$，所以受控源电流也为0，因此，开路电压为$u_{oc}=20$ V。

再求短路电流。ab短路时，列写回路的KVL方程，从而求解短路电流i_{sc}(方向为由a

到 b)。

$$(i-0.5i)\times 2\times 10^3+i\times 2\times 10^3+20=0$$

解得

$$i_{sc}=-i=\frac{20}{3}\text{ mA}$$

等效电阻为

$$R_{eq}=\frac{u_{oc}}{i_{sc}}=\frac{20}{\frac{20}{3}\times 10^{-3}}=3\text{ k}\Omega$$

戴维南等效电路如图 3-19 所示。

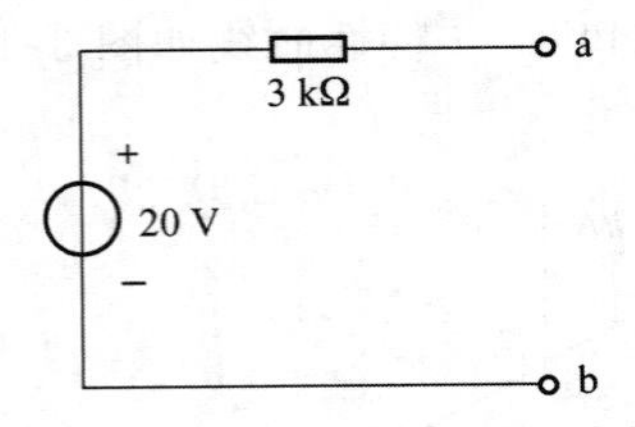

图 3-19

3-18 求图 3-20 所示单口网络的诺顿等效电路。

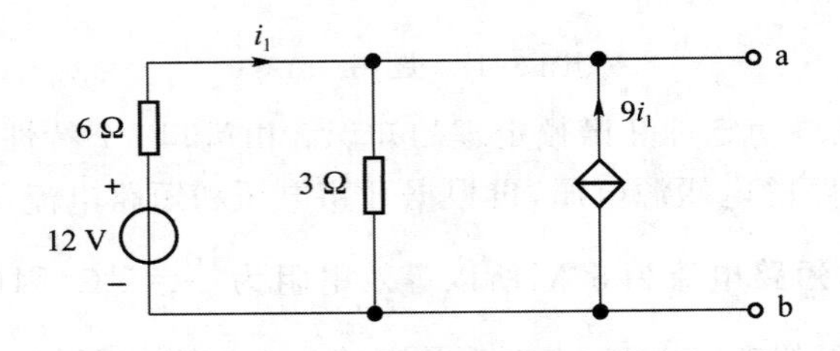

图 3-20 题图 3-17

解析：此题考查诺顿等效电路的知识。对于含有受控源的单口网络，其等效电阻的求法与戴维南等效电阻一样。下面给出用外加电源法的求解过程，读者可以用短路电流法进行求解，由此比较一下两种方法的繁简程度。

先求出短路电流 i_{sc}(方向为由 a 到 b)。ab 短路后，3 Ω 电阻和受控电流源均被短路，所以有

$$6i_1=12$$

即

$$i_1=2\text{ A}$$

短路电流为

$$i_{sc}=i_1+9i_1=20\text{ A}$$

再求等效电阻，独立源置零后的电路如图 3-21(a)所示。列写端口的 VCR：

$$u=-6i_1$$

根据 KCL，有

$$i_1+2i_1+9i_1+i=0$$

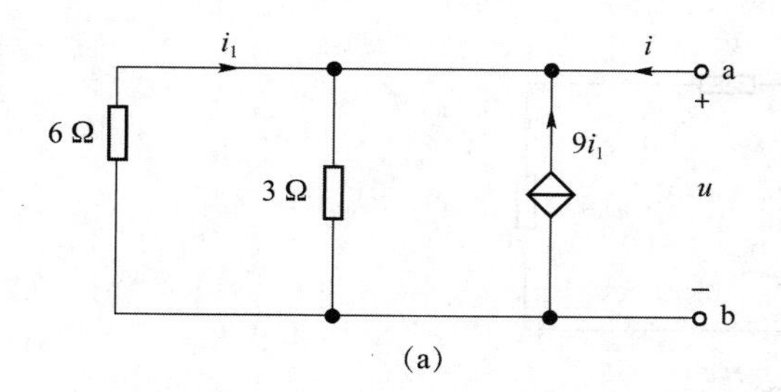

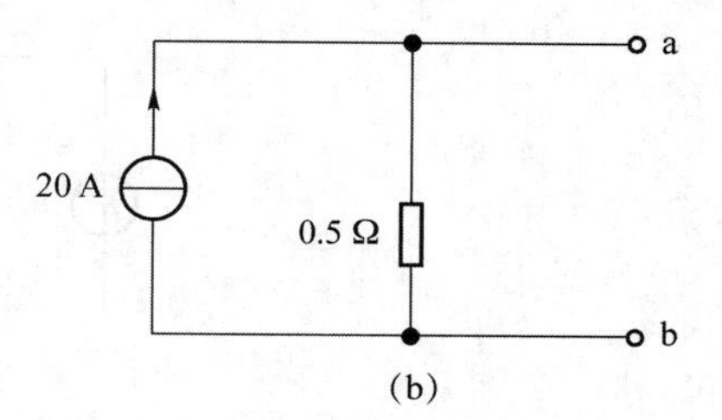

图 3-21

所以

$$i=-12i_1$$

可得

$$u=\frac{1}{2}i,\quad R_{eq}=\frac{u}{i}=0.5\ \Omega$$

诺顿等效电路如图 3-21(b)所示。

3-19　应用戴维南定理求图 3-22 所示电路中的电流 i。

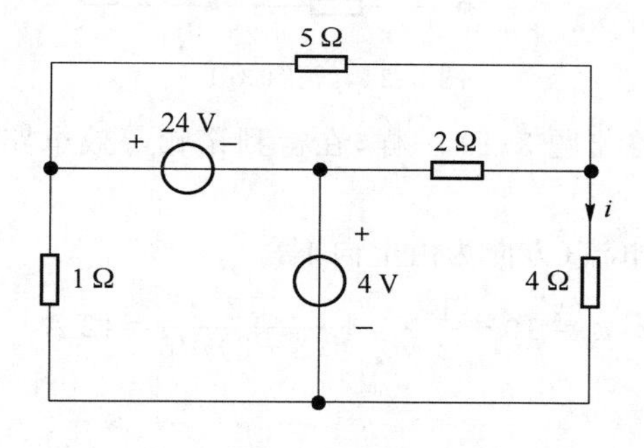

图 3-22　题图 3-18

解析：此题已明确要求用戴维南定理求解，所以，先将所求支路（4 Ω 电阻所在支路）从电路中移除，求剩下的单口网络的戴维南等效电路，然后再将所求支路接入，即可求得所求量。这是利用戴维南定理求解某支路电压或电流的一般分析方法，对于诺顿定理也一样。

求开路电压。可用叠加定理或节点电压法或网孔电流法等，也可以直接应用 KCL、KVL 和 VCR，根据自己对各种方法掌握的熟练程度决定。此处给出应用叠加定理的求解方法。

$$u_{oc}=\frac{2}{5+2}\times 24+4=\frac{76}{7}\ \text{V}$$

由于电路中没有受控源，所以，将独立源置零后可求得戴维南等效电阻为

$$R_{eq}=\frac{2\times 5}{2+5}=\frac{10}{7}\ \Omega$$

将 4 Ω 电阻所在支路接入后的等效电路如图 3-23 所示。

由此求得

$$i=\frac{u_{oc}}{R_{eq}+4}=2\ \text{A}$$

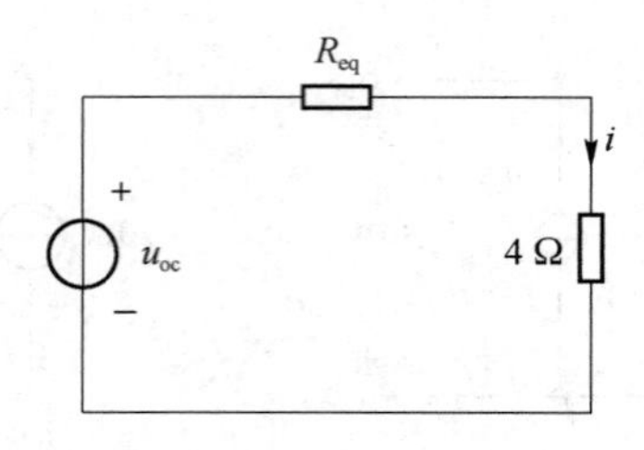

图 3-23

3-20　试用诺顿定理求图 3-24 所示电路中 6 Ω 负载电阻消耗的功率。

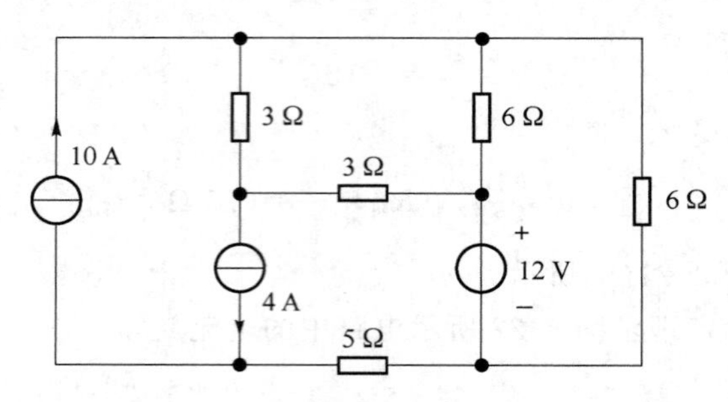

图 3-24　题图 3-19

解析：此题的解题思路与题 3-19 一样，在得到诺顿等效电路后，求出 6 Ω 电阻的电流或电压，进而求得功率。

利用叠加定理求短路电流（方向为由上向下）

$$i_{sc}=10-\frac{1}{2}\times 4+\frac{12}{(3+3)//6}=12\ \text{A}$$

等效电阻为

$$R_{eq}=(3+3)//6=3\ \Omega$$

通过 6 Ω 电阻的电流为

$$i=\frac{3}{3+6}i_{sc}=4\ \text{A}$$

所以，6 Ω 电阻的消耗的功率为

$$6i^2=6\times 4^2=96\ \text{W}$$

3-21　电路如图 3-25 所示，N_0 由线性电阻构成。已知当 $u_s=4$ V，$i_s=0$ 时，$u=3$ V；当 $u_s=0$，$i_s=2$ A 时，$u=2$ V，试求 ab 左端的戴维南等效电路。当 $u_s=1$ V，电流源用 2 Ω 的电阻替代后，电压 u 为多少？

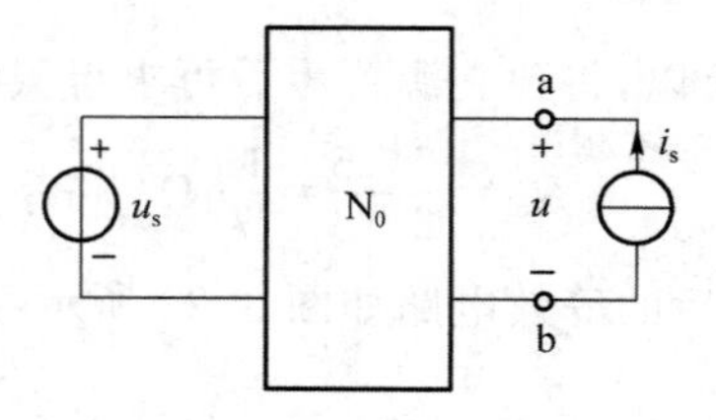

图 3-25　题图 3-20

解析： 此题第一问考查戴维南定理的知识，由已知条件可以借助外加电源法求解；第二问需要应用齐性定理的知识求解。电压源的电压值改变，戴维南等效电路中电压源的值也会改变，但等效电阻不会变化，所以要根据齐性定理求得 ab 开路时端口电压的大小，亦即等效电压源的电压大小。

根据戴维南等效电路参数的含义可知，当 $u_s=4\ \text{V}$，$i_s=0$ 时，ab 端口的 u 就是开路电压，即 $u_{oc}=3\ \text{V}$。$u_s=0$，即电压源置零，此时 ab 左端为纯电阻网络，根据端口电压 u 和电流源的电流 i_s 可求得 ab 端口的输入电阻，亦即戴维南等效电阻，为 $R_{eq}=\dfrac{u}{i_s}=\dfrac{2}{2}=1\ \Omega$。因此，戴维南等效电路的参数为

$$u_{oc}=3\ \text{V},\quad R_{eq}=1\ \Omega$$

当 $u_s=1\ \text{V}$ 时，根据齐性定理可得，戴维南等效电路的电压源电压为

$$u'_{oc}=\frac{3}{4}\times 1=0.75\ \text{V}$$

因此，当电流源用 2 Ω 电阻代替后，ab 端的电压为

$$u'=\frac{2}{2+R_{eq}}\times 0.75=\frac{2}{2+1}\times 0.75=0.5\ \text{V}$$

3-23　求图 3-26 所示单口网络的电压、电流关系式。

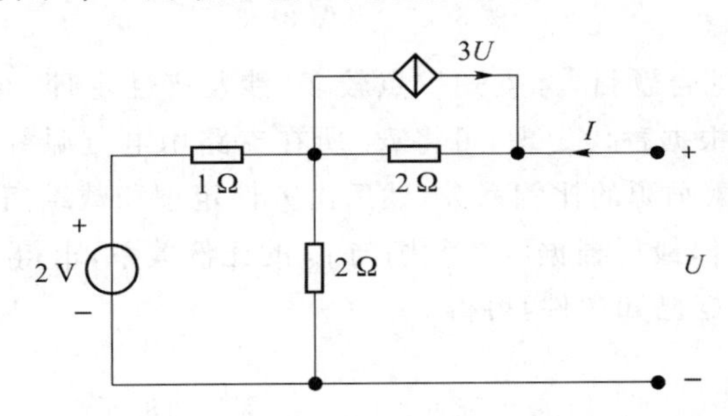

图 3-26　题图 3-22

解析： 此题考查戴维南定理、诺顿定理的知识。可先将电路转化为戴维南或诺顿等效电路，然后再写端口的电流电压关系。当然，也可以直接列写端口的电流电压关系，这就是我们讲的用 VCR 法求戴维南或诺顿等效电路。下面给出通过戴维南等效电路求解的方法。

开路电压为两个 2 Ω 电阻上的电压之和，即

$$U_{oc}=3U_{oc}\times 2+\frac{2}{2+1}\times 2$$

解得

$$U_{oc}=-\frac{4}{15}\ \text{V}$$

端口短路后，$U=0$，所以受控电流源开路，则短路电流（方向由上向下）为

$$I_{sc}=\frac{2}{1+2//2}\times\frac{1}{2}=0.5\ \text{A}$$

所以，等效电阻为

$$R_{eq}=\frac{U_{oc}}{I_{sc}}=-\frac{8}{15}\ \Omega$$

因此,单口网络的电压、电流关系式为

$$U=U_{oc}+R_{eq}I=-\frac{4}{15}-\frac{8}{15}I$$

3-24　图 3-27 所示电路中,N_R 是不含独立源的线性电阻电路,其中电阻 R_1 可变。已知,当 $u_s=12$ V,$R_1=0$ 时,$i_1=5$ A,$i_R=4$ A;当 $u_s=18$ V,$R_1=\infty$时,$u_1=15$ V,$i_R=1$ A,求当 $u_s=6$ V,$R_1=3\ \Omega$ 时的 i_R。

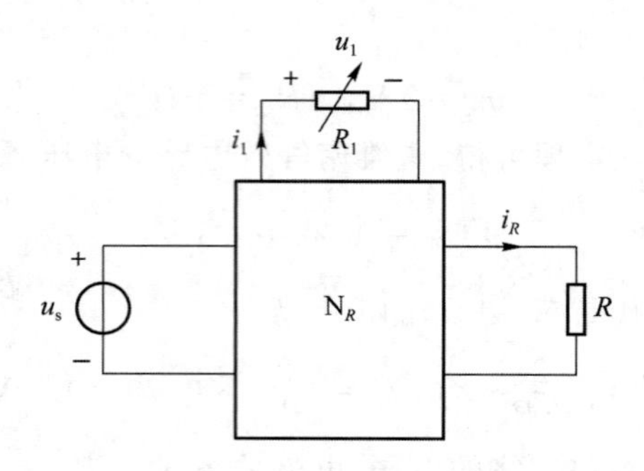

图 3-27　题图 3-23

解析:此题是一道综合题目,考查知识点较多,涉及齐性定理、叠加定理、替代定理、戴维南定理或诺顿定理。根据替代定理,可将 R_1 所在支路用电流源替代,再由齐性定理与叠加定理,求出 i_R 与两个激励源的比例系数,然后由齐性定理和戴维南定理或诺顿定理,求出 $u_s=6$ V,$R_1=3\ \Omega$ 时的 i_1,最后根据两个激励与 i_R 的比例关系,求得 i_R。

设 $ku_s+bi_1=i_R$,根据已知条件,可得

$$\begin{cases}12a+5b=4\\18a=1\end{cases},\quad 解得\begin{cases}a=\dfrac{1}{18}\\[2mm] b=\dfrac{2}{3}\end{cases}$$

所以

$$i_R=\frac{1}{18}u_s+\frac{2}{3}i_1$$

根据已知条件,求出当 $u_s=6$ V,$R_1=3\ \Omega$ 时,移除 R_1 之后的单口网络的戴维南或诺顿等效电路的参数。首先,根据齐性定理,求出开路电压和短路电流。

$$u_{oc}=\frac{6}{18}u_1=5\ \text{V},\quad i_{sc}=\frac{6}{12}i_1=2.5\ \text{A}$$

则

$$R_{eq}=\frac{u_{oc}}{i_{sc}}=\frac{5}{2.5}=2\ \Omega$$

再求出接上 $R_1=3\ \Omega$ 后的电流

$$i_1=\frac{u_{oc}}{R_{eq}+R_1}=\frac{5}{2+3}=1\ \text{A}$$

所以,当 $u_s=6$ V,$R_1=3\ \Omega$ 时,

$$i_R=\frac{1}{18}\times6+\frac{2}{3}\times1=1\ \text{A}$$

3-25　在图 3-28 所示电路中，电阻 R 取何值时可获得最大功率？

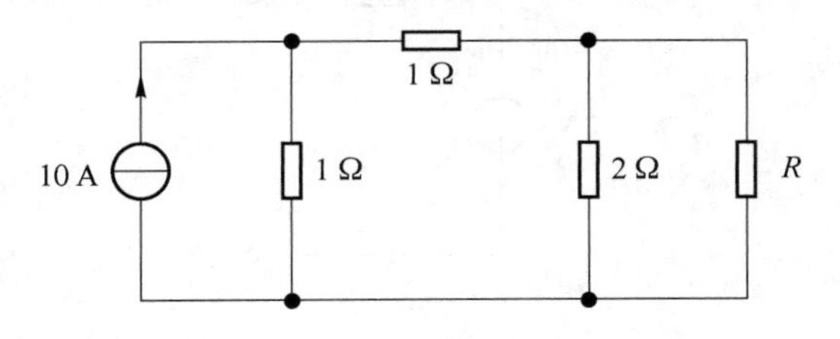

图 3-28　题图 3-24

解析： 此题考查最大功率传输定理和戴维南定理的知识。先将电阻 R 移除，求出剩下的单口网络的戴维南等效电路，然后利用最大功率传输定理即得所求。

此电路比较简单，没有受控源。移除电阻 R 后的单口网络的开路电压（上正下负）和等效电阻分别为

$$U_{\text{oc}}=\frac{1}{1+1+2}\times10\times2=5\ \text{V},\quad R_{\text{eq}}=2//(1+1)=1\ \Omega$$

所以，原电路等效为

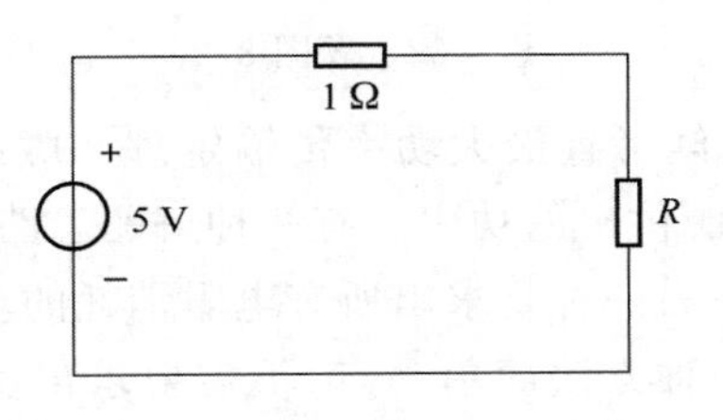

图 3-29

因此，当 $R=R_{\text{eq}}=1\ \Omega$ 时，可获得最大功率。

3-26　电路如图 3-30 所示，N 为线性含源电阻网络，当负载 $R_L=1\ \Omega$ 时，$I_{\text{L}}=1$ A，且此时电阻的功率最大，试求网络 N 的戴维南等效电路。

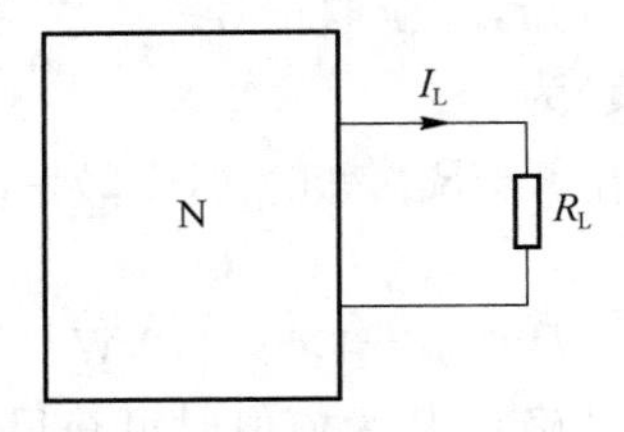

图 3-30　题图 3-25

解析： 此题与题 3-25 一样，考查最大功率传输定理和戴维南定理的知识，但展现形式不一样。

由已知条件和最大功率传输定理可知，戴维南等效电阻为

$$R_{\text{eq}}=R_{\text{L}}=1\ \Omega$$

且 $P_{\max}=\dfrac{U_{\text{oc}}^2}{4R_{\text{eq}}}=I_{\text{L}}^2R_{\text{L}}=1$，所以

$$U_{oc}=2\ \text{V}$$

因此,戴维南等效电路如图 3-31 所示。

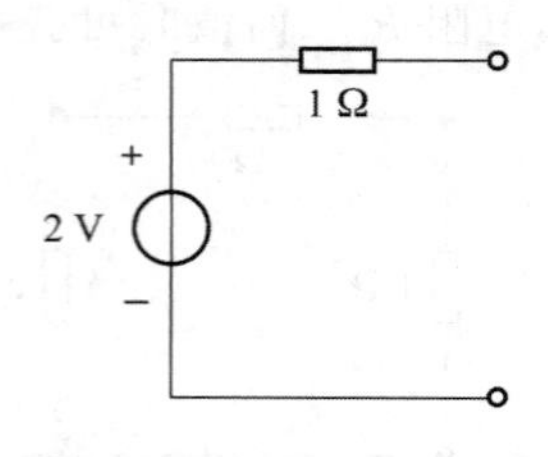

图 3-31

3-27　图 3-32 所示电路中,$R_L=2\ \Omega$ 时获得最大功率为 2 W,求此时电流源供出的功率。

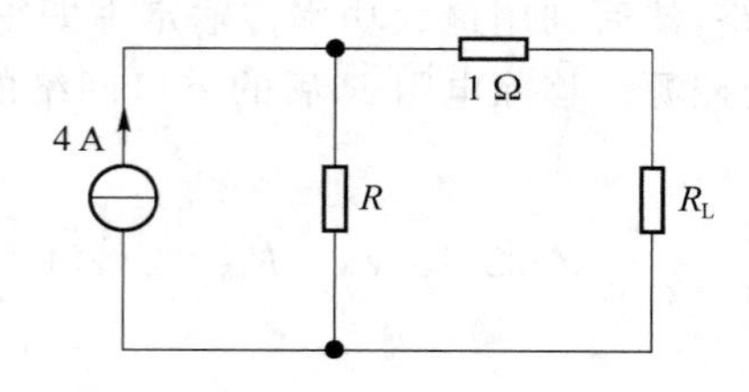

图 3-32　题图 3-26

解析: 此题与题 3-25 一样,考查最大功率传输定理和戴维南定理的知识,但展现形式不同,此题是根据响应求激励源供出的功率。有两种解题思路:一种是求出电流源两端的电压,进而求电流源供出的功率;另一种是求出所有电阻消耗的功率之和,根据功率守恒可知,此即电流源供出的功率。第一种方法简单一点,不需要求出电阻 R 之值,下面给出这种方法的求解过程。读者可以练习用第二种方法求解,需要利用戴维南定理。

根据 R_L 的功率可求出该支路的电流(由上向下)为

$$i_L=\sqrt{\frac{p_L}{R_L}}=\sqrt{\frac{2}{2}}=1\ \text{A}$$

由电路结构和电流源的电流方向可知,i_L 应取正号。

电流源两端的电压(上正下负)为

$$u=i_L(1+R_L)=1\times(1+2)=3\ \text{V}$$

所以,电流源供出的功率为

$$P=4u=4\times3=12\ \text{W}$$

3-28　图 3-33 所示电路中,试确定 R 为何值时可获得最大功率及最大功率值。

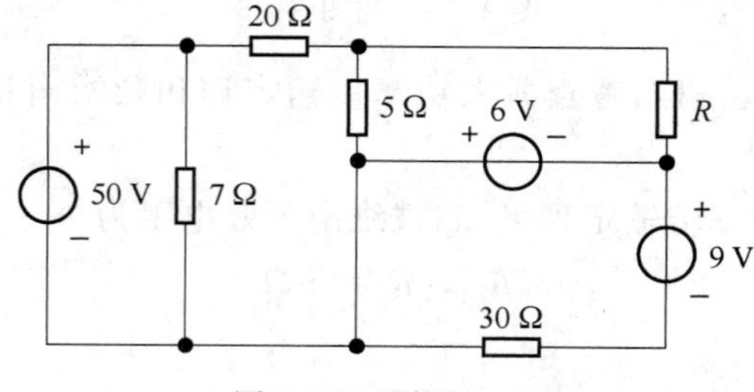

图 3-33　题图 3-27

解析：此题与题 3-25 一样，考查最大功率传输定理和戴维南定理的知识，解题思路也一样，不再赘述。

此电路较为复杂，但是仔细观察可以发现，移除 R 后，电路分为两个独立的部分：一部分是包含 5 Ω 电阻的左边部分，另一部分是不含 5 Ω 电阻的右边部分。因此开路电压（上正下负）为

$$U_{oc}=\frac{50}{20+5}\times 5+6=16\ \text{V}$$

将电路中的所有独立源置零，可得等效戴维南电阻为：

$$R_{eq}=20//5=\frac{20\times 5}{20+5}=4\ \Omega$$

因此，当 $R=R_{eq}=4\ \Omega$ 时可获得最大功率。最大功率为

$$P_{max}=\frac{U_{oc}^2}{4R_{eq}}=\frac{16^2}{4\times 4}=16\ \text{W}$$

3-29　试确定图 3-34 所示电路中负载电阻 R_L 为何值时可获得最大功率。

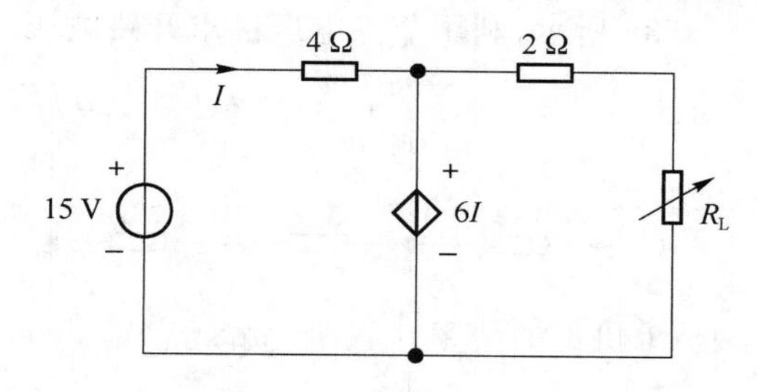

图 3-34　题图 3-28

解析：此题与题 3-25 一样，考查最大功率传输定理和戴维南定理的知识，解题思路也一样，只不过电路中有受控源，所以求解等效电阻时较为复杂一些。

先求开路电压

$$U_{oc}=6I$$

对左边回路列写 KVL 方程，求解 I，

$$4I+6I=15，得\ I=1.5\ \text{A}$$

所以

$$U_{oc}=6\times 1.5=9\ \text{V}$$

利用短路电流法求等效电阻

$$I_{sc}=\frac{6I}{2}$$

注意，短路和开路时的电流 I 没有变化，因为左边回路的 KVL 方程没变。所以

$$I_{sc}=\frac{6\times 1.5}{2}=4.5\ \text{A}$$

等效电阻为

$$R=\frac{U_{oc}}{I_{sc}}=\frac{9}{4.5}=2\ \Omega$$

因此，当负载电阻 $R_L=2\ \Omega$ 时可获得最大功率。

3-30　试确定图 3-35 所示电路中 R_L 为何值时可获得最大功率，最大功率是多少？

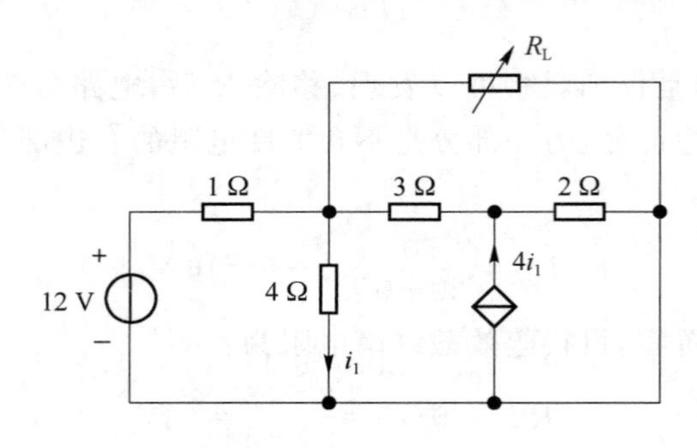

图 3-35　题图 3-26

解析：此题与题 3-29 一样，考查最大功率传输定理和戴维南定理的知识，解题思路也一样，只不过此题要求进一步求最大功率。电路略为复杂，在求开路电压 u_{oc} 时，可运用节点电压法或网孔电流法等。

R_L 移除后的电路如图 3-36 所示，利用节点电压法求开路电压。

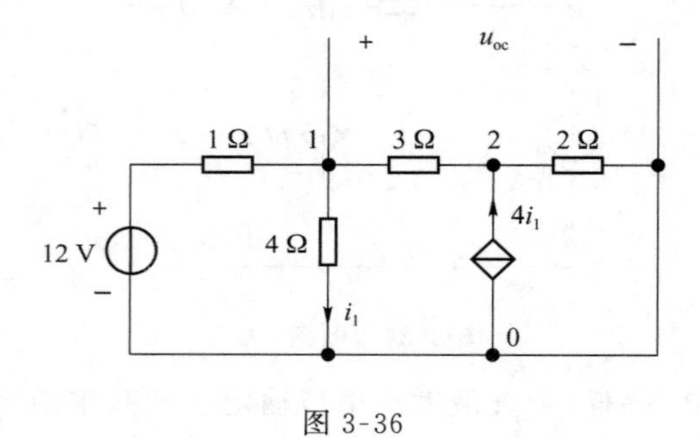

图 3-36

选节点 0 为参考节点，则列节点电压方程为

$$\begin{cases} (1+\dfrac{1}{4}+\dfrac{1}{3})u_{n1}-\dfrac{1}{3}u_{n2}=\dfrac{12}{1} \\ -\dfrac{1}{3}u_{n1}+(\dfrac{1}{2}+\dfrac{1}{3})u_{n2}=4i_1 \\ i_1=\dfrac{1}{4}u_{n1} \end{cases}$$

解得

$$u_{n1}=u_{oc}=\frac{80}{7}\ \text{V}$$

可以看出，R_L 短路后，4 Ω 右边的所有部分都被短路，所以短路电流为

$$I_{sc}=\frac{12}{1}=12\ \text{A}$$

等效电阻为

$$R_{eq}=\frac{u_{oc}}{i_{sc}}=\frac{80}{7}\times\frac{1}{12}=\frac{20}{21}\ \Omega$$

所以，当 $R_L=R_{eq}=\dfrac{20}{21}\ \Omega$ 时获得最大功率，最大功率为

$$P_{\max}=\frac{u_{oc}^2}{4R_{eq}}=\frac{80^2}{7^2}\times\frac{21}{80}=\frac{240}{7}\text{ W}$$

此题如果用外加电源法求等效电阻就比较复杂，所以在求解前一定要先分析一下。

3-31　电路如图 3-37 所示，N_0 为无源线性电阻网络。当 $R_2=4\ \Omega, U_1=10$ V 时，$I_1=2$ A，$I_2=1$ A；当 $R_2=1\ \Omega, U_1=24$ V 时，$I_1=6$ A，求此时的 I_2。

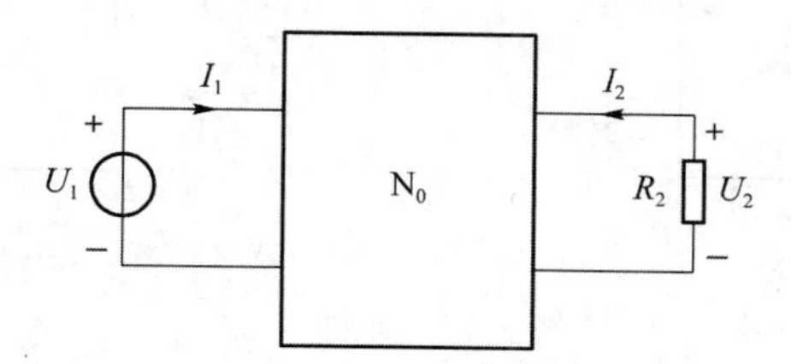

图 3-37　题图 3-30

解析：此题考查特勒根定理的知识。假设 N_0 中的支路从 3 到 b，则根据特勒根定理 2 有（第二种情况的变量加“ˆ”表示）

$$\sum_{k=1}^{b}U_k\hat{I}_k=-U_1\hat{I}_1-U_2\hat{I}_2+\sum_{k=3}^{b}U_k\hat{I}_k=0$$

$$\sum_{k=1}^{b}\hat{U}_kI_k=-\hat{U}_1I_1-\hat{U}_2I_2+\sum_{k=3}^{b}\hat{U}_kI_k=0$$

进一步可得

$$-U_1\hat{I}_1-U_2\hat{I}_2=-\hat{U}_1I_1-\hat{U}_2I_2$$

代入已知数据，可得

$$\hat{I}_2=4\text{ A}$$

此题中，外面两支路的电压、电流为非关联参考方向，所以式中各项前去负号。

3-32　图 3-38 所示两个电路中的 N_0 是相同的电阻网络，试求电流 I_1。

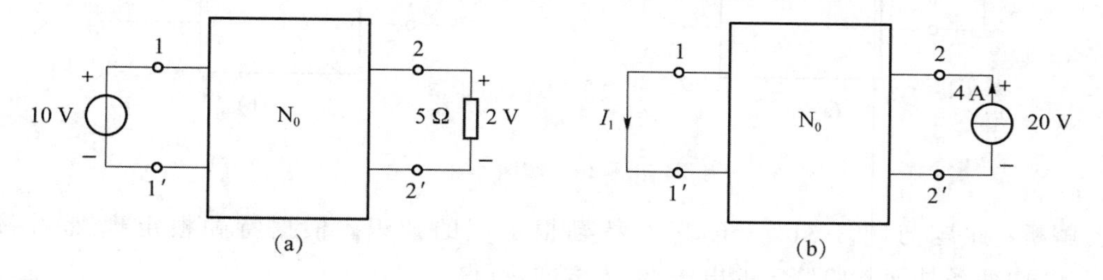

图 3-38　题图 3-31

解析：此题与题 3-31 一样，考查特勒根定理的知识。根据特勒根定理 2，并按照图中给定的外面两条支路的电压、电流方向，可得

$$10I_1+2\times(-4)=0+20\times(\frac{2}{5})$$

解得

$$I_1=\frac{8+8}{10}=1.6\text{ A}$$

3-33　图 3-39 所示电路中，N_0 为无源线性电阻网络。当 11′端口接 10 V 电压源，22′端

口短路时，如图 3-39(a)所示，测得 $I_1=5\ \text{A}$，$I_2=1\ \text{A}$；当 22′端口接 20 V 电压源，11′端口接 2 Ω 电阻时，如图 3-39(b)所示，试问$\hat{I}_1$ 为多少？

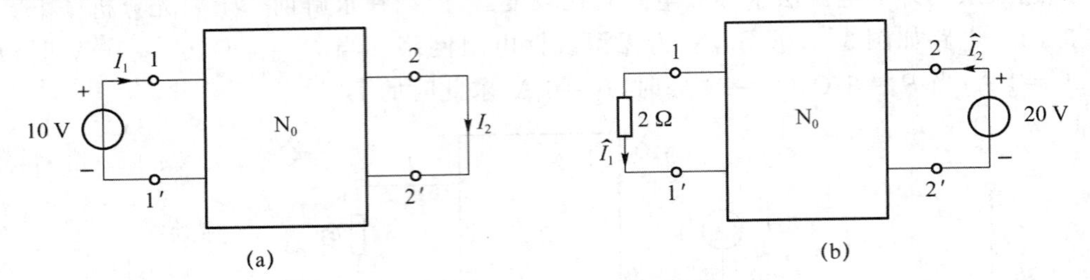

图 3-39　题图 3-32

解析：此题与题 3-31 一样，考查特勒根定理的知识。假设各支路电压和电流为关联参考方向，则根据特勒根定理 2，可得

$$U_1\hat{I}_1+U_2\hat{I}_2=\hat{U}_1I_1+\hat{U}_2I_2$$

根据给定的外面两支路电压、电流方向，可得

$$10\hat{I}_1+0=-2\hat{I}_1I_1+20I_2$$

带入已知数据，得

$$\hat{I}_1=\frac{20\times1}{20}=1\ \text{A}$$

3-34　图 3-40(a)所示电路中，N_0 为无源线性电阻网络。若电路改接为图 3-40(b)所示形式后，试求其中的电压$\hat{U}_2$。

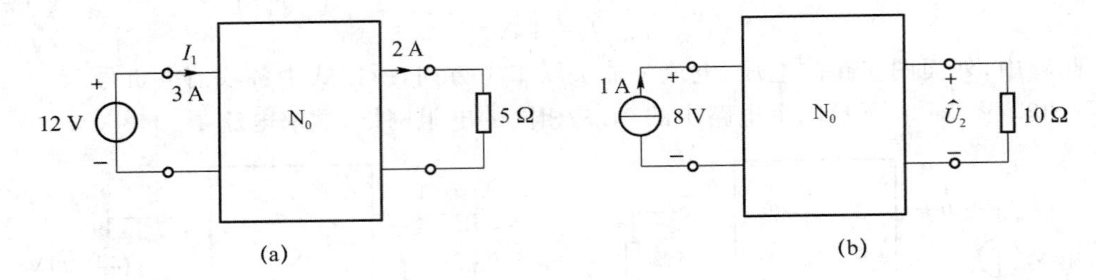

图 3-40　题图 3-33

解析：此题与题 3-31 一样，考查特勒根定理的知识。根据特勒根定理 2，并按照图 3-40 中两条外面支路给定的电压、电流方向，可得

$$-12\times1+2\times5\times\frac{\hat{U}_2}{10}=-8\times3+\hat{U}_2\times2$$

解得

$$\hat{U}_2=12\ \text{V}$$

3-35　图 3-41 所示电路中，N_0 为无源线性电阻网络，左右端口各施加一组电压源 U_{s1}，U_{s2}，…，U_{sn} 和一组电流源 I_{s1}，I_{s2}，…，I_{sm}。试证明该电阻网络所获得的功率为这组电压源和这组电流源分别单独作用时所产生的功率之和。

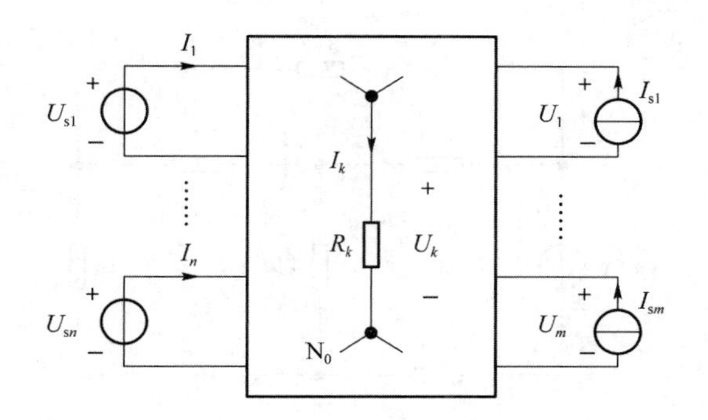

图 3-41　题图 3-34

解析：此题考查特勒根定理和叠加定理的知识。将电压源和电流源分别作为一组独立源作用于电路，求出各支路的电压和电流；同时，再根据功率计算式和特勒根定理 2，得到所证。

设电压源组 $U_{s1}, U_{s2}, \cdots, U_{sn}$ 单独作用时，各电阻支路上的电压及电流分别为 U'_k 和 I'_k($k=1,2,\cdots,b$)；电流源组 $I_{s1}, I_{s2}, \cdots, I_{sm}$ 单独作用时，各电阻支路上的电压及电流分别为 U''_k 和 I''_k($k=1,2,\cdots,b$)，则电阻网络获得的总功率为

$$P = \sum_{k=1}^{b} U_k I_k = \sum_{k=1}^{b} (U'_k + U''_k)(I'_k + I''_k)$$

$$= \sum_{k=1}^{b} U'_k I'_k + \sum_{k=1}^{b} U''_k I''_k + \sum_{k=1}^{b} U''_k I'_k + \sum_{k=1}^{b} U'_k I''_k$$

由于电压源支路和电流源支路的电压、电流均为非关联参考方向，所以，根据特勒根定理 2，有

$$\sum_{k=1}^{b} U''_k I'_k = \sum_{\alpha=1}^{n} U''_{s\alpha} I'_\alpha + \sum_{\beta=1}^{m} U''_\beta I'_{s\beta} \tag{1}$$

因为电压源不作用时相当于短路，即 $U''_{s\alpha}=0$，电流源不作用时相当于开路，即 $I'_{s\beta}=0$，所以 (1)式变为

$$\sum_{k=1}^{b} U''_k I'_k = 0$$

同理可得

$$\sum_{k=1}^{b} U'_k I''_k = 0$$

所以，$P = \sum\limits_{k=1}^{b} U'_k I'_k + \sum\limits_{k=1}^{b} U''_k I''_k$，问题得证。

3-36　电路如图 3-42 所示，试用互易定理求支路电流 i_1。

解析：此题考查互易定理的知识，同时也会用到电桥平衡的知识。根据互易定理形式 1，将电压源激励互换到与 5 Ω 电阻串联，求解 6 Ω 电阻支路的电流，此电流即为题中所求。

将激励和响应互换位置后的电路如图 3-43 所示。可以看出，除电源所在的支路外，其他部分都达到电桥平衡条件，此时，2 Ω 电阻与 3 Ω 电阻相当于串联，6 Ω 电阻与 9 Ω 电阻相当于串联，所以

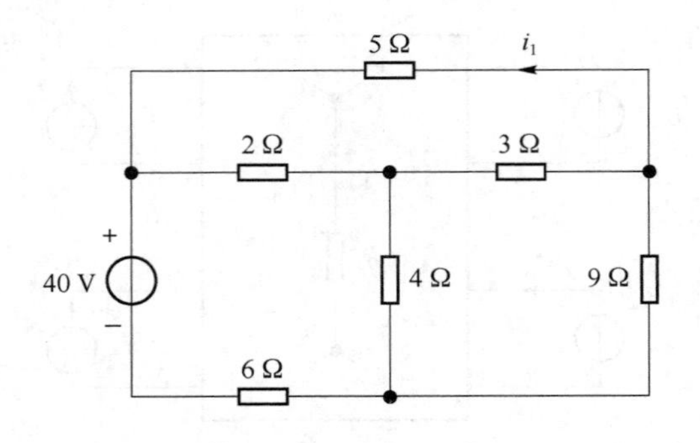

图 3-42　题图 3-35

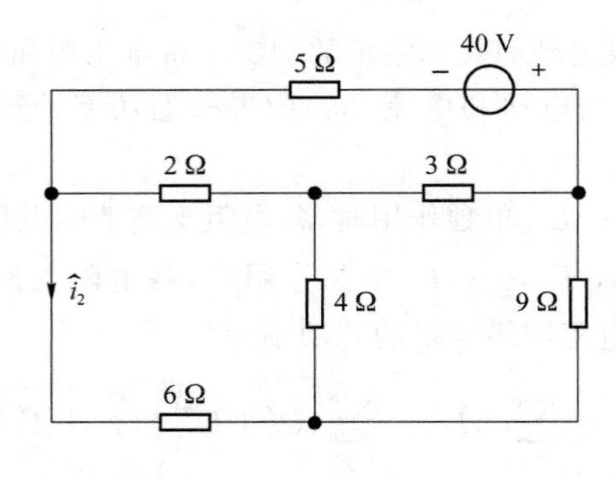

图 3-43

$$\hat{i}_2=-\frac{40}{5+(2+3)//(6+9)}\times\frac{2+3}{(2+3)+(6+9)}$$

$$=-\frac{40}{5+\frac{(2+3)\times(6+9)}{2+3+6+9}}\times\frac{5}{20}\approx-1.14\ \text{A}$$

根据互易定理形式 1，则有

$$i_1=\hat{i}_2=-1.14\ \text{A}$$

3-37　图 3-44 所示电路中，N_0 为无源线性电阻网络。R_{eq} 为电压源置零后 ab 端的等效电阻，10 V 为 ab 端的开路电压。若在 ab 端接 2 Ω 电阻，则图中 4 A 的电流将改变为多少？（提示：先用戴维南定理求出通过 2 Ω 电阻的电流，然后用电流源置换之，再用叠加定理、互易定理求解。）

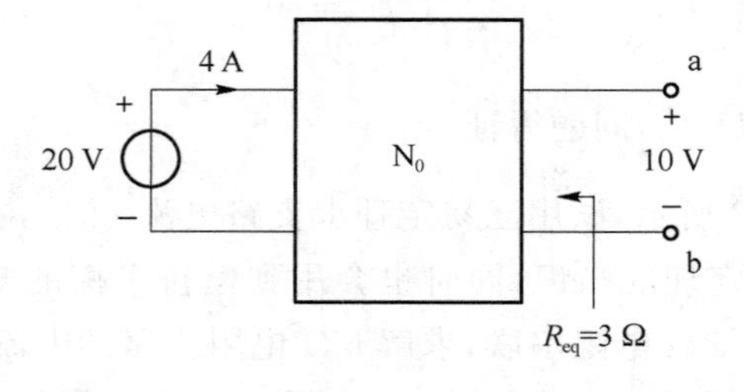

图 3-44　题图 3-36

解析：此题是一道非常综合的题目，考查的知识点很多，根据提示，需要用到戴维南定

理、替代定理、互易定理、齐性定理和叠加定理。

首先，根据已知条件可以得到ab左端电路的戴维南等效电路参数，为 $u_{oc}=10\ \text{V}$，$R_{eq}=3\ \Omega$，所以，当ab端接 $2\ \Omega$ 电阻时，通过该电阻的电流为

$$i_{ab}=\frac{u_{oc}}{3+2}=\frac{10}{5}=2\ \text{A}$$

根据替代定理，将ab端接的 $2\ \Omega$ 电阻支路用 $2\ \text{A}$ 的电流源替代，求在此电流源激励下电压源支路的电流，我们用 i 表示该支路的总电流。

根据互易定理形式3，右端接 $20\ \text{A}$ 的电流源时，左端的短路电流为 $i'=10\ \text{A}$。注意，此时电流源电流的方向和支路电流 i 的方向都与互易定理形式3的方向相反，相当于反反为正，所以，结果为正。

再根据齐性定理可知，当电流源电流为 $2\ \text{A}$ 时，其单独作用产生的电流为 $i''=\frac{2}{20}\times 10=1\ \text{A}$。由已知条件知，$20\ \text{V}$ 电压源单独作用时，$i'''=4\ \text{A}$。

所以，根据叠加定理，当ab端接 $2\ \Omega$ 电阻时的总电流为

$$i=i'''+i''=4+1=5\ \text{A}$$

3-38　图3-45(a)所示电路中，N_0 为无源线性电阻网络，各参数如图所示。若电路改接为图3-45(b)所示形式，试运用互易定理求通过 $5\ \Omega$ 电阻的电流 I。

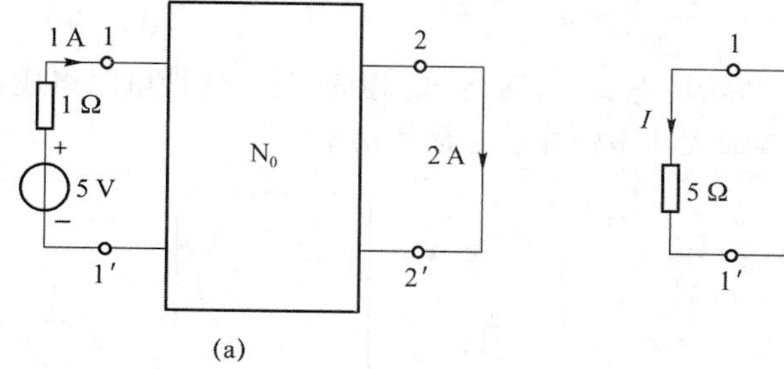

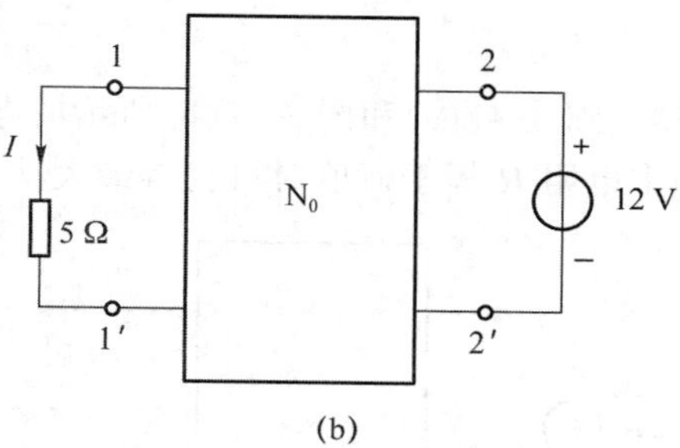

图3-45　题图3-37

解析： 此题也是一道综合题，考查的知识点较多，包括互易定理、替代定理、齐性定理和诺顿定理。首先，求出11′端口的电压，并根据替代定理，用等值的电压源替代 $5\ \text{V}$ 电压源与 $1\ \Omega$ 电阻的串联支路；然后，根据互易定理形式1和齐性定理，求出11′端口的短路电流，进而求出11′端口右边部分的诺顿等效电路；最后，即可得到所求。

11′端口的电压 $U_{11'}$ 及其右端电路的等效电阻(如图3-46(a)所示)分别为

$$U_{11'}=5-1\times 1=4\ \text{V},\quad R_{11'}=\frac{U_{11'}}{1}=\frac{4}{1}=4\ \Omega$$

根据替代定理，用一个 $4\ \text{V}$ 电压源等效替代 $5\ \text{V}$ 电压源与 $1\ \Omega$ 电阻串联的支路，如图3-46(b)所示。根据互易定理形式1和齐性定理，求得11′端口的短路电流(由上向下)为

$$\hat{I}=\frac{12}{4}\times 2=6\ \text{A}$$

由此得到11′端口右边部分电路的诺顿等效电路的参数为

$$I_{sc}=\hat{I}=6\ \text{A},\quad R_{eq}=R_{11'}=4\ \Omega$$

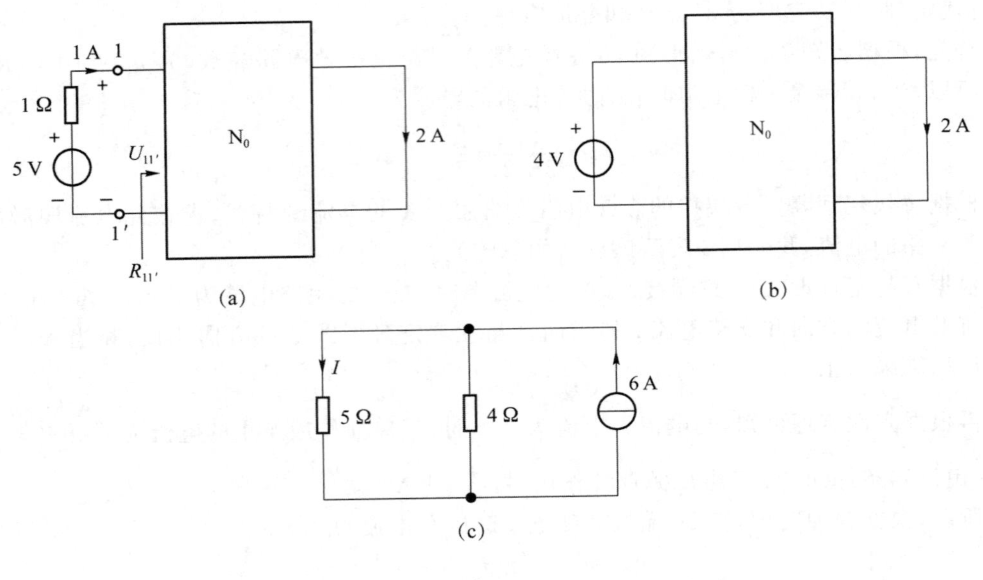

图 3-46

接入 5 Ω 电阻，如图 3-46(c)所示，则可求得

$$I=\frac{4}{5+4}\times 6\approx 2.67\ \text{A}$$

3-39　图 3-47(a)和图 3-47(b)所示的电路中，网络 N_R 相同，仅由线性电阻组成。求图 3-47(b)中电阻 R 等于何值时可获得最大功率？并求此最大功率。

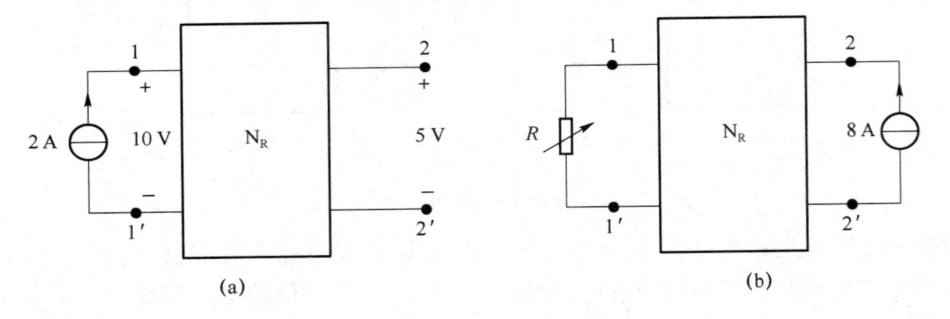

图 3-47　题图 3-38

解析：此题考查互易定理、齐性定理、戴维南定理以及最大功率传输定理的知识。

首先，将电阻 R 从电路中移除，利用互易定理形式 2 和齐性定理，可求得图 3-47(b)电路的戴维南等效电路的开路电压为

$$U_{oc}=\frac{8}{2}\times 5=20\ \text{V}$$

然后，由图 3-47(a)电路可求得图 3-47(b)电路的戴维南等效电阻为

$$R_{eq}=\frac{10}{2}=5\ \Omega$$

因此，当 $R=R_{eq}=5\ \Omega$ 时可获得最大功率，最大功率为

$$P_{max}=\frac{U_{oc}^2}{4R_{eq}}=\frac{20^2}{4\times5}=20\ \text{W}$$

3-40　求图 3-48 所示的含有理想运算放大器电路 ab 端口的诺顿等效电路及电流比$\frac{i_1}{i_4}$。

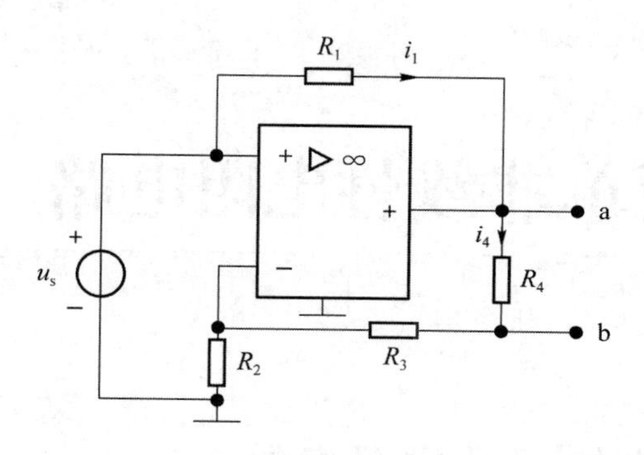

图 3-48　题图 3-39

解析：此题考查诺顿等效电路的知识及含有理想运算放大器电路的分析。首先利用短路电流法求出诺顿等效电路，然后利用理想运算放大器虚短、虚断的性质对电路进行分析求解。

当 ab 端口短路时，ab 端口的短路电流 i_{ab} 等于流过 R_1 和 R_2 的电流。由理想运算放大器的虚短和虚断性质可得 $i_{ab}=\frac{u_s}{R_2}$；当 ab 端口开路时，R_4 与 R_1 和 R_2 串联，所以开路电压为 $u_{ab}=\frac{u_s}{R_2}R_4$。因此，ab 端口的诺顿等效电阻为 $R_{eq}=\frac{u_{ab}}{i_{ab}}=R_4$。因此，ab 端口的诺顿等效电路为电流值为 i_{ab} 的电流源与电阻值为 R_{eq} 的电阻并联形式。

由图 3-48 可知，a 点的电位为

$$u_a=\frac{u_s}{R_2}(R_2+R_3+R_4)$$

且满足

$$i_1=\frac{u_s-u_a}{R_1},\quad i_4=\frac{u_s}{R_2}$$

联立以上三式，可得

$$\frac{i_1}{i_4}=\frac{R_3+R_4}{R_1}$$

第4章

简单非线性电阻电路

4.1 基本知识及学习指导

本书前3章主要介绍线性电路元件，但实际中并没有绝对的线性元件，只不过在某种情况下将其当作线性元件处理不但不会引起电路性质的改变，而且还简化了分析。不过，当用线性电路的分析方法不能反映电路的本质时，就不能再这样处理了。本章先对非线性电阻元件及由其构成的非线性电阻电路进行了介绍，并在此内容中引入静态电阻(电导)和动态电阻(电导)的概念然后介绍了非线性电阻电路的图解法、折线法和小信号分析法。本章的知识结构如图4-1所示。

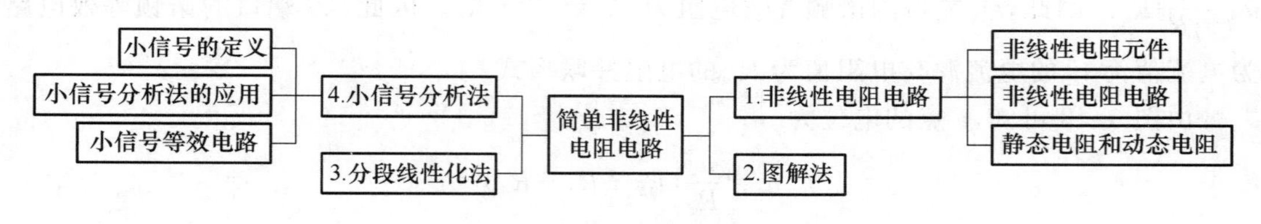

图4-1　第4章知识结构

4.1.1　非线性电阻元件和非线性电阻电路

非线性电阻元件的电压电流关系不再满足欧姆定律，其电压和电流一般具有非线性函数关系，可写为形如 $u=f(i)$ 或 $i=g(u)$ 的函数形式，分别称为流控型和压控型。其电压电流关系可能是单调函数，也可能是多值函数。

由于非线性电阻元件的阻值不是常数，而是随电压、电流改变，所以，对于特性曲线上的不同点，其电阻值也不同。由此，引入静态电阻和动态电阻的概念。特性曲线上某一点处的静态电阻 R 定义为该点的电压与电流之比，动态电阻 R_d 则定义为该点电压对电流的一阶导数。按照同样的方法可以定义某点的静态电导和动态电导。

含有非线性电阻元件的电路就是非线性电阻电路。分析非线性电阻电路时，也要先列出电路的方程，基本的方法仍然是利用KCL、KVL和元件的VCR。齐性定理、叠加定理和互易定理不能再用，节点电压法、支路电流法和支路电压法仍然适用，而网孔电流法和回路电流法原则上不再适用。

4.1.2　非线性电阻电路的图解法和折线法

图解法是通过在 u-i 平面上作出元件的特性曲线进行求解的一种方法。

折线法也称为分段线性化法，是把非线性电路分成几个线性区段，对每个线性区段应用线性电阻电路的分析方法进行求解的一种方法。

学习提示：图解法和折线法都是近似方法，通常只适用于简单非线性电阻电路的分析。

4.1.3　小信号分析法

小信号分析法是工程上分析非线性电路的一种非常重要的方法。小信号是一个相对于直流电源来说振幅很小的振荡，其严格定义为：当将非线性电阻在其静态工作点(由直流激励源确定) 附近进行泰勒级数展开时，如果忽略其 2 次项以及更高次项后所造成的误差可以接受，则此时的激励信号可称为小信号。小信号分析法就是在直流电源上叠加一个小信号的情况下研究电路工作状态的方法。

对于电源与一个非线性电阻串联或并联的简单电路，小信号分析法的基本步骤为：(1)令小信号为零，确定直流静态工作点(待求量在直流激励作用下的值，可称为直流响应)；(2)计算静态工作点处的静态电阻(或电导)和动态电阻(或电导)；(3)做出小信号等效电路，求小信号作用下的待求量(可称为小信号响应)；(4)直流响应与小信号响应相加即得所求。

如果与非线性电阻连接的是线性含源单口网络，则令小信号为零，然后用戴维南定理(或诺顿定理)将其等效变换为电压源与线性电阻串联(或电流源与线性电阻并联)的形式，再按照上述步骤进行分析。当电路中有多个非线性电阻元件进行串联或并联连接时，如果其类型相同，即都是压控型的或都是流控型的，则先将它们用一个非线性电阻元件等效，然后再按照上述步骤进行分析。

4.2　部分习题解析

4-1　已知某非线性电阻的电压电流关系(在关联参考方向下)为 $u=f(i)=100i+i^2$，试分别求 $i_1=2\ \text{A}$，$i_2=2\sin 314t\ \text{A}$ 时对应的电压 u_1、u_2 的值。

解析：此题很简单，直接将 i_1、i_2 的值或表达式代入电压电流关系式即可。

$$u_1=100\times 2+2^2=204\ \text{V}$$

$$\begin{aligned}u_2&=100\times 2\sin 314t+(2\sin 314t)^2=200\sin 314t+4\sin^2 314t\\&=200\sin 314t+4\times\frac{1}{2}\times(1-\cos 628t)=(2+200\sin 314t-2\cos 628t)\,\text{V}\end{aligned}$$

此题用到了三角函数运算的知识。

4-2　某非线性电阻的 u-i 关系(在关联参考方向下)为 $i=0.5u^2$，当工作电压为 0.4 V 时，其静态电阻和动态电阻分别是多少？

解析：此题考查静态电阻和动态电阻的概念及计算。

$$R=\frac{u}{i}\bigg|_{u=0.4\ \text{V}}=\frac{0.4}{0.5\times 0.4^2}=5\ \Omega$$

根据题中给的 u-i 关系，先求动态电导，再求动态电阻比较简单。

$$G_d=\frac{di}{du}\bigg|_{u=0.4\ V}=u\,|_{u=0.4\ V}=0.4\ S$$

所以，动态电阻为

$$R_d=\frac{1}{G_d}=\frac{1}{0.4}=2.5\ \Omega$$

4-3　某非线性电阻的 u-i 关系（在关联参考方向下）如图 4-2 所示。当 $u_1=0.2$ V 时，其静态电阻和动态电阻分别为多少？当 $u_2=0.5$ V 时，静态电阻和动态电阻又分别为多少？

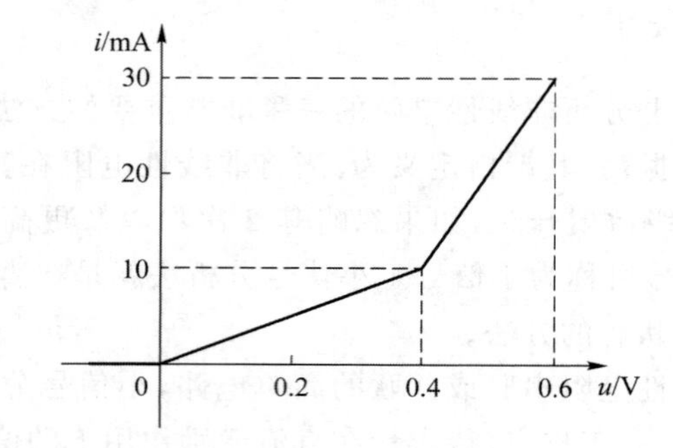

图 4-2　题图 4-1

解析：此题与题 4-2 一样，考查静态电阻和动态电阻的概念及计算，只不过所给条件是伏安特性曲线。

由图 4-2 可知，当 $u_1=0.2$ V 时：

$$\text{静态电阻}\quad R_1=\frac{0.2}{5\times10^{-3}}=40\ \Omega$$

$$\text{动态电阻}\quad R_{1d}=\frac{0.4}{10\times10^{-3}}=40\ \Omega$$

当 $u_2=0.5$ V 时：

$$\text{静态电阻}\quad R_2=\frac{0.5}{20\times10^{-3}}=25\ \Omega$$

$$\text{动态电阻}\quad R_{2d}=\frac{0.6-0.4}{(30-10)\times10^{-3}}=10\ \Omega$$

4-4　图 4-3 所示电路中，已知 $u_s=84$ V，$R_1=2$ kΩ，$R_2=10$ kΩ，非线性电阻的电压电流关系为 $i_3=0.3u_3+0.04u_3^2$，试求电流 i_1 和 i_2。

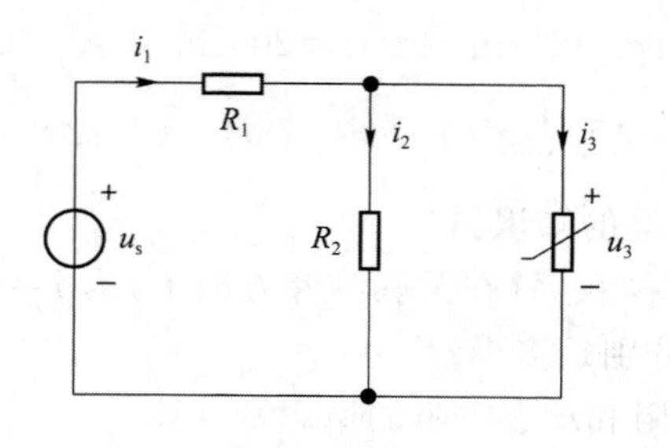

图 4-3　题图 4-2

解析：此题考查非线性电阻的分析，需要利用 KCL 和 KVL 的知识。

根据 KCL，有

$$i_1 = i_2 + i_3$$

根据 KVL，有

$$u_s = R_1 i_1 + R_2 i_2$$
$$u_3 = R_2 i_2$$

并考虑

$$i_3 = 0.3u_3 + 0.04u_3^2$$

联立上述方程，可得

$$i_1 \approx 41.825\ \text{mA},\quad i_2 \approx -0.765\ \text{mA}$$

或

$$i_1 \approx 41.93\ \text{mA},\quad i_2 \approx 0.014\ \text{mA}$$

4-5　按照指定的参考节点列写图 4-4 所示电路的节点电压方程，假设电路中的各非线性电阻的电压电流关系为 $i_1 = u_1^3, i_2 = u_2^2, i_3 = u^{3/2}$。

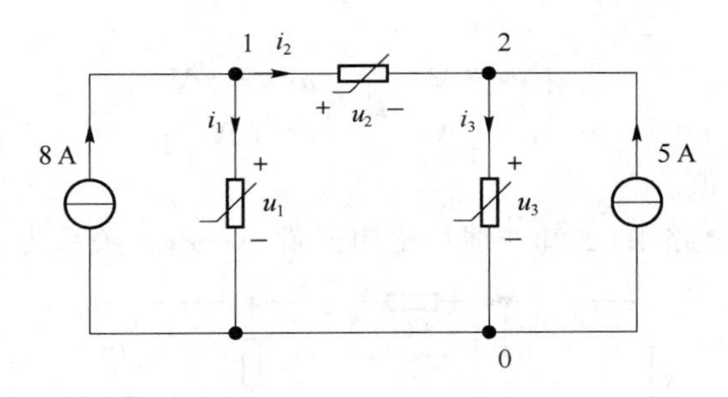

图 4-4　题图 4-3

解析：此题考查非线性电阻电路的方程列写。但注意，虽然要求列写节点电压方程，却不能利用第 2 章介绍的方法直接列写，而是应该按照节点电压法的本质，即节点的 KCL 方程去列写，因为非线性电阻元件的电阻值不是固定的。

按照图 4-4 中给定的节点情况，对节点 1、2 列写 KCL 方程如下：

$$i_1 + i_2 = 8$$
$$i_3 - i_2 = -5$$

将 3 个非线性电阻元件的 VCR 代入上式，同时用节点电压法去表示各支路电压，即 $u_1 = u_{n1}$，$u_2 = u_{n1} - u_{n2}$，$u_3 = u_{n2}$，则可得

$$u_{n1}^3 + (u_{n1} - u_{n2})^2 = 8$$
$$u_{n2}^{3/2} - (u_{n1} - u_{n2})^2 = -5$$

此即电路的节点电压方程。

4-6　图 4-5 所示的电路中，虚线框所示的单口网络由 1 Ω 线性电阻和非线性电阻并联组成，非线性电阻的 u-i 特性为 $i_R = f(u_R) = u_R^2 - 3u_R + 1$。试求：(1)单口网络的 u-i 关系式；(2)静态工作点的 u、i 值。

解析：此题考查非线性电阻电路的分析、单口网络的 VCR 和静态工作点的概念。

(1) 由题知，$u = u_R$，对节点列 KCL 方程如下：

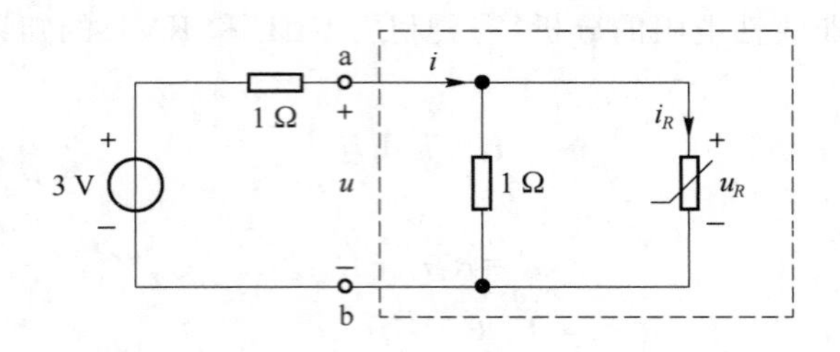

图 4-5　题图 4-4

$$i=\frac{u}{1}+i_R=u+u_R{}^2-3u_R+1=u^2-2u+1$$

即单口网络的 u-i 关系式为

$$i=u^2-2u+1 \tag{1}$$

(2) 根据电源端写出单口网络的 u-i 关系式：

$$i=\frac{3-u}{1}=3-u \tag{2}$$

(1)、(2)式联立，可得

$$\begin{cases}u=2\ \text{V}\\ i=1\ \text{A}\end{cases} \quad 或 \quad \begin{cases}u=-1\ \text{V}\\ i=4\ \text{A}\end{cases}$$

此即静态工作点的 u、i 值。

4-7　图 4-6 所示电路中，已知非线性电阻元件 A 的 u-i 关系为 $u=i^2$，试求 i、i_1 和 u。

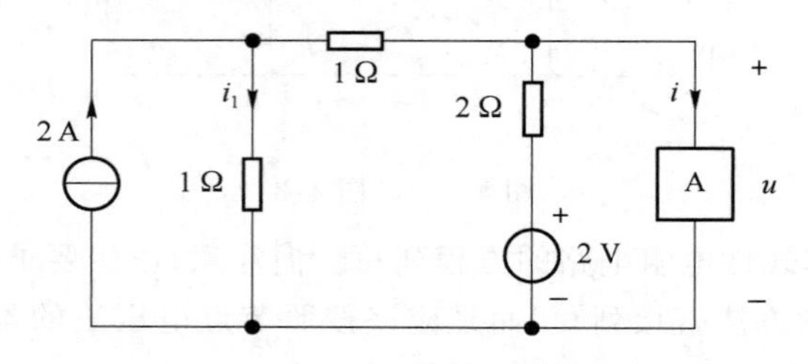

图 4-6　题图 4-5

解析： 此题考查非线性电阻电路的分析。需要先利用戴维南定理或诺顿定理对与 A 连接的电路进行等效变换，然后再逐步求解。

由题知，与 A 连接的电路是线性电阻电路，所以，可以直接用戴维南等效电路或诺顿等效电路对其进行等效。利用电源等效交换的知识，将电路等效为图 4-7 所示的形式。

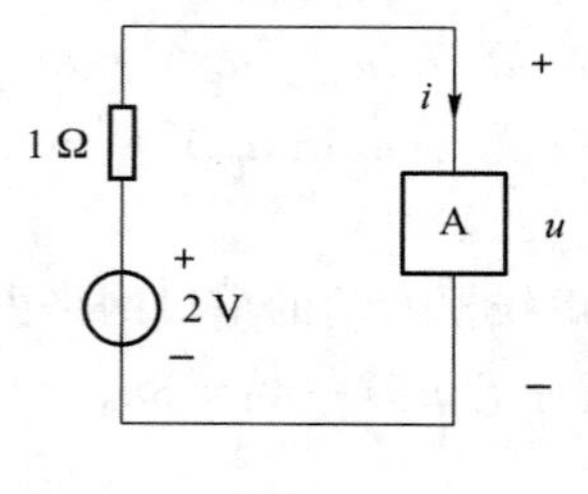

图 4-7

根据 KVL，可得

$$1\times i+u=i+i^2=2$$

解得

$$i=1\ \text{A 或 } i=-2\ \text{A}$$

当取 $i=1$ A 时，可求得 $u=i^2=1$ V。需要根据原电路求解 i_1。

2 V 电压源与 2 Ω 电阻串联支路的电流(右上向下)为 $\frac{u-2}{2}=-0.5$ A。根据推广的 KCL，可得 $i_1=2-i-(-0.5)=1.5$ A。

当取 $i=-2$ A 时，可求得 $u=i^2=4$ V。同理，可求得

$$i_1=2-i-\frac{u-2}{2}=2-(-2)-\frac{4-2}{2}=3\ \text{A}$$

所以，该题的答案为

$$i=1\ \text{A}, i_1=1.5\ \text{A}, u=1\ \text{V}\quad \text{或者}\quad i=-2\ \text{A}, i_1=3\ \text{A}, u=4\ \text{V}$$

4-8　已知图 4-8(a)所示电路中的 VD 是一个理想二极管，其伏安特性曲线如图 4-8(b)所示，试画出端口的伏安特性曲线。

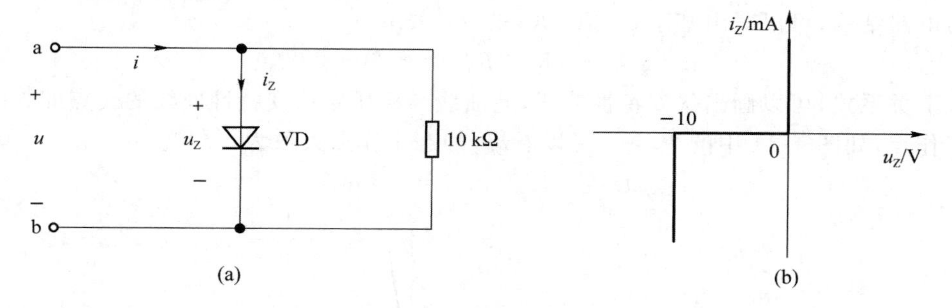

图 4-8　题图 4-6

解析：此题考查非线性电阻电路的分析。

10 kΩ 电阻的 VCR 为 $i_R=0.001u$(i_R 的方向为由上向下)，其在 u-i 平面上为一过原点的直线，斜率为 0.001。由图 4-8(a)可知，10 kΩ 电阻与二极管并联，所以

$$i=i_Z+i_R$$

由图解法可得，端口的伏安特性曲线如图 4-9 所示。

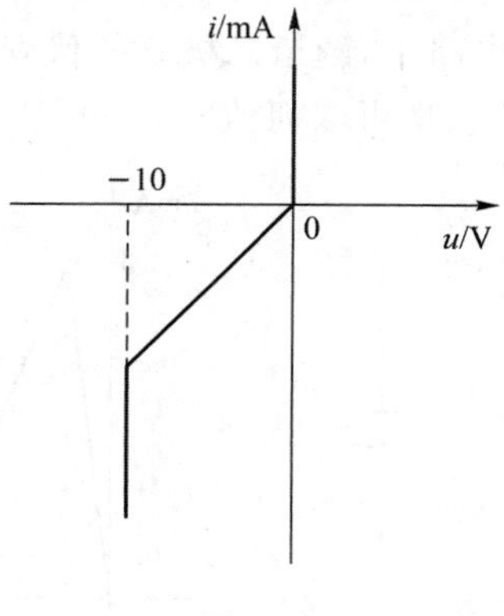

图 4-9

4-9　在图 4-10(a)所示的电路中，已知 $U_s=20$ V，$R_1=900$ Ω，$R_2=1\,100$ Ω，稳压二极管的伏安特性曲线如图 4-10(b)所示，试求电路的静态工作点。

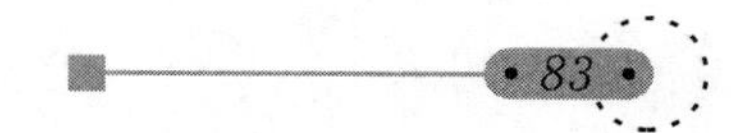

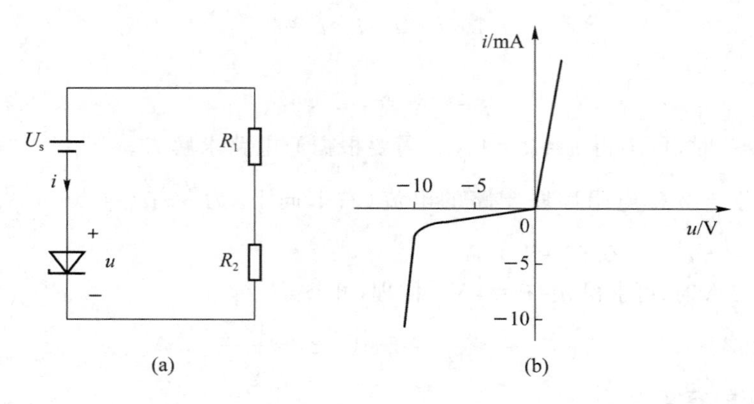

图 4-10　题图 4-7

解析：此题考查非线性电阻电路图解分析法和静态工作点的知识。由于没有给出稳压管的 u-i 关系式，所以只能使用图解法。

由电路结构，可以写出基于 U_s、R_1、R_2 的 u-i 关系：

$$u=-U_s-(R_1+R_2)i=-20-2\,000i$$

根据以上关系式，可以画出伏安特性曲线，此曲线与稳压管伏安特性曲线的交点即为电路的静态工作点，如图 4-11 中的 P 点。可以看出，静态工作点大致为

$$U=-10\text{ V},\quad I=-5\text{ mA}$$

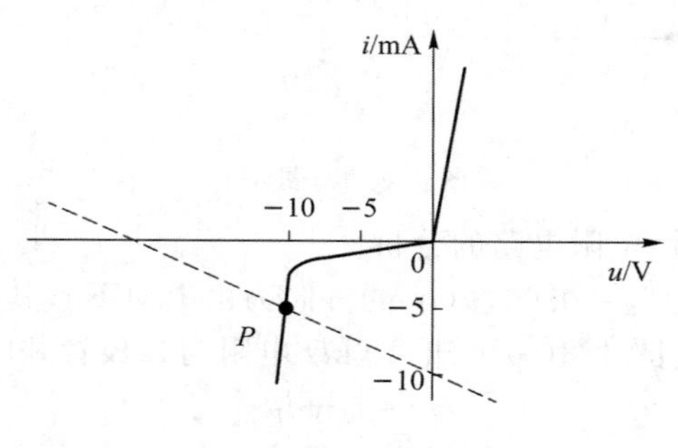

图 4-11

4-10　在图 4-12(a)所示的电路中，隧道二极管的伏安特性曲线如图 4-12(b)所示。若已知电路有 3 个静态工作点，则 U_s、R 可取何值？

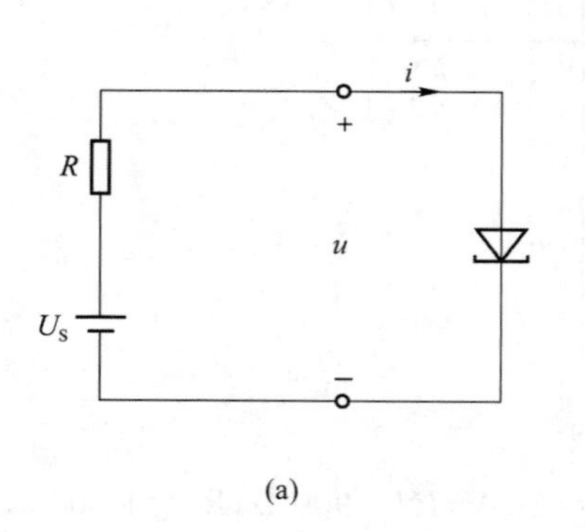

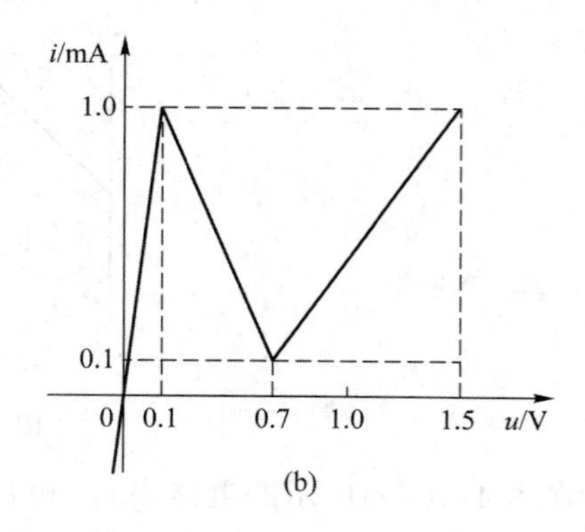

图 4-12　题图 4-8

解析：此题与题 4-9 一样，考查非线性电阻电路图解分析法和静态工作点的知识，同时，还要根据已知条件进行分析。此题也可以应用折线法进行分析，分别写出隧道二极管在三个区段的 u-i 关系式，然后与电源端的 u-i 关系式进行联立求解。此题没有唯一解，只能确定 U_s、R 的取值范围。下面给出图解法的求解过程，读者可以练习使用折线法进行分析。

电源端的 u-i 关系为

$$u=U_s-Ri \tag{1}$$

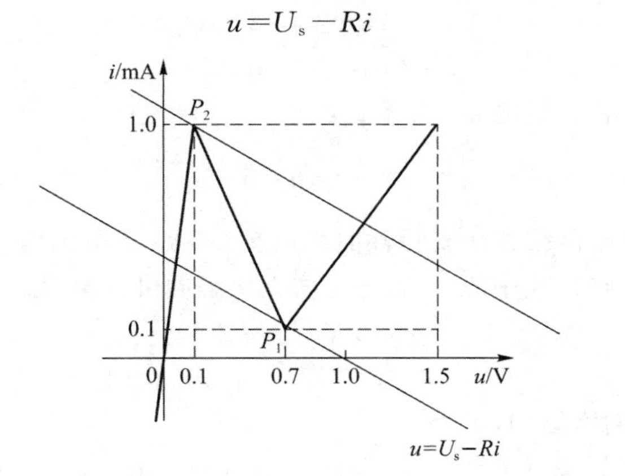

图 4-13

(1)式在 u-i 平面上表现为如图 4-13 所示的负斜率直线。根据已知条件，该直线必须与直线 P_1P_2 有交点，且在图 4-13 中所示的两种极限情况的范围内。

由图 4-13 可知，在 P_1 点，当 $i=0.1\times10^{-3}$ A 时，应该有 $u\geqslant0.7$ V，代入(1)式，得

$$U_s-0.0001R\geqslant0.7\text{，亦即 }U_s\geqslant0.7+0.0001R \tag{2}$$

在 P_2 点，当 $i=1\times10^{-3}$ A 时，应该有 $u\geqslant0.1$ V，代入(1)式得

$$U_s-0.001R\leqslant0.1\text{，亦即 }U_s\leqslant0.1+0.001R \tag{3}$$

联立(2)、(3)式可得，U_s 和 R 应该满足如下关系：

$$0.7+0.0001R\leqslant U_s\leqslant0.1+0.001R$$

如果取 $R=1.5$ kΩ，则 $0.85\text{ V}\leqslant U_s\leqslant1.6$ V，因此可取 $U_s=1.2$ V。

4-11　电路如图 4-14(a)所示，其中 $u_s=10$ V，$R=2$ Ω，网络 N 的伏安特性曲线如图(b)所示。试求：

(1) u 和 i(静态工作点)及流过两线性电阻的电流 i_1 和 i_2。

(2) 若电源电压 u_s 在 4 V～10 V 的范围内变化，则静态工作点在什么范围内变化？

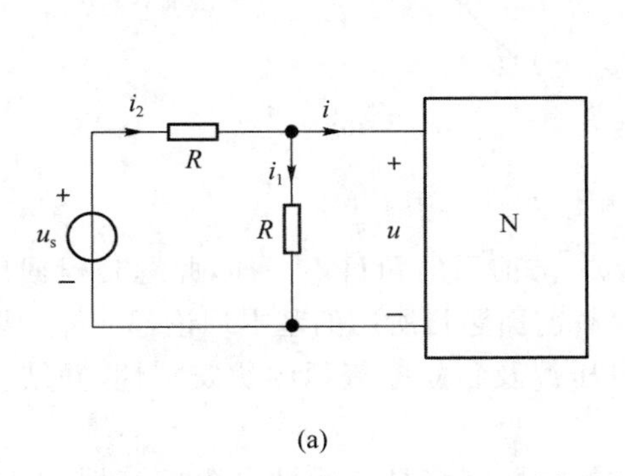

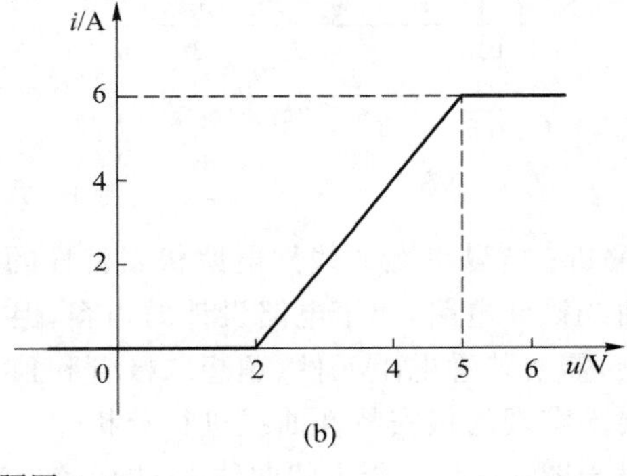

图 4-14　题图 4-9

解析：此题与题 4-10 类似，考查非线性电阻电路分析和静态工作点的知识。根据网络 N 的伏安特性曲线，可以写出 u-i 关系式，根据与网络 N 连接的左边线性电阻网络结构，也可写出 u-i 关系式，二者联立求解即可求得静态工作点，然后再根据电路结构求解其他量。

(1) 由图 4-14(b)可以写出 u-i 关系式：

$$\begin{cases} i=0, & 0\leqslant u<2 \\ i=2u-4, & 2\leqslant u<5 \\ i=6, & u\geqslant 5 \end{cases} \tag{1}$$

根据左边线性电阻网络，列写的 u-i 关系式：

$$i=\frac{u_s}{2}-u=5-u \tag{2}$$

分析可知，左边线性电阻网络的伏安特性曲线只在 $2\leqslant u<5$ 范围内与网络 N 的伏安特性曲线有交点，即将(2)式与(1)式中的 $i=2u-4$ 联立求解即可。解得

$$u=3\text{ V},\quad i=2\text{ A}$$

此即为静态工作点。

由左边线性电阻网络结构，可得

$$i_1=\frac{u}{R}=\frac{3}{2}=1.5\text{ A},\quad i_2=\frac{u_s-u}{R}=\frac{10-3}{2}=3.5\text{ A}$$

(2) 当 $u_s=4$ V 时，左边线性电阻网络的 u-i 关系为

$$i=\frac{u_s}{2}-u=2-u$$

分析可知，左边线性电阻网络的伏安特性曲线正好在 $u=2$ V 时与网络 N 的伏安特性曲线有交点，此时，$i=0$。所以，如果电源电压 u_s 在 4 V～10 V 范围内变化，则静态工作点的变化范围为：电压 2 V～3 V，电流 0 A～2 A。

4-12　试用电阻元件、理想二极管和独立电源组成两个网络，使其分别具有如图 4-15(a)、4-15(b)所示的伏安特性曲线。

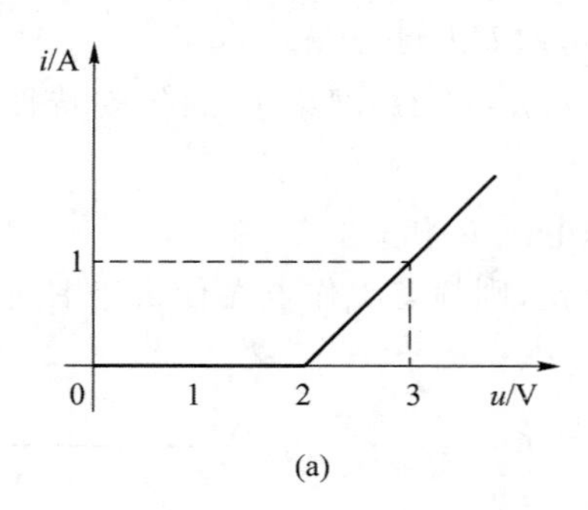

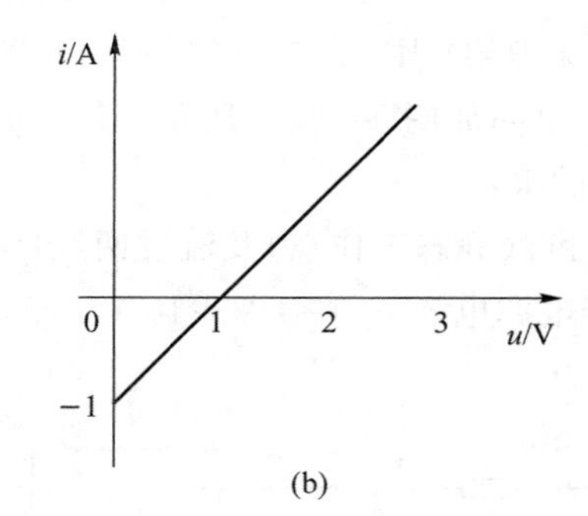

图 4-15　题图 4-10

解析：此题考查非线性电路伏安特性的知识。与前面的题目不一样，此题是根据伏安特性曲线设计电路，属于电路设计的内容，但与求解前面题目所用的基本理论都一样。要解决此题，需要熟悉电阻元件、理想二极管和独立电压源及独立电流源的伏安特性，并结合题目所要求实现的伏安特性曲线进行分析。

对于图 4-15(a)所示的曲线，分析可知：当 $u\geqslant 2$ 时，网络具有线性电阻的特性，这需要

用一个线性电阻元件实现，根据曲线斜率可知，电阻值为 1 Ω，其 u-i 关系式为 $u=i+2$；当 $0\leqslant u<2$时，电流为零，这可用一个 2 V 的电压源实现；再考虑理想二极管的特性，可以得到如图 4-16(a)所示的电路。

对于图 4-15(b)所示曲线，分析可知：该曲线相当于阻值为 1 Ω 的线性电阻的伏安特性曲线向右平移了 1 个单位(伏特)，其 u-i 关系式为 $u=i+1$，所以，可以用一个阻值为 1 Ω 电阻和电压值为 1 V 的电压源串联实现；但是，当 $0\leqslant u<1$ 时，$-1\leqslant i<0$，即电流反向，这可以通过一对反向连接的二极管实现。最后，得到如图 4-16(b)所示的电路。

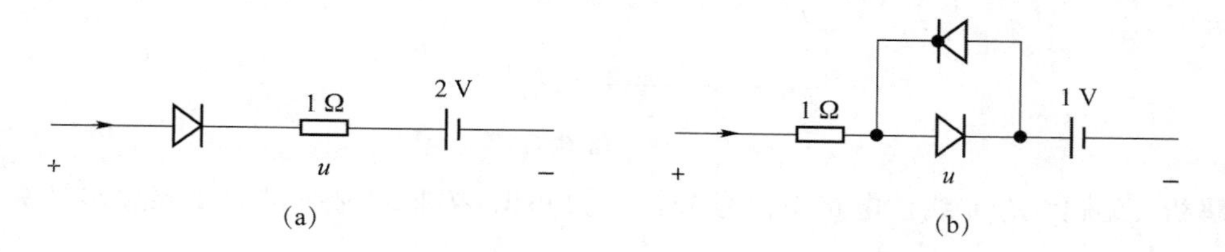

图 4-16

4-13　图 4-17(a)所示的电路中，已知 $U_1=50$ V，$U_2=64$ V，$R_1=3.5$ Ω，$R_2=3$ Ω，$R_3=55$ Ω，R_4 的伏安特性曲线如图 4-17(b)所示。若 R_4 的工作电压范围为 20 V～50 V，试用折线法计算 R_4 中的电流。

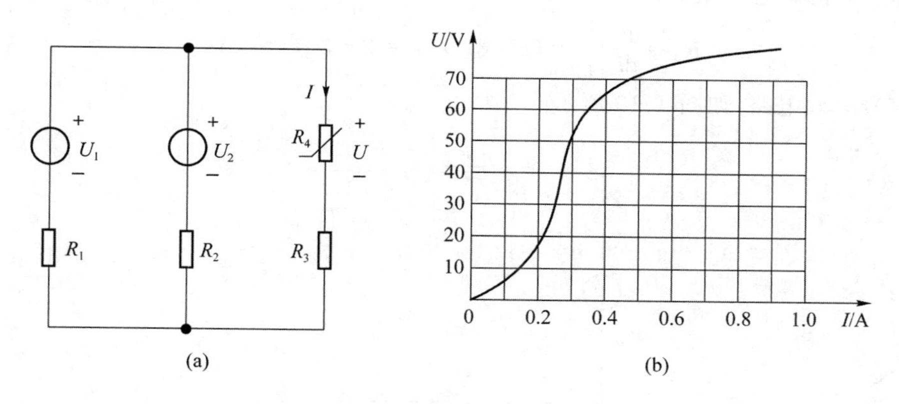

图 4-17　题图 4-11

解析：此题考查非线性电路折线法的知识。首先，根据 R_4 的伏安特性曲线写出其在 20 V～50 V 范围内的 u-i 关系式；然后，根据电路结构写出左边线性电阻电路的 u-i 关系式；最后，二者联立求解即得所求。

由图 4-17(b)可得，R_4 在 20 V～50 V 范围内的 u-i 线性关系近似为

$$U=300I-40 \tag{1}$$

左边线性电阻电路部分的 u-i 关系式为

$$U=R_1//R_2\left(\frac{U_1}{R_1}+\frac{U_2}{R_2}-I\right)-R_3I=\frac{374}{6.5}-\frac{368}{6.5}I \tag{2}$$

(1)、(2)式联立可得

$$I\approx 0.27\ \text{A}$$

4-14　在图 4-18 所示的非线性电阻电路中，非线性电阻的电压电流关系为 $u=2i+i^3$，

现已知当 $u_s(t)=0$ 时，回路中的电流为 1 A。如果 $u_s(t)=\cos\omega t$ V，试用小信号分析法求回路中的电流 i。

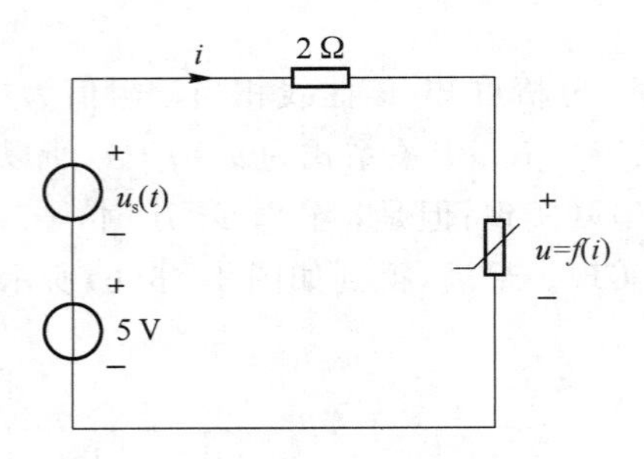

图 4-18　题图 4-12

解析：此题考查非线性电路小信号分析法的知识，按照教材所讲的步骤逐步计算求解即可。

令 $u_s(t)=0$，求解静态工作点 $Q(U_Q, I_Q)$。此题中已经告知 $I_Q=1$ A，所以，根据 $u=2i+i^3$ 直接求 U_Q 即可。

$$U_Q=2\times1+1^3=3\text{ V}$$

静态工作点处的动态电阻为

$$R_d=\left.\frac{\mathrm{d}u}{\mathrm{d}i}\right|_{I_Q}=(2+3i^2)\,|_{I_Q}=2+3\times1=5\ \Omega$$

画出小信号等效电路，如图 4-19 所示。

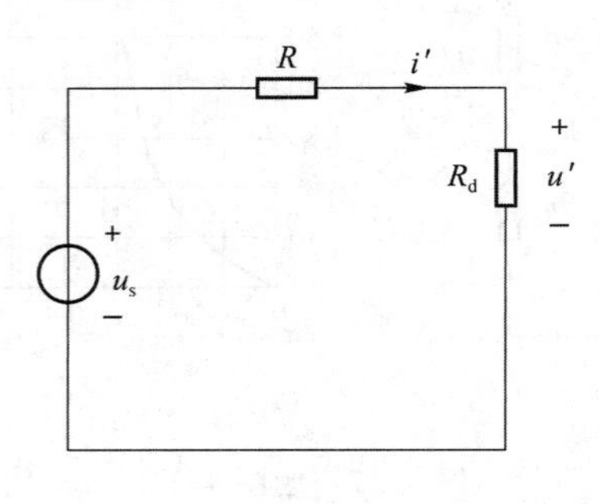

图 4-19

则小信号作用下的电流为

$$i'(t)=\frac{u_s(t)}{R+R_d}=\frac{\cos\omega t}{2+5}\approx0.14\cos\omega t\text{ A}$$

电路中的电流为

$$i(t)=I_Q+i'(t)=1+0.14\cos\omega t\text{ A}$$

第5章

一阶动态电路

5.1 基本知识及学习指导

本章主要介绍两种动态元件(电容和电感)的特性及其电压电流关系,分析含有动态元件电路(动态电路)的过渡(瞬态)过程。这一章会引入一些重要的概念,包括过渡过程、换路定则、初始值、稳态值、零输入响应、时间常数、零状态响应、全响应、阶跃响应、微分电路和积分电路等。本章的知识结构如图 5-1 所示。

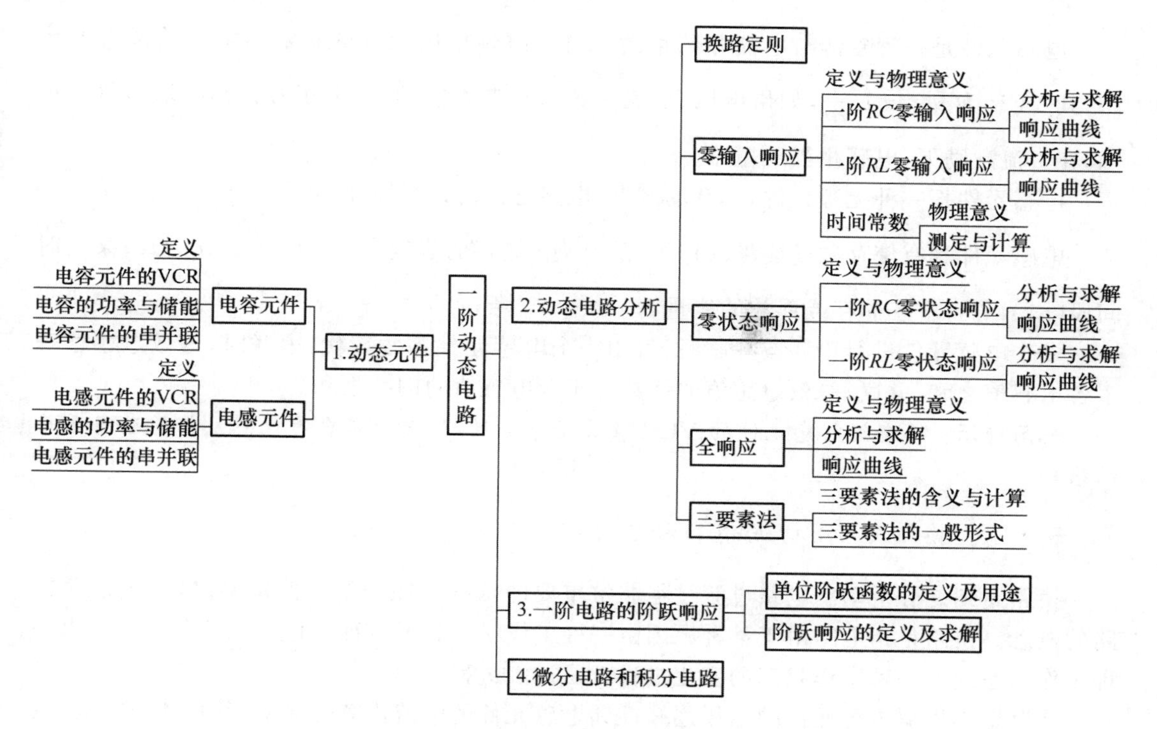

图 5-1 第 5 章知识结构

至少含有一个动态元件的电路是动态电路,本章主要分析其在直流激励下的过渡过程中支路电压和电流的变化情况，后续章节还会分析其在正弦激励下的稳态情况。用一阶微分方程描述的电路称为一阶动态电路，用二阶微分方程描述的动态电路称为二阶动态电路，依次类推。通常，二阶以上的电路统称为高阶动态电路。根据动态元件的电压电流关系，一阶动态电路中只含有一种动态元件，即只含有电容或电感。

5.1.1 电容元件

电容元件是一种电压与电荷相约束的元件。线性电容元件的电压与电荷关系为 $q=Cu$；其 VCR 为 $i=\pm C\dfrac{du}{dt}$，如果电压、电流为关联参考方向，则 i 取正号；否则，取负号。可知，在直流激励下，电容相当于开路。

电容元件是一种无源元件，具有动态性和电容电压的记忆性、连续性。

电容元件具有储存电场能量的作用，某时刻 t 储存的能量为 $w_C(t)=\dfrac{1}{2}Cu_C{}^2(t)$；某一时间段$[t_1,t_2]$内，电容储存或释放的能量为 $w_C(t_1,t_2)=w_C(t_2)-w_C(t_1)$。

多个电容元件进行串联或并联时，可用一个电容元件等效替代：串联时，等效电容值的倒数等于各电容值的倒数之和；并联时，等效电容值等于各电容值之和。

学习提示：须掌握电容元件的 VCR 及其动态特性，这是分析含有电容元件的动态电路的基础。

5.1.2 电感元件

电感元件是一种磁链与电流相约束的元件。线性电感元件的磁链与电流关系为 $\Psi=Li$；其 VCR 为 $u=\pm L\dfrac{di}{dt}$，如果电压、电流为关联参考方向，则 u 取正号；否则，取负号。可知，在直流激励下，电感相当于短路。

电感元件是一种无源元件，具有动态性、电感电流的记忆性和连续性。

电感元件具有储存磁场能量的作用，某时刻 t 储存的能量为 $w_L(t)=\dfrac{1}{2}Li_L{}^2(t)$；某一时间段$[t_1,t_2]$内，电感储存或释放的能量为 $w_L(t_1,t_2)=w_L(t_2)-w_L(t_1)$。

多个电感元件进行串联或并联时，可用一个电感元件等效替代：串联时，等效电感值等于各电感值之和；并联，等效电感值的倒数等于各电感值的倒数之和。

学习提示：须掌握电感元件的 VCR 及其动态特性，这是分析含有电感元件的动态电路的基础。

5.1.3 换路定则、初始值和稳态值

换路定则是分析动态电路过渡过程非常重要的依据。在介绍换路定则之前，先说明换路的概念。换路是指电路由于某种原因由一种工作状态到另一种工作状态的改变。而由一种工作状态到另一种工作状态的变化过程就是过渡过程。

换路定则根据电容元件的电压连续性和电感元件的电流连续性而来，其具体内容是：在电容电流和电感电压为有界值的情况下，电容电压不能跃变，电感电流不能跃变。假设换路的时刻为 0 时刻，换路前的瞬间用 0^- 表示，换路后的瞬间用 0^+ 表示，则换路定则用公式可

表示为

$$u_C(0^+)=u_C(0^-),\quad i_L(0^+)=i_L(0^-)$$

初始值是指过渡过程开始时各电量的值，也就是换路后瞬间（0^+时刻）各电量的值。与之对应，稳态值是指过渡过程结束时各电量的值，如果用∞表示过渡过程结束的时刻，则稳态值就是∞时刻各电量的值。

学习提示：换路定则的前提条件是电容电流和电感电压为有界值，否则换路前后电容电压和电感电流就会发生跳变。

关于电容电压和电感电流跳变的情况本书不再介绍，感兴趣的读者可以看“信号与系统”教材中关于“一阶电路的冲激响应”的内容。有的电路类书籍中也有介绍这方面的内容。

如何确定初始值和稳态值是分析动态电路必须掌握的内容，这将在随后的内容中进行介绍。

5.1.4　一阶动态电路的零输入响应和初始值的确定

本章开头已经给出了一阶动态电路的概念，那么列写微分方程时如何选择未知量呢？通常选择状态变量作为未知量。状态变量的定义为：如果已知某量在初始时刻的值，则根据该时刻的输入就能确定电路中任何变量在随后时刻的值，具有这种性质的物理量称为状态变量。电容电压和电感电流都具有这种性质，因此它们是状态变量。

零输入响应是指在外加激励为零的情况下，仅由动态元件的初始储能产生的响应。无论是 RC 电路还是 RL 电路，电路中任何量的零输入响应都可以用下式求出。

$$y(t)=y(0^+)e^{-\frac{1}{\tau}t},\quad t\geqslant 0^+$$

式中，$y(0^+)$表示待求量的初始值，τ 是电路的时间常数。零输入响应是一个放电过程，因此待求量的变化曲线是一条上凸曲线。

5.1.3节已给出初始值的概念，下面给出其确定方法：

(1) 由 0^- 等效电路在直流激励下电容开路、电感短路的特性，计算 $u_C(0^-)$或 $i_L(0^-)$；根据换路定则，求 $u_C(0^+)$或 $i_L(0^+)$。

(2) 画出 0^+ 等效电路。此时电容用电压等于 $u_C(0^+)$的电压源等效替代，电感用电流等于 $i_L(0^+)$的电流源等效替代，激励取其在 0^+ 时的值。

(3) 用分析直流电路的方法，计算待求量的初始值。如果待求量是电容电压或电感电流，则只需进行第一步。

学习提示：0^- 时刻是换路前的稳定工作状态，因为我们讨论的是直流激励，所以，此时电容开路，电感短路。因为这时的电路就是一个直流电阻电路，所以，可以用之前介绍的各种分析方法或定理求 $u_C(0^-)$或 $i_L(0^-)$。对 0^+ 等效电路也是一样。

5.1.5　时间常数

时间常数是一个非常重要的参数，所以我们在这里单独讨论。

时间常数是表征过渡过程快慢的参数。时间常数越小，过渡过程越快；时间常数越大，过渡过程越慢。尽管 RC 电路与 RL 电路的时间常数计算公式不同，但二者具有相同的物理意义。对于 RC 电路，时间常数为 $\tau=R_{eq}C$；对于 RL 电路，时间常数为 $\tau=\frac{L}{R_{eq}}$，其中的 R_{eq}

是与电容或电感连接的等效电阻。因此，改变电路元件的参数，就可以改变过渡过程的快慢。

等效电阻的确定方法与3.1.2节中介绍的确定戴维南等效电阻或诺顿等效电阻的方法一样，即先把动态元件从原电路中移除，再求剩下的单口网络的等效电阻。由此可以看出戴维南定理的重要性。

零输入响应按照指数规律变化，随着时间趋于无穷，最终趋于零。因此，从理论上说，过渡过程是一个漫长的无穷尽的过程。然而，实际工程中不能等待无穷时间。根据零输入响应的表达式，可以计算出：经过 4τ 时间后，响应量就下降为其初始值的1.83%；经过 $t=5\tau$ 后，响应量下降为其初始值的0.67%，所以工程上一般认为经过 $4\tau\sim5\tau$ 时间后，过渡过程基本结束，电路进入另一种稳定状态。

学习提示：同一电路中各响应量的时间常数相同。这对随后介绍的零状态响应和全响应也适用。

5.1.6 一阶动态电路的零状态响应和稳态值的确定

零状态响应是指在动态元件的初始储能为零的情况下，仅由外加激励产生的响应。无论是 RC 电路还是 RL 电路，状态变量的零状态响应都可以用下式求出。

$$y(t)=y(\infty)(1-\mathrm{e}^{-\frac{1}{\tau}t}),\quad t\geqslant0^+$$

式中，$y(\infty)$ 是状态变量的稳态值；τ 是电路的时间常数，与零输入响应中的物理意义和计算方法相同，这里不再说明。零状态响应是一个充电过程，因此状态变量的变化曲线是一条下凸曲线。

稳态值的概念在5.1.3节中已给出，下面说明其确定方法。

稳态值的确定方法与初始值的确定方法类似，即要先画出∞时的等效电路，然后据此求稳态值。由于电路是直流激励，所以达到稳态时，电容开路，电感短路，因此这里分析的仍然是直流电阻电路，之前介绍的各种分析方法和定理都适用。

学习提示：本节给出的零状态响应的计算式只适用于状态变量。所谓零状态是指状态变量的初始储能为零，因此初始值也为零，即 $y(0^+)=0$。零状态响应公式表示的是状态变量从零值逐渐达到稳态值 $y(\infty)$ 的过渡过程。对于非状态变量，由于其不满足换路定则，所以，非状态变量的初始值不一定为零，而在 $y(0^+)\neq0$ 的情况下，上述计算式不成立。

如果要求解非状态变量的零状态响应，则要先求出状态变量的零状态响应，然后再根据电路的连接关系，应用KCL、KVL、VCR进行确定。这是比较麻烦的，下一节我们将给出一种简单的方法进行求解，即三要素法。

5.1.7 一阶动态电路的全响应和三要素法

全响应是指动态元件的初始储能不为零，同时又有外加激励情况下的响应。根据叠加定理，全响应等于零输入响应加零状态响应。

从分解的角度看，全响应可分解为零输入响应和零状态响应或稳态响应和暂态响应或自由分量和强制分量。零输入响应和零状态响应的分解方式不再多说，大家很容易理解。稳态响应和暂态响应的分解方式是根据响应中各量的变化规律定义的。一般全响应的表达式中有两项：一项是与时间无关、恒定不变的量，另一项是按照指数规律变化的量。恒定不变的量就是过渡过程结束，电路再达到稳定时响应量的值，即稳态值，所以称其为稳态响应；按照指数规律变化的量会随着时间趋于无穷而趋于零，是暂时存在的量，所以称其为暂态响应。自由分量和强制分量的分解方式是根据用经典法求解微分方程定义的：自由分量对应微分方程的通解，由系统的特性决定；强制分量对应微分方程的特解，由激励决定。大家在学习过程中要重点掌握前两种分解方式。

全响应是充电过程还是放电过程，需要根据响应量的初始值和稳态值的大小判定。如果初始值大于稳态值，则为放电过程；否则，为充电过程。特殊情况下，如果初始值和稳态值相等，则没有过渡过程。

5.1.4节和5.1.6节分别介绍了零输入响应、零状态响应的计算公式，而且零状态响应的计算公式只适用于状态变量。那么，是否有一个公式能够求出所有变量的所有响应呢？三要素法就提供了这样一个计算公式，即

$$y(t)=y(\infty)+[y(0^+)-y(\infty)]\mathrm{e}^{-\frac{t}{\tau}},\quad t\geqslant 0^+$$

即只要知道待求量的初始值、稳态值和电路的时间常数，带入上式就能得到待求量的响应。至于是零输入响应、零状态响应还是全响应，根据本章前面关于这些响应的定义来确定。

一阶动态电路的响应计算式都是应用数学的经典解法得到的，这些经典解法的推导过程只是让大家明白其由来。在电路分析中，我们直接用其结论，即直接使用公式进行分析计算，这样很简单。

学习提示1： 三要素法适用于求解直流激励下一阶动态电路中任何待求量的任何响应。注意，是直流激励情况下。

学习提示2： 当全响应的表达式进行零输入响应、零状态响应的分解时，对于状态变量，只需将三要素公式 $y(t)=y(\infty)+[y(0^+)-y(\infty)]\mathrm{e}^{-\frac{t}{\tau}},t\geqslant 0^+$ 简单地分解为 $y(t)=y(0^+)\mathrm{e}^{-\frac{1}{\tau}t}$，$t\geqslant 0^+$ 和 $y(t)=y(\infty)(1-\mathrm{e}^{-\frac{1}{\tau}t})$，$t\geqslant 0^+$ 即可；但对于非状态变量则不能这样做，因为公式 $y(t)=y(\infty)(1-\mathrm{e}^{-\frac{1}{\tau}t})$，$t\geqslant 0^+$ 不适用于非状态变量。

5.1.8　一阶动态电路的阶跃响应

阶跃响应是一阶动态电路在单位阶跃函数作用下的零状态响应。

单位阶跃函数是一种奇异函数，其在0时刻发生跃变，从0跃变到1，在 $t=0$ 时刻函数没有定义，因为有一个单位的跃变量，所以称为单位阶跃函数。用数学表达式表示为

$$\varepsilon(t)=\begin{cases}1, & t>0\\ 0, & t<0\end{cases}$$

如果跃变的时刻不是0时刻，则称为延迟的单位阶跃函数。如果跃变量不是1，则称为阶跃函数。

单位阶跃函数有很多用途，例如，其可以起始一个函数，可以表示脉冲函数，还可以表示函数的定义域。

学习提示1： 有些教材认为可取 $t=0$ 时刻的单位阶跃函数值为0和1的平均值，即0.5，但实际上是否取值，取什么值，并没有任何意义，因为进行分析电路时不会用到其在 $t=0$ 时的值。

根据单位阶跃函数的定义可以看出，阶跃响应实际上就是零状态响应的一种特例，即激

励值是 1 的零状态响应，很容易求解。

其实际的应用是求激励为脉冲函数或脉冲串时电路的响应。例如求在图 5-2(a)所示信号作用下的响应，假设动态元件初始储能为零。对于这种问题，有两种分析方法：一种是利用叠加定理，将激励分解为两个函数之和，即 $\varepsilon(t)$ 和 $\varepsilon(t-t_0)$，如图 5-2(b)、5-2(c)所示，分别求每一个激励作用下的零状态响应，然后将响应进行叠加；另一种是分段求响应，当 $0<t<t_0$ 时，为零状态响应，当 $t\geqslant t_0$ 时，为零输入响应。

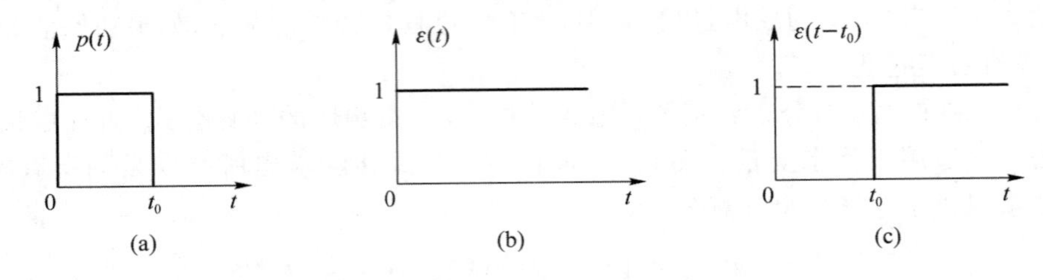

图 5-2　脉冲函数及其分解

对于脉冲串，也是同样的分析方法。

学习提示 2： 对于脉冲响应，一定要注意响应表达式中各响应的起始时间，例如 $\varepsilon(t-t_0)$ 作用下的响应或 $t\geqslant t_0$ 时的响应都是从 t_0 时刻开始的，在表达式中要用 $\varepsilon(t-t_0)$ 表示。

5.1.9　微分电路和积分电路

所谓微分电路和积分电路，是指输出信号与输入信号间具有微分关系或积分关系。当选择的元件参数合适时，就可以使输出信号和输入信号近似具有这种关系。

对于 RC 电路，如图 5-3 所示，假设电容的初始储能为零，电压源的电压是阶跃函数。如果输出为电阻电压 $u_R(t)$，则当电路的时间常数 τ 很小时，电容电压将上升很快，短时间内即可近似达到输入电压，此时 $u_R(t)$ 与 $u_s(t)$ 就是近似的微分关系，则该电路是微分电路。但如果输出为电容电压 $u_C(t)$，且电路的时间常数 τ 很大，则电容将充电很慢，此时 $u_C(t)$ 与 $u_s(t)$ 就是近似的积分关系，则该电路为积分电路。

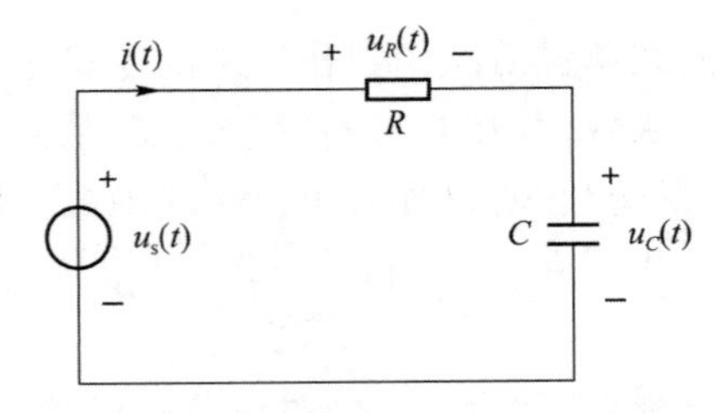

图 5-3　RC 电路

学习提示： 微分电路和积分电路是根据输出端与输入端的关系而定义的，即同样的电路，输出不同，那么，该电路既可能是微分电路也可能是积分电路。

5.2　部分习题解析

5-1　某电容元件充电到 12 V 时，其电荷为 6×10^{-3} C，试求其电容值和此时的储能。

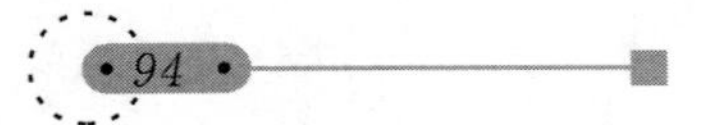

解析：此题考查电容元件的电容值、储能与电压、电荷量大小的关系。

$$C=\frac{Q}{U}=\frac{6\times10^{-3}}{12}=500\ \mu\text{F}$$

$$W=\frac{1}{2}CU^2=\frac{1}{2}\times500\times10^{-6}\times12^2=3.6\times10^{-2}\ \text{J}$$

5-2　某电容元件的电容为 2 F，求当其两端电压 $u(t)=4e^{-\frac{t}{2}}$ V 时的电容电流 $i(t)$。（假设电压、电流为关联参考方向）

解析：此题考查电容元件的 VCR 的知识。

$$i(t)=C\frac{du(t)}{dt}=2\times(-\frac{1}{2})\times4e^{-\frac{t}{2}}=-4e^{-\frac{t}{2}}\ \text{A}$$

5-4　已知某电容元件的电容为 1 F，通过的电流 $i(t)$ 的波形如图 5-4 所示，假设电压、电流为关联参考方向，且 $u(0)=0$，试画出电容两端电压 $u(t)$ 的波形。

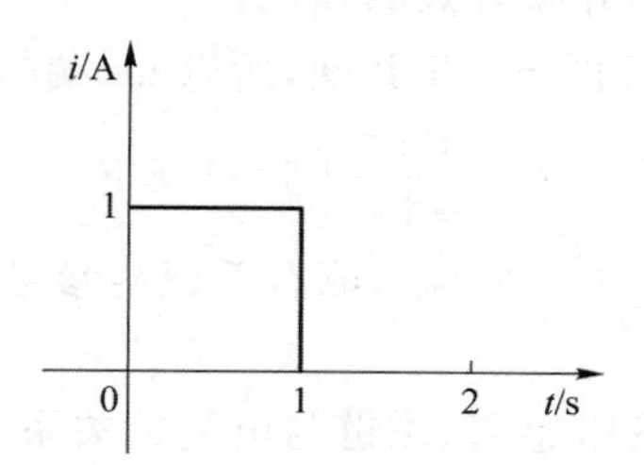

图 5-4　题图 5-2

解析：此题考查电容元件的 VCR 知识。

根据电容元件 VCR 的积分形式，即 $u(t)=u(t_0)+\frac{1}{C}\int_{t_0}^{t}i(\xi)d\xi, t\geqslant t_0$，可得电容两端的电压波形如图 5-5 所示。

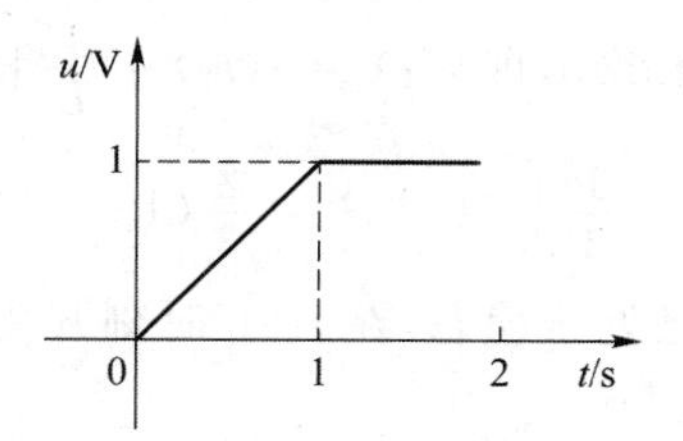

图 5-5

5-5　某电容元件及其电压波形如图 5-6 所示，求当 $t=3$ ms 时的电容电流 i。

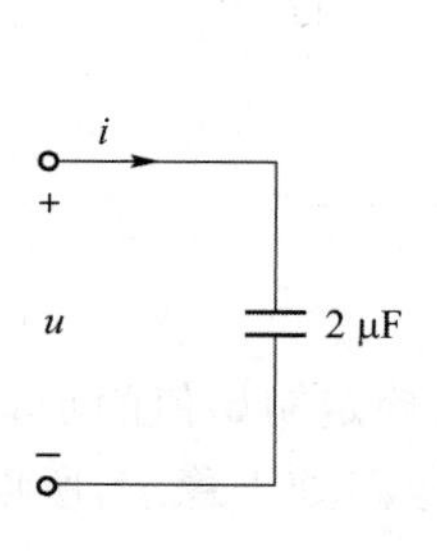

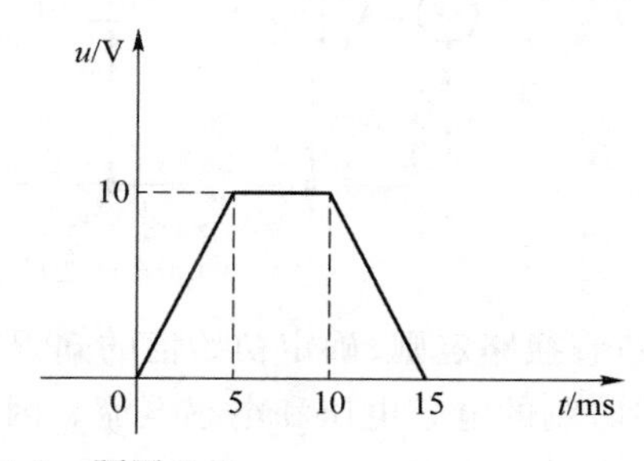

图 5-6　题图 5-3

解析：此题考查电容元件的 VCR 知识。

根据电容元件 VCR 的微分形式可知，当 $0<t<5$ mA 时，$u=2\,000t$，所以，$i=C\frac{\mathrm{d}u}{\mathrm{d}t}=2\times10^{-6}\times2\,000=4$ mA。

5-6　求图 5-7 所示电路中 ab 端的等效电容。

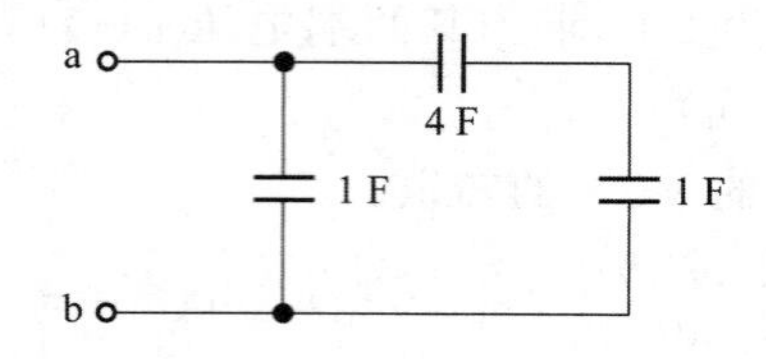

图 5-7　题图 5-4

解析：此题考查电容元件串并联等效的知识。

由题可知，4 F 与 1 F 串联后再与 1 F 并联，所以 ab 端的等效电容为

$$C=\frac{4\times1}{4+1}+1=1.8\text{ F}$$

5-8　已知电感元件的磁链 Ψ 与电流 i 取右手螺旋参考方向。若 $i=5$ A，$\Psi=0.8$ Wb，求该电感元件的电感值。

解析：此题考查电感元件的电感值、磁链与电流的关系。

$$L=\frac{\Psi}{i}=\frac{0.8}{5}=0.16\text{ H}$$

5-9　已知某电感元件的电感值为 3 H，初始电流 $i(0)=0$，两端电压 $u(t)=4\mathrm{e}^{-2t}$ V，电压与电流为关联参考方向，试求 $i(t)$。

解析：此题考查电感元件的 VCR 知识。

根据电感元件 VCR 的积分形式，即 $i(t)=i(t_0)+\frac{1}{L}\int_{t_0}^{t}u(\xi)\mathrm{d}\xi, t\geqslant t_0$，可得

$$i(t)=\frac{1}{3}\int_0^t 4\mathrm{e}^{-2\xi}\mathrm{d}\xi=\frac{2}{3}(1-\mathrm{e}^{-2t})\text{ A}$$

5-11　图 5-8 所示电路原已处于稳态，在 $t=0$ 时刻开关打开，求 $i(0^+)$。

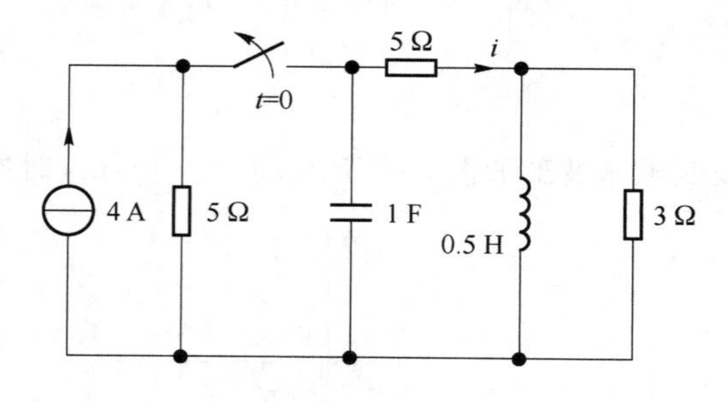

图 5-8　题图 5-7

解析：此题考查换路定则、确定初始值的知识。根据确定初始值的步骤逐步求解即可。

首先确定 0^- 时刻的电容电压和电感电流。因为 0^- 电路处于稳态，所以电感短路，电容开路，0^- 时刻的等效电路如图 5-9(a)所示。

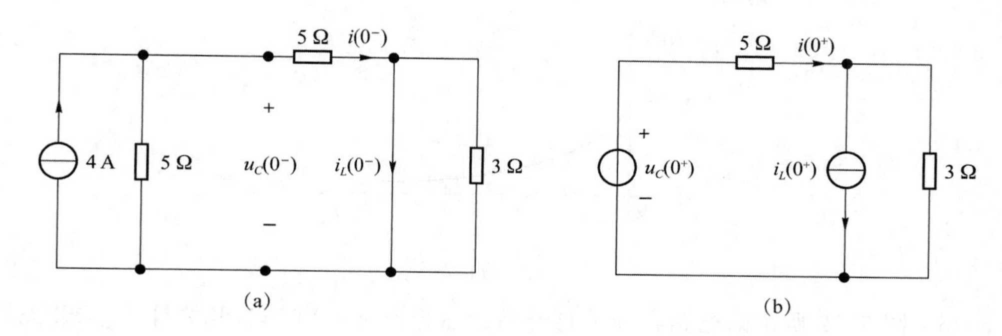

图 5-9

可以看出，3 Ω 电阻被短路，所以

$$i_L(0^-)=\frac{5}{5+5}\times 4=2\ \mathrm{A},\quad u_C(0^-)=5i_L(0^-)=5\times 2=10\ \mathrm{V}$$

根据换路定则，$i_L(0^+)=i_L(0^-)=2\ \mathrm{A}$，$u_C(0^+)=u_C(0^-)=10\ \mathrm{V}$，由此画出 0^+ 时刻的等效电路，如图 5-9(b)所示。通过 3 Ω 电阻的电流(右上向下)为

$$i(0^+)-i_L(0^+)=i(0^+)-2$$

对外回路列写 KVL 方程如下：

$$5i(0^+)+3[i(0^+)-2]=u_C(0^+)=10$$

解得

$$i(0^+)=2\ \mathrm{A}$$

5-13　图 5-10 所示电路在开关闭合前已达稳态，$t=0$ 时刻开关闭合，求开关闭合后的电容电压 $u_C(t)$，并绘出其波形。

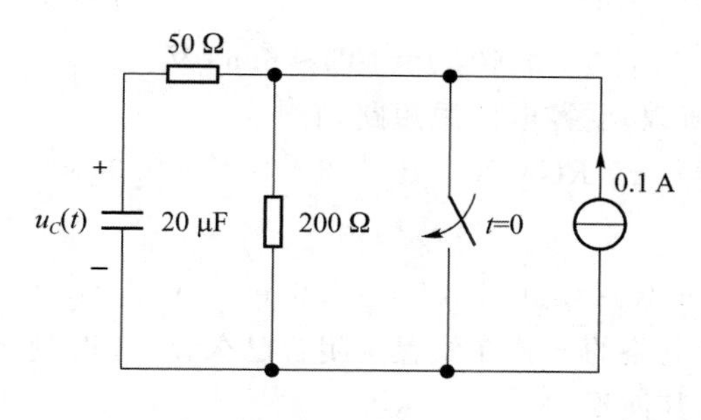

图 5-10　题图 5-9

解析：此题考查一阶 RC 电路零输入响应的知识。求出电容电压的初始值和电路的时间常数后，代入公式即可得到所求。

开关闭合前，电容开路：

$$u_C(0^-)=0.1\times 200=20\ \mathrm{V}$$

根据换路定则可知

$$u_C(0^+)=u_C(0^-)=20\ \mathrm{V}$$

换路后，与电容连接的等效电阻为 50 Ω，所以，电路的时间常数为

$$\tau=RC=50\times 20\times 10^{-6}=10^{-3}\ \mathrm{s}$$

因此，$u_C(t)=u_C(0^+)\mathrm{e}^{-\frac{t}{\tau}}=20\mathrm{e}^{-10^3 t}\ \mathrm{V}$，$t\geqslant 0^+$。其波形如图 5-11 所示。

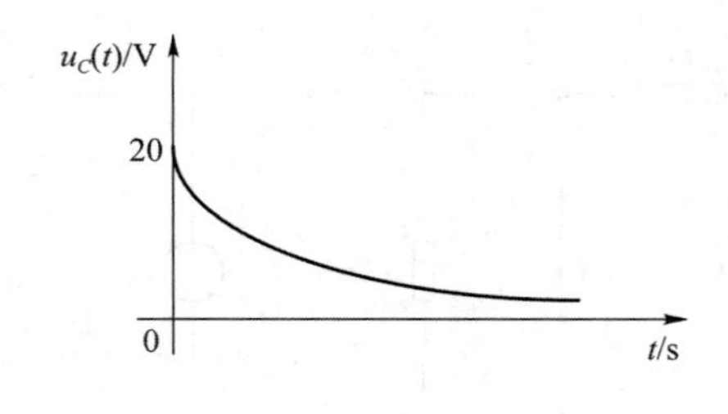

图 5-11

5-15　图 5-12 所示的电路在开关打开前已达稳态，$t=0$ 时刻，开关打开，求开关打开后的电容电压 $u_C(t)$。

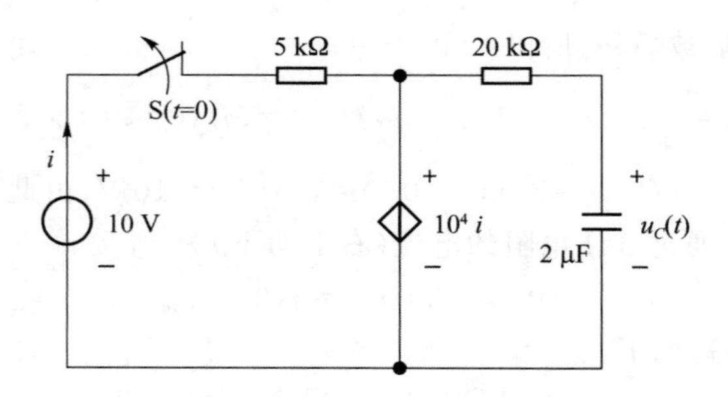

图 5-12　题图 5-11

解析：此题与题 5-13 一样，考查一阶 RC 电路零输入响应的知识。只不过电路中有受控源，所以与电容连接的等效电阻的求解过程可能会复杂一点。

开关打开前，根据 KVL，有 $5\,000i+10^4 i=10$，解得 $i=\dfrac{1}{1\,500}$ A。所以

$$u_C(0^-)=10^4 i\approx 6.67\ \text{V}$$

开关打开后，由于 $i=0$，所以，受控电压源短路，有

$$\tau=RC=20\times10^3\times2\times10^{-6}=0.04\ \text{s}$$

所以

$$u_C(t)=u_C(0^+)\mathrm{e}^{-\frac{t}{\tau}}=6.67\mathrm{e}^{-25t}\ \text{V},\quad t\geqslant 0^+$$

5-16　图 5-13 所示电路的开关在位置 1 闭合已久，$t=0$ 时刻开关由 1 合向 2，求 $t\geqslant 0^+$ 时的电感电流 i_L，并绘出其波形。

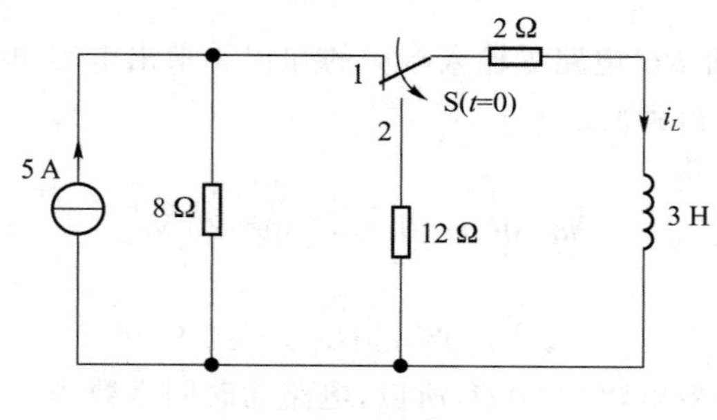

图 5-13　题图 5-12

解析：此题考查一阶 RL 电路零输入响应的知识。求出电感电流的初始值和电路的时

间常数后，代入公式即可得到所求。

开关打开前，电感短路，所以，$i_L(0^-)=5\times\frac{8}{8+2}=4\ \text{A}$。开关打开后，根据换路定则，有 $i_L(0^+)=i_L(0^-)=4\ \text{A}$。与电感连接的等效电阻为 2 Ω 与 12 Ω 电阻串联的等效电阻，所以电路的时间常数为

$$\tau=\frac{L}{R_{\text{eq}}}=\frac{3}{12+2}=\frac{3}{14}\ \text{s}$$

因此

$$i_L(t)=i_L(0^+)\text{e}^{-\frac{t}{\tau}}=4\text{e}^{-\frac{14}{3}t}\ \text{A},\quad t\geqslant 0^+$$

其波形如图 5-14 所示。

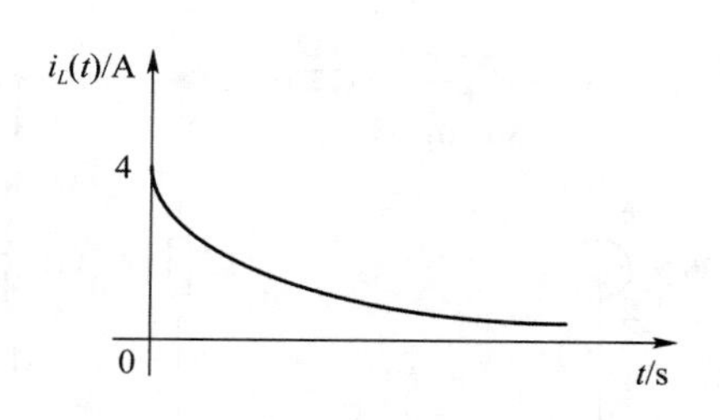

图 5-14

5-18　图 5-15 所示电路在 $t=0$ 时刻开关闭合，开关闭合前电容无储能，求 $t\geqslant 0^+$ 时的 $u_C(t)$，并绘出其波形。

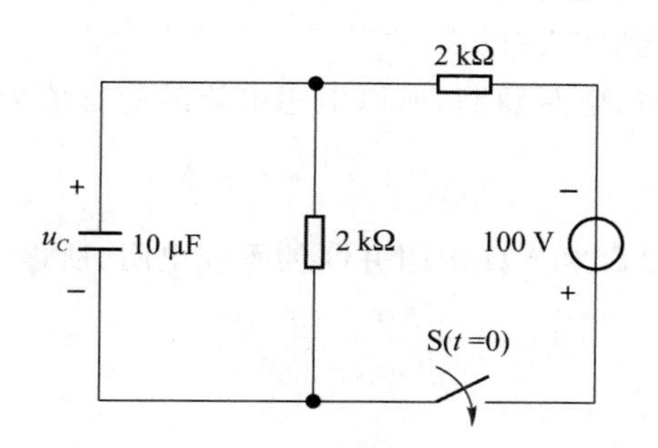

图 5-15　题图 5-14

解析：此题考查一阶 RC 电路零状态响应的知识。求出电容电压的稳态值和电路的时间常数后，代入公式即可得到所求。

开关闭合后再达稳态时，电容开路，所以，电容电压的稳态值为

$$u_C(\infty)=-100\times\frac{2}{2+2}=-50\ \text{V}$$

与电容连接的等效电阻为两个 2 kΩ 电阻并联的等效电阻，所以电路的时间常数为

$$\tau=R_{\text{eq}}C=\frac{2\times 2}{2+2}\times 10^3\times 10\times 10^{-6}=0.01\ \text{s}$$

所以，有

$$u_C(t)=u_C(\infty)(1-\text{e}^{-\frac{t}{\tau}})=-50(1-\text{e}^{-100t})\ \text{V},\quad t\geqslant 0^+$$

其波形如图 5-16 所示。

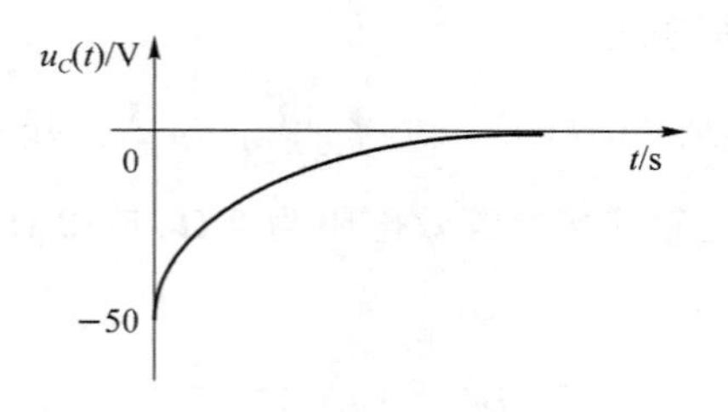

图 5-16

5-19　图 5-17 所示电路在 $t<0$ 时已处于稳态，$t=0$ 时，开关闭合，求 $t\geqslant 0^+$ 时的 $i_L(t)$，并绘出其波形。

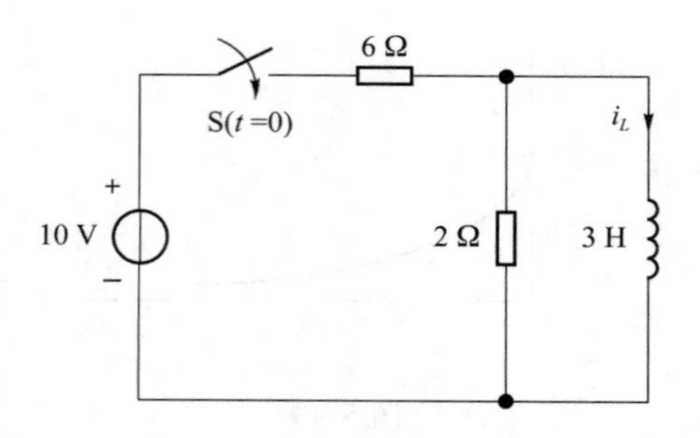

图 5-17　题图 5-15

解析：此题考查一阶 RL 电路零状态响应的知识。求出电感电流的稳态值和电路的时间常数后，代入公式即可得到所求。

开关闭合后再达稳态时，电感短路，所以电感电流的稳态值为

$$i_L(\infty)=\frac{10}{6}=\frac{5}{3}\ \text{A}$$

与电感连接的等效电阻为 2 Ω 和 6 Ω 电阻并联的等效电阻，所以电路的时间常数为

$$\tau=\frac{L}{R_{\text{eq}}}=\frac{3}{\dfrac{2\times 6}{2+6}}=2\ \text{s}$$

所以有

$$i_L(t)=i_L(\infty)(1-\text{e}^{-\frac{t}{\tau}})=\frac{5}{3}(1-\text{e}^{-0.5t})\ \text{A},\quad t\geqslant 0^+$$

其波形如图 5-18 所示。

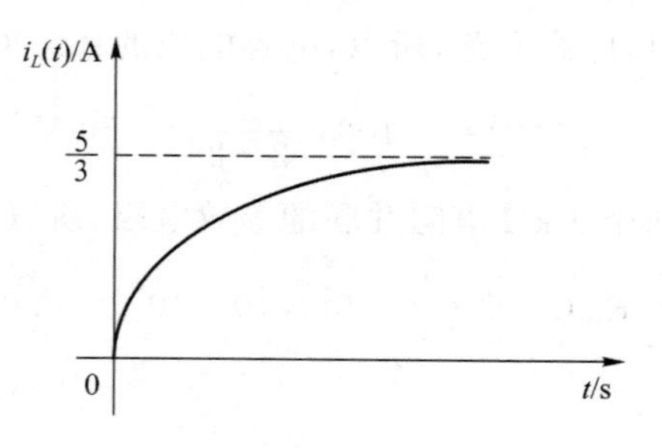

图 5-18

5-22　电路如图 5-19 所示，开关在 $t=0$ 时闭合。已知 $u_C(0^-)=1\ \text{V}$，$t\geqslant 0^+$ 时，$u_s(t)=1\ \text{V}$。求该电路中 2 Ω 电阻上电压 $u_o(t)$ 的零输入响应、零状态响应和全响应，并绘出它们的波形。

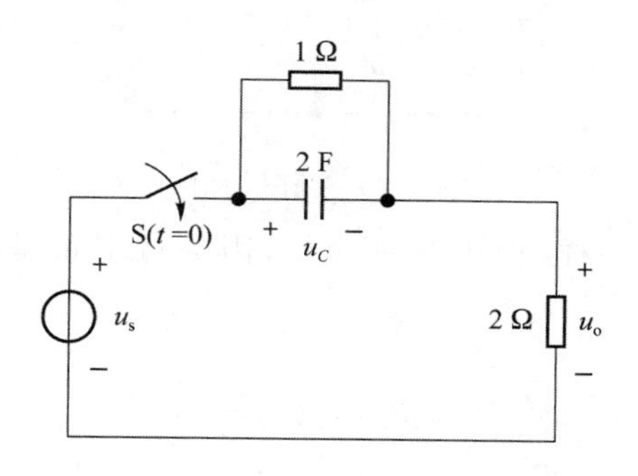

图 5-19　题图 5-18

解析： 此题考查一阶 RC 电路全响应的知识，但响应不是状态变量 $u_C(t)$，而是非状态变量 $u_o(t)$。可以先求出 $u_C(t)$，再根据电路拓扑结构求 $u_o(t)$，也可以根据三要素法直接求解 $u_o(t)$，但此时应注意零输入响应和零状态响应如何确定。下面给出第一种求解方法：根据全响应等于零输入响应与零状态响应之和，先分别求出零输入响应和零状态响应，然后二者相加得到 $u_C(t)$，再求 $u_o(t)$。

开关闭合后，由电路结构可知：

$$u_o(t)=u_s-u_C(t)$$

开关闭合后再达稳态时，电容开路，所以电容电压的稳态值为

$$u_C(\infty)=\frac{1}{1+2}\times 1=\frac{1}{3}\ \text{V}$$

与电容连接的等效电阻为 2 Ω 和 1 Ω 电阻并联的等效电阻，所以电路的时间常数为

$$\tau=R_{eq}C=\frac{1\times 2}{1+2}\times 2=\frac{4}{3}\ \text{s}$$

零输入响应为

$$u_{Cz.i.r}(t)=u_C(0^+)\mathrm{e}^{-\frac{t}{\tau}}=\mathrm{e}^{-\frac{3}{4}t}\ \text{V},\quad t\geqslant 0^+$$

$$u_{oz.i.r}(t)=-u_{Cz.i.r}(t)=-\mathrm{e}^{-\frac{3}{4}t}\ \text{V},\quad t\geqslant 0^+$$

零状态响应为

$$u_{Cz.s.r}(t)=u_C(\infty)(1-\mathrm{e}^{-\frac{t}{\tau}})=\frac{1}{3}(1-\mathrm{e}^{-\frac{3}{4}t})\ \text{V},\quad t\geqslant 0^+$$

$$u_{oz.s.r}(t)=1-u_{Cz.s.r}(t)=\frac{2}{3}+\frac{1}{3}\mathrm{e}^{-\frac{3}{4}t}\ \text{V},\quad t\geqslant 0^+$$

全响应为

$$u_C(t)=u_{Cz.i.r}(t)+u_{Cz.s.r}(t)=\frac{1}{3}(1-2\mathrm{e}^{-\frac{3}{4}t})\ \text{V},\quad t\geqslant 0^+$$

$$u_o(t)=u_s-u_C(t)=\frac{2}{3}(1-\mathrm{e}^{-\frac{3}{4}t})\ \text{V},\quad t\geqslant 0^+$$

5-23　图 5-20 所示电路中 $u_C(0^-)=2\ \text{V}$，求 $u_C(t)$ 的零输入响应、零状态响应和全响应，并绘出它们的波形。

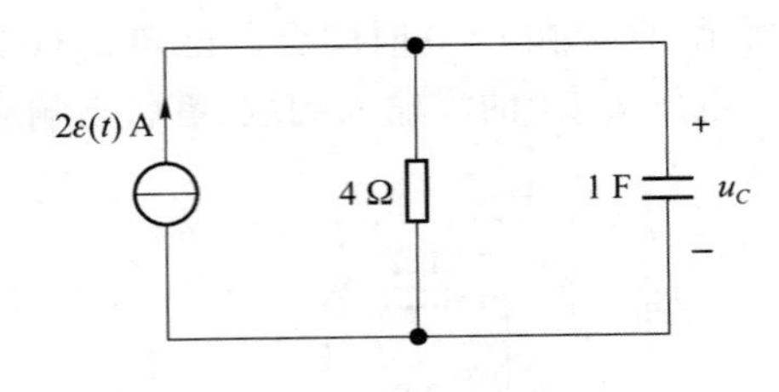

图 5-20　题图 5-19

解析：此题与题 5-22 一样，但求解更简单，因为待求量是状态变量，解题思路不再赘述。

电路的时间常数为

$$\tau=RC=1\times4=4\ \mathrm{s}$$

电容电压的稳态值为

$$u_C(\infty)=2\times4=8\ \mathrm{V}$$

零输入响应为

$$u_{Cz.i.r}(t)=u_C(0^+)\mathrm{e}^{-\frac{t}{\tau}}=2\mathrm{e}^{-\frac{1}{4}t}\ \mathrm{V},\quad t\geqslant0^+$$

零状态响应为

$$u_{Cz.s.r}(t)=u_C(\infty)(1-\mathrm{e}^{-\frac{t}{\tau}})=8(1-\mathrm{e}^{-\frac{1}{4}t})\ \mathrm{V},\quad t\geqslant0^+$$

全响应为

$$u_C(t)=u_{Cz.i.r}(t)+u_{Cz.s.r}(t)=8-6\mathrm{e}^{-\frac{1}{4}t}\ \mathrm{V},\quad t\geqslant0^+$$

各响应的波形如图 5-21 所示。

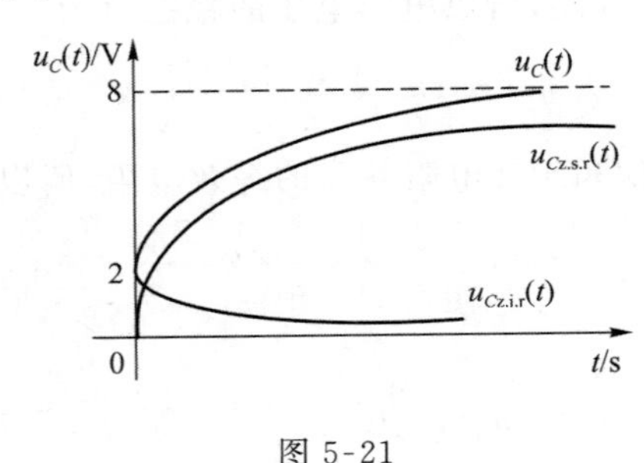

图 5-21

5-24　对图 5-22 所示电路，

(1) 若 $U_s=18$ V，$u_C(0^-)=-6$ V，求电容电压的零输入响应、零状态响应和全响应；

(2) 若 $U_s=18$ V，$u_C(0^-)=-12$ V，求全响应 $u_C(t)$；

(3) 若 $U_s=36$ V，$u_C(0^-)=-6$ V 求全响应 $u_C(t)$。

解析：此题与题 5-23 一样，考查零输入响应、零状态响应和全响应的知识。但由于激励和初始值改变，所以(2)、(3)问的零输入响应和零状态响应也可以利用齐次性进行求解。

电路的时间常数：

$$\tau=\frac{3\times6}{3+6}\times\frac{1}{4}=\frac{1}{2}\ \mathrm{s}$$

电容电压的稳态值：

$$u_C(\infty)=\frac{3}{6+3}U_s=\frac{1}{3}U_s$$

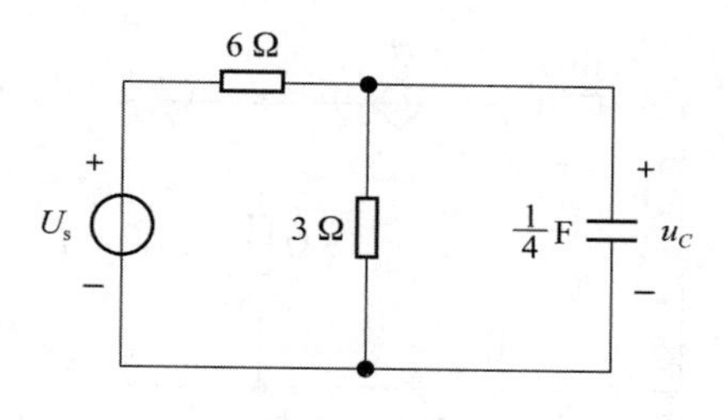

图 5-22　题图 5-20

根据公式：

$$\text{零输入响应}\quad u_{Cz.i.r}(t)=u_C(0^+)e^{-\frac{t}{\tau}}$$

$$\text{零状态响应}\quad u_{Cz.s.r}(t)=u_C(\infty)(1-e^{-\frac{t}{\tau}})$$

$$\text{全响应}\quad u_C(t)=u_{Cz.i.r}(t)+u_{Cz.s.r}(t)$$

可得

(1) $u_{Cz.i.r}(t)=-6e^{-2t}$ V，$u_{Cz.s.r}(t)=6(1-e^{-2t})$ V，$u_C(t)=6(1-2e^{-2t})$ V，$t\geqslant0^+$

(2) $u_C(t)=6(1-3e^{-2t})$ V，$t\geqslant0^+$

(3) $u_C(t)=6(2-3e^{-2t})$ V，$t\geqslant0^+$

5-26　图 5-23 所示含受控源的电路原已处于稳态，$t=0$ 时刻，控制系数 r 突然由 10 Ω 变为 5 Ω，求 $t\geqslant0^+$ 时的 $u_C(t)$。

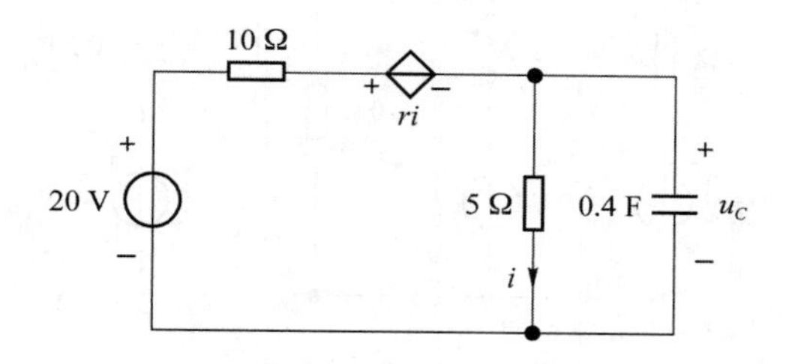

图 5-23　题图 5-22

解析：此题考查全响应的知识，可利用三要素法进行求解。

控制系数突变前，电容开路，根据 KVL，有

$$10i(0^-)+ri(0^-)+5i(0^-)=20$$

解得

$$i(0^-)=\frac{4}{5}\text{ A},\quad u_C(0^-)=5i(0^-)=5\times\frac{4}{5}=4\text{ V}$$

控制系数突变后，根据换路定则，有

$$u_C(0^+)=u_C(0^-)=4\text{ V}$$

电路再达稳态时，电容开路，因为电路结构不变，用与求 $i(0^-)$ 相同的方法，可得

$$i(\infty)=1\text{ A},\quad u_C(\infty)=5\text{ V}$$

利用外加电源法求与电容连接的等效电阻，相应电路如图 5-24 所示。所以，有

$$u=5i$$

$$u=10(i_1-i)-ri=10i_1-15i$$

以上二式联立，可得

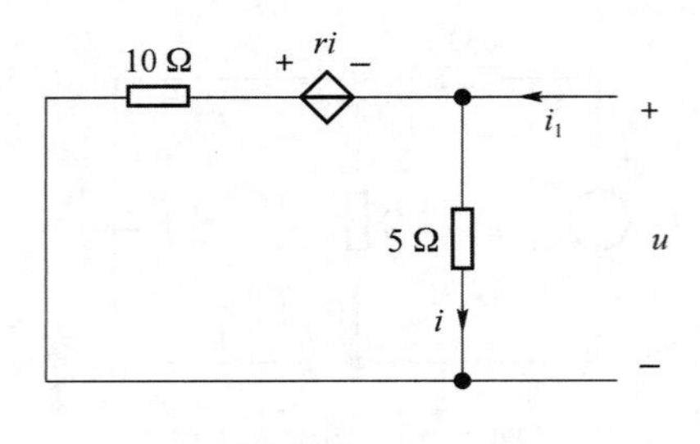

图 5-24

$$R_{eq}=\frac{u}{i_1}=\frac{10}{4}=2.5\ \Omega$$

所以

$$\tau=R_{eq}C=2.5\times0.4=1\ \text{s}$$

根据三要素公式，可得全响应为

$$u_C(t)=u_C(\infty)+(u_C(0^+)-u_C(\infty))\mathrm{e}^{-\frac{t}{\tau}}=(5-\mathrm{e}^{-t})\text{V},\quad t\geqslant0^+$$

5-27　图 5-25 所示电路在开关 S 闭合前电路已经达到稳态，$t=0$ 时，开关闭合，求开关闭合后的电流 $i(t)$。

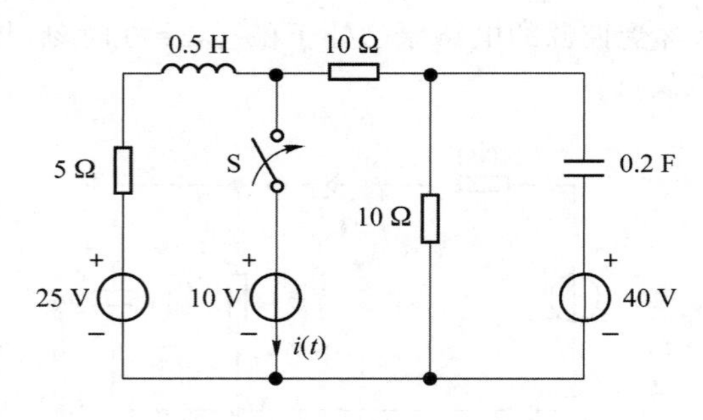

图 5-25　题图 5-23

解析：此题考查求解全响应的知识，但所求量为非状态变量，而且开关闭合后电路中有电容和电感元件，但注意这仍是一阶电路，因为开关所在支路含理想电压源，根据理想电压源的特性可知，此时电压源支路左右的两部分相互独立，分别为 RL 电路和 RC 电路。用三要素法分别求解 $i_L(t)$（由左向右）和 $u_C(t)$（由上向下），最后再求解 $i(t)$。

开关闭合前，电感短路，电容开路，所以

$$i_L(0^-)=\frac{25}{10+10+5}=1\ \text{A},\quad u_C(0^-)=u_C(0^-)\times10-40=1\times10-40=-30\ \text{V}$$

开关闭合后，根据换路定则，有

$$i_L(0^+)=i_L(0^-)=1\ \text{A},\quad u_C(0^+)=u_C(0^-)=-30\ \text{V}$$

电路再达稳态时，电感短路，电容开路，所以

$$i_L(\infty)=\frac{25-10}{5}=3\ \text{A},\quad u_C(\infty)=\frac{10}{10+10}\times10-40=-35\ \text{V}$$

左右两部分电路的时间常数分别为

$$\tau_L=\frac{L}{R}=\frac{0.5}{5}=0.1\ \text{s},\quad \tau_C=R_{eq}C=\frac{10\times10}{10+10}\times0.2=1\ \text{s}$$

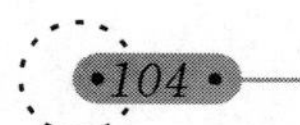

根据三要素法,可得

$$i_L(t)=i_L(\infty)+(i_L(0^+)-i_L(\infty))\mathrm{e}^{-\frac{t}{\tau_L}}=3-2\mathrm{e}^{-10t}\ \mathrm{A},\quad t\geqslant 0^+$$

$$u_C(t)=u_C(\infty)+(u_C(0^+)-u_C(\infty))\mathrm{e}^{-\frac{t}{\tau}}=-35+5\mathrm{e}^{-t}\ \mathrm{V},\quad t\geqslant 0^+$$

根据电路结构,可得

$$i(t)=i_L(t)+\frac{40+u_C(t)-10}{10}=(2.5-2\mathrm{e}^{-10t}+0.5\mathrm{e}^{-t})\ \mathrm{A},\quad t\geqslant 0^+$$

5-28　图 5-26 所示电路在开关 S 闭合前已达稳态,求开关闭合后流过开关的电流 $i(t)$。

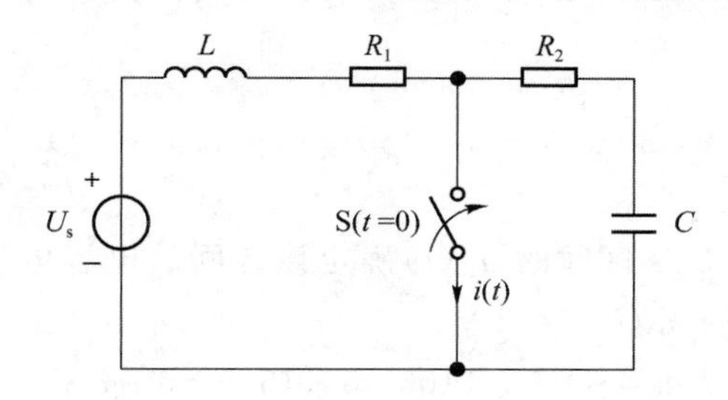

图 5-26　题图 5-24

解析: 此题与题 5-27 类似,分析方法也一样,不再赘述。

开关闭合前,$i_L(0^-)=0$,$u_C(0^-)=U_s$;开关闭合后,根据换路定则,有

$$i_L(0^+)=i_L(0^-)=0,\quad u_C(0^+)=u_C(0^-)=U_s$$

对 RL 电路,有

$$i_L(\infty)=\frac{U_s}{R_1},\quad \tau_L=\frac{L}{R_1},\quad i_L(t)=\frac{U_S}{R_1}(1-\mathrm{e}^{-\frac{R_1}{L}t}),\quad t\geqslant 0^+$$

对 RC 电路,有

$$u_C(\infty)=0,\quad \tau_C=R_2C,\quad u_C(t)=U_s\mathrm{e}^{-\frac{1}{R_2C}t},\quad t\geqslant 0^+$$

所求电流为

$$i(t)=i_L(t)+\frac{u_C(t)}{R_2}=\frac{U_S}{R_1}(1-\mathrm{e}^{-\frac{R_1}{L}t})+\frac{U_S}{R_2}\mathrm{e}^{-\frac{1}{R_2C}t},\quad t\geqslant 0^+$$

5-29　图 5-27 所示电路中,开关 S 位于端钮 1 时,电路已经达到稳态。$t=0$ 时,开关 S 从端钮 1 接到端钮 2;$t=2$ s 时,开关 S 又从端钮 2 接到端钮 1,求 $t\geqslant 0$ 时的 $u(t)$。

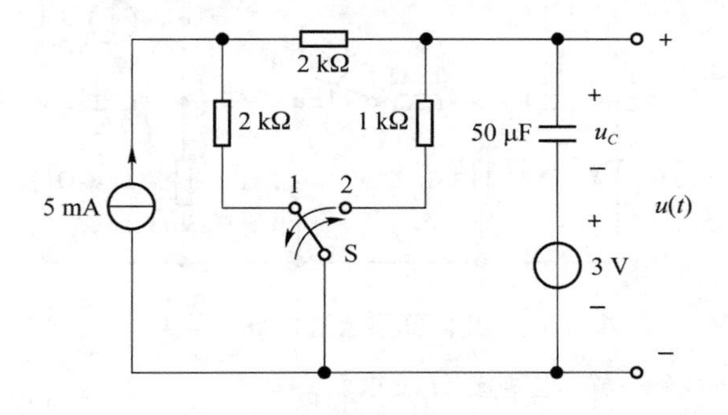

图 5-27　题图 5-25

解析: 此题考查求解全响应的知识,所求量为非状态变量,但由电路结构可知,求出状

态变量 $u_C(t)$，也就很容易得到 $u(t)$ 了。此题与前面其他题不同的是，开关动作了两次，所以要分段求解。每段均用三要素法进行求解。

(1) $0 \leqslant t < 2$ s

在此区间内

$$u_C(0^+)=u_C(0^-)=2\times10^3\times5\times10^{-3}-3=7\ \mathrm{V}$$

$$u_C(\infty)=1\times10^3\times5\times10^{-3}-3=2\ \mathrm{V}$$

$$\tau=RC=1\times10^3\times50\times10^{-6}=\frac{1}{20}\ \mathrm{s}$$

所以

$$u_C(t)=u_C(\infty)+(u_C(0^+)-u_C(\infty))\mathrm{e}^{-\frac{t}{\tau}}=(2+5\mathrm{e}^{-20t})\ \mathrm{V},\quad 0^+\leqslant t<2\ \mathrm{s}$$

(2) $t \geqslant 2$ s

此时，需要根据 $0\leqslant t<2$ s 区间的 $u_C(t)$ 确定该区间的电容电压初始值。当 $t=2$ s 时，$u_C(2)=2$ V，亦即此区间的 $u_C(0^+)=2$ V。

$$u_C(\infty)=2\times10^3\times5\times10^{-3}-3=7\ \mathrm{V}$$

$$\tau=RC=(2+2)\times10^3\times50\times10^{-6}=\frac{1}{5}\ \mathrm{s}$$

所以

$$u_C(t)=(7-5\mathrm{e}^{-5(t-2)})\ \mathrm{V},\quad t\geqslant 2\ \mathrm{s}$$

一定要注意时间范围，因为时间是连续的，此区间从 2 s 开始，所以指数部分用 $t-2$ 表示而不用 t。

因为 $u(t)=u_C(t)+3$，所以

$$u(t)=\begin{cases}(5+5\mathrm{e}^{-20t})\ \mathrm{V}, & 0^+\leqslant t<2\ \mathrm{s}\\ (10-5\mathrm{e}^{-5(t-2)})\ \mathrm{V}, & t\geqslant 2\ \mathrm{s}\end{cases}$$

5-30　电路如图 5-28 所示，开关 S_1 和 S_2 分别处于断开和闭合状态，此时电路达到稳态。当 $t=0$ 时，S_1 闭合，经过 1 s 后，S_1 和 S_2 同时断开，此后一直保持这一状态。试求当 $0\leqslant t\leqslant 1$ s 和 $t>1$ s 时的 $i(t)$。

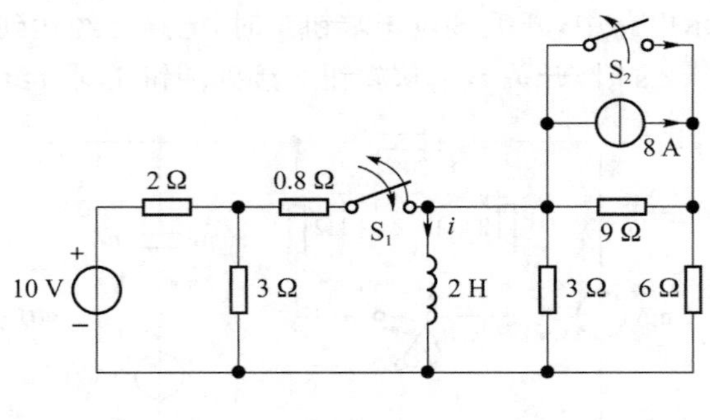

图 5-28　题图 5-26

解析： 此题与题 5-29 一样，也需要分段求解。

(1) 当 $0\leqslant t\leqslant 1$ s 时，电路处于零初始状态，因此求解的是 $i(t)$ 的零状态响应。S_1 闭合后，在 $0\leqslant t\leqslant 1$ s 区间，有

$$i_L(\infty)=\frac{10}{2+3//0.8}\times\frac{3}{3+0.8}=3\ \text{A}$$

与 L 连接的等效电阻为

$$R_{\text{eq}}=(3//6)//(0.8+3//2)=1\ \Omega$$

所以

$$\tau=\frac{L}{R_{\text{eq}}}=\frac{2}{1}=2\ \text{s}$$

因此

$$i(t)=i_L(t)=i_L(\infty)(1-\text{e}^{-\frac{1}{\tau}t})=3(1-\text{e}^{-\frac{1}{2}t})\ \text{A},\quad 0^+\leqslant t\leqslant 1\ \text{s}$$

(2) 当 $t>1$ s 时，求解的是 $i(t)$ 的全响应，根据上一阶段的表达式确定此阶段的初始值，有

$$i_L(1)=3(1-\text{e}^{-\frac{1}{2}})\approx 1.18\ \text{A}$$

$$i_L(\infty)=-\frac{9}{6+9}\times 8=-\frac{24}{5}=-4.8\ \text{A}$$

与 L 连接的等效电阻为

$$R_{\text{eq}}=3//(9+6)=2.5\ \Omega$$

所以

$$\tau=\frac{L}{R_{\text{eq}}}=\frac{2}{2.5}=0.8\ \text{s},\quad i_L(\infty)=-4.8\ \text{A}$$

因此

$$i(t)=i_L(t)=i_L(\infty)+(i_L(1)-i_L(\infty))\text{e}^{-\frac{1}{\tau}t}=(-4.8+5.98\text{e}^{-1.25(t-1)})\ \text{A},\quad t>1\ \text{s}$$

5-31　用单位阶跃函数表示图 5-29 所示的 3 个电压波形。

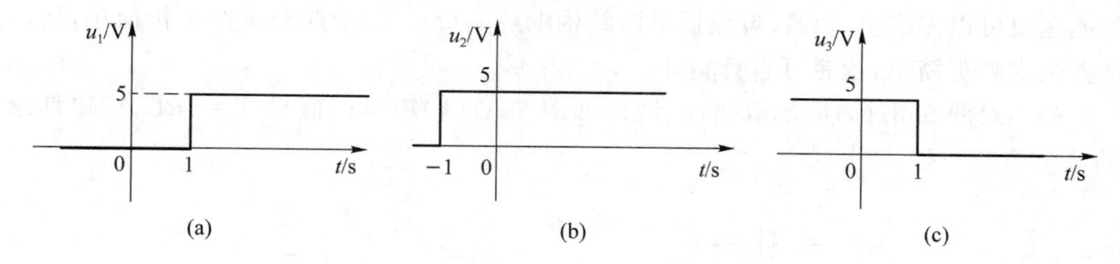

图 5-29　题图 5-27

解析： 此题考查阶跃函数的知识。3 个电压波形的表达式分别如下：

$$u_1(t)=5\varepsilon(t-1)\ \text{V},\quad u_2(t)=5\varepsilon(t+1)\ \text{V},\quad u_3(t)=5\varepsilon(-t+1)\ \text{V}$$

5-32　图 5-30(a)所示电路中，$i_L(0^-)=0.5$ A，$i_s(t)$ 的波形如图 5-30(b)所示。求 $0^+\leqslant t<1$ s 和 1 s$\leqslant t<2$ s时的 $i_R(t)$，并绘出其波形。

解析： 此题考查阶跃函数和电路全响应的知识。由于激励是分段变化的，所以要分段求解。利用三要素法进行求解。可以看成两步开关动作，即 $0^+\leqslant t<1$ s 和 1 s$\leqslant t<2$ s 两个时间段分别为两个全响应。

(1) $0^+\leqslant t<1$ s 时，在 0^+ 等效电路中，电感用 $i_L(0^+)=i_L(0^-)=0.5$ A 的电流源替代，可以计算出

$$i_R(0^+)=2-i_L(0^+)=2-0.5=1.5\ \text{A}$$

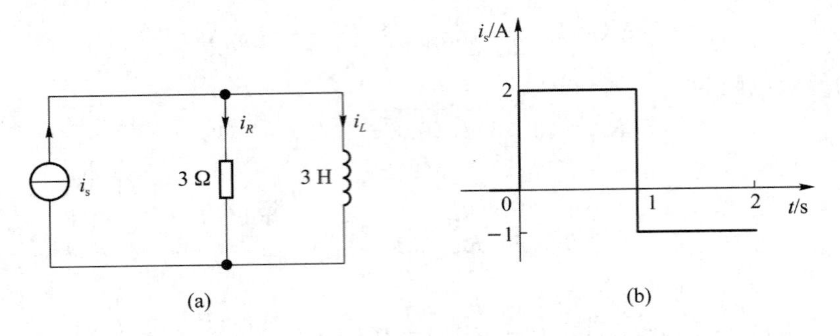

图 5-30　题图 5-28

稳态值和电路的时间常数分别为

$$i_R(\infty)=0,\quad i_L(\infty)=2\text{ A},\quad \tau=\frac{L}{R}=\frac{3}{3}=1\text{ s}$$

根据三要素公式，有

$$i_R(t)=i_R(\infty)+(i_R(0)-i_R(\infty))\mathrm{e}^{-\frac{1}{\tau}t}=1.5\mathrm{e}^{-t}\text{ A},\quad 0^+\leqslant t<1\text{ s}$$

在此时间段：

$$i_L(t)=i_L(\infty)+(i_L(1)-i_L(\infty))\mathrm{e}^{-\frac{1}{\tau}t}=2-1.5\mathrm{e}^{-t}\text{ A}$$

(2) $1\text{ s}\leqslant t<2\text{ s}$ 时，要先根据上一时间段的电感电流表达式确定 $t=1$ s 时的值，然后得到 $t=1^+$ s 时的等效电路，进而求解 $i_R(1^+)$。

$$i_R(1^+)=-1-i_L(1^+)=-1-(2-1.5\mathrm{e}^{-1})=-2.45\text{ A}$$

由于电路结构未变，所以时间常数不变，仍为 1 s，稳态值为 $i_R(\infty)=0$。根据三要素公式，有

$$i_R(t)=-2.45\mathrm{e}^{-(t-1)}\text{ A},\quad 1\text{ s}\leqslant t<2\text{ s}$$

此题也可以先求出 $i_L(t)$，再根据电路结构求解 $i_R(t)$。由于此题电路结构简单，所以用这种方法求解更简单，读者可自行验证。

5-33　对图 5-31(a)所示电路，u_{in}波形如图 5-31(b)所示。假设 $T=5RC$，试定性绘出 u_{o} 的波形。

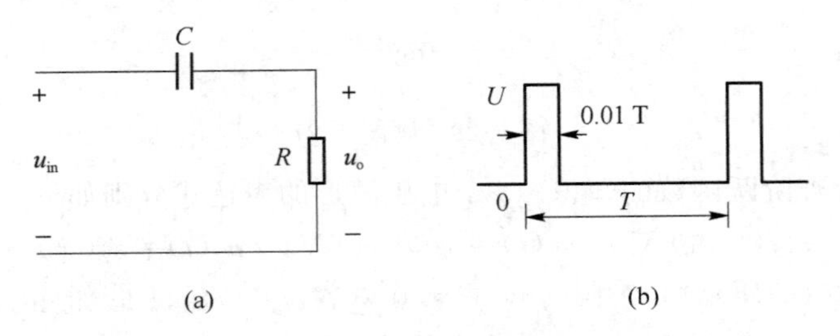

图 5-31　题图 5-29

解析：此题考查在激励为分段连续函数的情况下求解电路响应的知识。

根据 u_{in}的波形可知，当其值为 U 时，对电容充电(零初始状态)，$u_C(t)=U(1-\mathrm{e}^{-\frac{t}{RC}})$(左正右负)，电阻上的电压为

$$u_R(t)=u_{\text{o}}(t)=U-u_C(t)=U\mathrm{e}^{-\frac{t}{RC}}$$

当激励为零时($t=0.01T=0.01RC$)，电路为零输入响应，电容处于放电状态，此时

$$u_R(t)=u_o(t)=-u_C(t)=-U(1-e^{-\frac{0.05RC}{RC}})\cdot e^{-\frac{1}{RC}(t-0.01T)}=-0.05Ue^{-\frac{1}{RC}(t-0.01T)}$$

由于 $T=5RC$，因此经过 $0.99T$（激励为零的区间），电容基本放电完毕。在激励的下一个周期，电容再进行充放电过程，如此循环。由此，得到 u_o 的波形近似如图 5-32 所示。

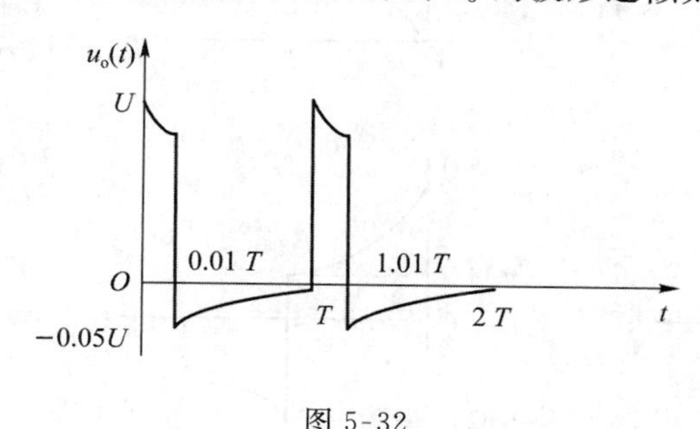

图 5-32

5-34　电路如图 5-33(a)所示，u_{in} 为如图 5-33(b)所示的矩形脉冲。试针对下列三种情况，定性绘出 $i(t)$ 和 $u(t)$ 的波形。

(1) $T\gg L/R$；　(2) $T=L/R$；　(3) $T\ll L/R$

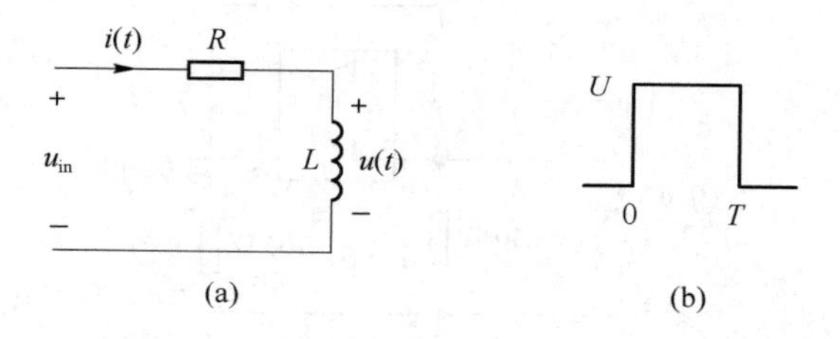

图 5-33　题图 5-30

解析：此题考查微分电路、积分电路的知识。

电感为零初始状态，所以在 $0\sim T$ 区间，电路为零状态响应，对电感充电，有

$$i(t)=\frac{U}{R}(1-e^{-\frac{R}{L}t}),\quad u(t)=L\frac{di(t)}{dt}=\frac{U}{R}(1-e^{-\frac{R}{L}t})=Ue^{-\frac{R}{L}t}$$

在 $t>T$ 区间，电路为零输入响应，电感放电，有

$$i(t)=\frac{U}{R}(1-e^{-\frac{R}{L}T})e^{-\frac{R}{L}t},\quad u(t)=L\frac{di(t)}{dt}=-U(1-e^{-\frac{R}{L}T})e^{-\frac{R}{L}t}$$

(1) 当 $T\gg L/R$ 时，时间常数很小，在充电区间，电感电流上升很快，在很短的时间内将近似达到稳态电流 $\frac{U}{R}$，电感电压则在很短的时间内衰减为零；在放电区间，电感电流衰减很快，所以电感电流和电感电压在很短的时间内衰减为零。$i(t)$ 和 $u(t)$ 的波形近似如图 5-34(a)所示。

(2) 当 $T=L/R$ 时，为一般的充放电状态，按照上述公式计算即可。$i(t)$ 和 $u(t)$ 的波形近似如图 5-34(b)所示。

(3) 当 $T\ll L/R$ 时，时间常数很大，在充电区间，电感电流上升很慢，电感电压也衰减很慢，在短时间内基本保持 U 不变；在放电区间，电感电流和电感电压都衰减很慢。$i(t)$ 和 $u(t)$ 的波形近似如图 5-34(c)所示。

5-35　求图 5-35 所示电路中的电压 $u_x(t)$。设电容初始电压为零。

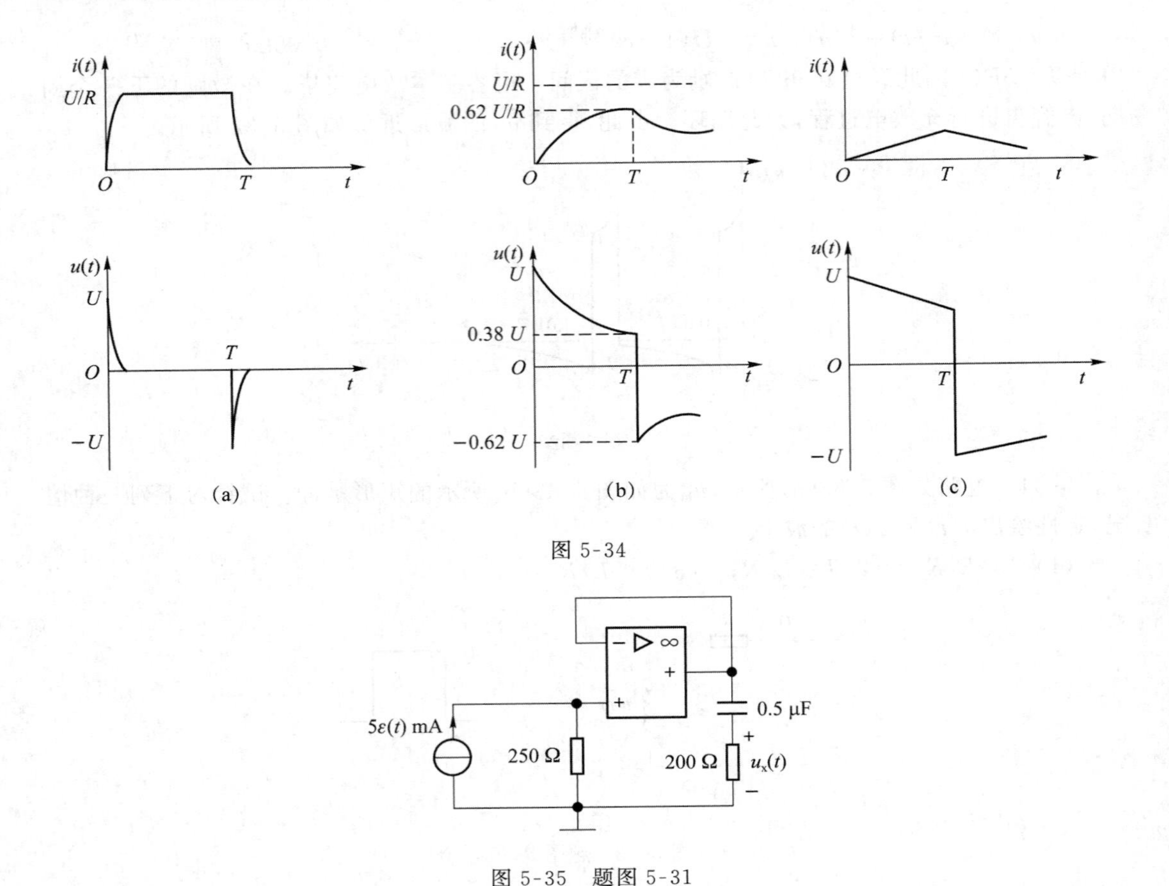

图 5-34

图 5-35　题图 5-31

解析： 此题考查含有理想运算放大器的一阶 RC 动态电路分析的知识，需要利用理想运算放大器虚短、虚断的性质进行求解。

根据理想运算放大器虚短和虚断的性质可知，RC 串联支路的电压为

$$u_-=u_+=250\times5\varepsilon(t)\times10^{-3}=1.25\varepsilon(t)\ \text{V}$$

所以，

$$u_C(\infty)=1.25\ \text{V},\quad \tau=200\times0.5\times10^{-6}=10^{-4}\ \text{s}$$

因为电容初始状态为零，所以，电容两端的电压为

$$u_C(t)=1.25(1-\mathrm{e}^{-\frac{t}{\tau}})\varepsilon(t)=1.25(1-\mathrm{e}^{-10^4t})\varepsilon(t)\ \text{V}$$

所求电压为

$$u_x(t)=1.25-u_C(t)=1.25\mathrm{e}^{-10^4t}\varepsilon(t)\ \text{V}$$

5-36　图 5-36 所示电路中，已知电容初始储能为零，$u_s(t)=4\mathrm{e}^{-2\times10^4t}\varepsilon(t)$ V，求电压 $u_o(t)$。

解析： 此题与题 5-36 一样，考查含有理想运算放大器的一阶 RC 动态电路分析的知识。借助理想运算放大器虚短和虚断的性质求解出流经电容的电流，再通过电容元件的 VCR 的积分形式，即可求解电容两端电压，进而得出电压 $u_o(t)$。

根据理想运算放大器虚短和虚断的性质可知，$u_-=u_+=0$，流经电容的电流（由左向右）为

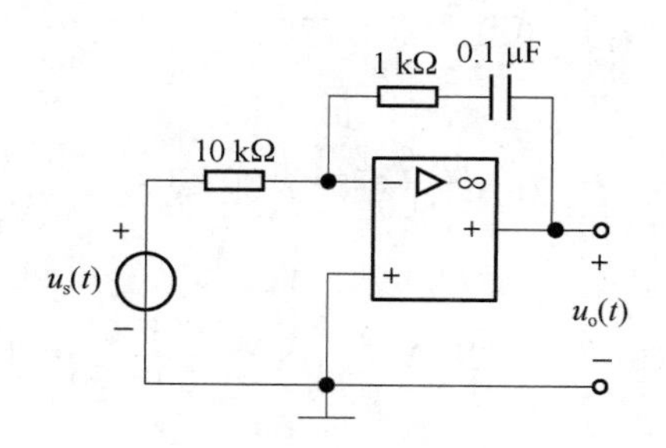

图 5-36　题图 5-32

$$i(t)=\frac{u_s(t)}{10\times10^3}=0.4\times10^{-3}\mathrm{e}^{-2\times10^4 t}\varepsilon(t)\ \mathrm{A}$$

由电路结构可知，输出电压与 1 kΩ 和 0.1 μF 串联支路的电压大小相等，方向相反，即

$$u_o(t)=-\left(1\times10^3 i(t)+\frac{1}{0.1\times10^{-6}}\int_0^t i(\xi)\mathrm{d}\xi\right)=-0.2\times(1+\mathrm{e}^{-2\times10^4 t})\varepsilon(t)\ \mathrm{V}$$

5-37　图 5-37 电路中，S 表示一个电路继电器。假设电路已经处于 S 反复开、关的稳定工作状态，若要使 $i_L=0.9$ A 时继电器开关闭合，$i_L=0.25$ A 时开关打开，试确定开关从闭合到打开、再从打开到闭合的时间周期 T。

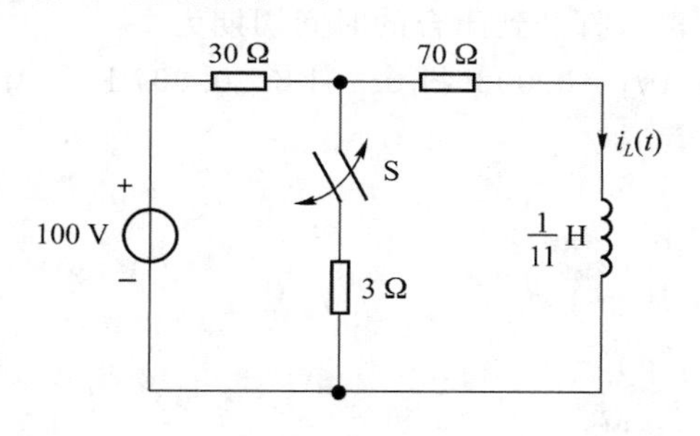

图 5-37　题图 5－33

解析： 此题考查一阶动态电路分析的知识，可以根据利用三要素法进行求解。

随着继电器的反复开、关，电感处在反复充、放电过程。根据题意，S 闭合时，电感开始放电，放电至 0.25 A 结束，将此时刻记为 t_1，此阶段电感电流的初始值为 0.9 A；S 打开时，电感开始充电，充电至 0.9 A 结束，将此时刻记为 t_2，此阶段电感电流的初始值为 0.25 A。随后，这两个阶段交替进行，开关从闭合到打开、再从打开到闭合的时间周期为 t_1 和 t_2 之和。

第一阶段，S 闭合，有

$$i_{L1}(0^+)=0.9\ \mathrm{A},\quad i_{L1}(\infty)=\frac{100}{30+3//70}\times\frac{3}{70+3}=0.125\ \mathrm{A}$$

$$\tau_1=\frac{L}{R_{\mathrm{eq1}}}=\frac{\frac{1}{11}}{30//3+70}=\frac{1}{800}\ \mathrm{s}$$

根据三要素公式，得

$$i_{L1}(t)=0.125+(0.9-0.125)\mathrm{e}^{-800t}=(0.125+0.775\mathrm{e}^{-800t})\ \mathrm{A},\quad 0<t<t_1$$

依题意

$$i_L(t_1)=0.125+0.775\mathrm{e}^{-800t_1}=0.25\ \mathrm{A}$$

解得

$$t_1=\frac{\ln 6.2}{800}\approx 0.002\,3\ \mathrm{s}$$

第二阶段，S打开，有

$$i_{L2}(0^+)=0.25\ \mathrm{A},i_{L2}(\infty)=\frac{100}{30+70}=1\ \mathrm{A}$$

$$\tau_2=\frac{L}{R_{\mathrm{eq2}}}=\frac{\frac{1}{11}}{30+70}=\frac{1}{1\,100}\ \mathrm{s}$$

根据三要素公式，得

$$i_{L2}(t)=1+(0.25-1)\mathrm{e}^{-1\,100t}=(1-0.75\mathrm{e}^{-1\,100t})\ \mathrm{A},\quad t_1<t<t_2$$

依题意

$$i_L(t_2)=1-0.75\mathrm{e}^{-1\,100t_2}=0.9\ \mathrm{A}$$

解得

$$t_2=\frac{\ln 7.5}{1\,100}\approx 0.001\,8\ \mathrm{s}$$

所以，开关从闭合到打开、再从打开到闭合的时间周期为

$$T=t_1+t_2=0.002\,3+0.001\,8=0.004\,1\ \mathrm{s}=4.1\ \mathrm{ms}$$

第6章

高阶动态电路

6.1 基本知识及学习指导

本章对包含电容元件和电感元件的更一般电路——高阶动态电路进行分析，以介绍二阶动态电路为主。主要内容包括二阶动态电路的微分方程、*RLC* 串联电路和并联电路，以及简述高阶动态电路的状态变量分析法。本章将引入一些新的概念，包括过阻尼状态、欠阻尼状态、临界阻尼状态和无阻尼状态等。本章的知识结构如图 6-1 所示。

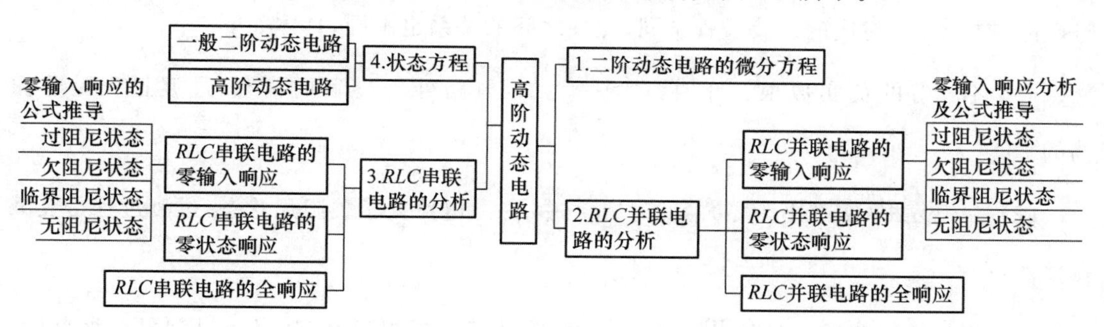

图 6-1　第 6 章知识结构

本章主要分析简单的二阶动态电路，即电阻、电感和电容三个元件串联或并联电路，分析的主要手段是利用经典法求解微分方程，这是一项计算量较大的工作。

6.1.1　*RLC* 并联电路

无论几阶动态电路，其零输入、零状态及全响应的定义是不变的。对于二阶动态电路，基本的分析方法还是应用 KCL、KVL 和元件的 VCR 列写以状态变量为未知量的微分方程，得到的是一个二阶微分方程，然后对此求解即可。

对于 *RLC* 并联电路，由于各元件两端的电压相同，所以选择电感电流为未知量列写方程。求解的基本步骤是：特征方程→特征根→响应表达式(对于零状态响应和全响应，应该是通解和特解之和)→根据初始条件确定待定系数→响应。

二阶动态电路的过渡过程不像一阶动态电路那么简单，其变化规律与电路元件的参数有关，具体来说，由特征根决定。特征根有 4 种可能的取值，不同的取值对应不同的电路状态及过渡过程，具体情况如下。

(1) 不相等的负实数根。此时，$R<\frac{1}{2}\sqrt{\frac{L}{C}}$，电路处于过阻尼状态，过渡过程是非振荡的。

(2) 共轭复根(实部不为零)。此时，$R>\frac{1}{2}\sqrt{\frac{L}{C}}$，电路处于欠阻尼状态，过渡过程是衰减振荡的。

(3) 相等的实数根。此时，$R=\frac{1}{2}\sqrt{\frac{L}{C}}$，电路处于临界阻尼状态，过渡过程是非振荡的，但处于衰减振荡和非振荡的临界状态。

(4) 共轭虚根。此时，电阻趋于无穷大，即电路中只有电容和电感，电路处于无阻尼状态，过渡过程是等幅振荡的。

学习提示： 在具有两个动态元件的电路中，只要其中一个动态元件的初始储能不为零，电路就处于非零初始状态。

6.1.2 *RLC* 串联电路

对于 *RLC* 串联电路，由于流过各元件的电流相同，所以选择电容电压为未知量来列写方程。求解步骤与 6.1.1 节所述相同。其过渡过程也有与并联电路一样的四种情况，只不过电路结构不同，对应的过渡过程不同，元件之间的关系也不同，具体如下。

(1) 不相等的负实数根。此时，$R>\frac{1}{2}\sqrt{\frac{L}{C}}$，电路处于过阻尼状态，过渡过程是非振荡的。

(2) 共轭复根(实部不为零)。此时，$R<\frac{1}{2}\sqrt{\frac{L}{C}}$，电路处于欠阻尼状态，过渡过程是衰减振荡的。

(3) 相等的实数根。此时，$R=\frac{1}{2}\sqrt{\frac{L}{C}}$，电路处于临界阻尼状态，过渡过程是非振荡的，但处于衰减振荡和非振荡的临界状态。

(4) 共轭虚根。此时，电阻等于零，即电路中只有电容和电感，电路处于无阻尼状态，过渡过程是等幅振荡的。

6.1.3 一般二阶动态电路

一般二阶动态电路并不是简单的 *RLC* 串联或并联电路，而是更具有实际意义的电路。此处，我们仍然分析电路中只含有一个电感元件和一个电容元件的情况，但与这两个元件连接的其他电路并不是简单的电压源或电流源，而是含独立源、受控源和电阻的混联电路。分析的基本方法是，先利用戴维南定理或诺顿定理，将移除动态元件后的含源电阻网络等效为电压源与电阻串联或电流源与电阻并联的形式，然后按照简单 *RLC* 电路的分析方法求解。

6.1.4　高阶动态电路

高阶动态电路一般不再用列写高阶微分方程的方法进行分析，而是采用状态变量法进行分析，即列写以电路中所有状态变量为未知量的一阶微分方程，构成一阶微分方程组，然后求解。求解的方法仍是数学方法，本书不再介绍。下面仅说明列写状态方程的一般方法。

首先，确定状态变量，即电容电压和电感电流；然后，根据 KCL、KVL 及元件的 VCR 列出基本的电流、电压关系，消去非状态变量；最后，整理得到以 u_C 和 i_L 为变量的一阶微分方程组。

对于比较简单的电路，利用上述方法可以比较容易地写出状态方程，但对于复杂的电路，就需要借助图论的知识，采用一种系统的列写方法。这部分内容本书不再介绍，如果读者有兴趣，可以阅读有关电路网络理论方面的书籍。

学习提示：状态方程是以状态变量为未知量的一阶微分方程组。方程中只能有状态变量(未知量)和激励量。

6.2　部分习题解析

6-1　图 6-2 所示电路在 $t=0^-$ 时刻已达稳态，$t=0$ 时刻开关 S 断开，求 $t\geqslant 0^+$ 时 u_C 的微分方程及其初始条件。

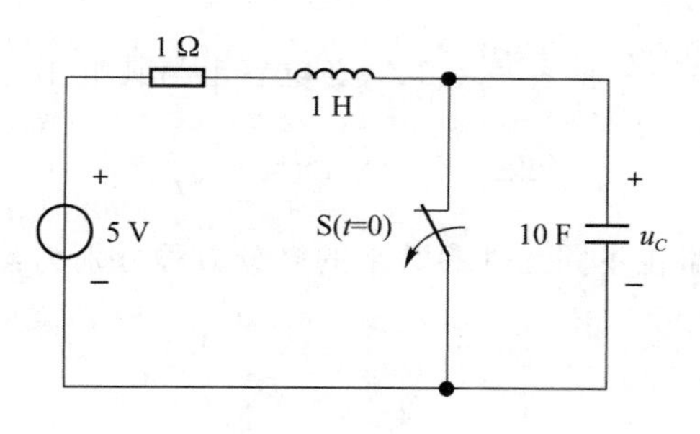

图 6-2　题图 6-1

解析：此题考查描述列写二阶动态电路方程及确定待求量初始条件的知识。对电路列写 KVL 方程，并将所有未知量用待求量表示，然后根据换路定则和电容元件的 VCR 关系确定初始值。

假设电路中的电流为 i，且在电容上与其两端的电压为关联参考方向，则根据 KVL，有

$$i+\frac{\mathrm{d}i}{\mathrm{d}t}+u_C=5$$

根据电容元件的 VCR，可知 $i=10\,\dfrac{\mathrm{d}u_C}{\mathrm{d}t}$，带入上式并整理，可得 u_C 的微分方程：

$$10\,\frac{\mathrm{d}^2u_C}{\mathrm{d}t^2}+10\,\frac{\mathrm{d}u_C}{\mathrm{d}t}+u_C=5$$

由已知条件和电路结构及换路定则，可知

$$u_C(0^+)=u_C(0^-)=0,\quad i(0^+)=\frac{5}{1}=5\text{ A}$$

再根据电容元件的 VCR，可知

$$\left.\frac{\mathrm{d}u_C}{\mathrm{d}t}\right|_{0^+}=\frac{i(0^+)}{10}=0.5\ \mathrm{V/s}$$

6-2　图 6-3 所示电路在 $t=0^-$ 时刻已达稳态，$t=0$ 时开关 S 断开，求 $t\geqslant0^+$ 时 u_C 的微分方程及其初始条件。

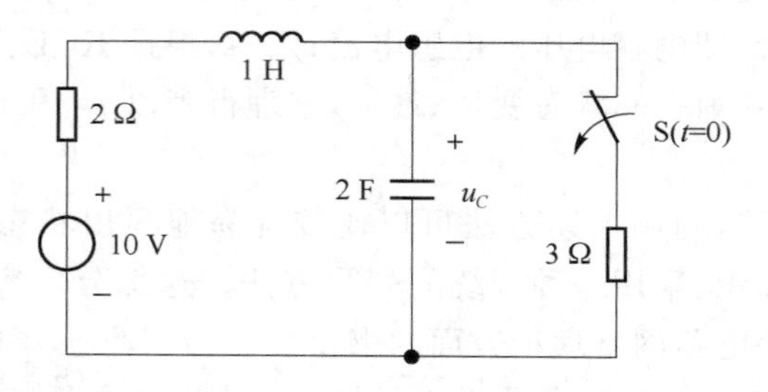

图 6-3　题图 6-2

解析：此题与题 6-1 的考查点相同，解题思路也一样，不再赘述。

u_C 的微分方程为

$$2\frac{\mathrm{d}^2u_C}{\mathrm{d}t^2}+4\frac{\mathrm{d}u_C}{\mathrm{d}t}+u_C=10$$

$$u_C(0^+)=u_C(0^-)=\frac{3}{2+3}\times10=6\ \mathrm{V}$$

$$i(0^+)=\frac{10-u_C(0^+)}{2}=\frac{10-6}{2}=2\ \mathrm{A}$$（在电容上与其电压为关联参考方向）

$$\left.\frac{\mathrm{d}u_C}{\mathrm{d}t}\right|_{0^+}=\frac{i(0^+)}{2}=1\ \mathrm{V/s}$$

6-4　已知某二阶电路在不同元件参数下的微分方程分别为：

(1) $\frac{\mathrm{d}^2u}{\mathrm{d}t^2}+4\frac{\mathrm{d}u}{\mathrm{d}t}+3u=0$

(2) $\frac{\mathrm{d}^2i}{\mathrm{d}t^2}+6\frac{\mathrm{d}i}{\mathrm{d}t}+9i=0$

试确定这两种情况下电路的固有频率。

解析：此题考查动态电路固有频率的概念。

(1) 特征方程为 $s^2+4s+3=0$，解得特征根为 $s_1=-1$，$s_2=-3$，此即为电路的固有频率。

(2) 特征方程为 $s^2+6s+9=0$，解得特征根为 $s=-3$，所以，固有频率为 -3。

6-5　图 6-4 所示电路中各动态元件的初始储能不为零，试写出 $i_L(t)$ 的零输入响应表达式。

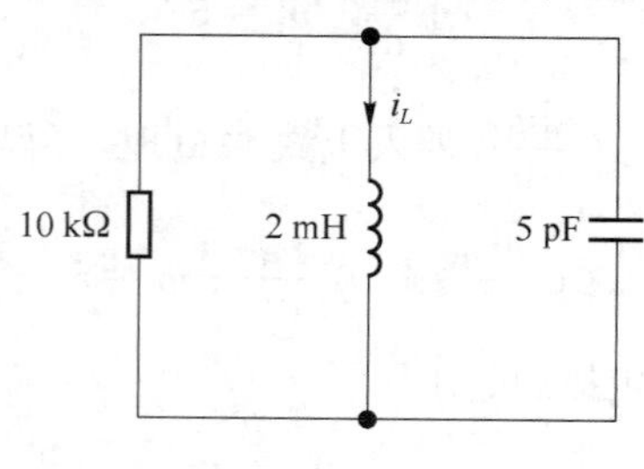

图 6-4　题图 6-3

解析： 此题考查二阶动态电路零输入响应的知识。先根据电路结构列写 KCL 方程，并将未知量用待求量表示，得到待求量的微分方程，然后解此微分方程得到所求。

假设电阻和电容支路电流均留出上部节点，则根据 KCL，有

$$i_R(t)+i_L(t)+i_C(t)=0 \tag{1}$$

再根据电阻、电感和电容元件的 VCR，得

$$i_R(t)=\frac{L\dfrac{\mathrm{d}i_L(t)}{\mathrm{d}t}}{R}=\frac{L}{R}\cdot\frac{\mathrm{d}i_L(t)}{\mathrm{d}t},\quad i_C(t)=C\cdot L\frac{\mathrm{d}^2 i_L(t)}{\mathrm{d}t^2}$$

将以上二式带入方程(1)，可得

$$C\cdot L\frac{\mathrm{d}^2 i_L(t)}{\mathrm{d}t^2}+\frac{L}{R}\cdot\frac{\mathrm{d}i_L(t)}{\mathrm{d}t}+i_L(t)=0$$

该微分方程的特征方程和特征根分别为

$$CLs^2+\frac{L}{R}s+1=0,\quad s_{1,2}=\frac{-\dfrac{L}{R}\pm\sqrt{\left(\dfrac{L}{R}\right)^2-4CL}}{2CL}$$

将元件参数代入特征根可得 $s_1=s_2=1\times10^{-7}$

所以，$i_L(t)$的零输入响应表达式为

$$i_L(t)=(K_1+K_2 t)\mathrm{e}^{-10^7 t}$$

6-6　图 6-5 所示电路的开关闭合已久，$t=0$ 时开关 S 打开，求 $t\geqslant0^+$ 时的 $i_L(t)$。

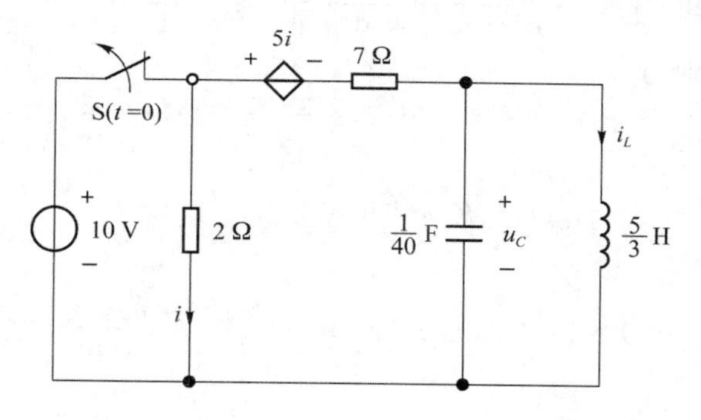

图 6-5　题图 6-4

解析： 此题与题 6-5 一样，考查二阶动态电路零输入响应的知识，但电路比较复杂。一种方法是求出与 L、C 并联的等效电阻后，按照题 6-5 的方法列方程求解，另一种方法是直接列方程求解。下面给出第一种方法的解题过程，此时需要用到第 1 章介绍的求含受控源单口网络的等效电阻的知识。

先求电容电压和电感电流的初始值，$t=0^-$ 时的等效电路如图 6-6 所示。由电路结构可知

$$u_C(0^-)=0,\quad i(0^-)=\frac{10}{2}=5\ \mathrm{A}$$

$$5i(0^-)+7i_L(0^-)=10,\quad i_L(0^-)=\frac{10-5\times5}{7}=-\frac{15}{7}\ \mathrm{A}$$

再求开关打开后左边电阻电路部分的等效电阻。假设端口电压为 u，方向为上正下负，则有

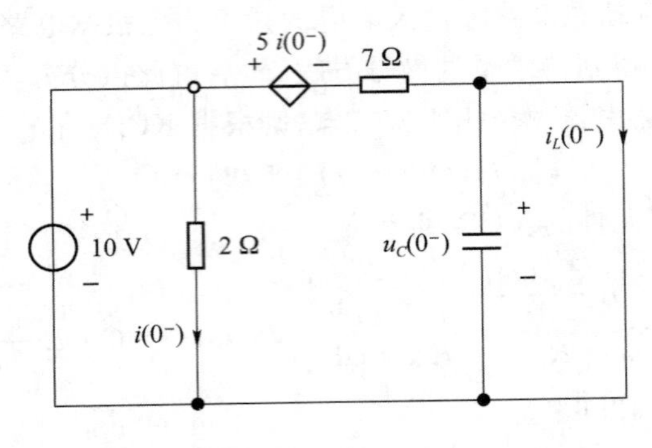

图 6-6

$$u=7i-5i+2i=4i$$

所以有

$$R_{eq}=\frac{u}{i}=4\ \Omega$$

下面的求解步骤与题 6-5 相同，可得以 $i_L(t)$ 为未知量的微分方程：

$$C\cdot L\frac{d^2i_L(t)}{dt^2}+\frac{L}{R_{eq}}\cdot\frac{di_L(t)}{dt}+i_L(t)=0$$

将元件参数代入微分方程，可得

$$\frac{d^2i_L(t)}{dt^2}+10\frac{di_L(t)}{dt}+24i_L(t)=0$$

特征方程和特征根分别为

$$s^2+10s+24=0,\quad s_1=-4,\quad s_2=-6$$

$i_L(t)$ 的表达式形式为

$$i_L(t)=K_1e^{-4t}+K_2e^{-6t},\quad t\geqslant 0^+$$

由换路定则，可知

$$i_L(0^+)=i_L(0^-)=-\frac{15}{7}\ \text{A},\quad i_L'(0^+)=\frac{u_L(0^+)}{L}=\frac{u_C(0^+)}{L}=\frac{u_C(0^-)}{L}=0$$

由此可得

$$K_1+K_2=-\frac{15}{7}$$

$$-4K_1-6K_2=0$$

联立二式，解得

$$K_1=-6.43,K_2=4.29$$

所以

$$i_L(t)=(-6.43e^{-4t}+4.29e^{-6t})\ \text{A},\quad t\geqslant 0^+$$

6-7　图 6-7 所示电路中动态元件无初始储能，$t=0$ 时开关闭合，求 $t\geqslant 0^+$ 时的 $u_C(t)$。

解析：此题考查二阶动态电路零状态响应的知识。先根据电路结构列写 KCL 方程，得到以 $i_L(t)$ 为未知量的微分方程，求出 $i_L(t)$ 后再根据电路结构求出 $u_C(t)$。

假设除电源外的各支路电流方向由上向下，并考虑各元件的 VCR，则根据 KCL，可得

$$C\cdot L\frac{d^2i_L(t)}{dt^2}+\frac{L}{R}\cdot\frac{di_L(t)}{dt}+i_L(t)=3$$

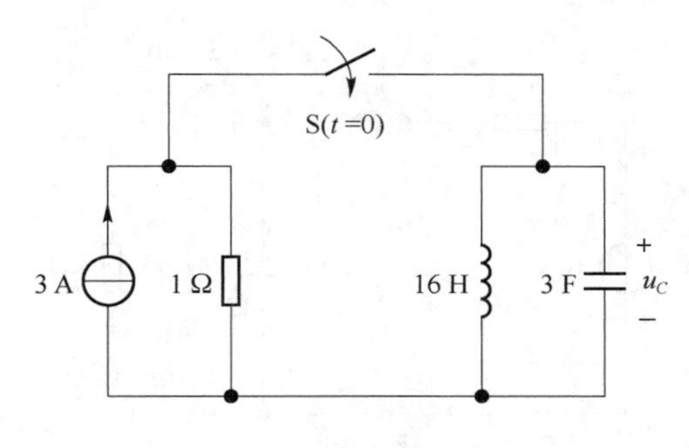

图 6-7　题图 6-5

将元件参数代入微分方程,可得

$$48\frac{d^2 i_L(t)}{dt^2}+16\frac{di_L(t)}{dt}+i_L(t)=3$$

特征方程和特征根分别为

$$48s^2+16s+1=0,\quad s_1=-\frac{1}{12},\quad s_2=-\frac{1}{4}$$

所以,$i_L(t)$的通解为

$$i_{Lh}(t)=K_1 e^{-\frac{1}{12}t}+K_2 e^{-\frac{1}{4}t}$$

$i_L(t)$的特解为

$$i_{Lp}(t)=3$$

$i_L(t)$的全解为

$$i_L(t)=i_{Lh}(t)+i_{Lp}(t)=K_1 e^{-\frac{1}{12}t}+K_2 e^{-\frac{1}{4}t}+3,\quad t\geqslant 0^+$$

根据已知条件和换路定则,可知

$$i_L(0^+)=i_L(0^-)=0,\quad i'_L(0^+)=\frac{u_L(0^+)}{L}=\frac{u_C(0^+)}{L}=\frac{u_C(0^-)}{L}=0$$

由此可以确定

$$K_1=-4.5,\quad K_2=1.5$$

所以

$$i_L(t)=-4.5e^{-\frac{1}{12}t}+1.5e^{-\frac{1}{4}t}+3,\quad t\geqslant 0^+$$

由电路结构可知

$$u_C(t)=u_L(t)=L\frac{di_L(t)}{dt}=6(e^{-\frac{1}{12}t}-e^{-\frac{1}{4}t})\ \text{V}$$

6-8　图 6-8 所示电路在 $t=0^-$ 时已达稳态,$t=0$ 时刻开关 S 打开,求 $t\geqslant 0^+$ 时的 $u_C(t)$。

解析:此题考查二阶动态电路全响应的知识,总体解题思路与题 6-7 相同,但需要先求出动态元件的初始值。

开关打开前,电感短路,电容开路,所以

$$i_L(0^-)=\frac{10}{2+3}=2\ \text{A},\quad u_C(0^-)=\frac{3}{2+3}\times 10=6\ \text{V}$$

开关打开后,根据 KVL 及各元件的 VCR,可得

$$4\frac{d^2 u_C}{dt^2}+4\frac{du_C}{dt}+u_C=10$$

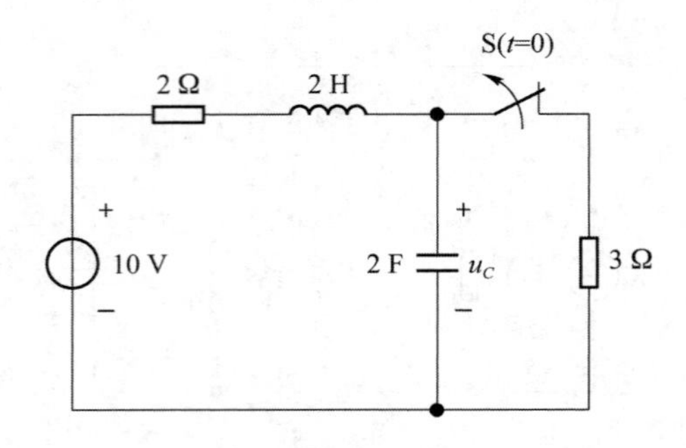

图 6-8　题图 6-6

特征方程和特征根分别为

$$4s^2+4s+1=0,\quad s_1=s_2=-\frac{1}{2}$$

所以，$u_C(t)$的通解为

$$u_{Ch}(t)=(K_1+K_2t)e^{-\frac{1}{2}t}$$

$u_C(t)$的特解为

$$u_{Cp}(t)=10$$

$u_C(t)$的全解为

$$u_C(t)=u_{Ch}(t)+u_{Cp}(t)=(K_1+K_2t)e^{-\frac{1}{2}t}+10,\quad t\geqslant 0^+$$

根据已知条件和换路定则，可知

$$u_C(0^+)=u_C(0^-)=6\ \text{V},\quad u'_C(0^+)=\frac{i_L(0^+)}{L}=\frac{2}{2}=1\ \text{V/s}$$

由此，可以确定

$$K_1=-4,\quad K_2=-1$$

所以

$$u_C(t)=10-(4+t)e^{-\frac{1}{2}t}\ \text{V},\quad t\geqslant 0^+$$

6-10　图 6-9 所示电路，已知 $u_C(0^-)=0$，$i_L(0^-)=0$，$t=0$ 时刻开关 S 闭合，求 $t\geqslant 0^+$ 时的 $u_C(t)$、$i_L(t)$。

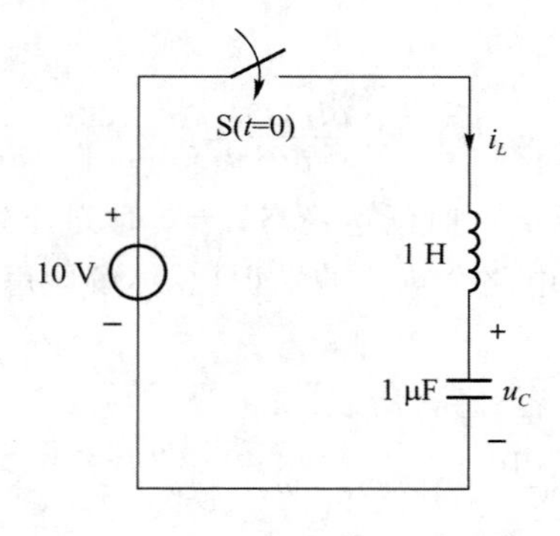

图 6-9　题图 6-8

解析：此题的考查点与题 6-7 一样，解题思路与题 6-8 相同，只不过动态元件的初始状态为零，而且电路中无电阻元件，所以电路处于无阻尼状态，求解更简单。先求 $u_C(t)$，再求 $i_L(t)$。

开关闭合后，以 $u_C(t)$ 为变量的微分方程为

$$1\times 10^{-6}\frac{\mathrm{d}^2 u_C}{\mathrm{d}t^2}+u_C=10$$

特征方程和特征根分别为

$$1\times 10^{-6}s^2+1=0,\quad s_{1,2}=\pm \mathrm{j}1\times 10^3$$

所以，$u_C(t)$ 的通解为

$$u_{Ch}(t)=(K_1+K_2)\cos 1\,000t+\mathrm{j}(K_1-K_2)\sin 1\,000t$$

$u_C(t)$ 的特解为

$$u_{Cp}(t)=10$$

$u_C(t)$ 的全解为

$$u_C(t)=u_{Ch}(t)+u_{Cp}(t)=(K_1+K_2)\cos 1\,000t+\mathrm{j}(K_1-K_2)\sin 1\,000t+10,\quad t\geqslant 0^+$$

根据已知条件和换路定则，可知

$$u_C(0^+)=u_C(0^-)=0,\quad u'_C(0^+)=\frac{i_L(0^+)}{L}=0$$

由此，可以确定

$$K_1=K_2=-5,\quad K_2=-1$$

所以

$$u_C(t)=(10-10\cos 1\,000t)\ \mathrm{V},\quad t\geqslant 0^+$$

$$i_L(t)=i_C(t)=C\frac{\mathrm{d}u_C(t)}{\mathrm{d}t}=0.01\sin 1\,000t\ \mathrm{A},\quad t\geqslant 0^+$$

6-11　以电容电压和电感电流为状态变量，列写图 6-10 所示电路的状态方程。

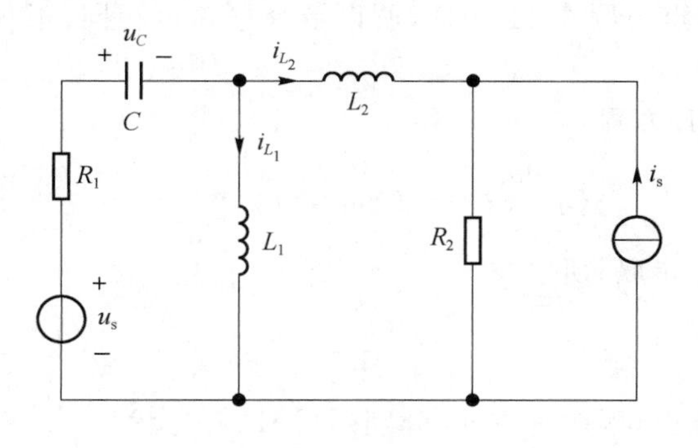

图 6-10　题图 6-9

解析：此题考查状态方程列写的知识。对连接电容元件的节点列写 KCL 方程，对包含电感元件的回路列写 KVL 方程，并将除电容电压和电感电流以外的未知量用电容电压和电感电流以及已知量表示，最后整理得到所求的状态方程。

对右上节点列 KCL 方程

$$C\frac{\mathrm{d}u_C}{\mathrm{d}t}=i_{L_1}+i_{L_2}$$

对左边回路（含 L_1）和电压源、电阻 R_1 和 R_2、电容、电感 L_2 组成的回路（顺时针方向）分别

列写 KVL 方程：

$$L_1\frac{\mathrm{d}i_{L_1}}{\mathrm{d}t}=-u_C-R_1(i_{L_1}+i_{L_2})+u_s$$

$$L_2\frac{\mathrm{d}i_{L_2}}{\mathrm{d}t}=-u_C-R_1(i_{L_1}+i_{L_2})+u_s-R_2(i_{L_2}+i_s)$$

将以上三个方程整理得

$$\begin{cases}\dfrac{\mathrm{d}u_C}{\mathrm{d}t}=\dfrac{1}{C}i_{L_1}+\dfrac{1}{C}i_{L_2}\\[2mm]\dfrac{\mathrm{d}i_{L_1}}{\mathrm{d}t}=-\dfrac{1}{L_1}u_C-\dfrac{R_1}{L_1}i_{L_1}-\dfrac{R_1}{L_1}i_{L_2}+\dfrac{1}{L_1}u_s\\[2mm]\dfrac{\mathrm{d}i_{L_2}}{\mathrm{d}t}=-\dfrac{1}{L_2}u_C-\dfrac{R_1}{L_2}i_{L_1}-\dfrac{R_1+R_2}{L_2}i_{L_2}+\dfrac{1}{L_2}u_s-\dfrac{R_2}{L_2}i_s\end{cases}$$

6-12　以电容电压和电感电流为状态变量，列写图 6-11 所示电路的状态方程。

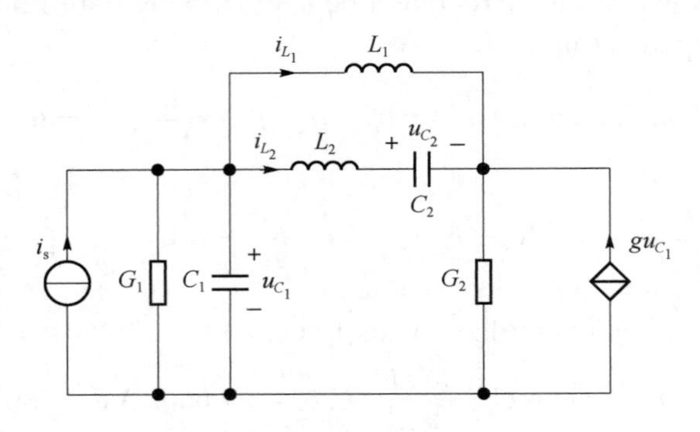

图 6-11　题图 6-8

解析：此题的考查点与题 6-11 一样，所以解释思路也相同，不再赘述。不过此题稍微复杂一些。

对右上节点列 KCL 方程

$$C_1\frac{\mathrm{d}u_{C_1}}{\mathrm{d}t}=-G_1u_{C_1}-i_{L_1}-i_{L_2}+i_s$$

由于电感 L_2 与电容 C_2 串联，所以，有

$$C_2\frac{\mathrm{d}u_{C_2}}{\mathrm{d}t}=i_{L_2}$$

对中间含 L_1 和 L_2 的回路（顺时针方向）分别列写 KVL 方程

$$L_1\frac{\mathrm{d}i_{L_1}}{\mathrm{d}t}=u_{C_1}-\frac{i_{L_1}+i_{L_2}+gu_{C_1}}{G_2}$$

$$L_2\frac{\mathrm{d}i_{L_2}}{\mathrm{d}t}=u_{C_1}-u_{C_2}-\frac{i_{L_1}+i_{L_2}+gu_{C_1}}{G_2}$$

将以上四个方程整理，得

$$\begin{cases}\dfrac{\mathrm{d}u_{C_1}}{\mathrm{d}t}=-\dfrac{G_2}{G_1}u_{C_1}-\dfrac{1}{C_1}i_{L_1}-\dfrac{1}{C_1}i_{L_2}+\dfrac{1}{C_1}i_{\mathrm{s}}\\ \dfrac{\mathrm{d}u_{C_2}}{\mathrm{d}t}=\dfrac{1}{C_2}i_{L_2}\\ \dfrac{\mathrm{d}i_{L_1}}{\mathrm{d}t}=\dfrac{G_2-g}{L_1G_2}u_{C_1}-\dfrac{1}{L_1G_2}i_{L_1}-\dfrac{1}{L_1G_2}i_{L_2}\\ \dfrac{\mathrm{d}i_{L_2}}{\mathrm{d}t}=\dfrac{G_2-g}{L_2G_2}u_{C_1}-\dfrac{1}{L_2}u_{C_2}-\dfrac{1}{L_2G_2}i_{L_1}-\dfrac{1}{L_2G_2}i_{L_2}\end{cases}$$

第7章

正弦稳态电路

7.1 基本知识及学习指导

前面几章无论是稳态电路还是动态电路，激励都是直流量，而我们工作生活中用到的大部分电是正弦交流电，因此，本章介绍正弦激励下动态电路的稳态分析，即正弦稳态电路的分析。本章的主要内容包括正弦量及其相量表示、基尔霍夫定律及元件 VCR 的相量形式、正弦稳态电路的相量分析与等效、正弦稳态电路的功率等，并引入阻抗、导纳、相量模型、有功功率、无功功率、视在功率、复功率及功率因数等概念。本章的知识结构如图 7-1 所示。

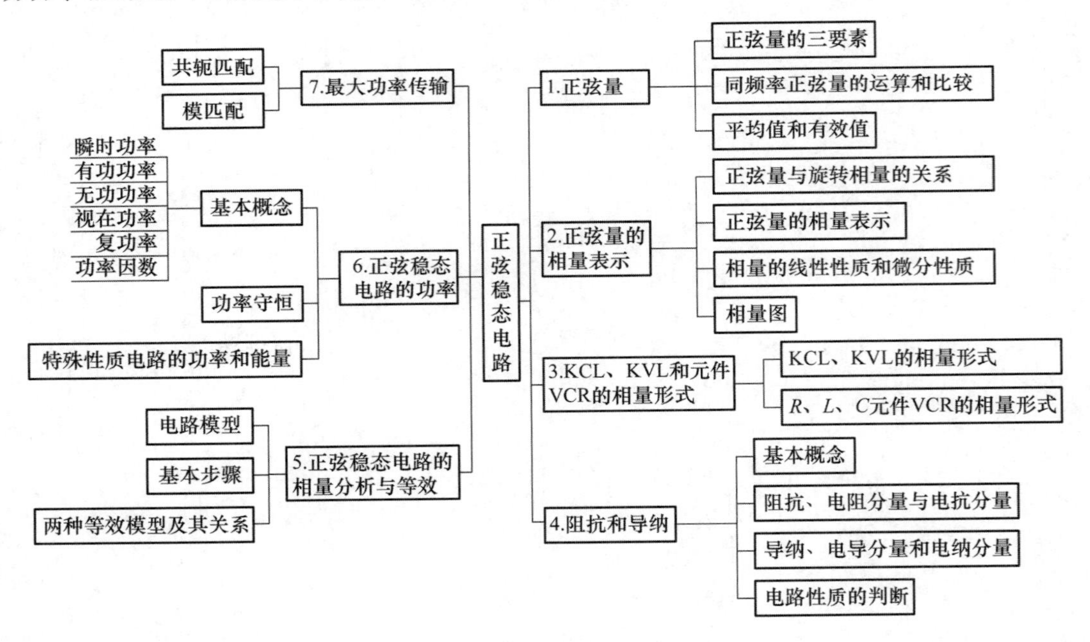

图 7-1　第 7 章知识结构

7.1.1　正弦量

正弦量就是按照正弦规律变化的量，其具有 3 个要素，即振幅、频率和初相位。注意：此处的三要素与第 5 章中的三要素不同。虽然是正弦量，但其既可用正弦函数表示，也可用余弦函数表示，因为数学知识告诉我们，正弦和余弦的变化规律是一样的，只是计时的起点不同而已。在本书中我们用余弦函数来表示正弦量，例如，对于某电压信号，我们可表示为

$$u(t)=U_{\mathrm{m}}\cos(\omega t+\Psi_u)$$

其中，U_{m} 是正弦量的振幅，我们也称其为幅值或最大值；$\omega t+\Psi_u$ 是正弦量的相位或相角，Ψ_u 是其初相位（初相角），即 $t=0$ 的相位；ω 是正弦量的角频率，表示相位随时间变化的角速度。

另一个表示变化快慢的量是频率 f，频率与角频率的关系为

$$\omega=2\pi f$$

ω 的单位是弧度/秒（rad/s），f 的单位是赫兹（Hz）。周期信号的频率 f 与周期 T 互为倒数，即 $f=\frac{1}{T}$，T 的单位是秒（s）。

分析正弦稳态电路时，更常用的表示正弦量大小的量是有效值。正弦量的有效值定义为其瞬时值的平方在一个周期内的平均值的平方根，

$$U=\sqrt{\frac{1}{T}\int_0^T u^2(t)\mathrm{d}t}$$

所以有效值又称作方均根值。正弦量的有效值与最大值 U_{m} 之间的关系为 $U=\frac{U_{\mathrm{m}}}{\sqrt{2}}$。

可以根据相位差确定两个同频率正弦量之间的相互关系。相位差定义为两个同频率正弦量的相位之差，实际上也就是初相位之差，用 φ 表示。

如果两个正弦信号 $f_1(t)$ 和 $f_2(t)$ 的相位差为 $\varphi=\Psi_1-\Psi_2$，则当 $\varphi>0$ 时，$f_1(t)$ 超前于 $f_2(t)$；当 $\varphi<0$ 时，$f_1(t)$ 滞后于 $f_2(t)$；当 $\varphi=0$ 时，$f_1(t)$ 与 $f_2(t)$ 同相；当 $\varphi=\pm 90°$ 时，$f_1(t)$ 与 $f_2(t)$ 正交；当 $\varphi=\pm 180°$ 时，$f_1(t)$ 与 $f_2(t)$ 反相。

同频率正弦量在进行加、减、微分和积分运算后仍为同频率的正弦量。

学习提示： 注意正弦量的瞬时值、有效值、最大值的符号表示。在正弦稳态电路中，字母的大写、小写，甚至后面将要出现的其他写法都有各自的含义，不能混淆。

7.1.2　正弦量的相量表示

利用欧拉公式将正弦量与旋转相量建立联系，进而借助于复数，将正弦信号的模（或有效值）和初相位组成一个复数形式，这样就可以将时域中的三角函数运算转换为复数域中的复数运算。将这个复数称为正弦量的相量。二者的对应关系为

$$f(t)=F_{\mathrm{m}}\cos(\omega t+\Psi)\leftrightarrow\dot{F}_{\mathrm{m}}=F_{\mathrm{m}}\angle\Psi$$

在同一频率下，正弦量和其相量之间有一一对应关系，给定了正弦量就可以得到其相量表示；反之，给定一个相量和对应正弦量的角频率，就可以写出此正弦量。

学习提示： 正弦量和相量之间绝不能划等号，因为正弦量是时域中的量，而相量是复数域中的量。此外，还要注意相量的符号表示。

同频率正弦量的相量之间可以进行四则运算和微分运算。

由于相量就是一个复数，所以可以在复平面中将其画出，这就形成了相量图。

7.1.3 基尔霍夫定律和 R、L、C 元件 VCR 的相量形式

KCL 的相量形式：

$$\sum_k \dot{I}_k = 0$$

KVL 的相量形式：

$$\sum_k \dot{U}_k = 0$$

学习提示 1：基尔霍夫定律在任何情况下都不会改变，只不过不同的情况下，其表达式中各量的形式不同。相量形式中，电流和电压均是相量形式，有效值和幅值没有这种关系。

电阻元件 VCR 的相量形式为：$\dot{U}=R\dot{I}$（电压、电流为关联参考方向），电压与电流同相位。

电感元件 VCR 的相量形式为：$\dot{U}=\mathrm{j}\omega L\dot{I}$（电压、电流为关联参考方向），电压超前电流 90°。

电容元件 VCR 的相量形式为：$\dot{U}=\dfrac{1}{\mathrm{j}\omega C}\dot{I}$（电压、电流为关联参考方向），电流超前电压 90°。

学习提示 2：一定要牢固掌握 3 种元件 VCR 的相量形式以及由此推出的其电压、电流的有效值关系和相位关系；还要掌握其相量模型，此处不再给出。

7.1.4 阻抗和导纳

阻抗被定义为无源单口网络端口的电压相量与电流相量之比，用 Z 表示。阻抗的单位与电阻的单位相同。因此，欧姆定律的相量形式为$\dot{U}=Z\dot{I}$。电阻、电感、电容元件的阻抗分别为

$$Z_R=R,\quad Z_L=\mathrm{j}\omega L,\quad Z_C=\frac{1}{\mathrm{j}\omega C}$$

令 $X_L=\omega L$，称为电感的阻抗，简称感抗；令 $X_C=-\dfrac{1}{\omega C}$，称为电容的阻抗，简称容抗。感抗和容抗统称为电抗，用 X 表示。感抗和容抗都随频率而变化，相关内容将在第 10 章讨论。

学习提示 1：由感抗和容抗的计算式，也可以推出电感元件和电容元件在直流情况下的状态，这与第 5 章介绍的是一致的。只不过，第 5 章是在时域中推导的，此处是在频域中推导的，但无论在什么域中进行分析，都不会改变元件的特性。

导纳被定义为无源单口网络端口的电流相量与电压相量之比，用 Y 表示。导纳的单位与电导的单位相同。电阻、电感、电容元件的导纳分别为

$$Y_R=\frac{1}{R}=G,\quad Y_L=\frac{1}{\mathrm{j}\omega L},\quad Y_C=\mathrm{j}\omega C。$$

令 $B_L=-\dfrac{1}{\omega L}$，称为电感的导纳，简称感纳；令 $B_C=\omega C$，称为电容的导纳，简称容纳。感纳和

容纳统称为电纳，用B表示。根据感纳和容纳的计算式，同样可以推出电感元件和电容元件在直流情况下的状态，此处不再赘述。

无源单口网络的阻抗为

$$Z=\frac{\dot{U}}{\dot{I}}=\frac{U\angle\Psi_u}{I\angle\Psi_i}=\frac{U}{I}\angle(\Psi_u-\Psi_i)=z\angle\Psi_z=R+\mathrm{j}X$$

其中，$|Z|=z$是阻抗的模，Ψ_z是阻抗角，R是阻抗的电阻分量，X是阻抗的电抗分量。根据阻抗角，可以判断出电路的性质及端口电压、电流的相位关系。如果$\Psi_z>0$，电路为电感性，电压超前于电流；如果$\Psi_z<0$，电路为电容性，电压滞后于电流；如果$\Psi_z=0$，电路为电阻性，电压与电流同相。

无源单口网络的导纳为

$$Y=\frac{\dot{I}}{\dot{U}}=\frac{I\angle\Psi_i}{U\angle\Psi_u}=\frac{I}{U}\angle(\Psi_i-\Psi_u)=y\angle\Psi_y=G+\mathrm{j}B$$

其中，$|Y|=y$是导纳的模，Ψ_y是导纳角，G是导纳的电导分量，B是导纳的电纳分量。根据导纳角，可以判断出电路的性质及端口电压电流的相位关系。根据对偶关系，导纳角的性质也可由阻抗角的性质推出，这里不再赘述。

同一无源单口网络的阻抗和导纳互为倒数，即

$$Z=\frac{1}{Y}=\frac{1}{G+\mathrm{j}B}=R+\mathrm{j}X$$

但要注意，$G\neq\frac{1}{R}$，$B\neq\frac{1}{X}$。

学习提示2：阻抗和导纳是对偶元素，所以由其中一个的性质可以推出另一个的性质。阻抗和导纳的串、并联运算及Y-Δ变换与电阻和电导的串、并联运算及Y-Δ变换一样，不同点在于前者进行的是复数运算。阻抗和导纳的图形符号也与电阻的图形符号相同。

7.1.5　正弦稳态电路的相量分析

在画出了电路的相量模型后，前3章介绍的各种分析方法及定理、定律都可以用来进行电路分析。分析的具体步骤如下：

(1) 写出已知正弦量的相量(若给出的已经是相量形式，则此步不再需要)；

(2) 画出原电路的相量模型(若给出的已经是相量模型，则此步不再需要)；

(3) 应用合适的分析方法或定理求出待求量的相量形式；

(4) 根据所求得的相量写出相应的正弦量(若题目没有特别要求，也可以保持相量形式)。

由此可以看出前三章内容的重要性，所以一定要熟练掌握。

7.1.6　正弦稳态电路的等效

正弦稳态电路的等效与直流电阻电路的等效类似。对于含源单口网络，仍然根据戴维南定理或诺顿定理，用阻抗与电压源的串联模型或导纳与电流源的并联模型等效，等效电压源、等效电流源和等效内阻的求解方法与直流电源电路相同。对于无源单口网络，则可用一个阻抗或一个导纳等效，如果要用元件等效，则可以用电阻、电感和电容元件的串联、并联组合进行。阻抗或导纳的实部用电阻元件等效，虚部则根据电抗或电纳的正负来确定是用电

感元件还是电容元件等效：若 $X>0$，则用电感元件等效，$X<0$，则用电容元件等效；若$B>0$，则用电容元件等效；$B<0$，则用电感元件等效。阻抗通常用串联模型等效，导纳通常用并联模型等效，如图 7-2 所示。

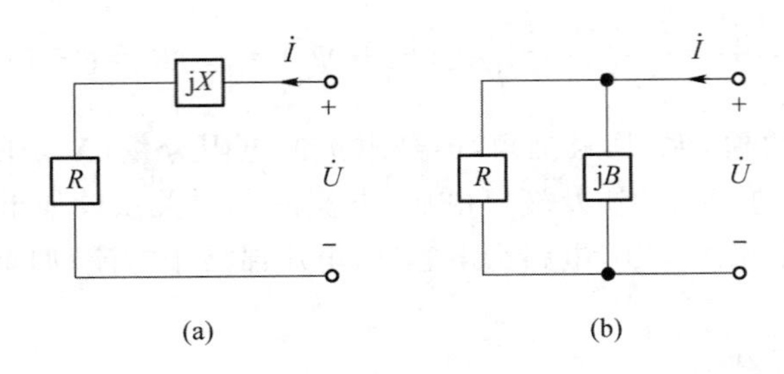

图 7-2 两种等效相量模型

对于同一个无源单口网络，串联等效模型和并联等效模型之间可以等效变换，但应注意

$$G\neq\frac{1}{R},\quad B\neq\frac{1}{X}。$$

学习提示： 两种模型之间进行等效变换确定元件参数时，一定要根据 $Z=\dfrac{1}{Y}$ 关系来确定等效后的元件参数。

7.1.7 正弦稳态电路的功率

由于正弦稳态电路中有储能元件，所以功率比较复杂。这部分概念很多，大家一定要注意区分，理解其物理意义。

平均功率 P 是电路实际消耗的功率，也是电源供给负载的功率，与直流电阻电路中的功率具有相同的物理意义，又称为有功功率。有功功率表示为 $P=UI\cos\varphi$，单位是瓦特(W)，式中 U 和 I 分别是电压的有效值和电流的有效值，φ 是电压与电流的相位差，$\varphi=\Psi_u-\Psi_i$。

无功功率 Q 并不是电路消耗的功率，而是由电路中的储能元件引起的，用于表示电路与外加电源间能量交换的规模。无功功率表示为 $Q=UI\sin\varphi$，单位是乏(Var)，式中 U、I 和 φ 的含义与有功功率中的相同。

视在功率 S 表示发电设备的容量，也是可能供出的最大有功功率。视在功率表示为 $S=UI$，单位是伏安(VA)，式中的 U 和 I 分别是电压的有效值和电流的有效值。

由以上介绍可以看出 P、Q、S 之间满足直角三角形关系，即

$$S=\sqrt{P^2+Q^2},\quad P=S\cos\varphi,\quad Q=S\sin\varphi$$

可以进一步理解"S 是发电设备可能供出的最大有功功率"这句话的含义，因为当 $\cos\varphi=1$ 时，$P=S$。所以，将 $\cos\varphi$ 称为功率因数，通常用 λ 表示，即 $\lambda=\cos\varphi$，φ 称为功率因数角。功率因数反映了发电设备容量的利用率，即有功功率所占的比率。因为有功功率才是实际中有用的功率，所以工程中希望功率因数越大越好。

复功率 $\widetilde{S}$ 没有任何物理意义，只是为了建立有功功率和无功功率之间类似阻抗表示形式的一种关系而引入的。$\widetilde{S}=\dot{U}\dot{I}^*=P+\mathrm{j}Q$，是一复数，所以也称功率相量，复功率的单位

与视在功率的单位相同。复功率的模是视在功率，其实部为网络中各电阻元件消耗的功率之和，虚部为各动态元件的无功功率之和，因此通过复功率，也能够计算出有功功率和无功功率。

有功功率、无功功率、复功率分别满足功率守恒法则，但视在功率不满足。

学习提示1：注意特殊性质电路——纯电阻，纯电感和纯电容电路的各种功率，特别是有功功率和无功功率。

学习提示2：功率因数角就是电压、电流的相位差，也是无源单口网络的阻抗角。

学习提示3：电感的无功功率为正，电容的无功功率为负。注意，这并不说明电感消耗能量，电容产生能量。因为二者都是储能元件，不消耗能量，只与电源之间进行能量的交换，因此正负号只说明二者与电源之间进行能量交换的方向不同，也就是说，当电感从电源吸收能量时，电容将存储的能量释放给电源；反之，当电感将储存的能量释放给电源时，电容从电源吸收能量。据此，也可以判断电路的性质，即如果电路总的无功功率大于零，则该电路是电感性，否则就是电容性。

学习提示4：因为无论是 $\varphi>0$ 还是 $\varphi<0$，均不能在 $\cos\varphi$ 中体现出来，即功率因数不能体现电路的性质，所以，工程上通常在标出功率因数的值时，还要加上“感性”、“容性”或“超前”、“滞后”等文字说明。此处的“超前”、“滞后”指的是电压“超前”或“滞后”电流。

7.1.8　功率因数的提高

在实际工程中，功率因数是很重要的一个电力参数。人们都希望电源在向负载进行供电的过程中，能为负载提供尽可能多的有功功率，使电源设备的容量得到有效利用。但由于负载通常不是纯电阻性器件，因此其功率因数小于1。此外，由于电容、电感器件的存在，负载的功率因数变得更低，因此，需要想办法提高负载的功率因数。

提高负载功率因数的途径有两种，一种方法是改进用电设备，但这种方法基本不用，因为实际中不方便也不希望对设备进行改造；另一种方法是给用电设备连接与其负载性质互补的元件，也就是说给感性负载连接电容元件，给容性负载连接电感元件，这是常用的方法。为了保证负载的工作不受影响，即负载上的电压保持不变，有功功率不变，则补偿元件要与负载进行并联连接。

一般的用电设备都是感性负载，所以用负载并联电容来提高功率因数。并联电容值为

$$C=\frac{P(\tan\varphi_L-\tan\varphi)}{\omega U^2}$$

式中，P 和 U 分别是负载的有功功率和电压有效值，φ_L 是并联电容前的功率因数角，φ 是并联电容后的功率因数角。如果不用此公式，而是直接对电路进行分析，根据电路的相量图，也可以分析计算出并联电容值。

从经济性角度考虑，电容值越大，电容的造价越高。因为一般在感性负载并联电容后，整个电路仍保持电感性，所以工程中常用较小值的电容达到提高功率因数的目的。

学习提示：提高功率因数并不是提高负载的有功功率，而是保持负载的状态不变，降低电路的无功功率，使得电源设备的视在功率减低，功率因数相应提高。也就是说，电源设备在减少供出的情况下，仍能为负载提供同样的能量。此外，提高功率因数还会降低输电线路的功耗，这符合绿色节能的国家战略。

7.1.9 正弦稳态电路的最大功率传输定理

正弦稳态电路的最大功率问题比直流电阻电路复杂，不过这是更贴近实际的情况。本节仍然讨论电源不变、负载可变的情况下，负载获得最大功率的条件及其最大功率。分以下3种情况讨论。

(1) 负载的电阻分量与电抗分量可独立变化：此时，若负载阻抗与等效电源的内阻抗共轭(共轭匹配)，负载将获得最大功率，最大功率为

$$P=\frac{U_{oc}^2}{4R_{eq}}$$

式中，U_{oc}为等效电压源的电压有效值，R_{eq}为戴维南等效阻抗的电阻分量。

(2) 负载的阻抗角固定而模可变：此时，若负载阻抗的模与电源内阻抗的模相等(模匹配)，负载将获得最大功率。此时的最大功率需要根据所讨论的电路进行计算，没有通用计算公式。

(3) 负载为纯电阻：此时，不可能实现共轭匹配，只能按照模匹配考虑最大功率问题；同理，如果电源内阻为纯电阻，也只能按照模匹配考虑最大功率问题。

学习提示： 第3章介绍的最大功率传输定理与本章介绍的实际上并没有区别，二者可以统一起来。第3章属于一种特例，即电源为直流，电源内阻和负载均为纯电阻，这时按照上面3种情况的任一种都能得到与第3章一样的结论。

7.2 部分习题解析

7-1 求下列正弦电流的幅值、有效值和初相角。

(1) $i(t)=10\sin(\omega t+10°)$ A　　(2) $i(t)=\cos(2t+60°)$ A

解析： 此题考查正弦量三要素的知识。需要注意，我们用余弦函数表示正弦量。

(1) 首先将正弦函数表达式转换为余弦函数表达式，即

$$i(t)=10\cos(\omega t-80°)$$

此电流的幅值、有效值和初相角分别为10 A，$\frac{10}{\sqrt{2}}\approx 7.07$ A，$-80°$。

(2) 此题给出的就是余弦函数表达式，所以不需要转换，直接可得此电流的幅值、有效值和初相角，分别为1 A，0.707 A，60°。

7-3 已知正弦电流$i=141.4\cos(314t+30°)$ A，试求该正弦电流的幅值、有效值、频率和初相角。

解析： 此题与题7-1的考查点一样。

由电流的表达式可知，其幅值、有效值、频率和初相角分别为141.4 A，$\frac{141.4}{\sqrt{2}}\approx 100$ A，$\frac{314}{2\pi}=50$ Hz，30°。

7-4 已知某正弦电流$i=I_m\cos(\omega t+\frac{\pi}{3})$ A，当$t=\frac{1}{3}$ ms时，电流波形第一次过零点，试求该正弦电流的频率和周期。

解析：此题仍然考查正弦量三要素的知识，但所给条件有所改变。首先根据过零点的时间及数值确定角频率，然后再确定频率和周期。

由已知，当 $t=\frac{1}{3}$ ms 时，电流波形第一次过零点，而余弦函数的宗量为 $\frac{\pi}{2}$ 时，函数值为零，故将 $t=\frac{1}{3}$ ms 代入电流表达式时，宗量应为 $\frac{\pi}{2}$，从而得到

$$\frac{1}{3}\times10^{-3}\omega+\frac{\pi}{3}=\frac{\pi}{2}$$

解得

$$\omega=\frac{\pi}{2}\times10^{3}\ \text{rad/s}$$

根据角频率 ω 和频率 f 的关系，以及频率 f 与周期 T 的关系，可得

$$f=\frac{\omega}{2\pi}=250\ \text{Hz},\quad T=\frac{1}{f}=0.004\ \text{s}$$

7-5　若正弦电压 $u_1=60\sin(\omega t-30°)$ V，$u_2=10\cos\omega t$ V，试判断两者的相位关系。

解析：此题考查同频率正弦量相位差的知识。注意，两个正弦量进行相位比较时，一定要先将表达式统一为余弦函数形式或者正弦函数形式。

我们用余弦函数表示正弦量，所以将 u_1 表达式写为 $u_1=60\cos(\omega t-120°)$。由此可知，$u_2$ 超前 u_1 的相位角为 $0-(-120°)=120°$。

7-9　图 7-3 所示为某正弦交流电路的一部分，已知 $\dot{I}_R=2\angle-\frac{\pi}{3}$ A，求 $\dot{I}_L$。

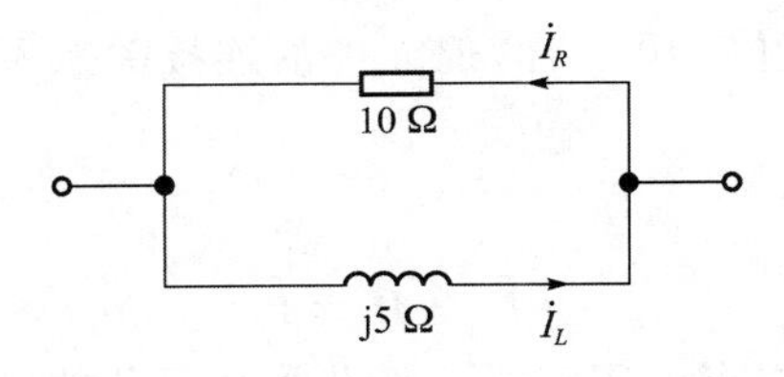

图 7-3　题图 7-3

解析：此题考查利用相量法分析正弦稳态电路的知识，主要是 KCL 和 VCR 的相量形式。

先根据电阻元件的 VCR 和 $\dot{I}_R$ 求出电压，然后根据电感元件的 VCR 求出电流 $\dot{I}_L$。求解时要注意两个电流的方向。

$$\dot{I}_L=-\frac{10\times\dot{I}_R}{5\angle90°}=-4\angle-150°\ \text{A}=4\angle30°\ \text{A}$$

7-10　在图 7-4 所示的正弦交流电路中，已知电流有效值分别为 $I=5$ A，$I_R=5$ A，$I_L=3$ A，求 I_C。若 $I=5$ A，$I_R=4$ A，$I_L=3$ A，此时 I_C 又为多少？

解析：此题的考查点与题 7-9 一样。

因为 3 个元件并联，所以各支路两端电压相同。假设电压相量的初相角为 0，即 $\dot{U}=U\angle0°$，则根据电阻、电感和电容的 VCR，可得

$$\dot{I}_L=3\angle-90°\ \text{A},\quad \dot{I}_R=5\angle0°\ \text{A},\quad \dot{I}_C=I_C\angle90°\ \text{A}$$

再根据 KCL，即 $\dot{I}_L+\dot{I}_R+\dot{I}_C=\dot{I}$，以及各量的相位关系，可以得到

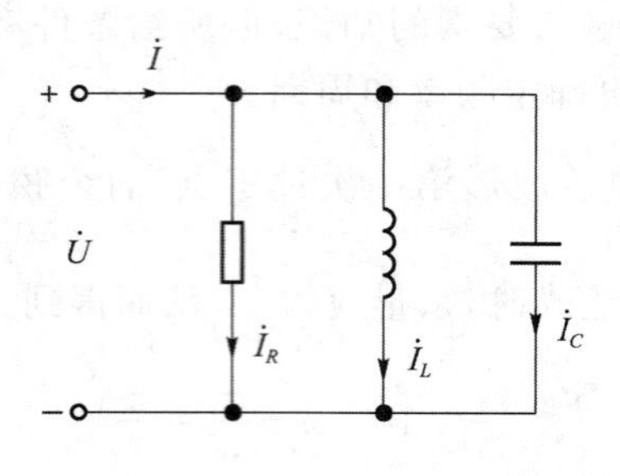

图 7-4　题图 7-4

$$I=\sqrt{I_R^2+(|I_L-I_C|)^2}$$

分析可知，在第一种情况下，$I_C=I_L=3$ A；在第二种情况下，$I_C=6$ A 或 $I_C=0$，但 0 值不太合理，所以取 6 A。

7-12　在图 7-5 所示的正弦交流电路中，已知 $I=10$ A，$I_2=6$ A，求电流 I_1。

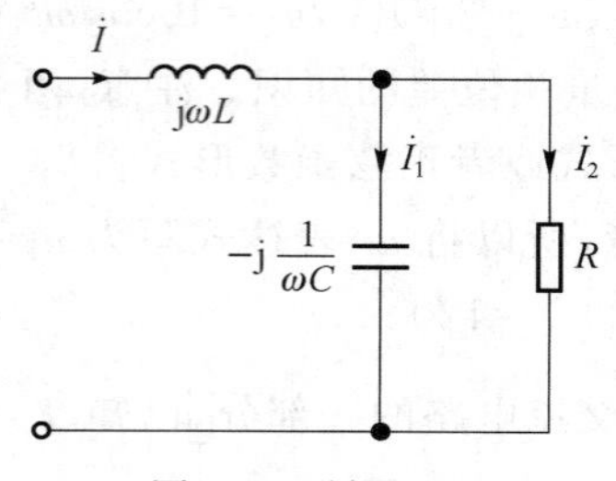

图 7-5　题图 7-6

解析：此题的考查点与题 7-10 一样，但元件的连接关系不同，求解时借助相量图更容易理解和得到结果。

根据 KCL，有

$$\dot{I}_1+\dot{I}_2=\dot{I}$$

因为电容、电阻为并联，所以二者电压相同。假设并联部分的电压初相为零，则可得到如图 7-6 所示的相量图。可以看出，有如下关系：

$$I=\sqrt{I_1^2+I_2^2}$$

所以

$$I_1=\sqrt{I^2-I_2^2}=\sqrt{10^2-6^2}=8\text{ A}$$

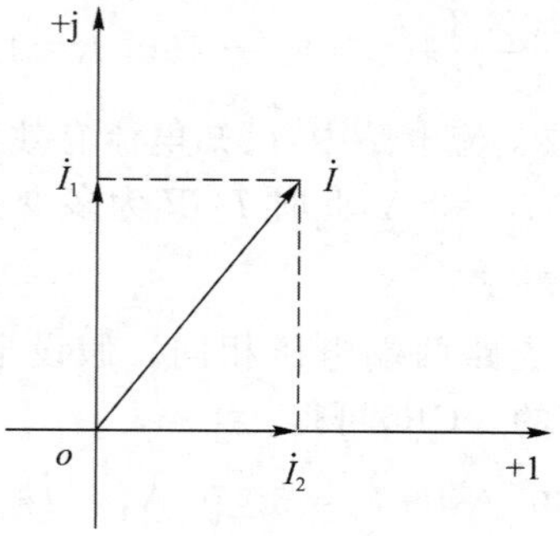

图 7-6

7-13 在图 7-7 所示的正弦交流电路中,已知 $I_1=4\ \text{A}$,$I_2=3\ \text{A}$,求电流 I。

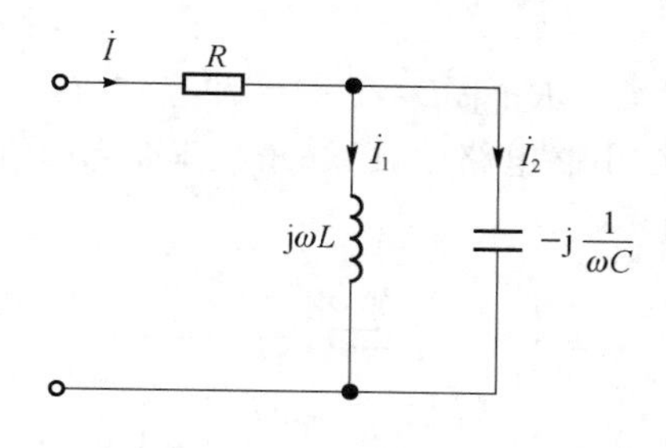

图 7-7 题图 7-7

解析: 此题与题 7-12 一样,只不过元件位置有变化,因此,解题方法及思路也一样。而且因为并联的元件是电容和电感,所以求解变得更简单。

根据 KCL 有

$$\dot{I}_1+\dot{I}_2=\dot{I}$$

根据元件的 VCR 可知,$\dot{I}_1$ 和 $\dot{I}_2$ 反相,所以有

$$I=4-3=1\ \text{A}$$

7-14 求图 7-8 所示单口网络的导纳 Y 。

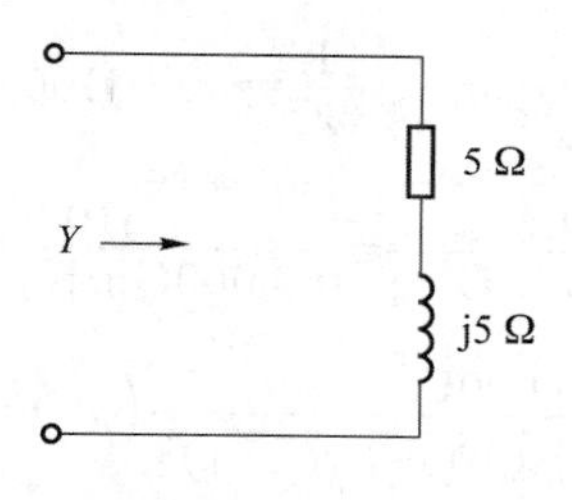

图 7-8 题图 7-8

解析: 此题考查导纳的概念及计算。

因为电阻和电感串联,所以可以先求出单口网络的阻抗,再求导纳。当然,也可以直接求解导纳。下面给出第一种方法的解答过程。

$$Z=(5+5\text{j})\ \Omega$$

$$Y=\frac{1}{Z}=\frac{1}{5+\text{j}5}=\frac{5-\text{j}5}{5^2+5^2}=\left(\frac{1}{10}-\text{j}\,\frac{1}{10}\right)\text{S}$$

7-15 图 7-9 所示的 RL 串联电路中,$R=1\ \Omega$,$L=1\ \text{H}$,$\omega=1\ \text{rad/s}$,求该电路的阻抗 Z。

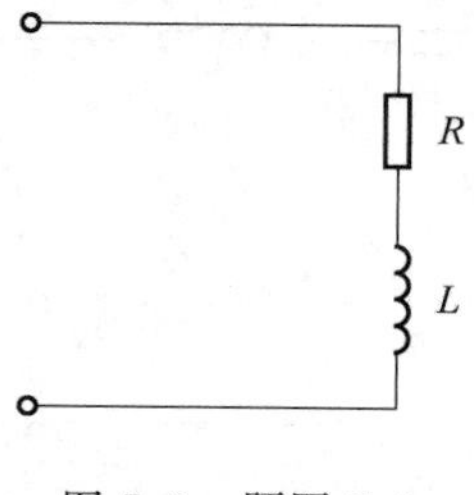

图 7-9 题图 7-9

解析：此题考查阻抗的概念及计算。对于这种比较简单的单口网络，可以不画电路的相量模型，直接进行求解即可。

$$Z=R+\mathrm{j}\omega L=1+\mathrm{j}=\sqrt{2}\angle 45^\circ\ \Omega$$

7-18　图 7-10 所示 RLC 串联电路中，已知角频率 $\omega=10^3$ rad/s，电容 C 可调。欲使 u_2 超前 u_1 36.9°，则 C 应取何值？

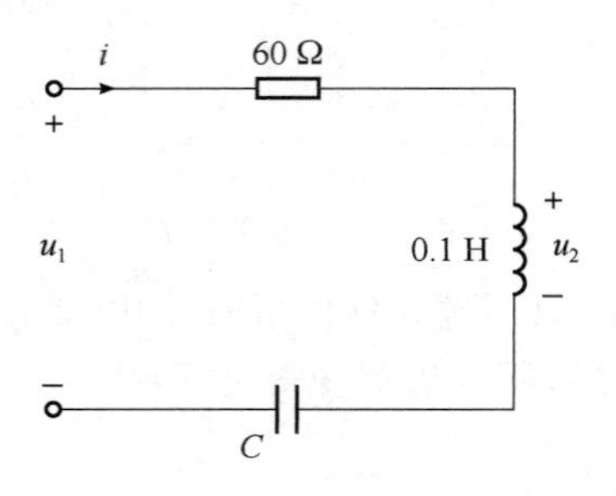

图 7-10　题图 7-12

解析：此题考查利用相量法分析正弦稳态电路的知识，涉及相位差、VCR 及分压的概念。先写出端口阻抗的表达式，再根据分压公式写出 u_1、u_2 的相量关系，最后根据题中条件求出电容的大小。

$$Z=R+\mathrm{j}\omega L-\mathrm{j}\,\frac{1}{\omega C}=60+\mathrm{j}100-\mathrm{j}\,\frac{1}{\omega C}$$

$$\frac{\dot{U}_2}{\dot{U}_1}=\frac{\mathrm{j}\omega L}{Z}=\frac{\mathrm{j}\omega^2 LC}{R\omega C+\mathrm{j}\omega^2 LC-\mathrm{j}}=\frac{\mathrm{j}100\,000C}{60\,000C+\mathrm{j}(100\,000C-1)}$$

$$=\frac{100\,000C}{\sqrt{(60\,000C)^2+(100\,000C-1)^2}}\left(\angle 90^\circ-\arctan\frac{100\,000C-1}{60\,000C}\right)$$

根据题目要求，应有 $90^\circ-\arctan\dfrac{100\,000C-1}{60\,000C}\approx 36.9^\circ$，即

$$\arctan\frac{100\,000C-1}{60\,000C}\approx 53.1^\circ$$

由此解得

$$C\approx 50\ \mu\mathrm{F}$$

7-19　欲使图 7-11 所示 RLC 串联电路中的 u_2 滞后 u_1 90°，试确定 ω 与电路各参数之间的关系。

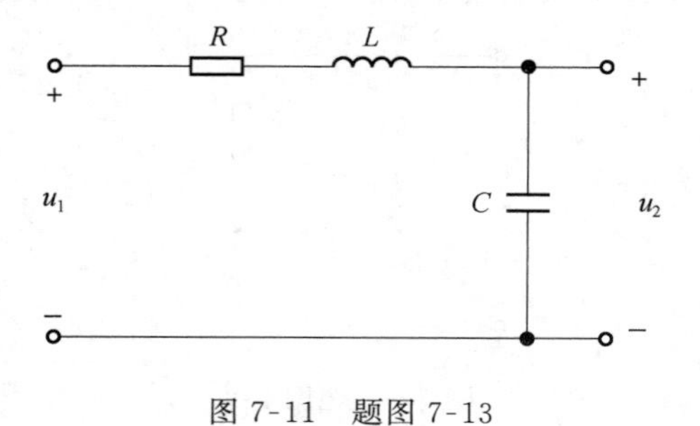

图 7-11　题图 7-13

解析：此题的考查点与题 7-18 一样，解题思路也相同。

$$Z=R+\mathrm{j}\omega L-\mathrm{j}\,\frac{1}{\omega C}$$

$$\frac{\dot{U}_2}{\dot{U}_1}=\frac{-\mathrm{j}\,\frac{1}{\omega C}}{Z}=\frac{-\mathrm{j}\,\frac{1}{\omega C}}{R+\mathrm{j}(\omega L-\frac{1}{\omega C})}$$

根据题目要求，可得 $\omega L-\frac{1}{\omega C}=0$，即得 $\omega=\frac{1}{\sqrt{LC}}$。

7-20　试确定图 7-12 所示的正弦交流电路满足什么条件时可使阻抗 Z_{ab} 为纯电阻。

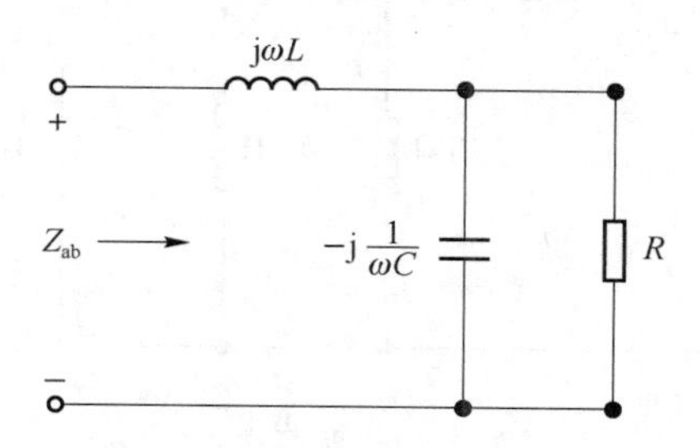

图 7-12　题图 7-14

解析：此题考查阻抗的概念及计算。求出端口等效阻抗 Z_{ab} 后令其虚部为 0 即可。

$$Z_{ab}=\mathrm{j}\omega L+\frac{1}{\frac{1}{R}+\mathrm{j}\omega C}=\mathrm{j}\omega L+\frac{R}{1+\mathrm{j}\omega RC}=\mathrm{j}\omega L+\frac{R-\mathrm{j}\omega RC}{1+(\omega RC)^2}$$

$$=\frac{R}{1+(\omega RC)^2}+\mathrm{j}(\omega L-\frac{\omega R^2C}{1+(\omega RC)^2})$$

$$\mathrm{Im}(Z_{ab})=\omega L-\frac{\omega R^2C}{1+\omega^2R^2C^2}=0$$

由此可得

$$\omega L=\frac{\omega R^2C}{1+\omega^2R^2C^2}\text{或 }\omega=\sqrt{\frac{R^2C-L}{LR^2C^2}}$$

7-21　求图 7-13 所示正弦交流电路中的电流 I。

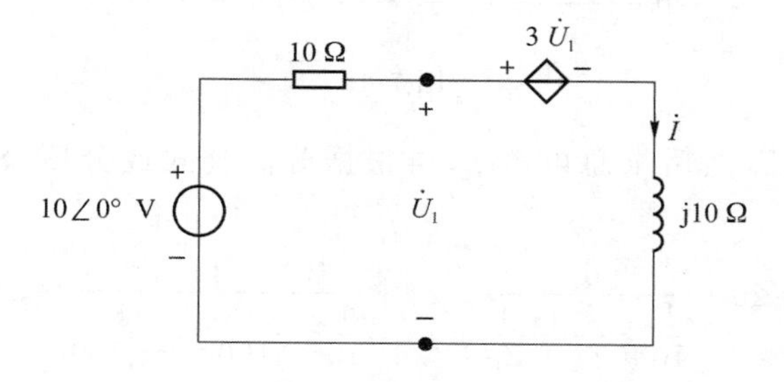

图 7-13　题图 7-15

解析：此题考查利用相量法分析正弦稳态电路的知识。

根据 KVL 列方程：

$$10\angle 0° = 10\dot{I} + 3\dot{U}_1 + \mathrm{j}10\dot{I}$$

$$\dot{U}_1 = 3\dot{U}_1 + \mathrm{j}10\dot{I}$$

以上二式联立求解，可得

$$\dot{I} \approx 0.89\angle 26.6°\ \mathrm{A}$$

7-22　图 7-14 所示的正弦交流电路中，$u = 30\sqrt{2}\sin(\omega t - 30°)$ V，$\omega = 10^3$ rad/s，求 i_1、i_2、i_3 和 i。

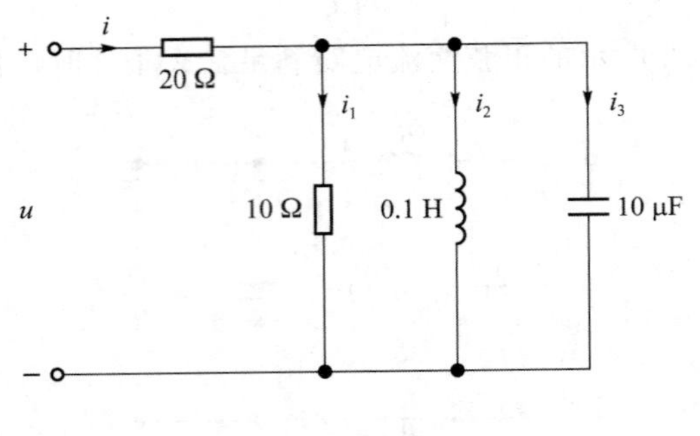

图 7-14　题图 7-16

解析：此题的考查点与题 7-21 一样。

由于电路为时域模型，所以需要计算出感抗和容抗，画出电路的相量模型，如图 7-15 所示。其中，感抗为 $Z_L = \mathrm{j}\omega L = \mathrm{j}100\ \Omega$，容抗为 $Z_C = \dfrac{1}{\mathrm{j}\omega C} = -\mathrm{j}100\ \Omega$，$\dot{U} = 30\angle -120°$ V，此处注意将正弦函数转换为余弦函数。当然，也可以不变换，最后表达式也用正弦函数表示。

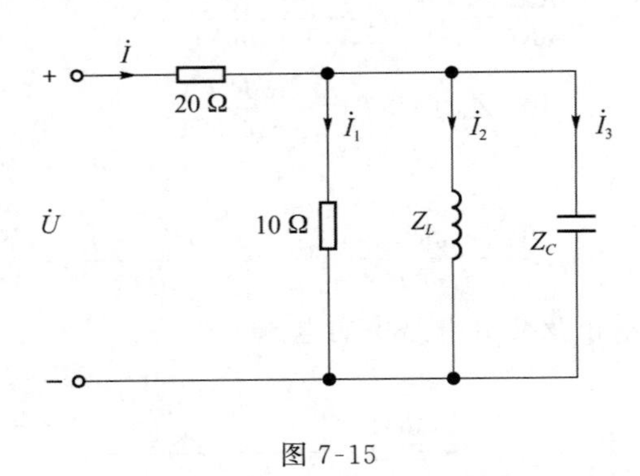

图 7-15

先求出总的阻抗 Z，然后求总电流 $\dot{I}$，再根据分流公式或分压公式及 VCR 即可得到所求。

$$Z = 20 + \frac{1}{\dfrac{1}{10} + \dfrac{1}{Z_L} + \dfrac{1}{Z_C}} = 20 + \frac{1}{\dfrac{1}{10} + \dfrac{1}{\mathrm{j}100} + \dfrac{1}{-\mathrm{j}100}} = 30\ \Omega$$

$$\dot{I} = \frac{\dot{U}}{Z} = \frac{30\angle -120°}{30} = 1\angle -120°\ \mathrm{A}$$

因为并联部分的等效阻抗为纯电阻，所以先求出并联部分的电压，再根据 VCR 求出各支路的电流，这比用分压公式更简单。并联部分的电压(上正下负)为

$$\dot{U}_1=10\dot{I}_1=10\angle-120°\ \text{V}$$

所以

$$\dot{I}_1=\frac{\dot{U}_1}{10}=\frac{10\angle-120°}{10}=1\angle-120°\ \text{A},$$

$$\dot{I}_2=\frac{\dot{U}_1}{\text{j}100}=\frac{10\angle-120°}{\text{j}100}=0.1\angle150°\ \text{A}$$

$$\dot{I}_3=\frac{\dot{U}_1}{-\text{j}100}=\frac{10\angle-120°}{-\text{j}100}=0.1\angle-30°\ \text{A}$$

$$i_1=\sqrt{2}\cos(1\,000t-120°)\ \text{A}$$

$$i_2=0.1\sqrt{2}\cos(1\,000t+150°)\ \text{A}$$

$$i_3=0.1\sqrt{2}\cos(1\,000t-30°)\ \text{A}$$

$$i=\sqrt{2}\cos(1\,000t-120°)\ \text{A}$$

7-23　图 7-16 所示正弦交流电路中，已知 $\omega=100$ rad/s，$\dot{I}=0$。求 $\dot{I}_{L_1}$、$\dot{I}_C$ 和 C 的值。

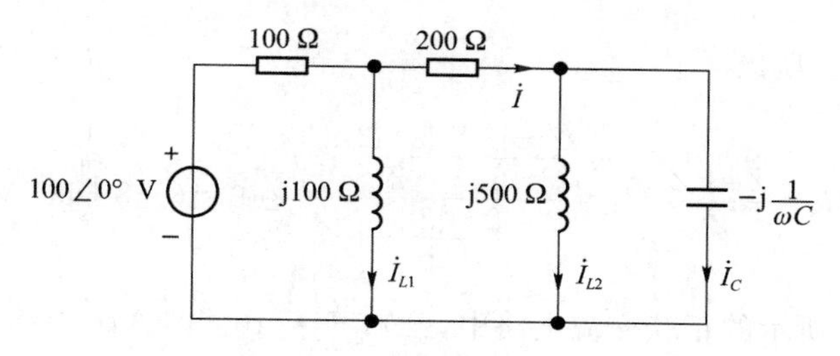

图 7-16　题图 7-17

解析：此题的考查点与题 7-21 一样。

由于 $\dot{I}=0$，说明右边电容和电感并联部分的等效阻抗为无穷大，或等效导纳为零，即

$$Z_C=-\text{j}\,\frac{1}{\omega C}=-\text{j}500$$

所以

$$C=20\ \mu\text{F}$$

而

$$\dot{I}_{L1}=\frac{100\angle0°}{100+\text{j}100}=\frac{100\angle0°}{100\sqrt{2}\angle45°}=\frac{\sqrt{2}}{2}\angle-45°\ \text{A}$$

虽然 $\dot{I}=0$，但右边电容和电感并联部分的电压不为零，其电压与 j100 Ω 电感两端的电压相等，所以有

$$\dot{I}_C=\frac{\text{j}100\times\dot{I}_{L1}}{-\text{j}500}=-\frac{1}{5}\dot{I}_{L1}=-\frac{\sqrt{2}}{10}\angle-45°=\frac{\sqrt{2}}{10}\angle135°\ \text{A}$$

7-24　图 7-17 所示的正弦交流电路中，已知 $\dot{U}_1=4\angle0°$ V，试求 $\dot{U}_s$。

解析：此题的考查点与题 7-21 一样。但题目形式是由响应求激励，可以先分别求出 $\dot{U}_s$ 所在支路左右两边电路的等效阻抗，再根据分压公式求 $\dot{U}_s$。

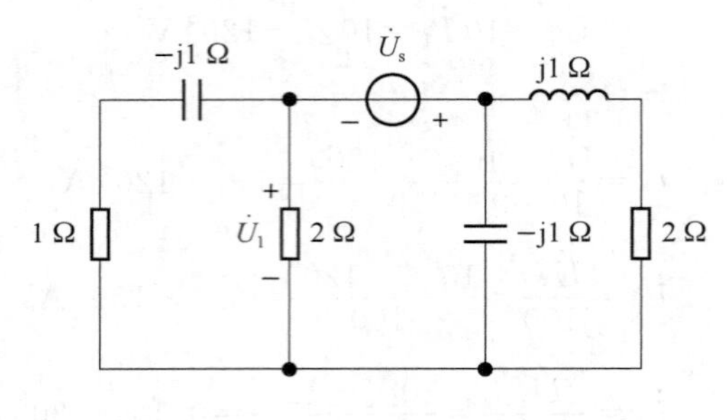

图 7-17　题图 7-18

$\dot{U}_s$ 所在支路左边部分的等效阻抗为

$$Z_1=(1-\mathrm{j})//2=\frac{2\times(1-\mathrm{j})}{2+1-\mathrm{j}}=\frac{2-\mathrm{j}2}{3-\mathrm{j}}\ \Omega$$

$\dot{U}_s$ 所在支路右边部分的等效阻抗为

$$Z_2=(2+\mathrm{j})//(-\mathrm{j})=\frac{1-\mathrm{j}2}{2}\ \Omega$$

因为 $\dot{U}_1=\dfrac{Z_1}{Z_1+Z_2}\dot{U}_s$，所以

$$\dot{U}_s=\frac{Z_1+Z_2}{Z_1}\dot{U}_1=\frac{\dfrac{2-\mathrm{j}2}{3-\mathrm{j}}+\dfrac{1-\mathrm{j}2}{2}}{\dfrac{2-\mathrm{j}2}{3-\mathrm{j}}}\times4\angle0^\circ=(-8+\mathrm{j}3)\ \mathrm{V}$$

7-25　图 7-18 所示的正弦交流电路中，已知 $\dot{I}_s=10\angle0^\circ$ A，$\dot{U}_s=\mathrm{j}10$ V，试用叠加定理求电流 $\dot{I}_C$。

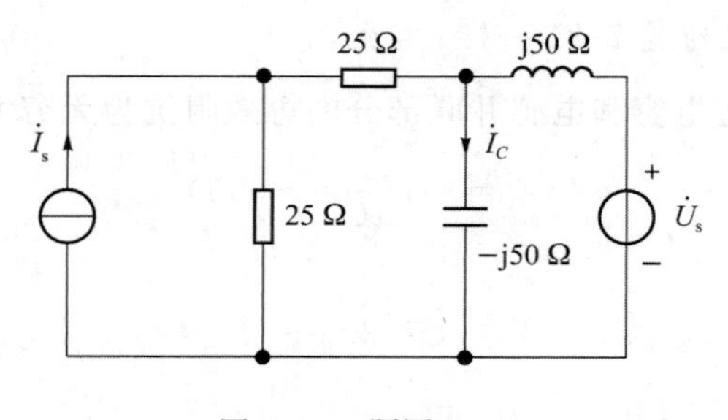

图 7-18　题图 7-19

解析：此题的考查点与题 7-21 一样，但题目中指定用叠加定理，所以下面就按照叠加定理求解。

$\dot{I}_s$ 单独作用时，电压源短路，电容和电感的等效阻抗为无穷大，即电路处于开路状态，其两端电压与 25 Ω 电阻两端的电压相等，所以有

$$\dot{I}'_C=\frac{\dot{I}_s\times25}{-\mathrm{j}50}=\frac{10\times25}{-\mathrm{j}50}=5\angle90^\circ\ \mathrm{A}$$

$\dot{U}_s$ 单独作用时，总阻抗为

$$Z=\mathrm{j}50+(25+25)//(-\mathrm{j}50)=\mathrm{j}50+\frac{50\times(-\mathrm{j}50)}{50-\mathrm{j}50}=(25+\mathrm{j}25)\ \Omega$$

$$\dot{I}''_C=\frac{\dot{U}_s}{Z}\times\frac{25+25}{25+25-j50}=\frac{j10}{25+j25}\times\frac{50}{50-j50}=0.2\angle 90^\circ\ \text{A}$$

两个独立源共同作用时：

$$\dot{I}_C=\dot{I}'_C+\dot{I}''_C=5\angle 90^\circ+0.2\angle 90^\circ=5.2\angle 90^\circ=j5.2\ \text{A}$$

7-27　已知 10 Ω 电阻与 50 μF 电容并联的等效导纳同电阻 R_1 与电容 C_1 串联的等效导纳在角频率 $\omega=1\ 000$ rad/s 时的值相等，试确定 R_1 和 C_1 的值。

解析：此题考查正弦稳态电路等效的知识。先求出 10 Ω 电阻与 50 μF 电容并联的等效导纳、以及电阻 R_1 与电容 C_1 串联的等效导纳的表达式，然后令实部和虚部分别相等即可得到所求。但由于串联的等效导纳表达式较为复杂，所以，可以按照阻抗去求解。

10 Ω 电阻与 50 μF 电容并联的等效导纳为

$$Y_1=\frac{1}{10}-j10^3\times 50\times 10^{-6}=(0.1-j0.05)\ \text{S}$$

则等效阻抗为

$$Z_1=\frac{1}{Y_1}=\frac{1}{0.1+j0.05}=(8-j4)\ \Omega$$

电阻 R_1 与电容 C_1 串联的等效阻抗为

$$Z_2=R_1-j\frac{1}{\omega C_1}=R_1-j\frac{1}{1\ 000C_1}$$

Z_1 和 Z_2 相等，所以有

$$R_1=8\ \Omega,\quad C_1=\frac{1}{4\times 1\ 000}=0.25\times 10^{-3}\ \text{F}=250\ \mu\text{F}$$

读者可以自己练习按照直接求等效导纳的方法进行求解，从而比较两种方法的难易程度。

7-28　图 7-19 所示的正弦稳态电路中，已知 $U=20$ V，$R_3=5$ Ω，$f=50$ Hz。当调节滑动变阻器使得 $R_1:R_2=2:3$ 时，电压表的读数最小且为 6 V，试求 R 和 L 的值。

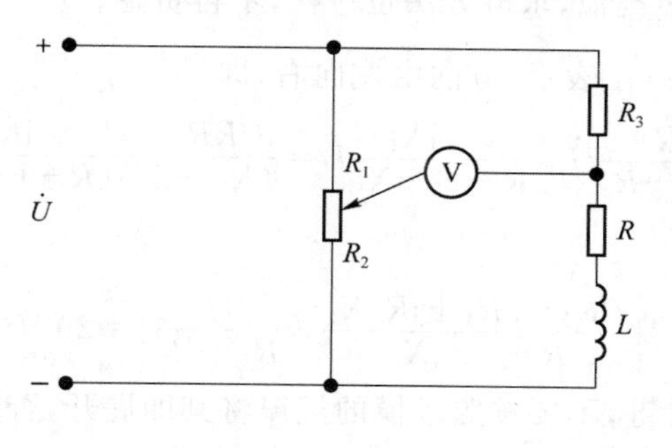

图 7-19　题图 7-21

解析：此题考查利用相量法分析正弦稳态电路的知识，但与其他常规题目不同的是，此题的已知条件是某种条件下的结果，而且要注意，电压表测量的是有效值，即电压表的读数就是所测量的两点之间的电压有效值。

首先写出电压表所测电压（用 $\dot{U}_1$ 表示，方向由右向左）的表达式，然后根据已知条件进行求解。根据分压公式，写出 R、L 串联支路电压和 R_2 两端的电压，则可以写出 $\dot{U}_1$ 的表

达式：

$$\dot{U}_1=(\frac{R+j\omega L}{5+R+j\omega L}-\frac{R_2}{R_1+R_2})\dot{U}=(\frac{5R+R^2+\omega^2L^2+j\omega L\times 5}{(5+R)^2+\omega^2L^2}-\frac{3}{5})\dot{U}$$

由于此时 $\dot{U}_1$ 的值最小，所以根据 $\dot{U}_1$ 的表达式可以知，其实部为 0，虚部为 6，即有如下关系：

$$\frac{5R+R^2+\omega^2L^2}{(5+R)^2+\omega^2L^2}=\frac{3}{5}$$

$$\frac{U_1}{U}=\frac{5\omega L}{(5+R)^2+\omega^2L^2}=\frac{6}{20}$$

联立以上二式，求解得

$$R=3\ \Omega,\quad \omega L=2\pi fL=6\ \Omega$$

将已知条件代入可得

$$R=3\ \Omega, L\approx 0.019\ \text{H}$$

7-29　图 7-20 所示正弦稳态电路中，已知 $R_1=25\ \Omega$，$R_2=75\ \Omega$，$R=20\ \Omega$，调节电容使电压表 V 的读数保持 20 V 不变，求电压 U 和电阻 r。

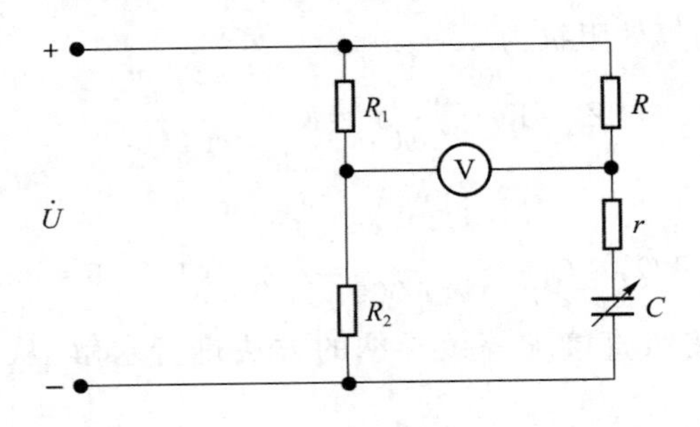

图 7-20　题图 7-22

解析：此题与题 7-28 类似，求解方法也一样，不再赘述。

将电压表所测电压用 $\dot{U}_1$ 表示，方向由左向右，即

$$\dot{U}_1=\frac{R_2}{R_1+R_2}\dot{U}-\frac{r-jX_C}{R+r-jX_C}\dot{U}=\frac{RR_2-rR_1+jR_1X_C}{(R_1+R_2)(R+r-jX_C)}\dot{U}$$

故电压表的读数为

$$\left|\frac{RR_2-rR_1+jR_1X_C}{R+r-jX_C}\times\frac{\dot{U}}{R_1+R_2}\right|=20\ \text{V}$$

（说明：这一步是此题的关键，不要按照求模的规律将其即展开，否则会很复杂。由这一步可以得到下面的结论。）

因为调节电容 C 后，电压表读数保持 20 V 不变，由此可得

$$\frac{RR_2-rR_1}{R+r}=\frac{R_1X_C}{X_C}$$

代入已知数据，可得

$$U=80\ \text{V},\quad r=20\ \Omega$$

7-30　图 7-21 所示正弦交流电路中，$\dot{U}=2\sqrt{2}\angle 0^\circ$ V，求电路消耗的平均功率。

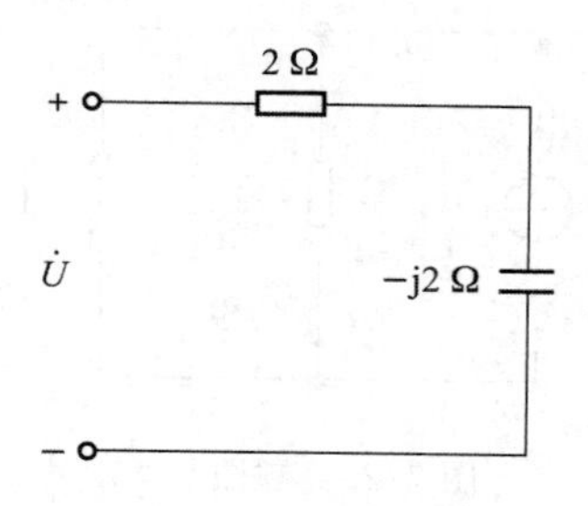

图 7-21　题图 7-23

解析：此题考查正弦稳态电路平均功率计算的知识，需要知道平均功率的定义及计算公式。

计算平均功率有两种方法，一种是根据端口的电压和电流进行求解，另一种是求解电路中电阻消耗的功率，即要知道电阻上的电压或流过的电流。下面给出第一种求解方法的解题过程。

假设从端口向右看电流与电压为关联参考方向，则端口电流为

$$\dot{I}=\frac{\dot{U}}{2-\mathrm{j}2}=\frac{2\sqrt{2}\angle 0^\circ}{2\sqrt{2}\angle -45^\circ}=1\angle 45^\circ\ \mathrm{A}$$

因此，平均功率为

$$P=UI\cos\varphi=2\sqrt{2}\times 1\times\cos(0-45^\circ)=2\sqrt{2}\times\frac{\sqrt{2}}{2}=2\ \mathrm{W}$$

7-31　求图 7-22 所示的正弦交流电路中电源提供的平均功率。

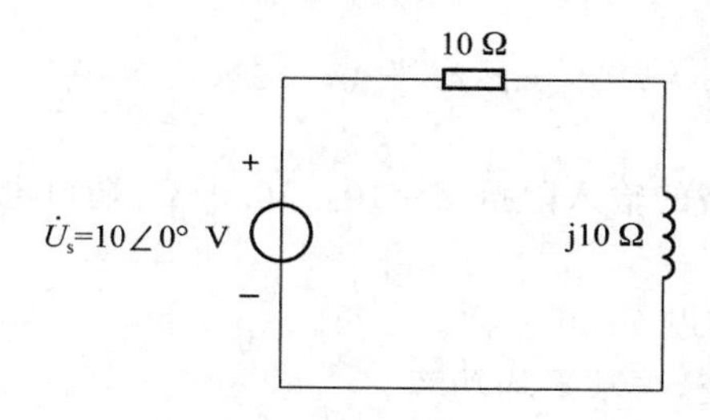

图 7-22　题图 7-24

解析：此题的考查点与题 7-30 一样。

求出电路中的电流即可求得电源提供的功率。

$$\dot{I}=\frac{\dot{U}_s}{10+\mathrm{j}10}=\frac{10\angle 0^\circ}{10\sqrt{2}\angle 45^\circ}=\frac{\sqrt{2}}{2}\angle -45^\circ\ \mathrm{A}$$

$$P=U_sI\cos\varphi=10\times\frac{\sqrt{2}}{2}\times\cos(0-(-45^\circ))=5\ \mathrm{W}$$

7-32　图 7-23 所示的正弦交流电路中，已知 $i_s=5\cos 2t$ A，试求电路的有功功率 P 和无功功率 Q。

解析：此题考查正弦稳态电路有功功率（平均功率）和无功功率计算的知识，需要知道有功功率和无功功率的定义和计算公式。求出端口电压即可得到所求。

电感的感抗为

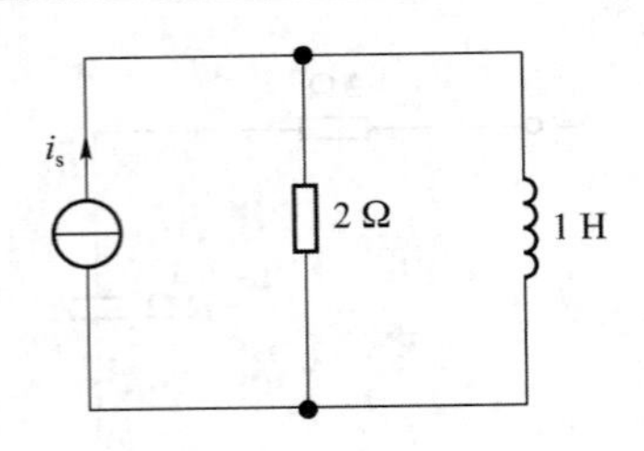

图 7-23　题图 7-25

$$j2\times1=j2\ \Omega$$

电流源相量为

$$\dot{I}_s=\frac{5}{\sqrt{2}}\angle0^\circ\ \text{A}$$

电路的阻抗为

$$Z=\frac{2\times j2}{2+j2}=\sqrt{2}\angle45^\circ\ \Omega$$

所以,电流源两端的电压(上正下负)为

$$\dot{U}=\dot{I}_sZ=\frac{5}{\sqrt{2}}\angle0^\circ\times\sqrt{2}\angle45^\circ=5\angle45^\circ\ \text{V}$$

有功功率为

$$P=UI\cos\varphi=5\times\frac{5}{\sqrt{2}}\cos(45^\circ-0)=5\times\frac{5}{\sqrt{2}}\times\frac{\sqrt{2}}{2}=12.5\ \text{W}$$

无功功率为

$$Q=UI\sin\varphi=5\times\frac{5}{\sqrt{2}}\sin(45^\circ-0)=5\times\frac{5}{\sqrt{2}}\times(\frac{\sqrt{2}}{2})=12.5\ \text{Var}$$

7-34　已知某单口网络的输入阻抗 $Z=10\angle36.9^\circ\ \Omega$,端口电压 $\dot{U}=100\angle30^\circ\ \text{V}$,求此单口网络吸收的平均功率 P。

解析:此题的考查点与题 7-30 一样。

先求出单口网络的电流,再求平均功率。

$$\dot{I}=\frac{\dot{U}}{Z}=\frac{100\angle30^\circ}{10\angle36.9^\circ}=10\angle-6.9^\circ\ \text{A}$$

$$P=UI\cos\varphi=100\times10\times\cos(30-(-6.9^\circ))=100\times10\times\frac{4}{5}=800\ \text{W}$$

7-35　在图 7-24 所示的正弦交流电路中,已知 $u=30\cos(\omega t+30^\circ)$ V,$u_C=20\cos(\omega t-60^\circ)$ V,$\frac{1}{\omega C}=4\ \Omega$,试求网络 N 的等效阻抗 Z_N 和功率 P_N。

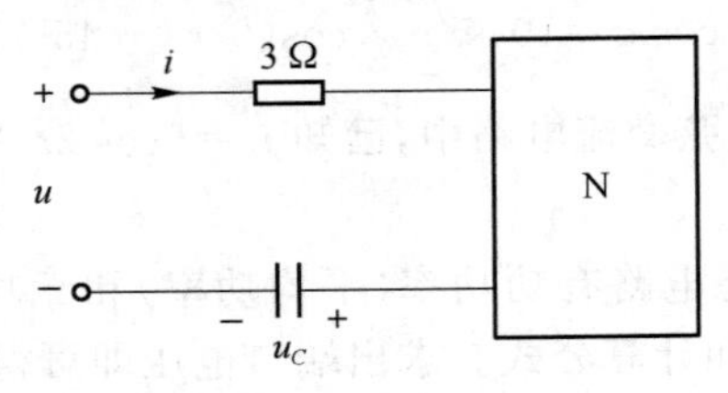

图 7-24　题图 7-27

解析：此题的考查点与题 7-30 一样。只不过还需要根据端口的电压和电流计算单口网络的阻抗，而端口的电流需要根据电容电压和容抗计算。

根据题意，得

$$\dot{U}=\frac{30}{\sqrt{2}}\angle 30^\circ\ \text{V},\quad \dot{U}_C=\frac{20}{\sqrt{2}}\angle -60^\circ\ \text{V}$$

所以，有

$$\dot{I}=\frac{\dot{U}_C}{\frac{1}{\text{j}\omega C}}=\frac{\dot{U}_C}{-\text{j}4}=\frac{\frac{20}{\sqrt{2}}\angle -60^\circ}{4\angle -90^\circ}=\frac{5}{\sqrt{2}}\angle 30^\circ\ \text{A}$$

$$\dot{U}_R=3\dot{I}=\frac{15}{\sqrt{2}}\angle 30^\circ\ \text{V}（与电流\ \dot{I}\ 为关联参考方向）$$

网络 N 的端口电压（上正下负）为

$$\begin{aligned}\dot{U}_\text{N}&=\dot{U}-\dot{U}_R-\dot{U}_C=\frac{30}{\sqrt{2}}\angle 30^\circ-\frac{15}{\sqrt{2}}\angle 30^\circ-\frac{20}{\sqrt{2}}\angle -60^\circ\\&=2.1+\text{j}17.55\approx 17.675\angle 83.1^\circ\ \text{V}\end{aligned}$$

网络 N 的等效阻抗为

$$Z_\text{N}=\frac{\dot{U}_\text{N}}{\dot{I}}=\frac{17.675\angle 83.18^\circ}{\frac{5}{\sqrt{2}}\angle 30^\circ}\approx 5\angle 53.1^\circ\ \Omega$$

或

$$Z_\text{N}=\frac{\dot{U}}{\dot{I}}-3+\text{j}4=\frac{\frac{30}{\sqrt{2}}\angle 30^\circ}{\frac{5}{\sqrt{2}}\angle 30^\circ}-3+\text{j}4=3+\text{j}4\approx 5\angle 53.1^\circ\ \Omega$$

网络 N 的功率为

$$P_\text{N}=U_\text{N}I\cos\varphi=17.675\times\frac{5}{\sqrt{5}}\times\cos(83.1^\circ-30^\circ)\approx 37.5\ \text{W}$$

或

$$P_\text{N}=I^2R_\text{N}=I^2\cdot\text{Re}[Z_\text{N}]=\frac{25}{2}\times 3=37.5\ \text{W}$$

7-36　图 7-25 所示正弦交流电路中，$R=\omega L=\frac{1}{\omega C}=100\ \Omega$，$\dot{I}_R=20^\circ$ A。求 $\dot{U}_\text{s}$ 和电源提供的有功功率。

解析：此题考查正弦稳态电路的分析及功率计算。首先求出电路的阻抗，然后求解电路中的电流和电源电压。有功功率的计算有两种方法，一是计算电阻元件消耗的功率，此即为电源提供的有功功率；二是由电源电压和电流计算有功功率。

$$Z=\text{j}\omega L+\frac{R\times(-\text{j}\frac{1}{\omega C})}{R+(-\text{j}\frac{1}{\omega C})}=\text{j}100+\frac{100\times(-\text{j}100)}{100-\text{j}100}=(50+\text{j}50)\ \Omega$$

由于电容与电阻并联，电压相等，所以有

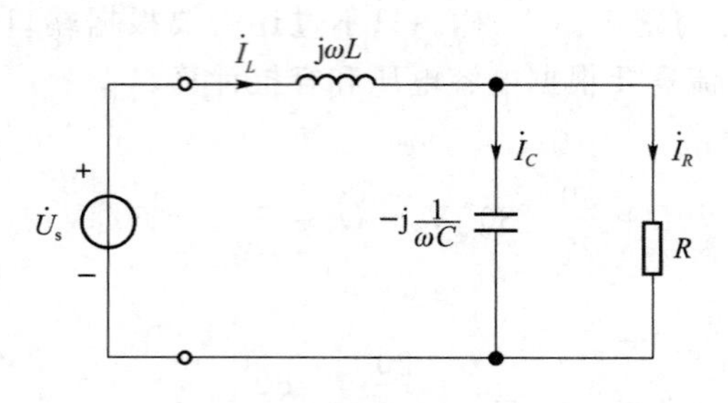

图 7-25　题图 7-28

$$\dot{I}_C=\frac{\dot{I}_R R}{-j\dfrac{1}{\omega C}}=\frac{200\angle 0^\circ}{100\angle -90^\circ}=2\angle 90^\circ\ \text{A}$$

$$\dot{I}_L=\dot{I}_C+\dot{I}_R=2\angle 0^\circ+2\angle 90^\circ=2\sqrt{2}\angle 45^\circ\ \text{A}$$

$$\dot{U}_s=Z\dot{I}_L=(50+j50)\times 2\sqrt{2}\angle 45^\circ=200\angle 90^\circ\ \text{V}$$

$$P=I_R^2 R=2^2\times 100=400\ \text{W}$$

或

$$P=U_s I_L\cos\varphi=200\times 2\sqrt{2}\times\cos(90^\circ-45^\circ)=400\ \text{W}$$

7-37　正弦交流电路如图 7-26 所示，试求电流 i 和无源元件消耗的功率。

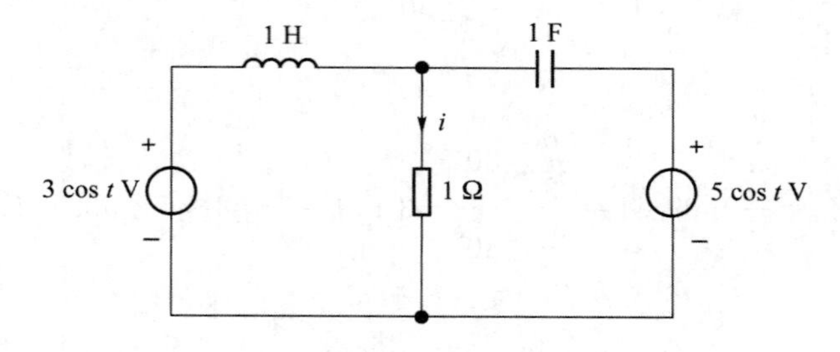

图 7-26　题图 7-29

解析：此题的考查点与题 7-36 一样。可以用叠加定理，也可以用节点电压法先求出 1 Ω电阻两端的电压，然后求通过的电流，进而即可求得其消耗的功率。

由已知条件可以求出感抗和容抗分别为 j Ω 和 −j Ω，两个电压源的电压有效值相量分别为$\frac{3}{\sqrt{2}}\angle 0^\circ$ V 和$\frac{5}{\sqrt{2}}\angle 0^\circ$ V。设电阻两端的电压为$\dot{U}_R$，与电流 i 为关联参考方向，则有

$$\left(\frac{1}{j}+1+\frac{1}{-j}\right)\dot{U}_R=\frac{\dfrac{3}{\sqrt{2}}\angle 0^\circ}{j}+\frac{\dfrac{5}{\sqrt{2}}\angle 0^\circ}{-j}$$

解得

$$\dot{U}_R=\sqrt{2}\angle 90^\circ\ \text{V}$$

$$\dot{I}=\frac{\dot{U}_R}{R}=\sqrt{2}\angle 90^\circ\ \text{A}$$

所以

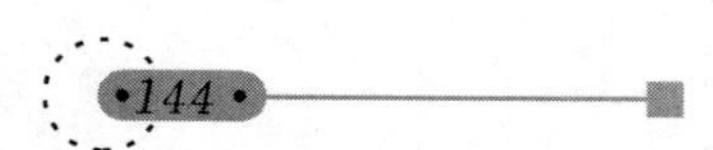

$$i=2\cos(t+90°)\ \text{A}$$
$$P=I^2R=(\sqrt{2})^2\times1=2\ \text{W}$$

7-38　某单口网络如图 7-27 所示，若 $R=10\ \Omega$，$\omega L=10\ \Omega$，$\frac{1}{\omega C}=20\ \Omega$，求该单口网络的功率因数。

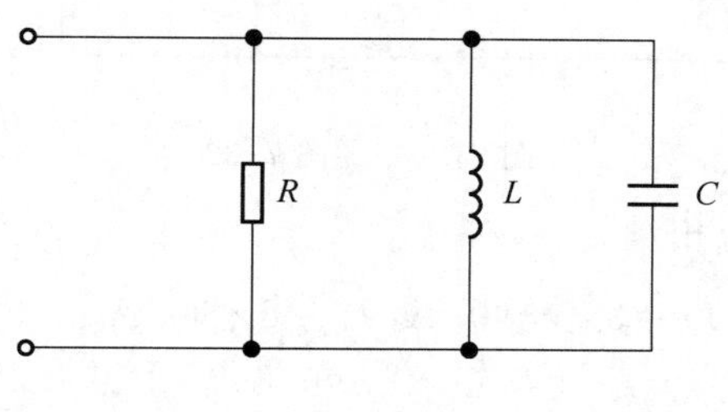

图 7-27　题图 7-30

解析：此题考查功率因数的概念和计算。求出单口网络的阻抗，根据阻抗三角形的关系即可求得功率因数。

$$Z=R//\text{j}\omega L//-\text{j}\frac{1}{\omega C}=(8+4\text{j})\ \Omega$$

$$\lambda=\cos\varphi=\frac{8}{\sqrt{4^2+8^2}}\approx0.894$$

7-39　某单口网络如图 7-28 所示，已知 $R=8\ \Omega$，$\omega L=12\ \Omega$，$\frac{1}{\omega C}=6\ \Omega$，求该单口网络的功率因数。

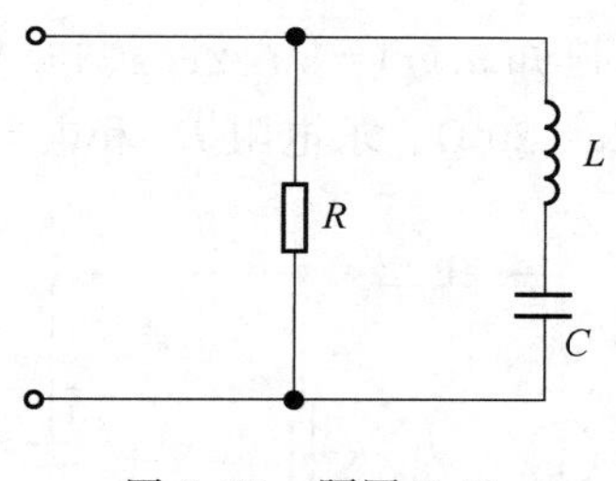

图 7-28　题图 7-31

解析：此题的考查点与题 7-38 一样，解题思路也一样。

单口网络的阻抗为

$$Z=R//(\text{j}\omega L-\text{j}\frac{1}{\omega C})=\frac{72+\text{j}96}{25}\ \Omega$$

$$\lambda=\cos\varphi=\frac{72}{\sqrt{72^2+96^2}}=0.6$$

7-40　图 7-29 所示电路中，阻抗 $Z=(2+\text{j}2)\ \Omega$，电流的有效值 $I_R=5\ \text{A}$，$I_C=8\ \text{A}$，$I_L=3\ \text{A}$，电路消耗的总功率为 200 W。求总电压的有效值 U。

解析：此题考查利用相量法分析正弦稳态电路的知识，涉及功率、有效值等概念。

由于需要用相量法进行分析，而已知条件中没有给出相位参量，此时就需要对相位进行假设。假设电阻电流的初相位为零，则根据电路中各元件的连接关系及各元件的 VCR 可

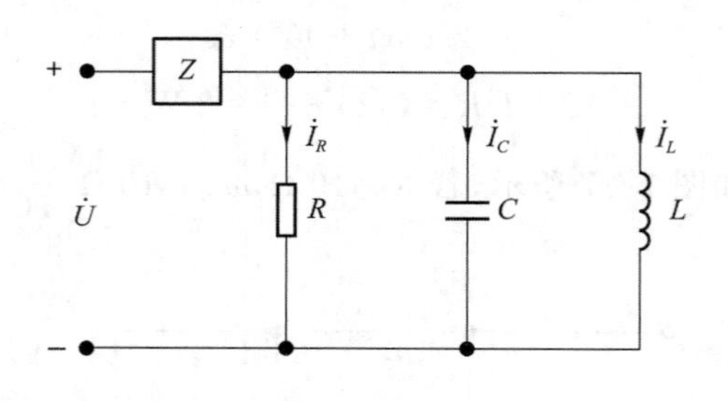

图 7-29　题图 7-32

以写出电容电流和电感电流相量。

令 $\dot{I}_R=5\angle 0°\ \text{A}$，则有 $\dot{I}_L=3\angle -90°\ \text{A}$，$\dot{I}_C=8\angle 90°\ \text{A}$

端口总电流为

$$\dot{I}=\dot{I}_R+\dot{I}_C+\dot{I}_L=5+\text{j}8-\text{j}3=5+\text{j}5=5\sqrt{2}\angle 45°\ \text{A}$$

因为

$$P=I^2\times 2+I_R^2\times R=(5\sqrt{2})^2\times 2+5^2\times R=200\ \text{W}$$

求得

$$R=4\ \Omega$$

则总电压为

$$\dot{U}=\dot{I}Z+\dot{I}_R R=5\sqrt{2}\angle 45°\times(2+\text{j}2)+5\angle 0°\times 4=20\sqrt{2}\angle 45°\ \text{V}$$

所以，总电压有效值为

$$U=20\sqrt{2}\ \text{V}$$

7-41　图 7-30 所示电路中，已知 $u_s(t)=50\sqrt{2}\cos 314t\ \text{V}$，电流 i 的有效值 $I=0.5\ \text{A}$，电压源供出的功率为 15 W，电阻 $R_1=20\ \Omega$。求电阻 R_2 和电容 C。

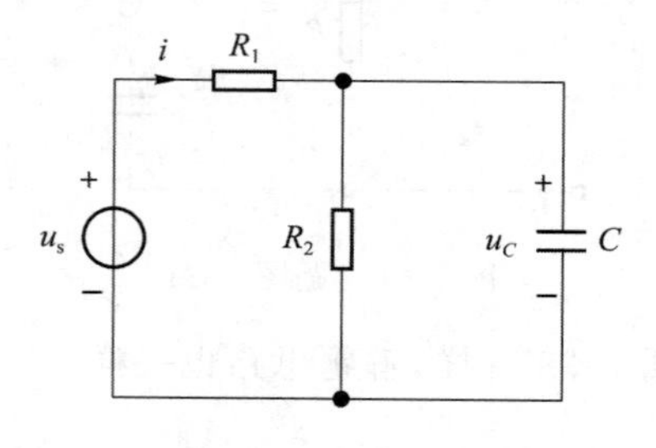

图 7-30　题图 7-33

解析：此题考查利用相量法分析正弦稳态电路的知识。涉及平均功率、KCL、KVL 及元件 VCR 的知识。先求出电流相量，再求电阻 R_2 两端的电压，进而由功率计算 R_2，最后通过求流过电容 C 的电流求出电容值。

$$\dot{U}_s=50\angle 0°\ \text{V}$$

由题意知，功率因数为

$$\cos\varphi=\frac{P}{UI}=\frac{15}{50\times 0.5}=0.6$$

故 $\varphi\approx 53.1°$，因此有

$$\dot{I}=0.5\angle 53.1^\circ\ \text{A}$$

电阻 R_2 两端的电压为

$$\dot{U}_{R_2}=\dot{U}_s-\dot{U}_{R_1}=50\angle 0^\circ-20\times 0.5\angle 53.1^\circ\approx 44.72\angle -10.3^\circ\ \text{V}$$

电阻 R_1 消耗的功率为

$$P_1=I^2R_1=0.5^2\times 20=5\ \text{W}$$

所以，电阻 R_2 消耗的功率为

$$P_2=15-P_1=15-5=10\ \text{W}$$

又因为 $P_2=\dfrac{U_{R_2}^2}{R_2}$，由此可得 $R_2=200\ \Omega$，流过 R_2 的电流为

$$\dot{I}_{R_2}=\frac{\dot{U}_{R_2}}{R_2}=\frac{44.72\angle -10.3^\circ}{200}\approx 0.0236\angle -10.3^\circ\ \text{A}$$

通过电容 C 的电流为

$$\dot{I}_C=\dot{I}-\dot{I}_{R_2}=0.5\angle 53.1^\circ-0.0236\angle -10.3^\circ\approx 0.447\angle 79.7^\circ\ \text{A}$$

因为

$$-\frac{1}{\omega C}=\frac{U_{R_2}}{I_C}=\frac{44.72}{0.447}$$

解得

$$C\approx 31.85\ \mu\text{F}$$

7-42　正弦稳态电路的相量模型如图 7-31 所示，已知 $I_1=10$ A，$I_2=20$ A，$\dot{U}$ 与 $\dot{I}$ 同相，且已知 $\dot{U}=220\angle 0^\circ$ V，阻抗 Z_2 上消耗的功率为 2 kW，试求电流 $\dot{I}$、电阻 R、容抗 X_C，及阻抗 Z_2。

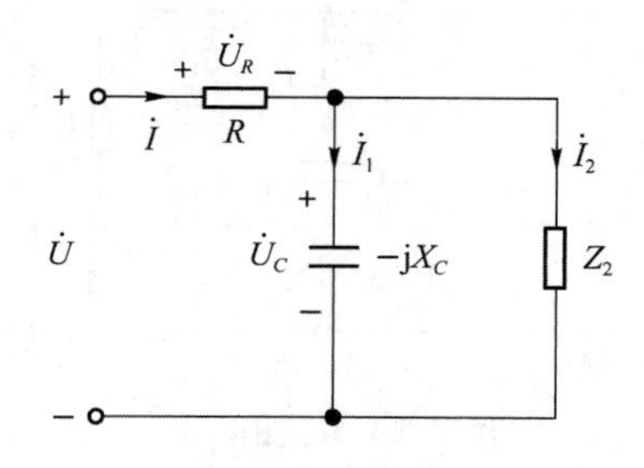

图 7-31　题图 7-34

解析：此题的考查点与题 7-41 一样，但可以借助相量图进行分析计算。

根据已知条件和 KCL、KVL，可得到 3 个电流之间和电压之间的相量关系如图 7-32 所示。因为 $\dot{U}$ 与 $\dot{I}$ 同相，所以 $\dot{U}_R$ 与 $\dot{U}$ 同相，根据 KVL 可以推出 $\dot{U}_C$ 与 $\dot{U}$ 同相，所以有

$$\dot{U}=220\angle 0^\circ\ \text{V},\quad \dot{U}_C=U_C\angle 0^\circ\ \text{V}$$

$$\dot{I}=I\angle 0^\circ\ \text{A},\quad \dot{I}_1=10\angle 90^\circ\ \text{A},\quad \dot{I}_2=20\angle \varphi_2\ \text{A}$$

因为 $\dot{I}=\dot{I}_1+\dot{I}_2$，故 $\dot{I}_2$ 滞后于流过 $\dot{U}_C$ 的电流，Z_2 为感性负载。由 $I_1+I_2\sin\varphi_2=0$，可得

$$\varphi_2=-30^\circ$$

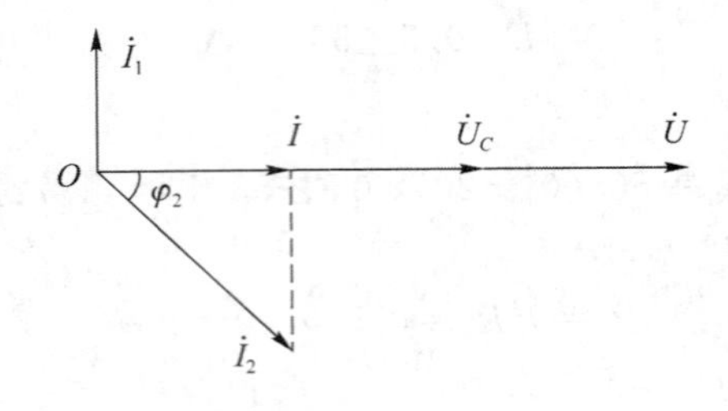

图 7-32

所以：

$$I=I_2\cos 30°=10\sqrt{3}\ \text{A}$$

$$U_C=\frac{P_2}{I_2\cos(-\varphi_2)}=\frac{2\ 000}{20\cos(-30°)}\approx 115.5\ \text{V}$$

$$\dot{U}_R=\dot{U}-\dot{U}_C=220\angle 0°-115.5\angle 0°\ \text{V}=104.5\angle 0°\ \text{V}$$

$$R=\frac{U_R}{I}=\frac{104.5}{10\sqrt{3}}\approx 6.04\ \Omega$$

$$X_C=\frac{U_C}{I_1}=\frac{115.5}{10}=11.55\ \Omega$$

$$Z_2=\frac{\dot{U}_C}{\dot{I}_2}\approx(5+\text{j}2.89)\ \Omega$$

7-43 图 7-33 所示正弦稳态电路中，已知电源电压有效值 U 为 100 V，频率 $f=$ 50 Hz，各个支路电流有效值 $I=I_1=I_2$，电路消耗的平均功率为 866 W，若电源电压 U 不变，当 $f=100$ Hz 时，求各支路电流 I、I_1、I_2 及电路消耗的平均功率。

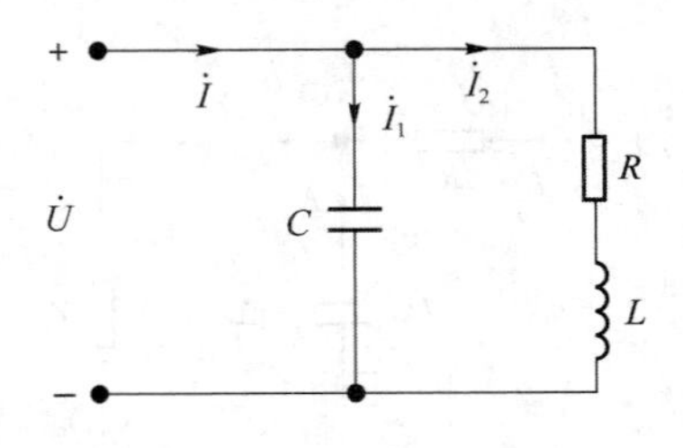

图 7-33 题图 7-35

解析： 此题的考查点与题 7-42 一样，也需要借助相量图进行分析计算。

假设电压 U 的初相位为零，即 $\dot{U}=100\angle 0°$ V，则根据 KCL 及 3 个电流的数值关系，可以画出如图 7-34 所示的相量图。因此

$$\dot{I}=I\angle 30°\ \text{A},\quad \dot{I}_1=I_1\angle 90°\ \text{A},\quad \dot{I}_2=I_2\angle -30°\ \text{A}$$

当电源频率为 50 Hz 时，由已知条件可得各支路电流的有效值为

$$I=I_1=I_2=\frac{P}{U\cos 30°}=\frac{866}{100\times 0.866}=10\ \text{A}$$

电路消耗的平均功率即为电阻消耗的有功功率，所以有

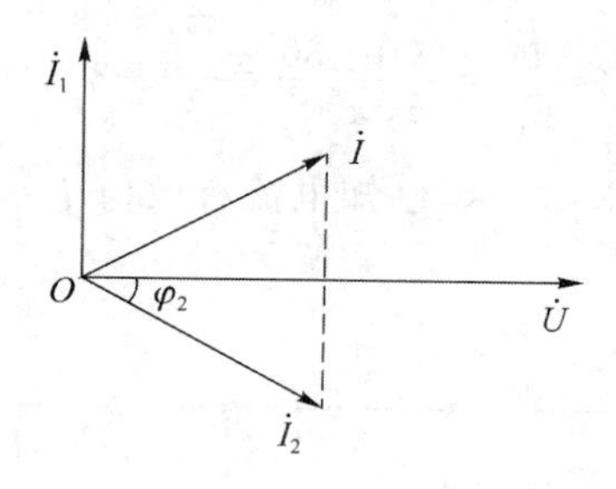

图 7-34

$$R=\frac{P}{I^2}=\frac{866}{10^2}=8.66\ \Omega,\quad \frac{1}{\omega C}=\frac{U}{I_1}=\frac{100}{10}=10\ \Omega$$

$$\sqrt{R^2+(\omega L)^2}=\frac{U}{I_2}=\frac{100}{10}=10$$

所以

$$\omega L=5\ \Omega$$

由于电阻与频率无关,感抗与频率成正比,容抗与频率成反比,所以,在频率为 100 Hz 时,有

$$R=8.66\ \Omega,\quad \omega L=10\ \Omega,\quad \frac{1}{\omega C}=5\ \Omega,\quad \dot{I}_1=20\angle 90^\circ\ \text{A}$$

R、L 串联支路的阻抗为

$$Z_2=8.66+\text{j}10\approx 13.23\angle 49.11^\circ\ \Omega$$

所以

$$\dot{I}_2=\frac{\dot{U}}{Z_2}=\frac{100\angle 0^\circ}{13.23\angle 49.11^\circ}\approx 7.56\angle -49.11^\circ\ \text{A}$$

$$\dot{I}=\dot{I}_1+\dot{I}_2=20\angle 90^\circ+7.56\angle -49.11^\circ\approx 15.11\angle 70.88^\circ\ \text{A}$$

$$P=I_2^2R=7.56^2\times 8.66\approx 494.95\ \text{W}$$

或

$$P=UI\cos(0-70.88^\circ)=100\times 15.11\times 0.33=494.93\ \text{W}$$

7-44 已知图 7-35 所示无源单口网络 N 的端口电压 $\dot{U}=100\angle 30^\circ$ V,网络的复功率 $\tilde{S}=1\ 000\angle 30^\circ$ VA,求该单口网络的阻抗 Z。

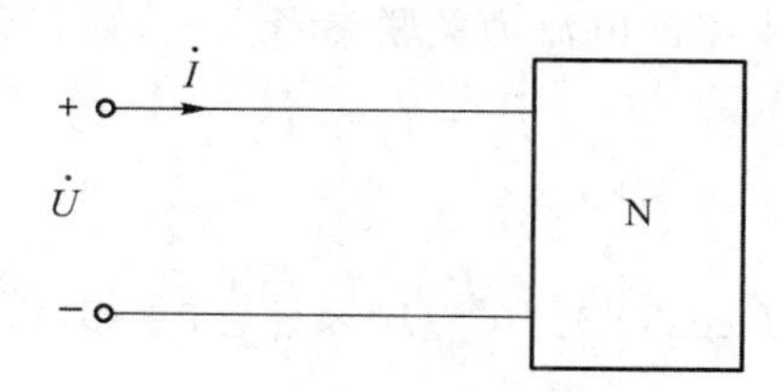

图 7-35 题图 7-36

解析:此题考查正弦稳态电路复功率及阻抗的概念和计算。

$$\dot{I}=\frac{\tilde{S}}{\dot{U}}=\frac{1\ 000\angle 30^\circ}{100\angle 30^\circ}=10\angle 0^\circ\ \text{A}$$

$$Z=\frac{\dot{U}}{\dot{I}}=\frac{100\angle 30^\circ}{10\angle 0^\circ}=10\angle 30^\circ\ \Omega$$

7-45　某单口网络如图 7-36 所示，已知电流有效值 $I_1=I_2=I=10$ A，求该单口网络的复功率$\widetilde{S}$。

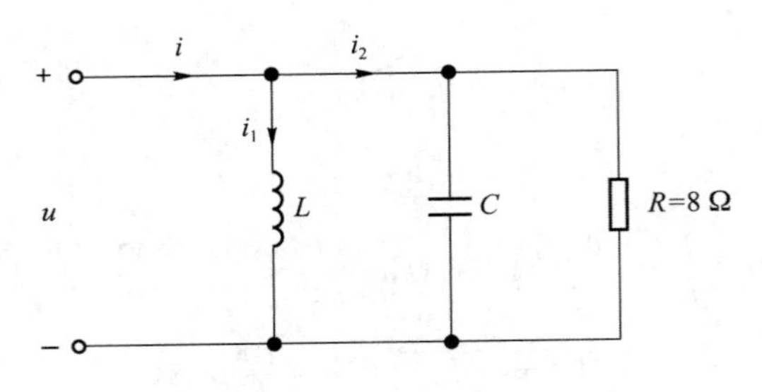

图 7-36　题图 7-37

解析： 此题的考查点与题 7-44 一样，但具体分析计算有点复杂，需要借助相量图进行计算。

设电压相量为 $\dot{U}=U\angle 0^\circ$ V，则由题意，可画出如图 7-37 所示的电路相量图。

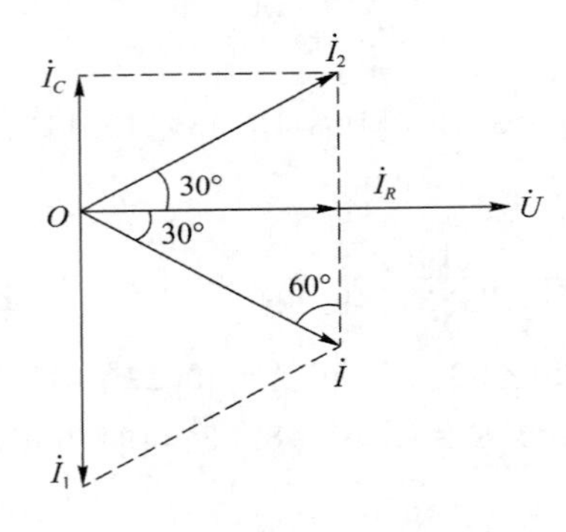

图 7-37

所以

$$\dot{I}=10\angle -30^\circ\ \text{A},\quad \dot{I}_2=10\angle 30^\circ\ \text{A}$$

假设端口电压与电容和电阻支路的电流为关联参考方向，则有

$$\dot{I}_2=\dot{I}_C+\dot{I}_R$$

再根据相量图，可得

$$\dot{I}_R=(I_2\cos 30^\circ)\angle 0^\circ=10\times\frac{\sqrt{3}}{2}\angle 0^\circ=5\sqrt{3}\angle 0^\circ\ \text{A}$$

所以

$$\dot{U}=R\dot{I}_R=8\times 5\sqrt{3}\angle 0^\circ=40\sqrt{3}\angle 0^\circ\ \text{V}$$

$$\widetilde{S}=\dot{U}\dot{I}^*=40\sqrt{3}\angle 0^\circ\times 10\angle 30^\circ=400\sqrt{3}\angle 30^\circ\ \text{VA}=(600+\text{j}200\sqrt{3})\ \text{VA}$$

7-47　求图 7-38 所示的正弦交流电路中负载 Z_L 获得最大功率时的值。若 $\dot{U}_s=\sqrt{2}\angle 45^\circ$ V，试求负载所获得的最大功率。

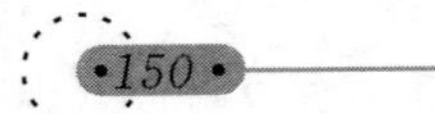

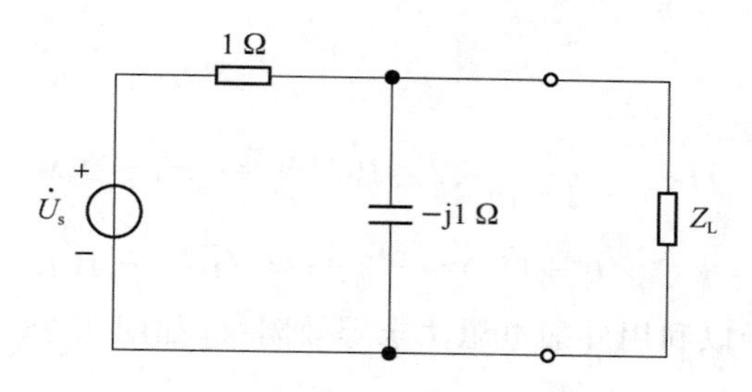

图 7-38　题图 7-39

解析：此题考查正弦稳态电路最大功率传输的知识，需要利用戴维南定理进行求解。先将负载 Z_L 移除，求剩下的单口网络的戴维南等效电路。

$$\dot{U}_{oc}=\frac{-j}{1-j}\dot{U}_s=\frac{1\angle-90^\circ}{\sqrt{2}\angle-45^\circ}\times\sqrt{2}\angle45^\circ=1\angle0^\circ$$

$$Z_{eq}=-j//1=\frac{1-j}{2}=(0.5j-0.5)\ \Omega$$

当 $Z_L=Z_{eq}^*=(0.5+j0.5)\ \Omega$ 时，负载所获得的功率最大。最大功率为

$$P_{max}=\frac{U_{oc}^2}{4\text{Re}[Z_{eq}]}=\frac{1^2}{4\times0.5}=0.5\ \text{W}$$

7-49　试求图 7-39 所示电路中负载 Z_L 获得最大功率的条件及获得的最大功率。

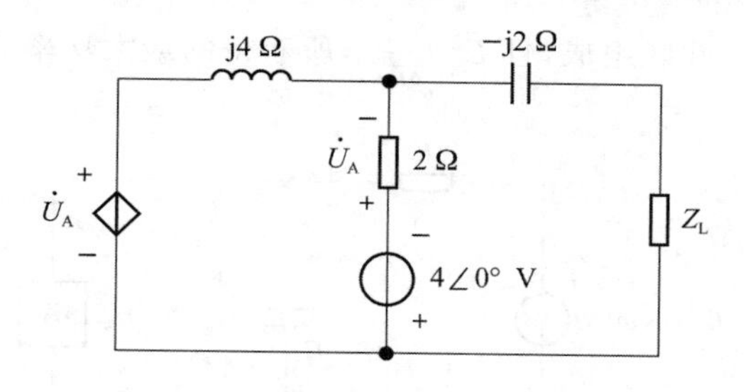

图 7-39　题图 7-41

解析：此题的考查点与题 7-47 一样，不过电路比较复杂，计算戴维南等效电路参数比较麻烦。

移除负载 Z_L 后，电路如图 7-40(a)所示。

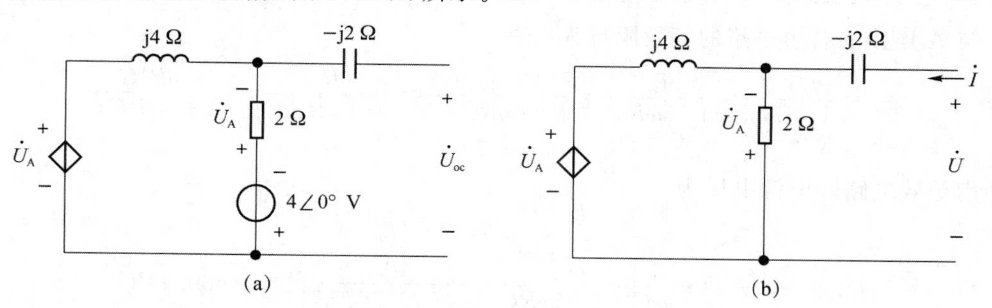

图 7-40

对右边的回路列写 KVL 方程。假设回路电流为 $\dot{I}$，在回路中为顺时针绕行，则有

$$j4\dot{I}-\dot{U}_A-4\angle0^\circ-\dot{U}_A=0$$

代入 $\dot{I}=-\frac{\dot{U}_A}{2}$，解得

$$\dot{U}_A=\frac{2\angle 0^\circ}{-1-j}=\sqrt{2}\angle 135^\circ\ V=(-1+j)\ V$$

$$\dot{U}_{oc}=-(4\angle 0^\circ+\dot{U}_A)=-3-j\approx\sqrt{10}\angle -161.57^\circ\ V$$

因为电路中有受控源，所以利用外加电源法求等效阻抗，如图 7-38(b)所示。

$$\dot{I}=-\left(\frac{\dot{U}_A}{2}+\frac{\dot{U}-\dot{U}_A}{j4}\right) \tag{1}$$

$$\dot{U}=-j2\dot{I}-\dot{U}_A \tag{2}$$

(1)、(2)式联立求解，可得

$$Z_{eq}=\frac{\dot{U}}{\dot{I}}=(1-j)\ \Omega$$

所以，当 $Z_L=Z_{eq}^*=(1+j)\ \Omega$ 时，负载获得最大功率。最大功率为

$$P_{max}=\frac{U_{oc}^2}{4\mathrm{Re}[Z_{eq}]}=\frac{(\sqrt{10})^2}{4\times 1}=2.5\ W$$

7-50　试用最大功率传输定理证明：当图 7-41 所示正弦交流电路中负载 A 获得最大功率时，负载可由 R 与 L 并联组成，且 $L=\frac{1}{\omega^2 C}$，所获得的最大功率为 $\frac{U_m^2}{8R}$。

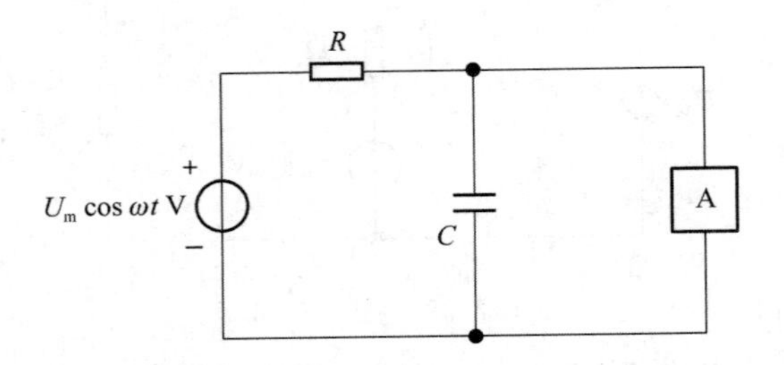

图 7-41　题图 7-42

解析： 此题虽然是证明题，但考查点与题 7-47 一样。

与 A 连接的右边电路的等效阻抗为

$$Z_{eq}=\frac{1}{\frac{1}{R}+j\omega C}=\frac{R}{1+j\omega RC}=\frac{R(1-j\omega RC)}{1+(\omega RC)^2}=\frac{R}{1+(\omega RC)^2}-j\frac{\omega R^2 C}{1+(\omega RC)^2}$$

戴维南等效电路的电源电压为

$$\dot{U}_{oc}=\frac{\dot{U}_s}{\frac{1}{j\omega C}+R}\cdot\frac{1}{j\omega C}=\frac{\frac{U_m}{\sqrt{2}}\angle 0^\circ}{1+j\omega RC}=\frac{\frac{U_m}{\sqrt{2}}}{\sqrt{1+(\omega RC)^2}}\angle -\arctan\omega RC$$

当负载 A 的阻抗 $Z_A=Z_{eq}^*=\dfrac{1}{\dfrac{1}{R}-j\omega C}$时，负载获得最大功率。而 Z_A 又可以写为 $Z_A=\dfrac{1}{\dfrac{1}{R}+\dfrac{1}{j\dfrac{1}{\omega C}}}$，这相当于电阻 R 与感抗为 $\omega L=\dfrac{1}{\omega C}$的电感并联，即 $L=\dfrac{1}{\omega^2 C}$。此时，负载 A 获得的最大功率为

$$P_{\text{Lmax}}=\frac{U_{oc}^2}{4\text{Re}[Z_{eq}]}=\left(\frac{\frac{U_m}{\sqrt{2}}}{\sqrt{1+(\omega RC)^2}}\right)^2\times\frac{1+(\omega RC)^2}{4R}=\frac{U_m{}^2}{8R}$$

此题得证。

7-51　电源通过一条阻抗为(0.08+j0.25) Ω 的传输线给一个感性负载供电。已知电源频率为 50 Hz，负载端电压为 220∠0° V，功率为 12 kW。若传输线功率损耗为 560 W，试求负载的阻抗角。如要求负载的功率因数提高到 0.9(电感性)，需并联多大的电容？

解析： 此题考查阻抗角、功率因数的概念及其计算。可以根据题目叙述画出等效电路，如图 7-42 所示。

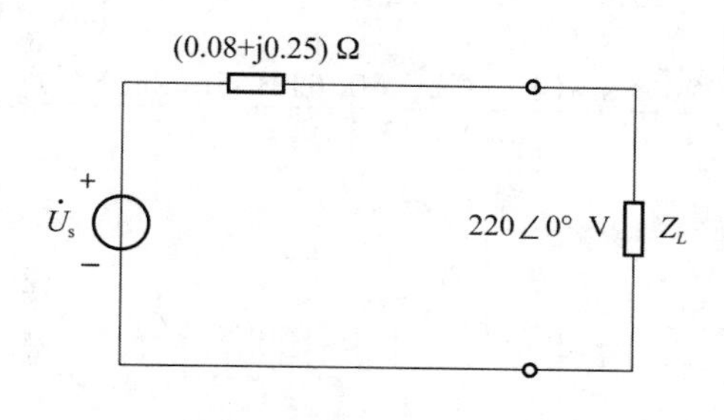

图 7-42

先由线路阻抗及功耗求出电路中的电流，进而求出负载的阻抗角(也就是功率因数角)。关于功率因数的提高，可以按照教材中所给的公式计算。如果记不住公式，则求出功率因数提高前后的电流关系，进而确定通过电容支路的电流和电容值，最好结合相量图进行求解。

因为 $P_L=I_L^2R=0.08I_L^2=560$ W，所以 $I_L=\sqrt{7\,000}$ A。又因为

$$P_{Z_L}=UI_L\cos\varphi_L=220\times\sqrt{7\,000}\times\cos\varphi_L=12\times10^3\ \text{W}$$

所以

$$\cos\varphi_L=\frac{12\times10^3}{220\times\sqrt{7\,000}}\approx0.65,\quad \varphi_L=\arccos(0.65)\approx49.46°$$

当功率因数提高到 0.9 时，$\varphi=\arccos(0.9)\approx25.84°$，利用公式可以求得

$$C=\frac{P_{Z_L}(\tan\varphi_L-\tan\varphi)}{\omega U^2}=\frac{12\,000\times(\tan49.46°-\tan25.84°)}{2\pi\times50\times220^2}=\frac{12\times(1.169-0.484)}{4\,840\pi}\approx540\ \mu\text{F}$$

也可以进行如下计算。

负载并联电容后的电流电压相量图如图 7-43 所示，$\dot{I}$ 为并联电容后电路中的总电流。

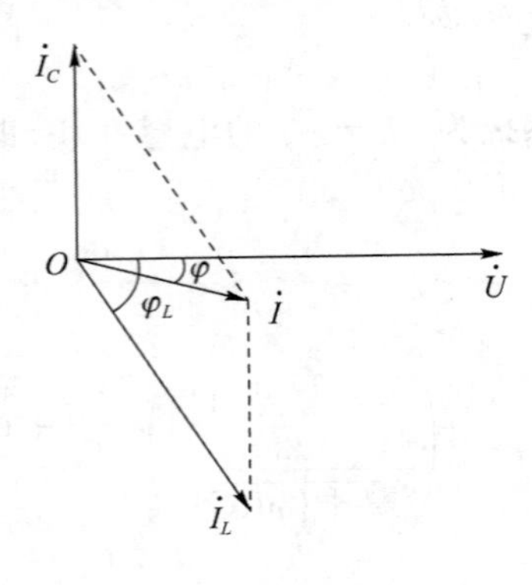

图 7-43

由图 7-43 可知：

$$I_L \sin\varphi_L - I\sin\varphi = I_C = \omega CU, \quad C = \frac{I_L \sin\varphi_L - I\sin\varphi}{\omega U}$$

由于并联电容后有功功率不变，所以

$$P_{Z_L} = UI\cos\varphi = 220 \times I \times 0.9 = 12 \times 10^3 \text{ W}, \quad I = \frac{12 \times 10^3}{220 \times 0.9} \approx 60.61 \text{ A}$$

$$C = \frac{\sqrt{7\,000} \times \sin(49.3°) - 60.61 \times \sin(25.84°)}{2\pi \times 50 \times 220} \approx 536\ \mu\text{F}$$

第8章

三相电路

8.1 基本知识及学习指导

虽然我们工作生活中用到的大部分是单相正弦交流电，但电厂发出的电都是三相交流电，因此，对三相电路的分析也非常重要。本章的主要内容包括三相电源，三相电路及其连接分式，对称三相电路的计算，不对称三相电路及三相电路的功率等，并将引入三相电路、相电压、线电压、相电流、线电流等概念。本章的知识结构如图 8-1 所示。

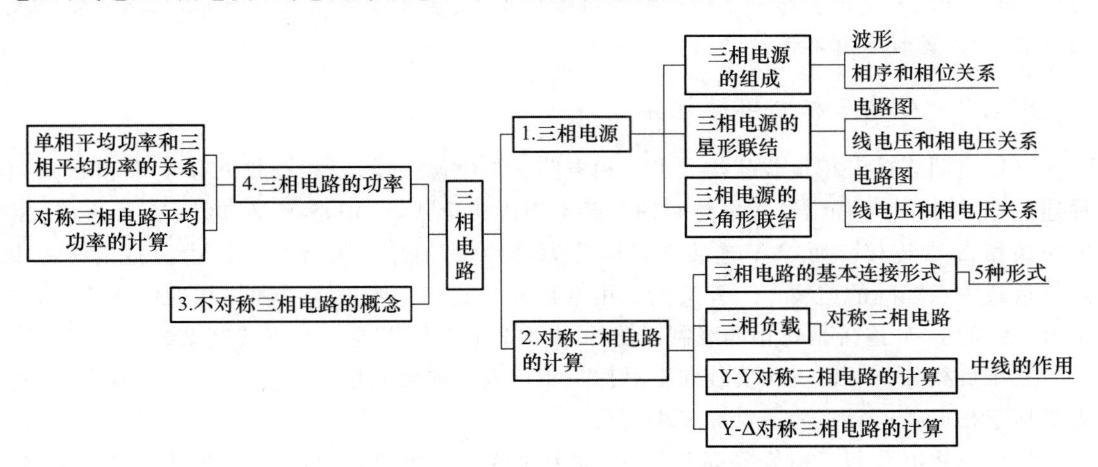

图 8-1　第 8 章知识结构

8.1.1　三相电源及其连接方式

三相电路首先要有三相电源，通常来说实际的三相电源多少有些不对称，但分析时都当作对称三相电源对待，不会对结论造成实质性的影响。对称三相电源是由 3 个同频率、等振幅、初相位依次相差 120°的正弦电压源按一定的方式连接而成的电源，我们把这 3 个电压称为 A、B、C 相，分别用 u_A、u_B、u_C 表示。按照 A-B-C 的正序方式，假设 A 相的初相位为 0，则各相电压可表示如下：

$$u_A=\sqrt{2}U\cos\omega t$$

$$u_B=\sqrt{2}U\cos(\omega t-120°)$$

$$u_C=\sqrt{2}U\cos(\omega t+120°)$$

对称三相电源的电压具有如下关系：

$$u_A+u_B+u_C=0 \text{ 或 } \dot{U}_A+\dot{U}_B+\dot{U}_C=0$$

即三相电压的瞬时值之和为零，相量之和也为零。

对称三相电源有两种连接方式，分别是星形（Y 形）连接和三角形（Δ 形）连接。Y 形连接是将 3 个电源的负极性端接在一起，从各电源的正极性端向外引线与负载相接。Δ 形连接是将 3 个电源的正负极顺序连接，从 3 个连接点向外引线与负载相接。与负载相接的引出线称为相线。对于 Y 形连接，3 个电源的负极性端接在一起形成一个节点，称其为中点。由中点处引出的线称为中线。

相电压是每个相电源的电压，相线之间的电压称为线电压。对于 Y 形连接的电源，线电压是相电压的$\sqrt{3}$倍，线电压相位超前对应相电压 30°；对于 Δ 形连接的电源，线电压与相电压相等，线电压相位也与对应相电压相同。这个结论对于后面将要讨论的三相负载也适用。

学习提示：由于对称三相电源电压瞬时值之和为零，所以三相电源进行 Δ 形连接时，一定要注意各相电源的极性不能接错，否则会造成事故。因为在正确的连接方式下，回路电压为零，回路中没有电流。而一旦一个电源极性接反，就会使回路电压不为零，从而产生很大的电流，使电源设备损坏。

8.1.2 对称三相电路的计算

三相电源连接三相负载就构成了三相电路。与电源一样，三相负载也有 Y 形和 Δ 形两种连接形式，由此可推出三相电路有四种基本的连接形式，分别是 Y-Y 连接、Y-Δ 连接、Δ-Y 连接和 Δ-Δ 连接。而 Y-Y 连接又可以分为两种，即有中线和无中线。中线是指电源中点与负载中点之间的连线。工程又把三相电路分为三相三线制系统和三相四线制系统，除了有中线的 Y-Y 连接是三相四线制系统外，其余连接形式都是三相三线制系统。

三相负载分为对称三相负载和不对称三相负载。如果三相负载模相等、辐角相同，则称为对称三相负载；否则，为不对称三相负载。

如果三相电源和三相负载都对称，则称为对称三相电路；否则，就是不对称三相电路。由于一般电源都是对称的，所以，如果负载不对称，该电路就是不对称三相电路。

对称三相电路的计算比较简单，一般采用一相计算方法，即先求出三相中其中一相的电压/或电流，再根据对称性求出另外两相的电压和/或电流。通常都按照 Y-Y 连接进行分析，如果是 Y-Δ 连接，通常利用第 1 章介绍的 Y-Δ 变换将 Δ 形连接等效变换为 Y 形连接。

相电流是每相负载中通过的电流，而相线中的电流称为线电流。对于 Y 形连接的电源和负载，线电流与相电流相等，线电流相位也与对应相电流相同；对于 Δ 形连接的电源和负载，线电流是相电流的$\sqrt{3}$倍，线电流相位滞后对应相电流 30°。

学习提示：对称的 Y-Y 系统中，中线上电压为零，电流也为零。

8.1.3　不对称三相电路

不对称三相电路不能按照一相计算方法进行分析，要逐相分析。对于 Y-Y 系统，如果有中线，且不考虑中线阻抗，则很简单，因为中点电压为零；否则，就要先求出中点电压，再对各相进行分析计算。利用不对称三相电路可以测定电源的相序，详细内容可看教材。

学习提示：不对称的 Y-Y 系统一般都有中线且中线上没有保险丝。中线的作用是保证各相独立，互补影响。因为中线中有电流，所以不加保险丝是为了不让中线断开，保证各相互不影响。如果没有中线，当某相负载发生变化时，则会影响到其他两相，严重时会导致电路不能正常工作。

8.1.4　三相电路的功率

三相电路的功率也分有功功率、无功功率、视在功率和复功率，不过从实际应用出发，我们主要关注其有功功率。三相电路的功率等于各相电路的功率之和，每一相的功率都可以按照第 7 章介绍的方法进行计算。

对于对称三相电路，只需计算一相的功率即可，电路的总功率是某一相功率的三倍。

对称三相电路的有功功率计算式为

$$P=3U_PI_P\cos\varphi=\sqrt{3}U_LI_L\cos\varphi$$

无功功率为

$$Q=3U_PI_P\sin\varphi=\sqrt{3}U_LI_L\sin\varphi$$

式中 φ 为各相负载的阻抗角，也是各相负载电压与电流的相位差。视在功率和复功率不再一一给出。

对于实际三相电路，可以用功率表测量其有功功率，通常有一瓦计法和二瓦计法。一瓦计法就是用一只功率表分别测量各相的功率，然后三相功率相加即为电路的总功率。二瓦计法是用两个功率表进行测量，其连接方式可看教材，两个功率表的读数之和即为三相负载的总功率。

8.2　部分习题解析

8-2　Y 形连接的对称三相负载与线电压为 380 V 的对称三相电源相接，线电流为 2 A。若将负载改为 Δ 形连接，与线电压为 220 V 的三相电源相接，求此时的线电流。

解析：此题考查对称三相电路不同连接情况下线电压与相电压及线电流与相电流的概念、关系及计算。

根据 Y 形连接的相电压与线电压的关系，可知每相负载的相电压为 $U_P=\frac{380}{\sqrt{3}}=220$ V。因为 Y 形连接时线电流与线电流相等，所以每相阻抗的模为 $|Z|=\frac{U_P}{I}=\frac{220}{2}=110\ \Omega$。Δ 形连接时线电压与相电压相等，所以每相负载电流为 2 A。再根据 Δ 形连接时线电流与相电流之间的关系，可得线电流为 $I_L=\sqrt{3}\times2\approx3.46$ A。

8-3　图 8-2 所示的对称三相电路中，已知负载阻抗 $Z=(30-\mathrm{j}40)\ \Omega$，若线电流有效值

为 $I_L=10.4$ A，求线电压有效值 U_L。

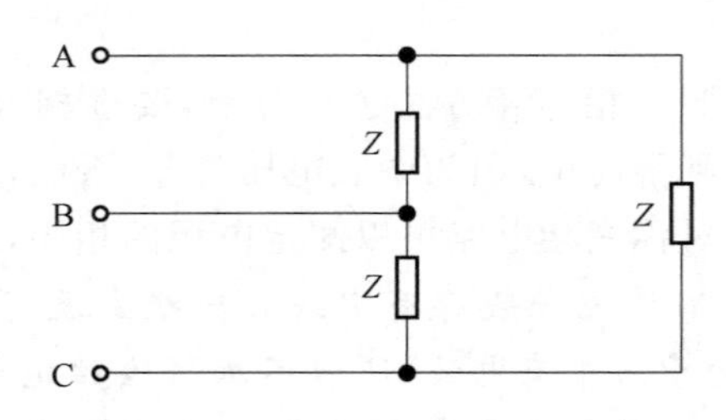

图 8-2　题图 8-1

解析：此题考查对称三相电路中负载为 Δ 形连接情况下的分析及电流电压关系。

根据 Δ 形连接时线电流与相电流的关系，先求出相电流，再求相电压，进而根据 Δ 形连接时线电压与相电压之间的关系得到所求。

$$I_P=\frac{I_L}{\sqrt{3}}=\frac{10.4}{\sqrt{3}}\approx 6\ \text{A}$$

$$U_L=U_P=I_P\cdot|Z|=6\times\sqrt{30^2+40^2}=300\ \text{V}$$

8-4　图 8-3 所示的对称三相电路中，已知 $\dot{U}_{BC}=380\angle 0°$ V，$\dot{I}_A=17.32\angle 120°$ A，求负载阻抗 Z。

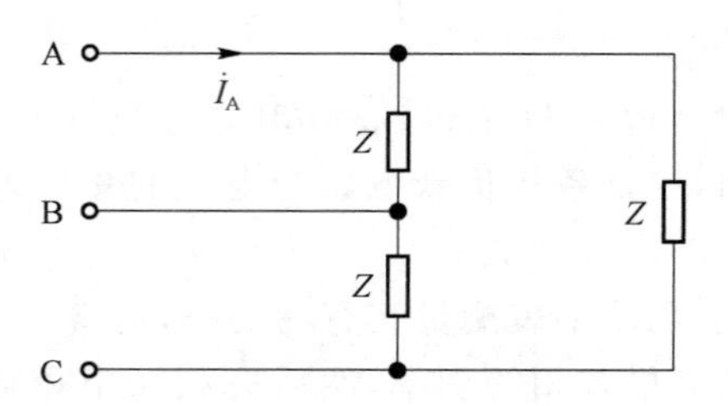

图 8-3　题图 8-2

解析：此题的考查点与题 8-3 一样，只是形式有所不同。

因为是对称三相电路，所以，有

$$\dot{U}_{AB}=380\angle 120°\ \text{V},\quad \dot{I}_{AB}=\frac{\dot{I}_A}{\sqrt{3}}\angle 30°=\frac{17.32\angle 120°}{\sqrt{3}}\angle 30°=10\angle 150°\ \text{A}$$

$$Z=\frac{\dot{U}_{AB}}{\dot{I}_{AB}}=\frac{380\angle 120°}{10\angle 150°}=38\angle -30°\ \Omega$$

8-6　图 8-4 所示的对称三相电路中，已知线电流 $\dot{I}_A=2\angle 0°$ A，求线电压 $\dot{U}_{BC}$。

解析：此题考查对称三相电路中负载为 Y 形连接情况下的分析及电流电压关系。

先求相电压，再根据相电压与线电压的关系求线电压。

$$\dot{U}_A=(30+\text{j}40)\dot{I}_A=50\angle 53.1°\times 2\angle 0°\approx 100\angle 53.1°\ \text{V}$$

$$\dot{U}_{AB}=\sqrt{3}\dot{U}_A\angle 30°\approx 173.2\angle 83.1°\ \text{V}$$

根据相序关系，可知

$$\dot{U}_{BC}=\dot{U}_{AB}\angle -120°=173.2\angle -36.9°\ \text{V}$$

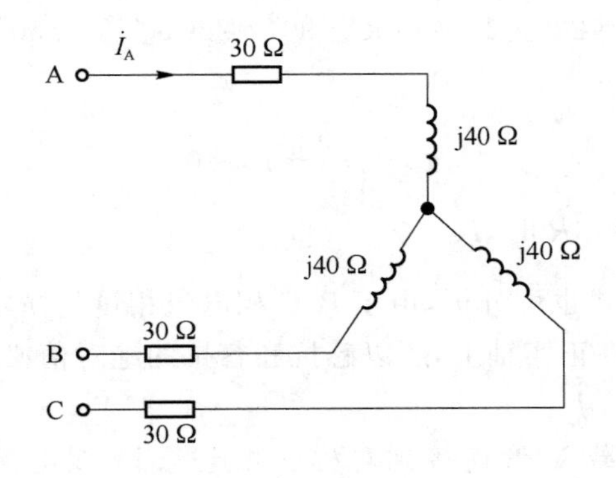

图 8-4 题图 8-4

8-8 图 8-5 所示的三相电路中,已知三相电源对称,三个线电流有效值均相等,$I_A=I_B=I_C=1$ A,求中线电流有效值 I_N。

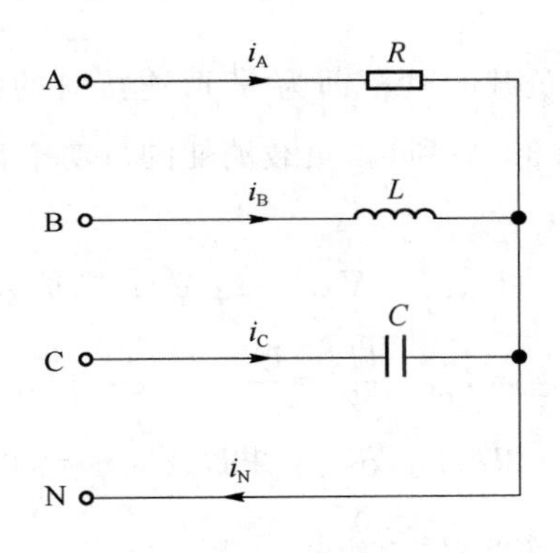

图 8-5 题图 8-6

解析: 此题考查非对称三相电路的分析与计算。

设三相电源电压分别为

$$\dot{U}_A=220\angle 0°\ \text{V},\quad \dot{U}_B=220\angle -120°\ \text{V},\quad \dot{U}_C=220\angle 120°\ \text{V}$$

则

$$\dot{I}_A=1\angle 0°\ \text{A},\quad \dot{I}_B=1\angle(-120°-90°)=1\angle 150°\ \text{A},\quad \dot{I}_C=1\angle(120°+90°)=1\angle -150°\ \text{A}$$

所以

$$\dot{I}_N=\dot{I}_A+\dot{I}_B+\dot{I}_C=1\angle 0°+1\angle 150°+1\angle -150°\approx 0.732\angle 180°\ \text{A}$$

即

$$I_N=0.732\ \text{A}$$

8-9 对图 8-5 所示三相电路,欲使中线电流 $I_N=0$,则各负载参数之间应满足什么关系?

解析: 此题是题 8-8 的深入计算,解题思路一样。先写出各相电流的表达式,再根据条件 $\dot{I}_N=0$ 列出关系式即可。

$$\dot{I}_A=\frac{220\angle 0°}{R}\ \text{A},\quad \dot{I}_B=\frac{220\angle -120°}{\omega L\angle 90°}=\frac{220}{\omega L}\angle 150°\ \text{A}$$

$$\dot{I}_C=220\angle 120°\times\omega C\angle 90°=220\omega C\angle -150°\ \text{A}$$

如果 $\dot{I}_N=0$，则

$$\dot{I}_A+\dot{I}_B+\dot{I}_C=0$$

由相量图，可知 $\omega L=\dfrac{1}{\omega C}=\sqrt{3}R$ 时，$I_N=0$。

根据三相电流的表达式也可分析，由于 B、C 相电流相量与横轴（实轴）的夹角相等并分居横轴两侧，而 A 相电流在正实轴上，所以感抗和容抗的绝对值必须大小相等，进一步计算即可得到结论。

8-10　某对称三相负载 Y 形连接到对称三相电源上，线电流为 10 A，所耗总功率为 8 kW。若三相负载改为 Δ 形连接，接到同一个对称三相电源上，则此时线电流和所耗总功率又为多少？

解析：此题考查对称三相电路中负载为 Y 形连接和 Δ 形连接情况下的分析及电压、电流、功率的关系。

负载为 Δ 形连接时，每相负载的电压即为 Y 形连接时的线电压，所以，每相电流为 $10\sqrt{3}$ A，则线电流为 $10\sqrt{3}\times\sqrt{3}=30$ A，所以，负载消耗的总功率为 $3\times 8=24$ kW。

也可以进行如下计算。

针对 A 相进行计算，设 $\dot{U}_A=U_A\angle 0°$ V，$Z=z\angle\varphi$ Ω，则负载为 Y 形连接时：

$$\dot{I}_{AL}=\dot{I}_{AP}=\frac{\dot{U}_A}{Z}=\frac{U_A}{z}\angle -\varphi=10\angle -\varphi\ \text{A}$$

$$P=3U_A I_{AP}\cos\varphi=30U_A\cos\varphi=8\ 000\ \text{W}$$

$$U_A\cos\varphi=\frac{800}{3}$$

负载改为 Δ 形连接后：

$$\dot{U}_{AP}=\sqrt{3}U_A\angle 0°\ \text{V}$$

所以

$$\dot{I}_{AP}=\frac{\sqrt{3}U_A\angle 0°}{z\angle\varphi}=\sqrt{3}\frac{U_A}{z}\angle -\varphi=10\sqrt{3}\angle -\varphi\ \text{A}$$

$$I_{AL}=\sqrt{3}I_{AP}=30\ \text{A}$$

即线电流 $I_L=30$ A，所以

$$P=3U_{AP}I_{AP}\cos\varphi=3\times\sqrt{3}U_A\times 10\sqrt{3}\cos\varphi=90\times U_A\cos\varphi=90\times\frac{800}{3}=24\ \text{kW}$$

8-12　图 8-6 所示对称三相电路中，已知负载阻抗 $Z=(10+\text{j}17.32)$ Ω，A 相电源电压 $\dot{U}_A=220\angle 0°$ V，求三相负载总功率 P。

解析：此题考查对称三相电路功率的概念及计算。

$$\dot{I}_A=\frac{\dot{U}_A}{Z}=\frac{220\angle 0°}{10+\text{j}17.32}=\frac{220\angle 0°}{20\angle 60°}=11\angle -60°\ \text{A}$$

$$P=3U_A I_A\cos\varphi=3\times 11\times 220\times\cos 60°=3\ 630\ \text{W}$$

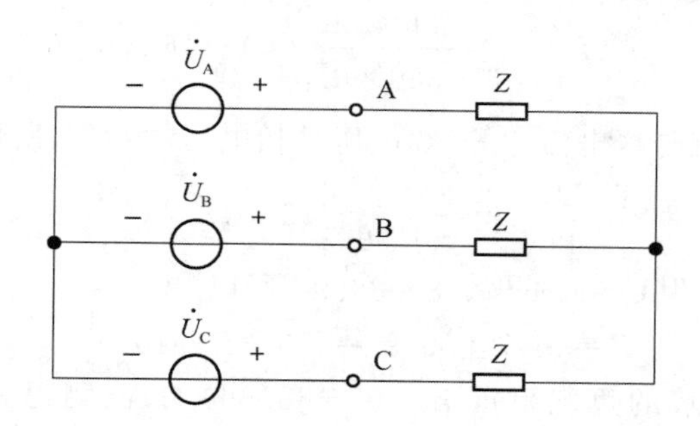

图 8-6　题图 8-8

8-13　已知线电压为 380 V 的对称三相电源作用于 Δ 形连接的对称三相负载，每相负载阻抗为 220 Ω，求负载相电流、线电流和三相功率。

解析：此题考查对称三相电路的分析和计算。先假设某相电压相量，再进行计算。

设$\dot{U}_{AB}=380\angle 0°$ V，相电流

$$\dot{I}_{AB}=\frac{\dot{U}_{AB}}{220}=\frac{380\angle 0°}{220}\approx 1.73\angle 0°\ \text{A},\quad 即\ I_P=1.73\ \text{A}$$

线电流

$$\dot{I}_A=\sqrt{3}\,\dot{I}_{AB}\angle -30°\approx 3\angle -30°\ \text{A},\quad 即\ I_L=3\ \text{A}$$

功率

$$P=3U_{AB}I_{AB}\cos\varphi=3\times 380\times 1.73\times 1=1\ 975\ \text{W}$$

8-14　负载为 Δ 形连接的对称三相电路中，已知对称三相电源线电压 $U_L=380$ V，三相负载总功率 $P=2.4$ kW，功率因数 $\cos\varphi=0.6$(电感性)，求负载阻抗 Z。

解析：此题的考查点与题 8-13 相同，但可以不用进行相量计算。

由 $P=\sqrt{3}U_L I_L\cos\varphi=\sqrt{3}\times 380\times I_L\times 0.6=2\ 400$ W，可得

$$I_L=\frac{2\ 400}{\sqrt{3}\times 380\times 0.6}=\frac{200}{19\sqrt{3}}\ \text{A}$$

则负载相电流为

$$I_P=\frac{1}{\sqrt{3}}I_L=\frac{2\ 400}{\sqrt{3}\times 380\times 0.6}\approx 3.51\ \text{A}$$

因为功率因数为 0.6、电感性，所以负载阻抗应为

$$Z=z\angle\arccos 0.6\approx z\angle 53.1°\ \Omega$$

而对于 Δ 形连接的负载，其上电压为线电压，所以

$$z=\frac{U_L}{I_P}=\frac{380}{3.51}\approx 108.26\ \Omega$$

因此

$$Z=108.26\angle 53.1°\approx 65+\text{j}86.6\ \Omega$$

8-15　已知某对称三相电路的线电压 $U_L=380$ V，三相负载总功率 $P=6\ 930$ W，功率因数 $\cos\varphi=0.8$ (电感性)，求线电流 I_L。若三相负载为 Y 形连接，求每相阻抗 Z。

解析：此题的考查点与题 8-14 基本相同，只不过负载为 Y 形连接。

$$P=\sqrt{3}U_L I_L\cos\varphi=\sqrt{3}\times 380\times I_L\times 0.8=6\ 930\ \text{W}$$

$$I_L=\frac{6\,930}{\sqrt{3}\times380\times0.8}\approx13.16\ \text{A}$$

负载Y形连接时，相电流与线电流相等，线电压是相电压的$\sqrt{3}$倍，所以负载阻抗的模为

$$z=\frac{220}{13.16}\approx16.7\ \Omega$$

阻抗角即为功率因数角，为 $\varphi=\arccos0.8=36.9°$，所以

$$Z=16.7\angle36.9°=(13.35+\text{j}10)\ \Omega$$

8-16　已知Y形连接的负载阻抗 $Z=(5+\text{j}8.66)\ \Omega$，已测得三相负载的总无功功率 $Q=500\sqrt{3}$ Var，求三相负载的总有功功率 P。

解析：此题考查三相电路有功功率与无功功率的概念及其计算。

$Z=5+\text{j}8.66=10\angle60°\ \Omega$，即功率因数角 $\varphi=60°$，因为

$$Q=\sqrt{3}U_LI_L\sin\varphi=\sqrt{3}U_LI_L\sin60°=\frac{3}{2}U_LI_L=500\sqrt{3}\ \text{Var}$$

所以

$$U_LI_L=\frac{1\,000}{\sqrt{3}},\quad P=\sqrt{3}U_LI_L\cos\varphi=\sqrt{3}\times\frac{1\,000}{\sqrt{3}}\times\cos60°=1\,000\times\frac{1}{2}=500\ \text{W}$$

也可以根据阻抗的实部和虚部分别对应有功功率和无功功率而进行如下计算。

因为

$$Q=3I_P^2\text{Im}[Z]=3I_P^2\times8.66=500\sqrt{3}\ \text{Var}$$

所以

$$P=3I_P^2\text{Re}[Z]=3I_P^2\times5=3\times\frac{500\sqrt{3}}{3\times8.66}\times5\approx500\ \text{W}$$

8-17　图8-7所示的对称三相电路中，已知线电压 $\dot{U}_{AB}=380\angle0°$ V，其中一组对称三相感性负载的总功率 $P_1=5.7$ kW，$\cos\varphi_1=0.866$，另一组对称Y形负载阻抗 $Z_2=22\angle-30°\ \Omega$。求线电流 $\dot{I}_A$。

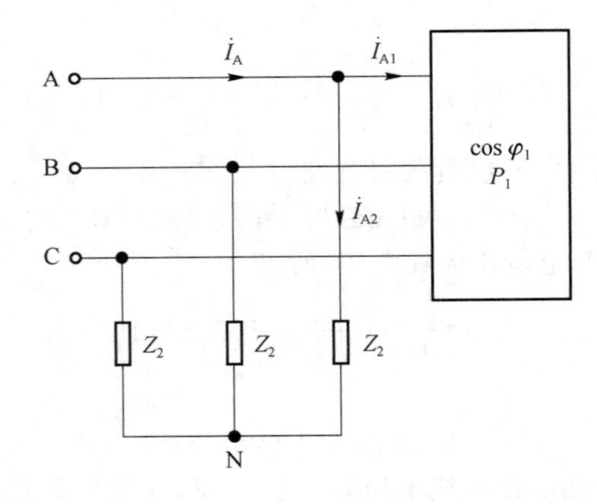

图8-7　题图8-9

解析：此题仍然考查对称三相电路的分析计算，只不过负载为两组，所以需要利用叠加定理求解最后的电流。首先分别计算各组负载上的线电流，然后再进行叠加。

由已知，可得

$$P_1=\sqrt{3}U_{AB}\times I_{A1}\cos\varphi_1=\sqrt{3}\times380\times I_{A1}\times0.866=5\ 700\ \mathrm{W}$$

所以

$$I_{A1}=\frac{5\ 700}{\sqrt{3}\times380\times0.866}\approx10\ \mathrm{A}$$

因为

$$\dot{U}_{AB}=380\angle0^\circ\ \mathrm{V},\quad \varphi_1=\arccos(0.866)=60^\circ$$

所以

$$\dot{I}_{A1}=10\angle-60^\circ\ \mathrm{A}$$

对于 Y 形负载阻抗，由于 $\dot{U}_{AB}=380\angle0^\circ$ V，所以 $\dot{U}_A=220\angle-30^\circ$ V，则

$$\dot{I}_{A2}=\frac{\dot{U}_A}{Z_2}=\frac{220\angle-30^\circ}{22\angle-30^\circ}=10\angle0^\circ\ \mathrm{A}$$

$$\dot{I}_A=\dot{I}_{A1}+\dot{I}_{A2}=10\angle-60^\circ+10\angle0^\circ=5-\mathrm{j}8.66+10=15-\mathrm{j}8.66\approx17.32\angle-30^\circ\ \mathrm{A}$$

8-18　图 8-8 所示的对称三相电路中，Y 形连接的负载阻抗 $Z_1=(80-\mathrm{j}60)\ \Omega$，Δ 形连接的负载阻抗 $Z_2=(60-\mathrm{j}80)\ \Omega$，现测得 Y 形负载的电流有效值 $I_{L1}=\sqrt{3}$ A。试求 Δ 形负载的三相功率 P_2。

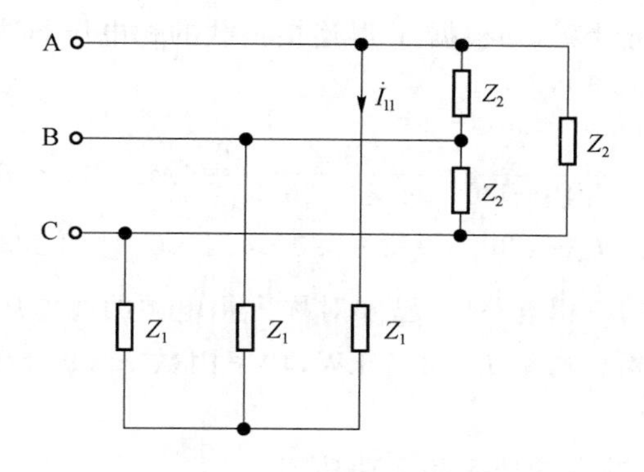

图 8-8　题图 8-10

解析：此题的考查点与题 7-17 类似，只不过所给的条件和待求量不同。先由 Y 形负载求出线电压 $\dot{U}_{AB}$，再求解 Δ 形负载的三相功率 P_2。

以 A 相进行计算，设 $\dot{U}_A=U_A\angle0^\circ$ V，因为

$$Z_1=80-\mathrm{j}60=100\angle-36.9^\circ\ \Omega$$

所以

$$U_A=I_{L1}Z_1=100\sqrt{3}\ \mathrm{V},\quad \dot{U}_{AB}=\sqrt{3}\dot{U}_A\angle30^\circ=300\angle30^\circ\ \mathrm{V}$$

负载 Z_2 的相电流为

$$\dot{I}_{AB_2}=\frac{\dot{U}_{AB}}{Z_2}=\frac{300\angle30^\circ}{60-\mathrm{j}80}=\frac{300\angle30^\circ}{100\angle-53.1^\circ}=3\angle93.1^\circ\ \mathrm{A}$$

则

$$I_{L2}=\sqrt{3}I_{P2}=3\sqrt{3}\ \mathrm{A}$$

因为

$$Z_2=60-\mathrm{j}80=100\angle-53.1^\circ\ \Omega$$

所以

$$P_2=\sqrt{3}U_{AB}I_{L_2}\cos(-53.1^\circ)=\sqrt{3}\times300\times3\sqrt{3}\times0.6=1\ 620\ \mathrm{W}$$

8-19　对称三相电路如图 8-9 所示，已知电源线电压 $U_L=380$ V，$R=40\ \Omega$，$\frac{1}{\omega C}=30\ \Omega$，求三相负载总功率 P。

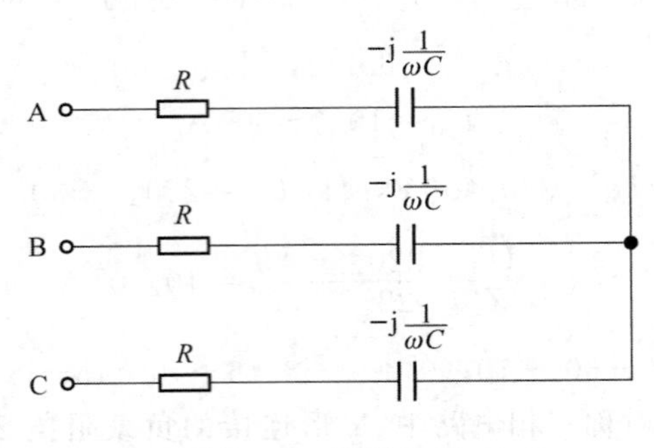

图 8-9　题图 8-11

解析：此题考查对称三相电路中 Y 形连接负载的功率计算。

以 A 相为参考相进行计算，则根据 Y 形连接负载的相电压与线电压的关系，可设$\dot{U}_A=220\angle0^\circ$ V，则

$$\dot{I}_A=\frac{\dot{U}_A}{40-\mathrm{j}30}=\frac{220\angle0^\circ}{50\angle-36.9^\circ}=4.4\angle36.9^\circ\ \mathrm{A}$$

$$P=3U_AI_A\cos36.9^\circ=3\times220\times4.4\times0.8=2\ 323.2\ \mathrm{W}$$

8-20　图 8-10 所示的三相电路中，已知对称三相电源的线电压 $u_{AB}=380\sqrt{2}\cos(314t+30^\circ)$ V，电动机负载的三相总功率 $P=1.7$ kW，功率因数 $\cos\varphi_M=0.8$，对称三相负载阻抗 $Z=(50+\mathrm{j}80)\ \Omega$。

(1) 求三相电源供出的有功功率和无功功率。

(2) 欲使电源端的功率因数提高到 $\cos\varphi=0.9$，在负载 Z 处并联一组 Y 形连接的三相电容，则需要并联多大的电容？

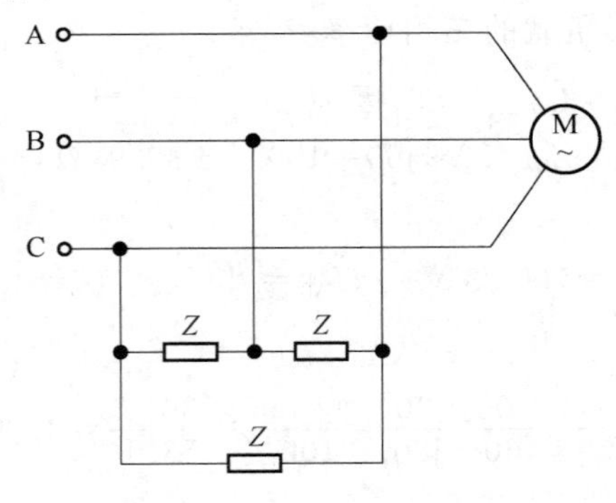

图 8-10　题图 8-12

解析：此题考查对称三相电路的分析与计算，并涉及功率因数提高的问题。

(1) 求出负载 Z 的功率即可得到所求。

因为 $\cos\varphi_M=0.8$，所以

$$\sin\varphi_M=\sqrt{1-\cos^2\varphi_M}=\sqrt{1-0.8^2}=0.6$$

因此，电动机负载的无功功率为

$$Q=\frac{P}{\cos\varphi_M}\sin\varphi_M=\frac{1\,700}{0.8}\times0.6=1\,275\ \text{Var}$$

因为$\dot{U}_{AB}=380\angle30°\ \text{V}$，所以

$$\dot{U}_A=\frac{\dot{U}_{AB}}{\sqrt{3}}\angle-30°=220\angle0°\ \text{V}$$

通过 Z 的相电流为

$$\dot{I}_2=\frac{\dot{U}_{AB}}{Z}=\frac{380\angle30°}{50+\text{j}80}=\frac{380\angle30°}{50+\text{j}80}=\frac{380\angle30°}{94.34\angle58°}\approx4.03\angle-28°\ \text{A}$$

所以，三相负载 Z 的有功功率和无功功率分别为

$$P_Z=3U_{AB}I_2\cos58°=3\times380\times4.03\times0.53=2\,434.93\ \text{W}$$

$$Q_Z=3U_{AB}I_2\sin58°=3\times380\times4.03\times0.85=3\,905.07\ \text{Var}$$

电源供出的有功功率和无功功率分别为

$$P_S=P+P_Z=1\,700+2\,434.93=4\,134.93\ \text{W}$$

$$Q_S=Q+Q_Z=1\,275+3\,905.07=5\,180.07\ \text{Var}$$

(2) 虽然本题也是功率因数提高的问题，但与第 7 章的内容有区别，因为本题不仅要求提高电源端的功率因数，而且要求只与负载 Z 并联电容。

并联电容前的电源端功率因数为

$$\cos\varphi_1=\frac{P_S}{\sqrt{P_S^2+Q_S^2}}=\frac{4\,134.93}{\sqrt{4\,134.93^2+5\,180.07^2}}\approx0.62$$

并联电容后有功功率不变，无功功率变为

$$Q=\frac{P_S}{\cos\varphi}\sin\varphi=\frac{4\,134.93}{0.9}\times\sqrt{1-0.9^2}\approx2\,002.64\ \text{Var}$$

所以，三相电容产生的无功功率为

$$Q_C=Q_S-Q=5\,180.07-2\,002.64=3\,177.43\ \text{Var}$$

而

$$Q_C=3U_AI_C\sin(-90°)=3U_A(\omega CU_A)\sin(-90°)$$

注意，电容的无功功率为负，所以

$$C=\frac{Q_C}{3\omega U_A^2\sin(-90°)}=\frac{-3\,177.43}{3\times2\pi\times50\times220^2\times(-1)}\approx70.08\ \mu\text{F}$$

8-21　图 8-11 所示三相电路中，已知对称三相电源的线电压为 380 V，对称三相负载网络 N 的有功功率 $P=1.5$ kW，功率因数 $\cos\varphi=0.866$(感性)，$R=100\ \Omega$，单相负载电阻 R_1 吸收的功率为 1 650 W，$Z_N=\text{j}5\ \Omega$。试求：

(1) 线电流 $\dot{I}_A$、$\dot{I}_B$、$\dot{I}_C$ 和中线电流 $\dot{I}_N$。

(2) 三相电源供出的总有功功率。

解析：此题比较复杂，不仅有三相，还有单相，二者要分别对待。先对对称三相电路进

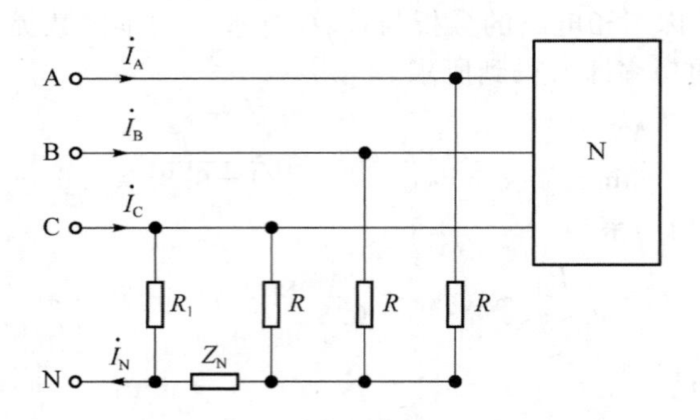

图 8-11　题图 8-13

行分析，然后再考虑单相负载。

(1) 由图可知，A 相和 B 相电流为网络 N 与 R 网络的电流代数和，C 相电流还要在网络 N 与网络 R 的电流基础上叠加单相负载电阻 R_1 的电流，中线电流即为通过电阻 R_1 的电流。

对于网络 N，有 $P=\sqrt{3}\times380\times I_{NL}\cos\varphi=\sqrt{3}\times380\times0.866I_{NL}\approx1\,500$ W

所以

$$I_{NL}=\frac{1\,500}{\sqrt{3}\times380\times0.866}\approx2.63\text{ A}$$

以 A 相为参考相进行计算，设 $\dot{U}_A=220\angle0°$ V，则

$$\dot{I}_{NA}=2.63\angle-\arccos(0.866)\approx2.63\angle-30°\text{ A}$$

对于 Y 形连接的三相负载 R，有

$$\dot{I}_{RA}=\frac{\dot{U}_A}{R}=\frac{220\angle0°}{100}=2.2\angle0°\text{ A}$$

对于单相负载电阻 R_1，有

$$\frac{U_C^2}{R_1}=\frac{220^2}{R_1}=1\,650\text{ W},$$

所以

$$R_1=\frac{220^2}{1650}=\frac{968}{33}\ \Omega,\quad \dot{I}_{R_1}=\frac{\dot{U}_C}{R_1}=\frac{220\angle120°}{\frac{968}{33}}=7.5\angle120°\text{ A}$$

因此

$$\dot{I}_A=\dot{I}_{NA}+\dot{I}_{RA}=2.63\angle-30°+2.2\angle0°=4.478-\text{j}1.315\approx4.67\angle-16.37°\text{ A}$$

根据对称性，可得

$$\dot{I}_B=\dot{I}_A\angle-120°=4.67\angle-136.37°\text{ A}$$

$$\begin{aligned}\dot{I}_C&=\dot{I}_A\angle120°+\dot{I}_{R_1}=4.67\angle103.63°+7.5\angle120°\approx-4.85+\text{j}11.03\\&\approx12.05\angle113.74°\text{ A}\end{aligned}$$

$$\dot{I}_N=\dot{I}_{R_1}=7.5\angle120°\text{ A}$$

(2) R 网络的有功功率为

$$P_R=3U_AI_{RA}=3\times220\times2.2=1\,452\text{ W}$$

三相电源供出的总有功功率为

$$P_S=1\,500+1\,650+P_R=1\,500+1\,650+1\,452=4\,602\text{ W}$$

第9章

非正弦周期稳态电路

9.1 基本知识及学习指导

本章研究的内容是电源为非正弦周期信号源时如何对电路进行分析。本章的主要内容包括非正弦周期信号的傅里叶级数展开、有效值、平均值，非正弦周期稳态电路的分析及功率计算。分析方法仍然用第7章介绍的相量法，所以分析计算前需要利用数学知识对非周期信号进行傅里叶级数展开。本章的知识结构如图9-1所示。

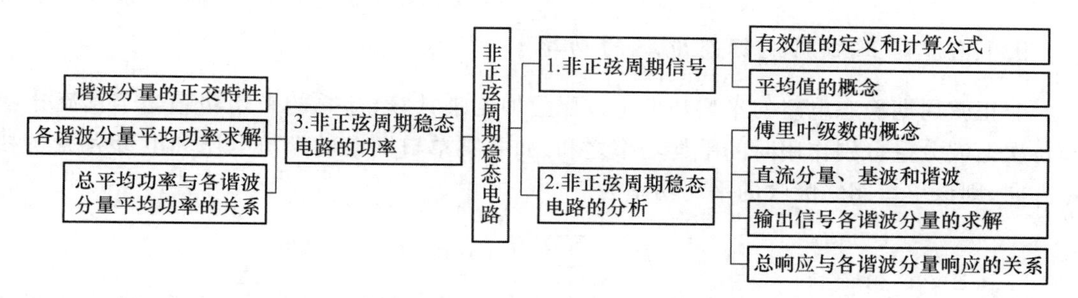

图9-1　第9章知识结构

9.1.1　非正弦周期信号的傅里叶级数展开、有效值、平均值

非正弦周期信号在满足狄利赫里条件时，可利用傅里叶级数展开法分解为恒定(直流)分量和一系列不同频率(为周期信号频率的整数倍)的正弦分量(谐波)之和。这样就可以利用叠加定理和相量法对电路进行分析求解。

进行分解后，可得到非正弦周期信号的有效值与直流分量及各谐波分量有效值的关系，即非正弦周期信号的有效值等于恒定分量的平方与各谐波分量有效值平方的和的平方根。以电流为例，

$$I=\sqrt{I_0^{\,2}+I_1^{\,2}+I_2^{\,2}+\cdots}=\sqrt{\sum_{k=0}^{\infty}I_k^{\,2}}$$

非正弦周期信号的平均值等于其绝对值的平均值，仍以电流为例，平均电流的计算式为

$$I_{av}=\sqrt{\frac{1}{T}\int_0^T |i(t)|\mathrm{d}t}$$

学习提示：本课程不要求进行傅里叶级数的展开，但大家要知道其原理。一定要掌握非周期信号有效值与直流分量及各谐波分量有效值的关系。

9.1.2 非正弦周期稳态电路的分析

非正弦稳态电路的基本分析方法是：先求直流分量和各谐波分量分别作用于电路时的响应，然后由相量形式写出对应的时域形式，最后进行相加。具体步骤如下：

(1) 利用傅里叶级数展开法将非正弦周期信号展开为直流分量和一系列不同频率的正弦信号之和(如果题目中已给出分解形式，则此步就不再需要)；

(2) 应用相量法计算出每一个频率分量单独作用下的电路响应，注意直流激励下的电容和电感处理方法；

(3) 根据叠加定理将各个响应的时域形式进行叠加，得到所要求的响应。

学习提示 1：由于感抗和容抗随频率变化，所以不同的频率分量作用时，要重新计算感抗和容抗。

学习提示 2：因为不同频率的信号不能进行相量相加，所以一定要进行时域相加得到最终的响应。

学习提示 3：傅里叶级数是无穷级数，但计算时不可能取无穷多项，所以实际工程中要根据精度要求取有限项进行计算。

9.1.3 非正弦周期稳态电路的功率

非正弦周期稳态电路的平均功率也按照叠加定理计算，即总的平均功率等于直流分量和各次谐波分量分别作用时的平均功率之和。如果某单口网络的端口电压和电流为关联参考方向，则该单口网络吸收的平均功率为

$$P=\sum_{k=0}^{\infty}U_kI_k\cos\varphi_k$$

式中 U_k、I_k 分别为端口各谐波电压分量的有效值、电流分量的有效值，φ_k 为各谐波电压和电流间的相位差。

学习提示：本章所用知识基本都是第 7 章的内容，无论计算的是电压、电流还是功率，只不过是分别计算各分量单独作用下的所求量，然后叠加。

9.2 部分习题解析

9-1 电压 $u(t)=[10+20\cos(\omega t-75°)+5\cos 3\omega t]$ V 作用于电容元件两端，已知 $\frac{1}{\omega C}=5\ \Omega$，电流与电压为关联参考方向，求通过电容的电流 $i(t)$。

解析：此题考查不同激励作用下电容电流的计算。一定要注意先进行相量计算，再进行时域相加。

当 $u_1(t)=10$ V 单独作用时，电容断路，所以 $i_1(t)=0$。当 $u_2(t)=20\cos(\omega t-75°)$ V 单

独作用时：

$$\dot{U}_2=\frac{20}{\sqrt{2}}\angle-75^\circ\ \text{V}$$

$$\dot{I}_2=\text{j}\omega C\dot{U}_2=\text{j}\,\frac{1}{5}\times\frac{20}{\sqrt{2}}\angle-75^\circ=\frac{4}{\sqrt{2}}\angle15^\circ\ \text{A}$$

$$i_2(t)=4\cos(\omega t+15^\circ)\ \text{A}$$

当 $u_3(t)=5\cos 3\omega t$ V 单独作用时：

$$\dot{U}_3=\frac{5}{\sqrt{2}}\angle0^\circ\ \text{V}$$

$$\dot{I}_3=\text{j}3\omega C\dot{U}_3=\text{j}\,\frac{3}{5}\times\frac{5}{\sqrt{2}}\angle0^\circ=\frac{3}{\sqrt{2}}\angle90^\circ\ \text{A}$$

$$i_3(t)=3\cos(3\omega t+90^\circ)\ \text{A};$$

$$i(t)=i_1(t)+i_2(t)+i_3(t)=[4\cos(\omega t+15^\circ)+3\cos(3\omega t+90^\circ)]\ \text{A}$$

9-3　图 9-2 所示的电路中，$u_s=(18\sqrt{2}\cos\frac{t}{12}+9\sqrt{2}\cos\frac{t}{6})$ V，求 i_L。

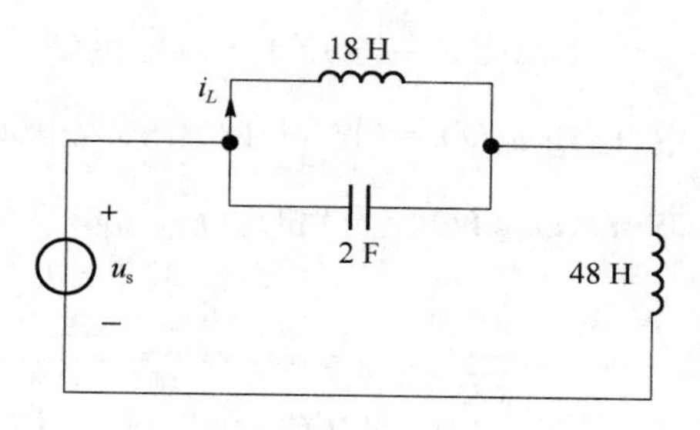

图 9-2　题图 9-2

解析： 此题考查多频激励情况下(非正弦周期稳态)电路的分析计算。基本方法是让每个频率的激励单独作用，用相量法进行分析求解其响应，最后进行时域相加。

画出电路的相量模型，如图 9-3 所示。

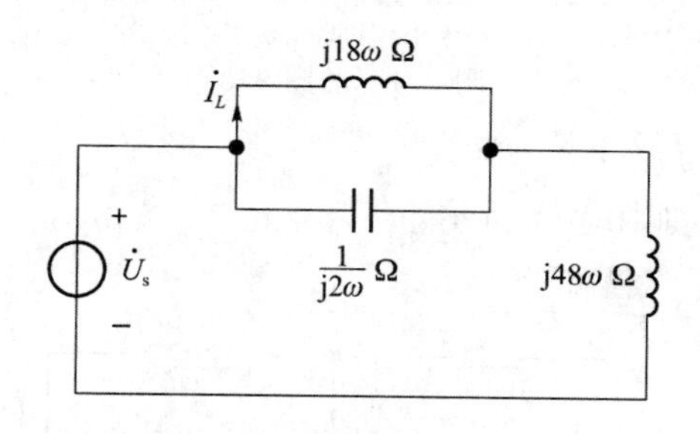

图 9-3

$$\dot{I}_L=\frac{\text{j}18\omega//\frac{1}{\text{j}2\omega}\dot{U}_s}{\text{j}48\omega+(\text{j}18\omega//\frac{1}{\text{j}2\omega})}\cdot\frac{1}{\text{j}18\omega}=\frac{\dot{U}_s}{\text{j}66\omega-\text{j}1\,728\omega^3}$$

当 $u_{s1}(t)=18\sqrt{2}\cos\frac{t}{12}$ V 单独作用时：

$$\omega_1=\frac{1}{12}\ \text{rad/s},\quad \dot{U}_{s1}=18\angle 0°\ \text{V}$$

$$\dot{I}_{L1}=\frac{\dot{U}_{s1}}{\text{j}66\omega_1-\text{j}1\ 728\omega_1^3}=\frac{18\angle 0°}{\text{j}66\times\frac{1}{12}-\text{j}1\ 728\times\frac{1}{12^3}}=\frac{18\angle 0°}{\text{j}5.5-\text{j}1}=4\angle -90°\ \text{A}$$

$$i_{L1}(t)=4\sqrt{2}\cos(\frac{t}{12}-90°)\ \text{A}$$

当 $u_{s2}(t)=9\sqrt{2}\cos\frac{t}{6}$ V 单独作用时：

$$\omega_2=\frac{1}{6}\ \text{rad/s},\quad \dot{U}_{s2}=9\angle 0°\ \text{V}$$

$$\dot{I}_{L2}=\frac{\dot{U}_{s2}}{\text{j}66\omega_2-\text{j}1\ 728\omega_2^3}=\frac{9\angle 0°}{\text{j}66\times\frac{1}{6}-\text{j}1\ 728\times\frac{1}{6^3}}=\frac{9\angle 0°}{\text{j}11-\text{j}8}=3\angle -90°\ \text{A}$$

$$i_{L2}(t)=3\sqrt{2}\cos(\frac{t}{6}-90°)\ \text{A}$$

$$i_L=i_{L1}+i_{L2}=[4\sqrt{2}\cos(\frac{t}{12}-90°)+3\sqrt{2}\cos(\frac{t}{6}-90°)]\ \text{A}$$

9-4　图 9-4 所示电路中，已知 $u_s(t)=(100+180\sin\omega_1 t+50\cos 2\omega_1 t)$ V，$\omega_1 L_1=90\ \Omega$，$\omega_1 L_2=30\ \Omega$，$\frac{1}{\omega_1 C}=120\ \Omega$。求 $u_R(t)$、$u(t)$、$i_1(t)$和 $i_2(t)$。

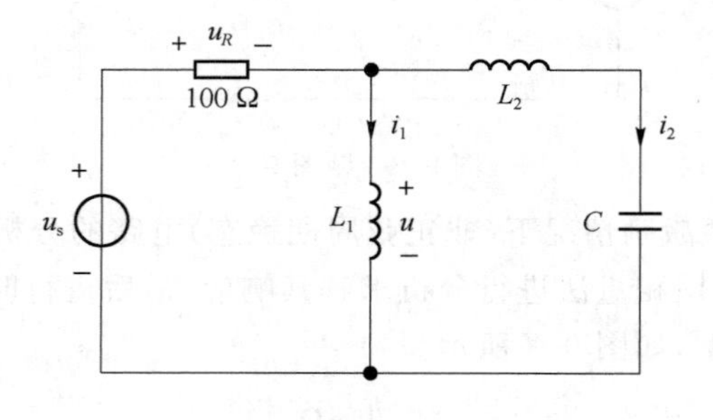

图 9-4　题图 9-3

解析：此题的考查点与题 9-3 一样。

画出电路的相量模型，如图 9-5 所示。

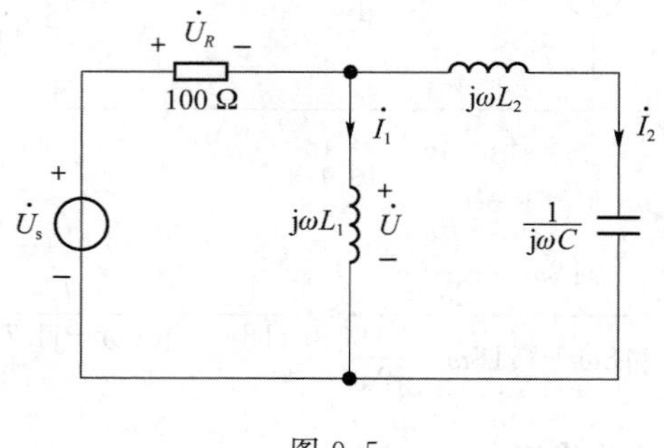

图 9-5

当 $u_{s1}(t)=100\text{ V}$ 单独作用时，电容开路，电感短路，所以

$$u'_R=u_{s1}=100\text{ V},\quad i'_1=\frac{u_{s1}}{R}=1\text{ A},\quad i'_2=0,\quad u'=0$$

当 $u_{s2}(t)=180\sin\omega_1 t=180\cos(\omega_1 t-90°)\text{ V}$ 单独作用时：

$$\dot{U}_{s2}=\frac{180}{\sqrt{2}}\angle-90°\text{ V}$$

$$Z_S=j\omega_1 L_2+\frac{1}{j\omega_1 C}=j(30-120)=-j90\ \Omega$$

$$Z_P=\frac{j\omega_1 L_1 Z_P}{j\omega_1 L_1+Z_P}=\frac{j90(-j90)}{j90-j90}=\infty$$

所以，电感、电容的并联部分相当于开路。

$$u''_R=0,\quad \dot{U}=\dot{U}_{s2}=\frac{180}{\sqrt{2}}\angle-90°\text{ V}$$

$$I''_1=\frac{\dot{U}}{j\omega_1 L_1}=\frac{\frac{180}{\sqrt{2}}\angle-90°}{j90}=\frac{2}{\sqrt{2}}\angle180°\text{ V}=-\frac{2}{\sqrt{2}}\text{ V}$$

$$I''_2=\frac{\dot{U}}{Z_S}=\frac{\frac{180}{\sqrt{2}}\angle-90°}{-j90}=\frac{2}{\sqrt{2}}\angle0°\text{ V}$$

$$u''(t)=180\cos(\omega_1 t-90°)\text{ V},\quad i''_1(t)=-2\cos\omega_1 t\text{ V},\quad i''_2(t)=2\cos\omega_1 t\text{ V}$$

当 $u_{s3}(t)=50\cos 2\omega_1 t\text{ V}$ 作用时：

$$\dot{U}_{s3}=\frac{50}{\sqrt{2}}\angle0°\text{ V},\quad Z_S=j2\omega_1 L_2+\frac{1}{j2\omega_1 C}=j(60-60)=0$$

所以，电感、电容的串联部分相当于短路。

$$u'''_R=u_3=50\cos 2\omega_1 t\text{ V},\quad u'''=0,\quad i'''_1=0$$

$$I'''_2=\frac{\dot{U}_{s3}}{R}=\frac{\frac{50}{\sqrt{2}}\angle0°}{100}=\frac{0.5}{\sqrt{2}}\angle0°\text{ A},\quad i'''_2=0.5\cos 2\omega_1 t\text{ A}$$

根据叠加性，有

$$u_R=u'_R+u''_R+u'''_R=100+50\cos 2\omega_1 t\text{ V}$$
$$i_1=i'_1+i''_1+i'''_1=1-2\cos\omega_1 t\text{ A}$$
$$u=u'+u''+u'''=180\sin\omega_1 t\text{ V}$$
$$i_2=i'_2+i''_2+i'''_2=(2\cos\omega_1 t+0.5\cos 2\omega_1 t)\text{ A}$$

9-5　图 9-6 所示电路中，已知 $u_s(t)=[100\cos\omega t+50\cos(3\omega t+30°)]\text{ V}$，$i(t)=[10\cos\omega t+\cos(3\omega t-\varphi_3)]\text{ A}$，$\omega=100\pi\text{ rad/s}$，求 R、L、C 的值和电路消耗的功率。

解析：此题仍然考查多频激励情况下(非正弦周期稳态)电路的分析计算，但所求量是元件参数，而且涉及功率计算。

由题知，当 $u_{s1}=100\cos\omega t\text{ V}$ 单独作用时，$i_1=10\cos\omega t\text{ A}$，因为电压与电流同相位，所以此时电路的阻抗为纯电阻，电抗为零，即

$$Z=R=\frac{100}{10}=10\ \Omega,\quad \omega L=\frac{1}{\omega C}\tag{1}$$

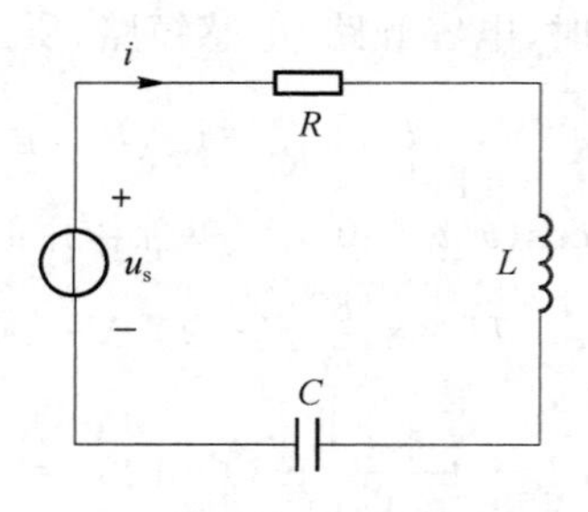

图 9-6　题图 9-4

当 $u_{s2}=50\cos(3\omega t+30°)$ V 单独作用时，$i_2=\cos(3\omega t-\varphi_3)$ A，此时电路阻抗为

$$Z=\frac{\dot{U}_{s2}}{\dot{I}_2}=\frac{\frac{50}{\sqrt{2}}\angle 30°}{\frac{1}{\sqrt{2}}\angle -\varphi_3}=50\angle 30°+\varphi_3=[50\cos(30°+\varphi_3)+\mathrm{j}50\sin(30°+\varphi_3)]\ \Omega$$

而

$$Z=R+\mathrm{j}(3\omega L-\frac{1}{3\omega C})=\left[10+\mathrm{j}(3\omega L-\frac{1}{3\omega C})\right]\ \Omega$$

所以

$$10=50\cos(30°+\varphi_3) \tag{2}$$

$$50\sin(30°+\varphi_3)=3\omega L-\frac{1}{3\omega C} \tag{3}$$

式(1)、(2)、(3)联立，可得到所求。

或者进行如下分析：

$$\sqrt{R^2+(3\omega L_1-\frac{1}{3\omega C})^2}=\sqrt{10^2+(3\omega L_1-\frac{1}{3\omega C})^2}=50 \tag{4}$$

式(1)、(4)联立，进行求解。最后可得

$$L_1=58.5\ \text{mH},\quad C=173\ \mu\text{F}$$

由(2)得

$$\varphi_3=\arccos 0.2-30°\approx 48.46° \quad 或 \quad \varphi=30°+\varphi_3=\arctan\frac{3\omega L-\frac{1}{3\omega C}}{R}\approx 78.46°$$

则电路消耗的功率：

$$P=U_{s1}I_1\cos\varphi_1+U_{s2}I_2\cos\varphi_2=\frac{100\times 10}{2}\cos 0°+\frac{50}{2}\times\cos(30°-(-48.46°))=505\ \text{W}$$

9-6　对图 9-6 所示电路，如果 $u_s(t)=(40\cos 2t+40\cos 4t)$ V，$i(t)=[10\cos 2t+8\cos(4t-\varphi)]$ A，试求：

(1) R、L、C 值；(2)φ 值；(3)电源供出的功率 P。

解析：此题的考查点与题 9-5 基本一样，解题思路也相同。第(1)和(2)可以同时进行求解。

当 $u_1=40\cos 2t$ V 单独作用时，$i_1=10\cos 2t$ A，因为电压与电流同相位，所以此时电路的阻抗为纯电阻，电抗为零，即

$$Z=R=\frac{40}{10}=4\ \Omega$$

$$\omega L=\frac{1}{\omega C},\quad 即\ L=\frac{1}{4C}$$

当 $u_2=40\cos 4t$ V 单独作用时，$i_2=8\cos(4t-\varphi)$ A，由与题 9-5 相同的计算步骤，可得

$$L=1\ \text{H},\quad C=0.25\ \text{F},\quad \varphi=36.9°$$

(3) $P=U_1I_1\cos\varphi_1+U_2I_2\cos\varphi_2=\frac{40\times10}{2}\cos 0°+\frac{40\times8}{2}\cos(0°-(-36.9°))\approx328$ W

9-7　电路如图 9-7 所示，已知 $i_s(t)=(10+2\cos 3\omega_1 t)$ A，$\omega_1 L=3\ \Omega$，$\frac{1}{\omega_1 C}=27\ \Omega$。求：(1)$u(t)$及其有效值 U；(2)与电源连接的单口网络吸收的平均功率 P。

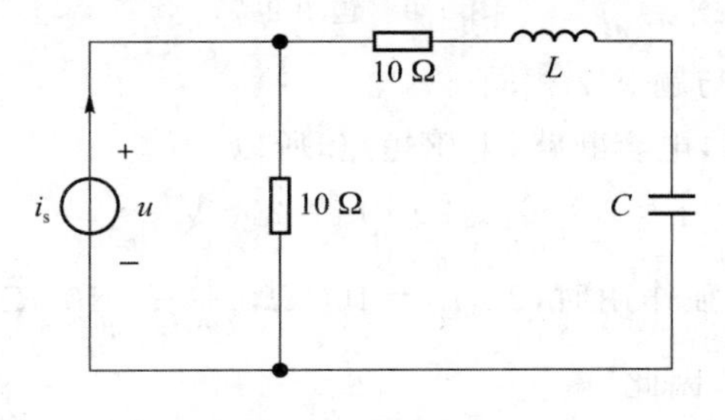

图 9-7　题图 9-5

解析：此题考查点仍然是多频激励情况下(非正弦周期稳态)电路的分析计算，并且涉及非正弦信号的有效值及功率计算问题。

画出电路的相量模型，如图 9-8 所示。

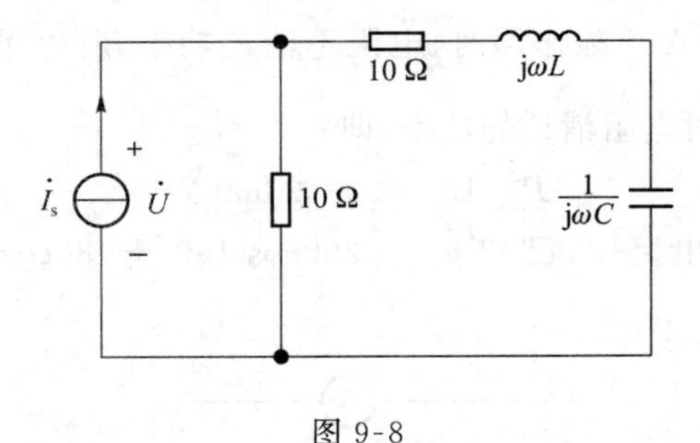

图 9-8

当 $i_{s1}=10$ A 单独作用时，电感短路，电容开路，$u_1=10\cdot i_{s1}=100$ V；

当 $i_{s2}=2\cos 3\omega_1 t$ A 单独作用时：

$$j3\omega_1 L+\frac{1}{j3\omega_1 C}=j9-j9=0$$

所以总电阻 $Z=10//10=5\ \Omega$，$u_2=5\cdot i_{s2}=10\cos 3\omega_1 t$ V。总电压为

$$u=u_1+u_2=(100+10\cos 3\omega_1 t)\ \text{V}$$

$$U=\sqrt{100^2+\left(\frac{10}{\sqrt{2}}\right)^2}=\sqrt{100^2+50}\approx100.25\ \text{V}$$

$$P=U_1I_{s1}+U_2I_{s2}=100\times10+\frac{10\times2}{2}=1\ 010\ \text{W}$$

9-9　电路如图 9-9 所示，已知 $i_s(t)=\left[10+5\cos(2\omega_1 t+\frac{\pi}{2})\right]$ A，$\omega_1 L=50\ \Omega$，$\frac{1}{\omega_1 C}=200\ \Omega$。求 $u_C(t)$和与电源连接的单口网络吸收的平均功率。

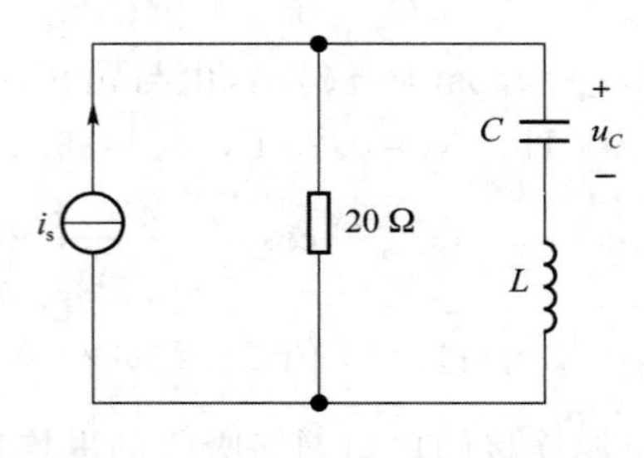

图 9-9　题图 9-7

解析：此题的考查点与题 9-7 相同。

$i_{s1}=10$ A 单独作用时，电容断路，电感短路，所以

$$u_{C1}=20\cdot i_{s1}=200\ \text{V}$$

$i_{s2}=5\cos(2\omega_1 t+\frac{\pi}{2})$ A 单独作用时，$2\omega_1 L_1=100\ \Omega$，$\frac{1}{2\omega_1 C}=100\ \Omega$，所以，$LC$ 支路相当于短路，电流不通过 20 Ω 电阻，因此

$$\dot{U}_{C2}=-\text{j}\frac{1}{2\omega_1 C}\dot{I}_{s2}=-\text{j}100\times\frac{5}{\sqrt{2}}\angle 90^\circ=\frac{500}{\sqrt{2}}\angle 0^\circ\ \text{V}$$

$$u_{C2}=500\cos(2\omega_1 t)\ \text{V}$$

$$u_C=u_{C1}+u_{C2}=[200+500\cos(2\omega_1 t)]\ \text{V}$$

由于 $i_{s2}=5\cos(2\omega_1 t+\frac{\pi}{2})$ A 单独作用时，电阻不消耗功率，所以单口网络吸收的平均功率就是 $i_{s1}=10$ A 单独作用时电阻消耗的功率，即

$$P=10^2\times 20=2\ 000\ \text{W}$$

9-10　图 9-10 所示电路中，已知 $u_s=(200\cos 100t+180\cos 200t)$ V，试求电流表的读数。

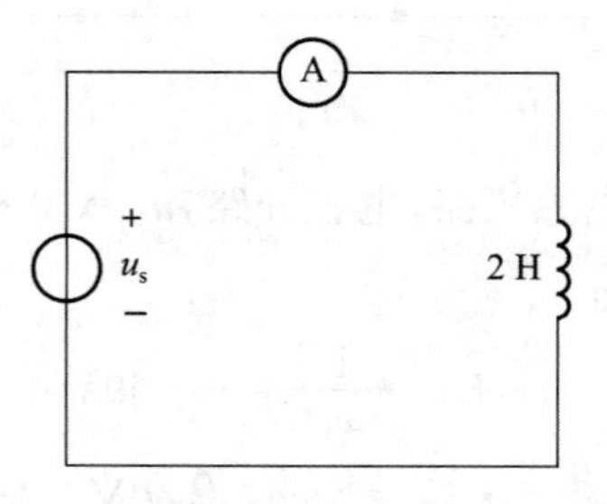

图 9-10　题图 9-8

解析：此题仍然考查非正弦周期稳态电路的分析。注意电流表测的是有效值。

$u_{s1}=200\cos 100t$ V 单独作用时：

$$\text{j}\omega_1 L=\text{j}100\times 2=\text{j}200\ \Omega$$

回路中的电流(顺时针绕行方向)为

$$\dot{I}_1=\frac{\dot{U}_{s1}}{j\omega_1 L}=\frac{\frac{200}{\sqrt{2}}\angle 0^\circ}{j200}=\frac{1}{\sqrt{2}}\angle -90^\circ \text{ A}$$

$$i_1(t)=\cos(100t-90^\circ) \text{ A}$$

当 $u_{s2}=180\cos 200t$ V 单独作用时：

$$j\omega_2 L=j200\times 2=j400\ \Omega$$

回路中的电流为

$$\dot{I}_2=\frac{\dot{U}_{s2}}{j\omega_2 L}=\frac{\frac{180}{\sqrt{2}}\angle 0^\circ}{j400}=\frac{9}{20\sqrt{2}}\angle -90^\circ \text{ A}$$

$$i_2(t)=\frac{9}{20}\cos(100t-90^\circ)=0.45\cos(100t-90^\circ) \text{ A}$$

电流表读数为

$$\sqrt{\left(\frac{1}{\sqrt{2}}\right)^2+\left(\frac{0.45}{\sqrt{2}}\right)^2}\approx 0.775 \text{ A}$$

9-11　图 9-11 所示电路中，已知 $R=20\ \Omega$，$\omega L=5\ \Omega$，$\frac{1}{\omega C}=45\ \Omega$，若

$$u=(200+100\sqrt{2}\cos 3\omega t) \text{ V}$$

则图 9-11 中电流表和电压表的读数分别是多少？

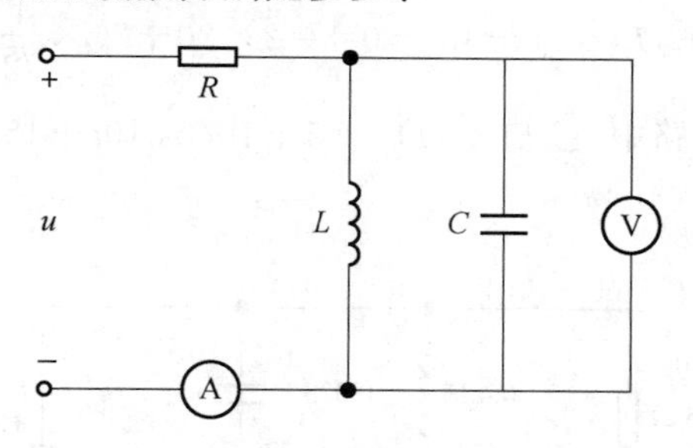

图 9-11　题图 9-9

解析：此题的考查点与题 9-10 类似，只是增加了一项电压计算。假设 LC 并联支路的电压为上正下负，电路中的总电流与电压 u 为关联参考方向。

当 $u_1=200$ V 单独作用时，电容开路，电感短路，所以

$$u_{V1}=0,\quad i_{A1}=\frac{u_1}{R}=\frac{200}{10}=10 \text{ A}$$

当 $u_2=100\sqrt{2}\cos 3\omega t$ V 单独作用时，感抗为 $3\omega L=15\ \Omega$，容抗为 $\frac{1}{3\omega C}=15\ \Omega$，此时 L、C 并联支路相当于断路，所以

$$u_{V2}=u_2=100\sqrt{2}\cos 3\omega t \text{ V},\quad i_{A2}=0$$

因此，电压表读数为 100 V，电流表为 10 A。

9-12　图 9-12 所示电路中，已知 $i_s=(2+4\cos 10t)$ A，求 10 Ω 电阻消耗的功率。

解析：此题考查非正弦周期稳态电路功率的计算。

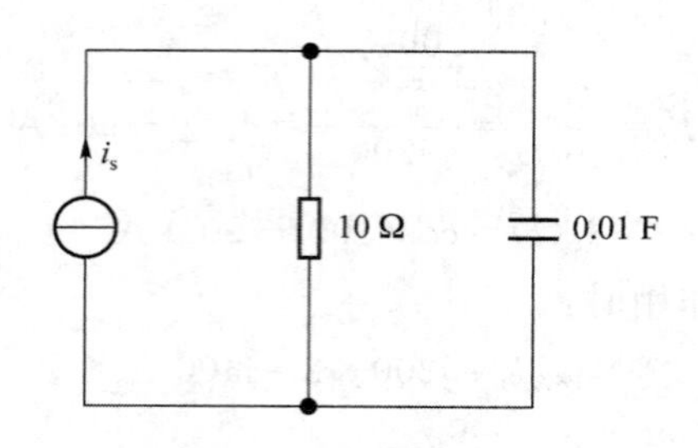

图 9-12　题图 9-10

假设电阻两端的电压 u_R 为上正下负。

当 $i_{s1}=2$ A 单独作用时，电容断路，所以，$u_{R1}=20$ V。

当 $i_{s2}=4\cos 10t$ A 单独作用时，$-\mathrm{j}\dfrac{1}{\omega C}=-\mathrm{j}\dfrac{1}{10\times 0.01}=-\mathrm{j}10\ \Omega$，电路总阻抗为

$$Z=\frac{10\times(-\mathrm{j}10)}{10-\mathrm{j}10}=5-\mathrm{j}5=5\sqrt{2}\angle -45°\ \Omega,$$

所以，有

$$\dot{U}_{R2\mathrm{m}}=\dot{I}_{\mathrm{s2m}}Z=4\angle 0°\times 5\sqrt{2}\angle -45°=20\sqrt{2}\angle -45°\ \mathrm{V}$$

$$u_{R2}=20\sqrt{2}\cos(10t-45°)\ \mathrm{V}$$

10 Ω 电阻消耗的功率为

$$P=u_{R1}i_{s1}+U_{R2}I_{s2}\cos(-45°-0°)=2\times 20+20\times\frac{4}{\sqrt{2}}\cdot\frac{\sqrt{2}}{2}=80\ \mathrm{W}$$

9-13　图 9-13 所示电路中，已知 $u_s(t)=(5+10\cos 10t+15\cos 30t)$ V，试求电压 $u(t)$ 和电源供出的有功功率 P。

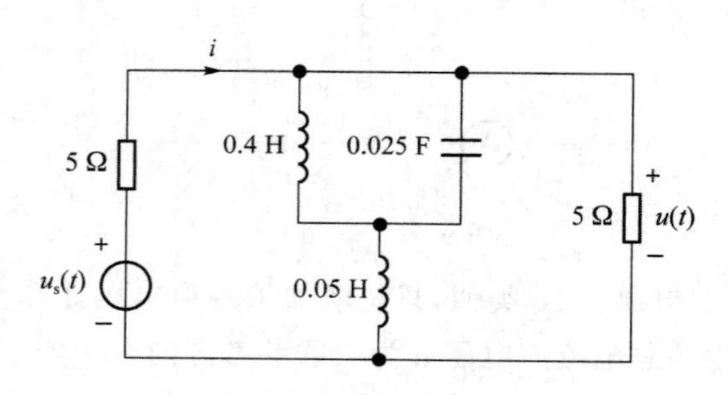

图 9-13　题图 9-11

解析：此题考查点仍然是非正弦周期稳态电路的分析计算。

当电压源的直流分量 $u_{s0}=5$ V 单独作用时，电感短路，电容开路，所以

$$i_0=\frac{5}{5}=1\ \mathrm{A},\quad u_0=0$$

电源供出的功率为

$$P_0=u_{s0}i_0=5\times 1=5\ \mathrm{W}$$

当 $u_{s1}(t)=10\cos 10t$ V 单独作用时，并联部分的感抗和容抗分别为

$$Z_{L_1 1}=\mathrm{j}10\times 0.4=\mathrm{j}4\ \Omega,\quad Z_{C1}=-\mathrm{j}\frac{1}{10\times 0.025}=-\mathrm{j}4\ \Omega$$

可以看出这部分的等效阻抗为无穷大，即相当于断路，所以

$$i_1(t)=\frac{10\cos 10t}{5+5}=\cos 10t\ \text{A},\quad u_1(t)=5i_1(t)=5\cos 10t\ \text{V}$$

电源供出的有功功率为

$$P_1=U_{s1}I_1=\frac{10}{\sqrt{2}}\times\frac{1}{\sqrt{2}}=5\ \text{W}$$

当 $u_{s2}(t)=15\cos 30t$ V 单独作用时，并联部分的感抗和容抗分别为

$$Z_{L_1 2}=\text{j}30\times 0.4=\text{j}12\ \Omega,\quad Z_{C2}=-\text{j}\,\frac{1}{30\times 0.025}=-\text{j}\,\frac{4}{3}\ \Omega$$

并联的等效阻抗为

$$\frac{\text{j}12\left(-\text{j}\,\frac{4}{3}\right)}{\text{j}12-\text{j}\,\frac{4}{3}}=-\text{j}1.5\ \Omega$$

0.05 H 电感的阻抗为 $Z_{L_2 2}=\text{j}30\times 0.05=\text{j}1.5\ \Omega$，由此可知电感、电容混联支路的等效阻抗为零，即相当于短路，所以

$$i_2(t)=\frac{15\cos 30t}{5}=3\cos 30t\ \text{A},\quad u_2=0$$

电源供出的有功功率为

$$P_2=U_{s2}I_2=\frac{15}{\sqrt{2}}\times\frac{3}{\sqrt{2}}=22.5\ \text{W}$$

所以

$$u(t)=u_0+u_1(t)+u_2=5\cos 10t\ \text{V}$$
$$P=P_0+P_1+P_3=5+5+22.5=32.5\ \text{W}$$

第10章

电路的频率特性

10.1 基本知识及学习指导

通过对第7章和第9章的学习我们已经知道，感抗和容抗随着频率的变化而变化，由此可推出，含有电感和电容元件的电路，响应也会随着频率的变化而变化，本章就讨论这种变化规律。本章的主要内容包括网络函数和频率特性的概念，RC电路的频率特性，RLC串联电路和并联电路的谐振，同时引入滤波、截止频率、通频带、品质因数和谐振曲线等概念。本章的知识结构如图10-1所示。

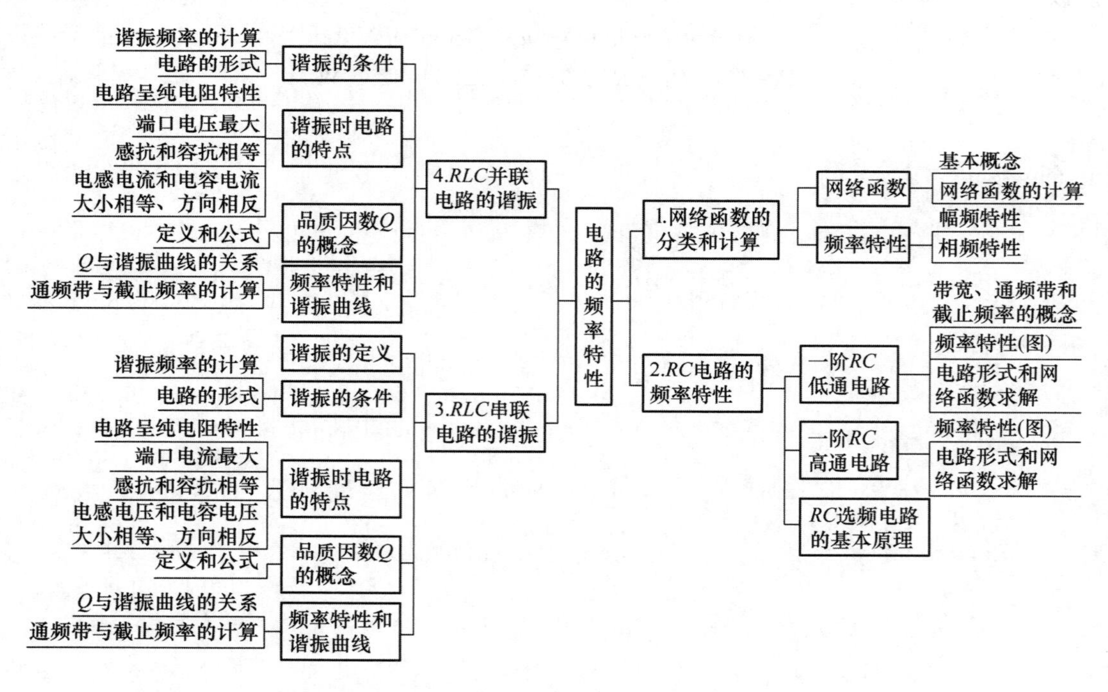

图10-1 第10章知识结构

10.1.1　网络函数和频率特性

网络函数定义为单一激励的正弦稳态电路中响应相量与激励相量之比，也称为系统函数。网络函数反映了系统自身的固有特性，是分析系统的重要函数。按照响应和激励是否在同一端口以及二者是电压还是电流，网络函数类型分为六种、两大类，其中，两类就是策动点函数（响应和激励在同一端口）和转移函数（响应和激励不在同一端口）。

通常情况下网络函数是一个复数，其幅度和相位都是频率的函数。将幅度和相位随频率的变化关系称为频率特性，把这种关系用曲线表示出来就形成了频率特性曲线，它包括幅频特性曲线（幅度随频率变化的关系曲线）和相频特性曲线（相位随频率变化的关系曲线）两部分。

10.1.2　*RC* 电路的频率特性

最简单的 *RC* 电路就是由一个电阻和一个电容构成的电路。以电容电压作为输出的 *RC* 电路，就是一阶 *RC* 低通滤波电路，具有通低频、阻高频的作用，即随着频率增加，输出量越来越少。以电阻电压作为输出的 *RC* 电路，就是一阶 *RC* 高通滤波电路，具有阻低频、通高频的作用，即随着频率增加，输出量越来越多。滤波的意思就是滤除某些频率的信号。

这里有两个重要概念——截止频率和通频带。截止频率定义为幅度下降为最大值的 $\frac{1}{\sqrt{2}}$时的频率，又被称为半功率点频率、-3 dB 截止频率。通频带定义为信号能通过的频率范围：对于低通滤波电路，就是 0 到截止频率点的频率范围；对于高通滤波电路，则为从截止频率到无穷大的范围。如果将一个 *RC* 并联支路和一个 *RC* 串联支路连接在一起，且以并联支路的电压作为输出时，电路就具有带通滤波特性，也将其称为 *RC* 选频电路。

滤波器分为 5 种，分别是低通滤波器、高通滤波器、带通滤波器、带阻滤波器和全通滤波器。其中，带通滤波器具有两个截止频率，分别称为上限截止频率（较大的频率）、下限截止频率（较小的频率）。上、下限截止频率之间的范围就是通频带，上限截止频率与下限截止频率之差即为通频带宽度。

学习提示 1： 画频率特性曲线时，让频率从零变化到无穷，根据幅频特性表达式和相频特性表达式，分别计算幅度值和相位值，即可得到幅频特性曲线和相频特性曲线。一般只需计算几个特殊点的值，然后定性画出曲线即可。特殊点包括频率为零和无穷大的两个点，以及二者中间的一个点（通常选截止频率点）。

学习提示 2： 电路的滤波特性是由其幅频特性确定的，与相频特性无关。

10.1.3　*RLC* 串联电路的谐振

谐振是指无源单口网络的端口电压与电流同相位时的一种工作状态，这种工作状态可以通过调整电路元件的参数或者改变电源的频率达到。在这种情况下，电路呈现纯电阻性，阻抗的电抗分量为零。

对于由电阻、电感和电容三个元件串联组成的 *RLC* 串联电路，根据谐振的定义可以确定电路的谐振频率 $\omega_0=\sqrt{\frac{1}{LC}}$或 $f_0=\frac{1}{2\pi\sqrt{LC}}$。谐振频率就是电路达到谐振状态时电源频率与电路中元件参数的一种相等关系。可以这样理解，如果电源频率一定，则调整元件参数，使$\sqrt{\frac{1}{LC}}$与电源角频率相等；或者如果元件参数一定，改变电源频率，使电源角频率等于$\sqrt{\frac{1}{LC}}$。两种方法都能使电路处于谐振状态。

RLC 串联电路谐振时具有以下特点：

(1) 阻抗最小，等于电阻元件的电阻；

(2) 电流最大，等于电源电压除以电阻；

(3) 感抗与容抗相等，并将其称为串联谐振电路的特性阻抗；

(4) 电感电压与电容电压大小相等，方向相反，互相抵消。

由于谐振时电阻上的电压等于外加电源的电压，电容电压和电感电压远大于外加电源电压，并且是电源电压的 Q 倍，因此，串联谐振又称为电压谐振。

Q 是电路的品质因数，定义为电路中存储的最大能量与电路在一周期内消耗的总能量之比(要注意将其与第 7 章中的无功功率区分开来)。Q 值越大，电路的“品质”越好。电路的品质因数是表征电路谐振性质的固有参数，由电路本身的参数决定。当 RLC 串联电路谐振时，Q 等于谐振时的特性阻抗与电阻之比。

在 RLC 串联电路中，如果以电阻上的电压作为输出，则网络函数具有带通特性，而且此网络函数形式和任意频率时的电流与谐振时的电流之比相同。在分析电路的谐振特性时，我们就针对网络函数进行分析。

随着电路品质因数的变化，网络函数也变化，由此可以画出一组曲线，将其中的幅频特性曲线称为谐振曲线。Q 值越大，谐振曲线越尖锐。

工程中还有一个选择性的概念，它表示电路对偏离谐振频率的信号的衰减抑制能力，通频带越窄，选择性越好。但从无线电应用方面来说，通频带过窄，不容易选定电台，如图 10-2(a)中左边的曲线；通频带过宽，容易造成混频，如图 10-2(a)中右边的两条曲线。所以，二者是一对矛盾，实际应用时要合理设计，图 10-2(b)是比较理想的曲线。

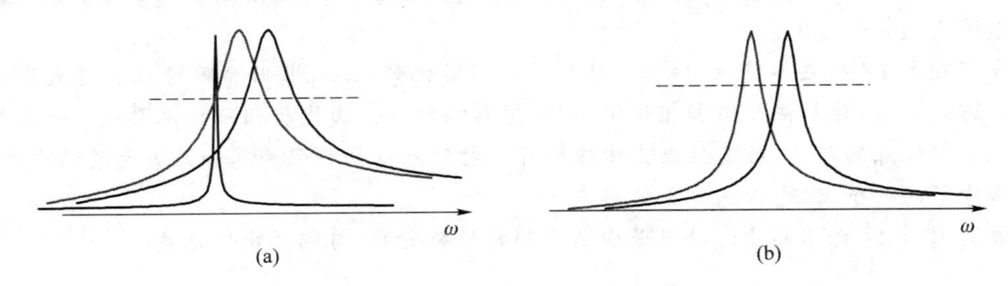

图 10-2　谐振曲线与选择性的关系

学习提示 1： 这部分内容概念较多，要记的内容也比较多。大家在学习过程中要理解性地记忆，重点掌握谐振的定义，并可以由此推出谐振时电路的特点。要记住品质因数的概念，同时要掌握品质因数与谐振频率和通频带的关系，以及谐振频率与上、下限截止频率的关系。

学习提示 2： 对于比较复杂的电路，要研究其谐振问题，仍要先按照谐振定义确定谐振频率，然后按照等效的方法将其等效为 RLC 串联的形式并确定等效后的元件参数值，最后套用本节推导出的公式进行计算。

10.1.4　RLC 并联电路的谐振

无论什么电路，谐振的定义都一样。对于由电阻、电感和电容三个元件并联组成的 RLC 并联电路，根据谐振的定义，可以算出电路的谐振频率为 $\omega_0=\sqrt{\frac{1}{LC}}$ 或 $f_0=\frac{1}{2\pi\sqrt{LC}}$。此时，电路导纳的电纳为零。

根据对偶关系，可以推出 RLC 并联电路谐振时电路的特点：

(1) 导纳最小，等于电阻元件的电导；

(2) 电压最大，等于电源电流与电阻的乘积；

(3) 感抗与容抗相等，也称为并联谐振电路的特性阻抗；

(4) 电感电流与电容电流大小相等，方向相反，互相抵消。

谐振时电阻中的电流等于外加电源的电流，电容电流和电感电流远大于外部电源电流，因此并联谐振又称为电流谐振。并联电路谐振时的品质因数等于电阻与特性阻抗之比。

学习提示： 并联谐振电路的特点及相关特性都可以根据对偶关系由串联谐振电路的特点和特性得到。

10.2　部分习题解析

10-1　求图 10-3 所示各单口网络的驱动点阻抗函数 $Z(j\omega)$。

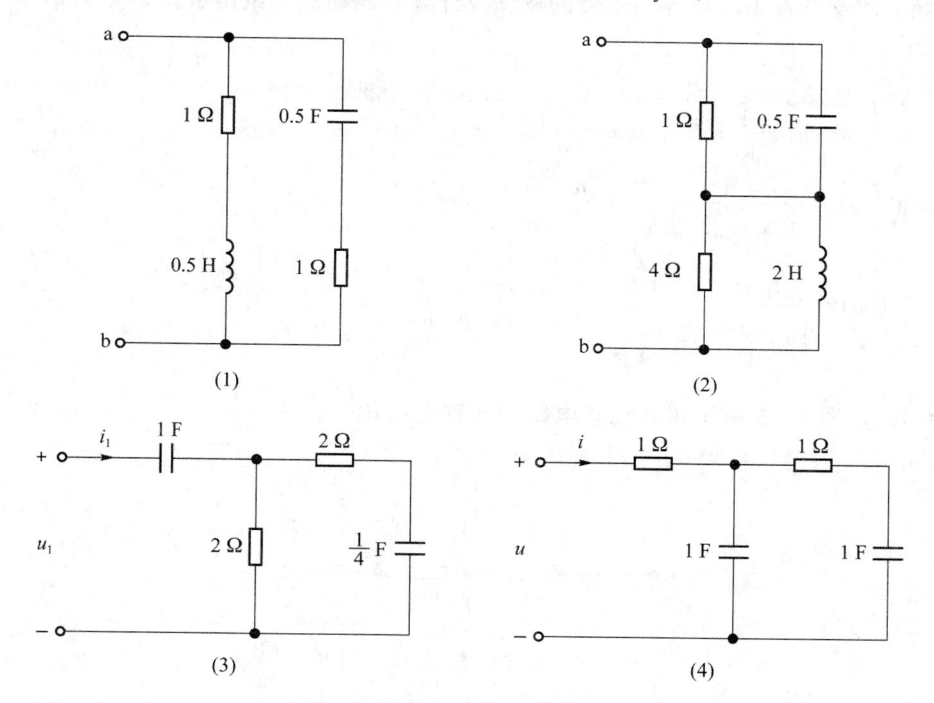

图 10-3　题图 10-1

解析： 此题考查驱动点阻抗函数的概念及计算。驱动点阻抗函数就是无源单口网络的等效阻抗。

(1) $Z(j\omega)=(1+0.5j\omega)//(1+\frac{1}{0.5j\omega})=1\ \Omega$

(2) $Z(j\omega)=(1//\frac{1}{0.5j\omega})+(4//2j\omega)=\frac{2+j4\omega}{2+j\omega}$

(3) $Z(j\omega)=(2+\frac{1}{\frac{1}{4}j\omega})//2+\frac{1}{j\omega}=\frac{\omega-j2}{\omega-j}+\frac{1}{j\omega}=\frac{1-\omega^2+j3\omega}{-\omega^2+j\omega}$

(4) $Z(j\omega)=(1+\frac{1}{j\omega})//\frac{1}{j\omega}+1=\frac{\omega^2-1-j3\omega}{\omega^2-j2\omega}$

10-2　求图 10-4 所示各单口网络的驱动点导纳函数 $Y(j\omega)$。

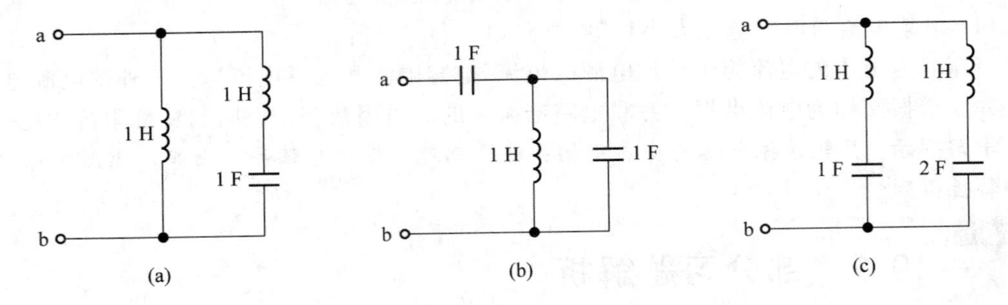

图 10-4　题图 10-2

解析： 此题考查驱动点导纳函数的概念及计算。驱动点导纳函数就是无源单口网络的等效导纳。

(a) $Y(j\omega)=\frac{1}{j\omega+\frac{1}{j\omega}}+\frac{1}{j\omega}=\frac{1}{j(\omega-\frac{1}{\omega})}+\frac{1}{j\omega}=j\ \frac{1-2\omega^2}{(\omega^3-\omega)}$

(b) $Y(j\omega)=\frac{1}{\frac{1}{j\omega}+(j\omega//\frac{1}{j\omega})}=j\ \frac{(\omega-\omega^3)}{1-2\omega^2}$

(c) $Y(j\omega)=\frac{1}{j\omega+\frac{1}{j\omega}}+\frac{1}{j\omega+\frac{1}{j2\omega}}=j\ \frac{\omega(3-4\omega^2)}{1-3\omega^2+2\omega^4}$

10-3　求图 10-5 所示正弦稳态电路的转移电压比 $\frac{\dot{U}_2}{\dot{U}_1}$。

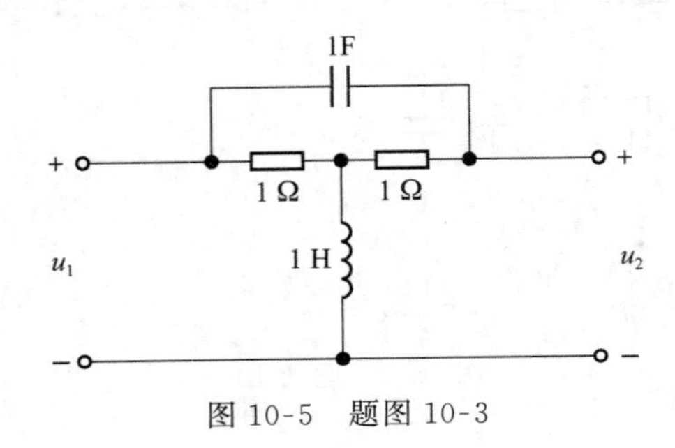

图 10-5　题图 10-3

解析：此题考查转移函数中转移电压比的计算。

找出 $\dot{U}_1$ 与 $\dot{U}_2$ 之间的关系即可得到二者的比值。可以通过列写节点电压方程进行求解。

画出电路的相量模型，如图 10-6 所示。选节点 4 为参考节点，对节点 2、3 列写节点电压方程如下。

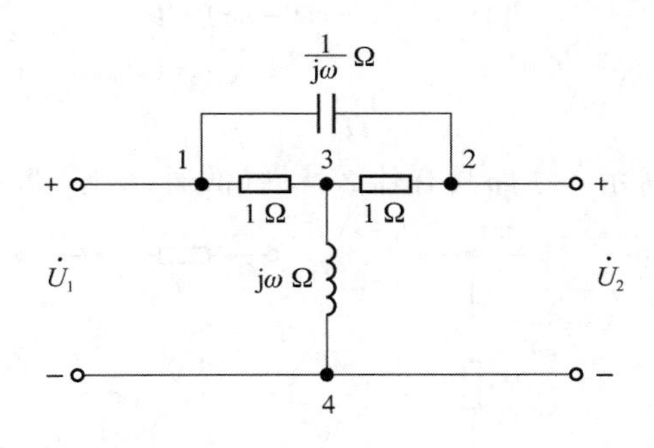

图 10-6

$$-\mathrm{j}\omega\dot{U}_1+(1+\mathrm{j}\omega)\dot{U}_2-\dot{U}_3=0$$

$$(1+1+\frac{1}{\mathrm{j}\omega})\dot{U}_3-\dot{U}_1-\dot{U}_2=0$$

消去中间变量 $\dot{U}_3$，可得 $\dot{U}_1$ 和 $\dot{U}_2$ 的关系，进而得到二者的比值如下：

$$\frac{\dot{U}_2}{\dot{U}_1}=\frac{-\omega^2+\mathrm{j}\omega}{0.5-\omega^2+\mathrm{j}\omega}$$

10-4　图 10-7 所示电路在什么条件下对所有频率 $Z(\mathrm{j}\omega)$ 和 $Y(\mathrm{j}\omega)$ 的数值相等？

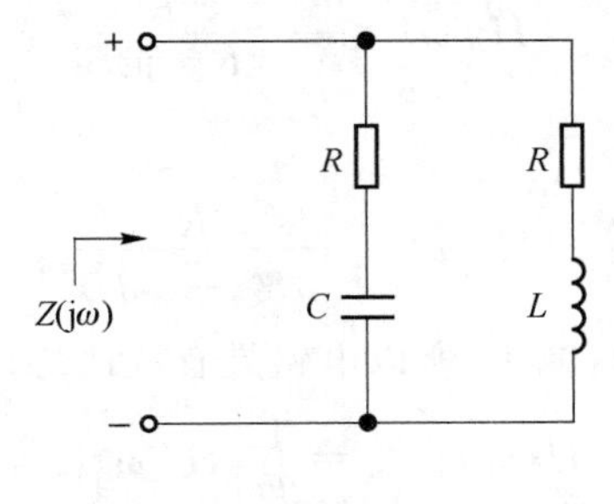

图 10-7　题图 10-4

解析：此题虽然问的是 $Z(\mathrm{j}\omega)$ 与 $Y(\mathrm{j}\omega)$ 数值相等的问题，但实际上仍然涉及驱动点阻抗函数和导纳函数的概念及计算，求出二者后，才能确定二者的数值何时相等。注意，数值即是模值，所以要写出二者的表达式。

由题图可得电路的总阻抗和导纳分别为

$$Z=(R+\frac{1}{\mathrm{j}\omega C})//(R+\mathrm{j}\omega L)=\frac{R-\omega^2 LCR+\mathrm{j}\omega(CR^2+L)}{1+\mathrm{j}2\omega CR-\omega^2 LC}$$

$$Y=\frac{1}{R+\frac{1}{\mathrm{j}\omega C}}+\frac{1}{R+\mathrm{j}\omega L}=\frac{1-\omega^2 LC+\mathrm{j}2\omega CR}{R-\omega^2 LCR+\mathrm{j}\omega(L+CR^2)}$$

从表达式可以看出，$Z(\mathrm{j}\omega)$ 的分母、分子分别与 $Y(\mathrm{j}\omega)$ 的分子、分母相等，所以只要下式成立

即可满足要求,即

$$1-\omega^2 LC+\mathrm{j}2\omega CR=R-\omega^2 LCR+\mathrm{j}\omega(L+CR^2)$$

按照实部和虚部相等可得

$$\begin{cases}2\omega CR=\omega(L+CR^2)\\ 1-\omega^2 LC=R-\omega^2 LCR\end{cases}$$

求解式以上二式可得

$$R=1\ \Omega,\quad L=C$$

10-5　说明图 10-8 所示各电路具有什么特性(低通、高通、带通),并确定其通频带。

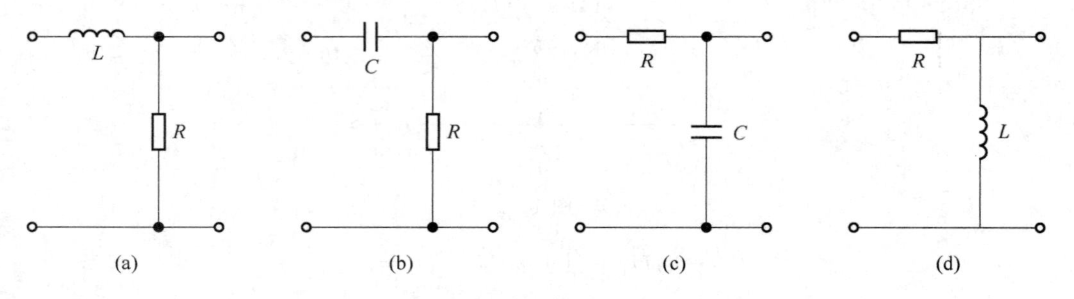

图 10-8　题图 10-5

解析: 此题考查电路的频率特性及通频带的概念及计算,涉及截止频率的概念及计算。

先写出网络函数(输出电压与输入电压之比)的表达式,然后根据其幅频特性表达式确定滤波特性;再确定截止频率,进而计算通频带宽度。

(1) 网络函数

$$H(\mathrm{j}\omega)=\frac{\dot{U}_2}{\dot{U}_1}=\frac{R}{R+\mathrm{j}\omega L}$$

幅频特性

$$|H(\mathrm{j}\omega)|=\frac{R}{\sqrt{R^2+(\omega L)^2}}$$

分析可知:随着 ω 增加,$|H(\mathrm{j}\omega)|$减小,所以电路具有低通特性。根据

$$|H(\mathrm{j}\omega)|_{\omega=\omega_c}=\frac{1}{\sqrt{2}}|H(\mathrm{j}\omega)|_{\omega=0}$$

可以得到截止频率 $\omega_c=\dfrac{R}{L}$,所以,通频带为 $0\sim\dfrac{R}{L}$。

(2) 网络函数

$$H(\mathrm{j}\omega)=\frac{R}{R+\dfrac{1}{\mathrm{j}\omega C}}$$

幅频特性

$$|H(\mathrm{j}\omega)|=\frac{R}{\sqrt{R^2+\left(\dfrac{1}{\omega C}\right)^2}}$$

分析可知:随着 ω 增加,$|H(\mathrm{j}\omega)|$增大,所以电路具有高通特性。根据

$$|H(j\omega)|_{\omega=\omega_c}=\frac{1}{\sqrt{2}}|H(j\omega)|_{\omega=\infty}$$

可以得到截止频率 $\omega_c=\frac{1}{RC}$，所以，通频带为$\frac{1}{RC}\sim\infty$。

（3）网络函数

$$H(j\omega)=\frac{\frac{1}{j\omega C}}{R+\frac{1}{j\omega C}}=\frac{1}{1+j\omega RC}$$

幅频特性

$$|H(j\omega)|=\frac{1}{\sqrt{1+(\omega RC)^2}}$$

分析可知：随着 ω 增加，$|H(j\omega)|$减小，所以电路具有低通特性。根据

$$|H(j\omega)|_{\omega=\omega_c}=\frac{1}{\sqrt{2}}|H(j\omega)|_{\omega=0}$$

可以得到截止频率 $\omega_c=\frac{1}{RC}$，所以，通频带为 $0\sim\frac{1}{RC}$。

（4）网络函数

$$H(j\omega)=\frac{j\omega L}{R+j\omega L}$$

幅频特性

$$|H(j\omega)|=\frac{\omega L}{\sqrt{R^2+(\omega L)^2}}$$

分析可知：随着 ω 增加，$|H(j\omega)|$增大，所以电路具有高通特性。根据

$$|H(j\omega)|_{\omega=\omega_c}=\frac{1}{\sqrt{2}}|H(j\omega)|_{\omega=\infty}$$

可以得到截止频率 $\omega_c=\frac{R}{L}$，所以，通频带为$\frac{R}{L}\sim\infty$。

10-7　电路如图 10-9 所示，试求：(1)电路的转移电压比$\frac{\dot{U}_2}{\dot{U}_1}$；(2)当 $K=1$ 时的幅频特性表达式。

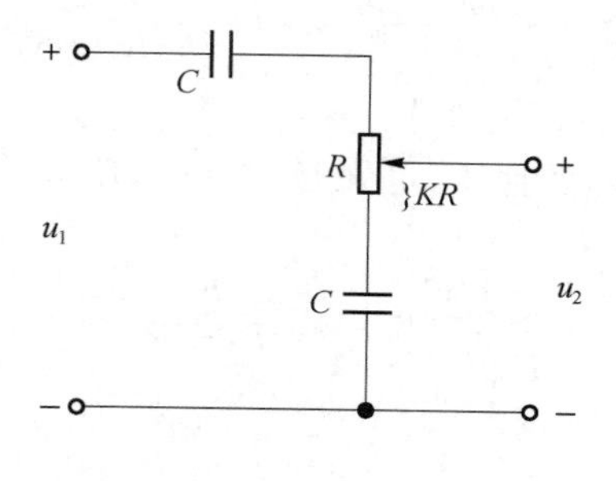

图 10-9　题图 10-7

解析：此题考查转移函数、幅频特性的概念及计算。先根据电路结构写出转移函数表达式(输出电压与输入电压之比)，再据此写出幅频特性表达式。

(1) 由已知条件,可得

$$\frac{\dot{U}_2}{\dot{U}_1}=\frac{KR+\frac{1}{\mathrm{j}\omega C}}{R+\frac{2}{\mathrm{j}\omega C}}=\frac{1+\mathrm{j}\omega KRC}{2+\mathrm{j}\omega RC}=H(\mathrm{j}\omega)$$

(2) 当 $K=1$ 时的幅频特性为

$$|H(\mathrm{j}\omega)|=\frac{\sqrt{1+(\omega RC)^2}}{\sqrt{2^2+(\omega RC)^2}}$$

10-9　图 10-10 所示为有源滤波电路,通过改变电阻 R_f 和 R_1 的比值可以改变输出与输入信号之间的比值。试求:

(1) 网络函数 $H(\mathrm{j}\omega)=\frac{\dot{U}_o}{\dot{U}_{in}}$(提示:分别写出 $\dot{U}_-$ 和 $\dot{U}_+$ 的表达式,令二者相等)。

(2) 该电路具有何种频率特性。

(3) 如果希望 10 kHz 的信号能以较小的幅度衰减传到输出端,则电路元件的参数间应满足什么关系?

(4) 如果希望输出信号与输入信号的比值为 40,则电路元件的参数间应满足什么关系?

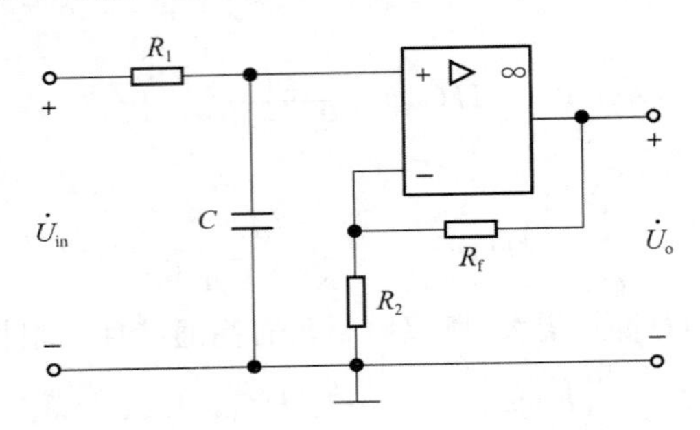

图 10-10　题图 10-9

解析: 此题考查网络函数、频率特性及其相关概念和计算。需要注意的是,此题是含有理想运算放大器的电路,所以要用到理想运算放大器的特性。

(1) 根据电路结构,可得

$$\dot{U}_+=\frac{\frac{1}{\mathrm{j}\omega C}}{R_1+\frac{1}{\mathrm{j}\omega C}}\dot{U}_{in},\quad \dot{U}_-=\frac{R_2}{R_2+R_f}\dot{U}_o$$

根据理想运算放大器虚短、虚断的性质,可知 $\dot{U}_+=\dot{U}_-$,所以

$$\frac{\frac{1}{\mathrm{j}\omega C}}{R_1+\frac{1}{\mathrm{j}\omega C}}\dot{U}_{in}=\frac{R_2}{R_2+R_f}\dot{U}_o$$

所以,网络函数为

$$H(\mathrm{j}\omega)=\frac{\dot{U}_o}{\dot{U}_{in}}=\frac{\frac{1}{\mathrm{j}\omega C}}{R_1+\frac{1}{\mathrm{j}\omega C}}\cdot\frac{R_2+R_f}{R_2}=(1+\frac{R_f}{R_2})\cdot\frac{1}{1+\mathrm{j}\omega R_1 C}$$

(2) 根据网络函数表达式,可得幅频特性表达式:

$$|H(j\omega)|=(1+\frac{R_f}{R_2})\cdot\frac{1}{\sqrt{1+(\omega R_1 C)^2}}$$

分析可知:随着 ω 增加,$|H(j\omega)|$减小,所以电路具有低通滤波特性。

(3) 由幅频特性表达式和截止频率的概念,计算截止频率。

根据$|H(j\omega)|_{\omega=\omega_c}=\frac{1}{\sqrt{2}}|H(j\omega)|_{\omega=0}$,计算得到截止频率为

$$\omega_c=\frac{1}{R_1 C}$$

如果希望 10 kHz 信号以较小衰减通过,则该频率应在通频带内,即

$$\frac{1}{R_1 C}\geqslant 20\pi\ \text{kHz}=20\pi\times 10^3\ \text{rad/s}$$

(4) 如果希望输出信号与输入信号的比值为 40,则信号应该在通频带范围内且幅频特性为 40,由此可知,至少在 $\omega=0$ 时幅频特性为 40,即

$$1+\frac{R_f}{R_2}=40\quad 或\quad \frac{R_f}{R_2}=39$$

理想的情况是电路近似为理想低通,在整个通频带内衰减很小。如果保证在整个通频带内均大于 40,则应满足如下条件:

$$|H(j\omega_c)|=(1+\frac{R_f}{R_2})\cdot\frac{1}{\sqrt{1+(\omega_c R_1 C)^2}}=(1+\frac{R_f}{R_2})\frac{1}{\sqrt{2}}=40$$

即

$$\frac{R_f}{R_2}=40\sqrt{2}-1$$

10-10　已知某 RLC 串联谐振电路的通频带为 100 kHz,品质因数 $Q=20$,电容 $C=50$ pF,试求电路的谐振频率和电感 L。

解析: 此题考查 RLC 串联谐振的相关知识,涉及谐振频率、品质因数、通频带的概念及计算。按照公式计算即可。

谐振频率

$$f_0=B_f\cdot Q=100\times 20=2\ 000\ \text{kHz}$$

因为 $f_0=\frac{1}{2\pi\sqrt{LC}}$,所以

$$L=\frac{1}{(2\pi f_0)^2 C}=\frac{1}{4\pi^2\times(2\times 10^6)^2\times 50\times 10^{-12}}\approx 0.13\ \text{mH}$$

10-12　试求图 10-11 所示电路的谐振频率 ω_0、品质因数 Q 及谐振时的$\frac{\dot{U}_R}{\dot{U}}$。

解析: 此题仍然考查 RLC 串联谐振的相关知识,涉及谐振频率、品质因数、谐振时元件电压的概念及计算。

$$\omega_0=\frac{1}{\sqrt{LC}}=\frac{1}{\sqrt{1\times 100\times 10^{-6}}}=100\ \text{rad/s}$$

$$Q=\frac{\omega_0 L}{R}=\frac{100\times 1}{10}=10$$

谐振时，电阻电压与端口电源电压相同，所以$\dfrac{\dot{U}_R}{\dot{U}}=1$。

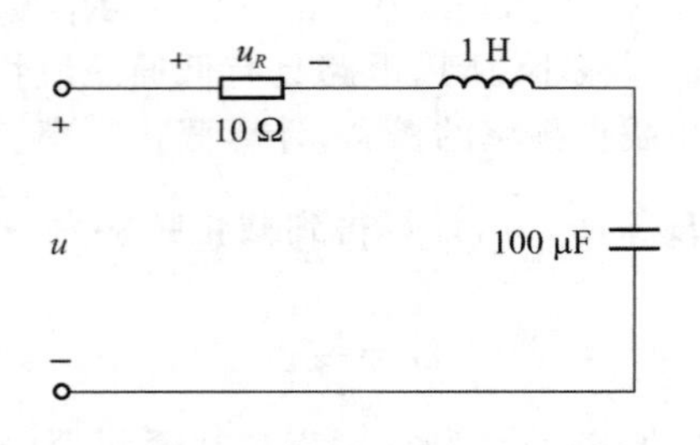

图 10-11　题图 10-10

10-13　针对图 10-12 所示 RLC 串联电路，试求：(1)谐振频率 ω_0、品质因数 Q 和通频带 BW；(2)在 $\omega=98\times10^3$ rad/s 时的电流有效值；(3)在 ω_0 时的电容电压有效值。

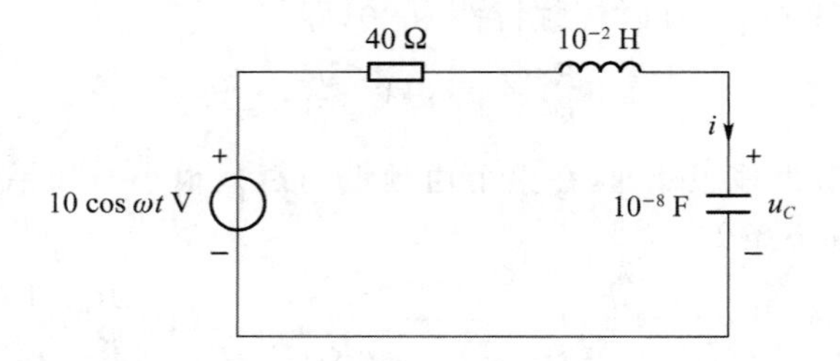

图 10-12　题图 10-11

解析：此题考查的内容涵盖题 10-10 和题 10-12 的内容。

(1) $\omega_0=\dfrac{1}{\sqrt{LC}}=\dfrac{1}{\sqrt{10^{-2}\times10^{-8}}}=1\times10^5$ rad/s

$Q=\dfrac{\omega_0 L}{R}=\dfrac{1}{\omega_0 CR}=\dfrac{1\times10^5\times0.01}{40}=25$

$\mathrm{BW}=\dfrac{\omega_0}{Q}=\dfrac{1\times10^5}{25}=4\times10^3$ rad/s

(2) 当 $\omega=98\times10^3$ rad/s 时，电路处于失谐状态，此时的电流与谐振电流 I_0 有一个固定的关系，通过一个失谐系数建立联系。失谐系数定义如下：

$$\xi=\frac{f}{f_0}-\frac{f_0}{f}=\frac{\omega}{\omega_0}-\frac{\omega_0}{\omega}$$

任意频率时的电流与谐振电流的关系为

$$I=I_0\,\frac{1}{\sqrt{1+Q^2\xi^2}}$$

因为谐振电流

$$I_0=\frac{\frac{10}{\sqrt{2}}}{40}=\frac{\sqrt{2}}{8}\ \mathrm{A}$$

所以，$\omega=98\times10^3$ rad/s 时的电流有效值为

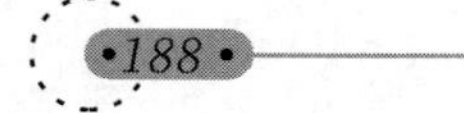

$$I=I_0\cdot\frac{1}{\sqrt{1+Q^2\left(\frac{\omega}{\omega_0}-\frac{\omega_0}{\omega}\right)^2}}=\frac{\sqrt{2}}{8}\times\frac{1}{\sqrt{1+25^2\left(\frac{98\times10^3}{1\times10^5}-\frac{1\times10^5}{98\times10^3}\right)^2}}=\frac{1}{8}\ \text{A}$$

(3) 当 $\omega=\omega_0$ 时,有 $U_C=Q\cdot U_s=25\times\frac{10}{\sqrt{2}}=125\sqrt{2}\ \text{V}$

10-15　已知某 RLC 并联谐振电路中,$R=60\ \text{k}\Omega$,$L=5\ \text{mH}$,$C=50\ \text{pF}$。试求:(1)Q 值;(2)通频带;(3)若要通频带增加一倍,R 应为多少?

解析: 此题考查 RLC 并联谐振的相关知识,涉及谐振频率、品质因数、通频带的概念及计算。根据公式计算即可。

由已知条件,可得

$$\omega_0=\frac{1}{\sqrt{LC}}=\frac{1}{\sqrt{5\times10^{-3}\times50\times10^{-12}}}=2\times10^6\ \text{rad/s}$$

(1) $Q=\frac{R}{\omega_0 L}=\frac{60\times10^3}{2\times10^6\times5\times10^{-3}}=6$

(2) $\text{BW}=\frac{\omega_0}{Q}=\frac{2\times10^6}{6}=333\,333.33\ \text{rad/s}$

(3) 若通频带增加一倍,则 Q 应减小为原来的二分之一,即 R 减小为原来的二分之一,应为 $R=30\ \text{k}\Omega$。

10-16　已知某 RLC 并联电路的谐振频率为 $\frac{1\,000}{2\pi}$ Hz,谐振时阻抗为 $10^5\ \Omega$,通频带为 $\frac{100}{2\pi}$ Hz,试求 R、L、C。

解析: 此题考查 RLC 并联谐振电路中各元件参数的计算,但仍然需要利用谐振频率、品质因数、通频带的概念及计算式。

由已知条件,可得

$$R=10^5\ \Omega$$

$$Q=\frac{f_0}{\text{BW}_f}=\frac{1\,000}{2\pi}\times\frac{2\pi}{100}=10$$

又因为 $Q=\frac{R}{\omega_0 L}$,所以

$$L=\frac{R}{\omega_0 Q}=\frac{R}{2\pi f_0 Q}=\frac{10^5}{2\pi\times\frac{1000}{2\pi}\times10}=10\ \text{H}$$

而 $f_0=\frac{1}{2\pi\sqrt{LC}}$,所以

$$C=\frac{1}{(2\pi f_0)^2 L}=\frac{1}{\left(2\pi\times\frac{1\,000}{2\pi}\right)^2\times10}=0.1\ \mu\text{F}$$

10-17　试求由 $R=20\ \text{k}\Omega$、$L=12.5\ \text{mH}$、$C=0.05\ \mu\text{F}$ 组成的并联电路的谐振角频率 ω_0、品质因数 Q 和特性阻抗 ρ。

解析: 此题考查 RLC 并联谐振电路中谐振角频率、品质因数和特性阻抗的概念及计算。

由已知条件，可得

$$\omega_0=\frac{1}{\sqrt{LC}}=\frac{1}{\sqrt{12.5\times10^{-3}\times0.05\times10^{-6}}}=4\times10^4\ \text{rad/s}$$

$$Q=\frac{R}{\omega_0 L}=\frac{20\times10^3}{4\times10^4\times12.5\times10^{-3}}=40$$

$$\rho=\sqrt{\frac{L}{C}}=\sqrt{\frac{12.5\times10^{-3}}{0.05\times10^{-6}}}=500\ \Omega$$

10-19　某收音机的输入等效电路如图 10-13 所示。已知 $R=8\ \Omega$，$L=300\ \mu\text{H}$，C 为可调电容。广播电台信号 $U_{s1}=1.5\ \text{mV}$，$f_1=540\ \text{kHz}$，$U_{s2}=1.5\ \text{mV}$，$f_2=600\ \text{kHz}$。试求：

(1) 当电路分别对两信号发生谐振时，电容值 C 和电路的品质因数 Q。

(2) 保持电路对 u_{s1} 谐振时的电容值 C_1 不变，分别计算 u_{s1} 和 u_{s2} 在电路中产生的电流及在电容上的输出电压。

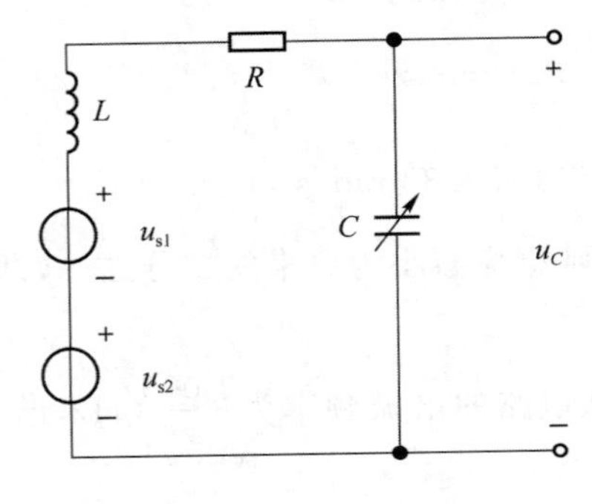

图 10-13　题图 10-13

解析：此题考查 RLC 串联电路谐振的相关知识，不过相比于之前的习题稍微有些复杂，即电路中有两个频率不同的激励源，所以，电路对每一个激励源产生谐振时，元件参数是不一样的，分别按照谐振的相关公式计算即可。此外，还涉及失谐的知识，这部分内容在题 10-13 中已经介绍，属于教材之外扩展的内容。

(1) 根据 $f_0=\frac{1}{2\pi\sqrt{LC}}$ 和 $Q=\frac{\omega_0 L}{R}$ 及 $\omega=2\pi f$，分别计算电路对两信号发生谐振时的元件参数。

对信号 u_{s1} 发生谐振时：

$$f_1=\frac{1}{2\pi\sqrt{LC_1}},\quad C_1=\frac{1}{(2\pi f_1)^2 L}=\frac{1}{4\pi^2\times(540\times10^3)^2\times300\times10^{-6}}\approx289.56\ \text{pF}$$

$$Q_1=\frac{\omega_1 L}{R}=\frac{2\pi f_1 L}{R}=\frac{2\pi\times540\times10^3\times300\times10^{-6}}{8}\approx127.2$$

对信号 u_{s2} 发生谐振时：

$$f_2=\frac{1}{2\pi\sqrt{LC_2}},\quad C_2=\frac{1}{(2\pi f_2)^2 L}=\frac{1}{4\pi^2\times(600\times10^3)^2\times300\times10^{-6}}\approx234.5\ \text{pF}$$

$$Q_2=\frac{\omega_2 L}{R}=\frac{2\pi f_2 L}{R}=\frac{2\pi\times600\times10^3\times300\times10^{-6}}{8}\approx141.37$$

(2) 当 $C_1=289.56\ \text{pF}$ 时，电路对 u_{s1} 产生谐振。

u_{s1} 作用时：

$$I_1=\frac{U_{s1}}{R}=\frac{1.5\times10^{-3}}{8}=187.5\ \mu\text{A}$$

$$U_{C1}=Q_1U_{s1}=127.2\times1.5\approx191\ \text{mV}$$

u_{S2}作用时，根据失谐系数进行计算。

$$I_2=I_1\cdot\frac{1}{\sqrt{1+Q_1^2\left(\frac{f_2}{f_1}-\frac{f_1}{f_2}\right)^2}}=187.5\times\frac{1}{\sqrt{1+127.2^2\times\left(\frac{600}{540}-\frac{540}{600}\right)^2}}\approx7.0\ \mu\text{A}$$

$$U_{C2}=\frac{1}{2\pi f_2C_1}I_2=\frac{1}{2\pi\times600\times10^3\times299\times10^{-12}}\times7\times10^{-6}\approx6.2\ \text{mV}$$

也可以直接根据电路进行计算。

$$\dot{I}_2=\frac{\dot{U}_{s2}}{R+\text{j}\omega_2L-\text{j}\frac{1}{\omega_2C_1}}=\frac{1.5\times10^{-3}\angle0^\circ}{8+\text{j}2\pi\times600\times10^3\times300\times10^{-6}-\text{j}\frac{1}{600\times10^3\times299\times10^{-12}}}$$
$$\approx7.38\angle-88.1^\circ\ \mu\text{A}$$

所以

$$I_2=7.38\ \mu\text{A}$$

$$\dot{U}_{C2}=\dot{I}_2\left(-\text{j}\frac{1}{\omega_2C_1}\right)=7.38\angle-88.1^\circ\times\left(-\frac{1}{2\pi\times600\times10^3\times299\times10^{-12}}\right)\approx6.6\angle-178.1^\circ\ \text{mV}$$

所以，$U_{C2}=6.6\ \text{mV}$。

两种计算方法都有些误差，这是计算过程中四舍五入造成的。

10-20　收音机的原理是把从天线接收到的高频信号经检波还原成音频信号，然后送到耳机输出。由于不同的广播电台有不同的频率，为了设法得到所需要的节目，将接收天线与一个选择性电路连接，即带通滤波器，其作用就是把所需的信号挑选出来，把不需要的信号滤掉，以免产生干扰。图 10-14 是外置天线的接收信号电路，通过天线接收到的信号可以看作一个电流源信号。假设现有 3 个广播电台，其频率分别为 639 kHz、756 kHz 和 945 kHz，已知 $R=25\ \text{k}\Omega$，$L=0.15\ \text{mH}$。

(1) 如果要想接收 756 kHz 的信号，则应将电容 C 调到多大？

(2) 此时频率为 639 kHz 和 945 kHz 的电台信号是否会对 756 kHz 的信号产生干扰？

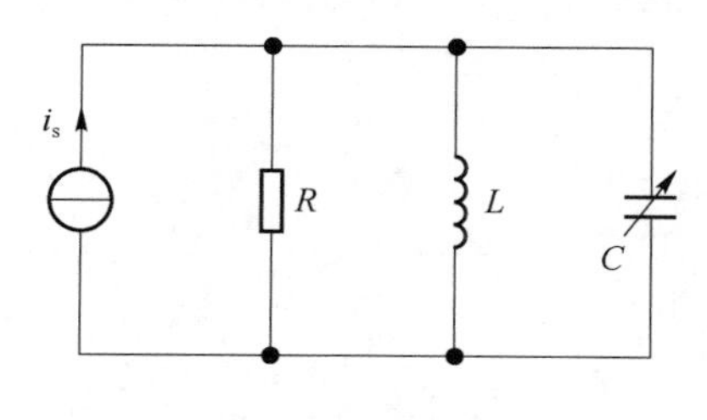

图 10-14　题图 10-14

解析： 此题是与实际应用密切相关的题目，但考查的知识点仍然是和谐振相关的知识。首先计算出对 756 kHz 的信号产生谐振时需要的电容值，然后计算通频带宽度，只要另外两个信号的频率不在该通频道范围内，就不会对该信号产生干扰，这是因为信号频率在通频带之外时，信号衰减很快，功率很小。

(1) 如果要接收 756 kHz 的信号，就需要电路对此信号产生谐振，此时

$$756\times10^3=\frac{1}{2\pi\sqrt{LC}}$$

$$C=\frac{1}{(2\pi f)^2L}=\frac{1}{4\pi^2\times(756\times10^3)^2\times0.15\times10^{-3}}=0.22\ \mu\text{F}$$

（2）只要两个信号的频率不在 756 kHz 的信号的通频带范围内，就不会对信号产生干扰。由(1)可得

$$Q=\frac{R}{\omega_0 L}=\frac{25\times10^3}{2\times\pi\times756\times10^3\times0.15\times10^{-3}}=35$$

$$BW_f=\frac{f_0}{Q}=\frac{756\times10^3}{35}=21.6\ \text{kHz}$$

所以

通频带的下限截止频率为 $756-\frac{21.6}{2}=745.2\ \text{kHz}$；

通频带的上限截止频率为 $756+\frac{21.6}{2}=766.8\ \text{kHz}$。

因为 639 kHz＜745.2 kHz，945 kHz＞766.8 kHz，二者均在谐振信号的通频带范围之外，所以 639 kHz 与 945 kHz 的电台信号不会对 756 kHz 的信号产生干扰。

第11章

耦合电感电路

11.1 基本知识及学习指导

对于空间位置比较近的多个电感元件，当给其中一个电感元件施加变化的电流时，该电感元件产生的磁场会对附近的其他电感元件产生影响。在之前的章节中，讨论有多个电感元件的电路时都忽略了这种影响，但在有些场合，这种影响必须考虑。将这种元件之间的相互影响称为耦合，本章就讨论含有耦合电感的电路。本章的主要内容包括互感和互感电压，含耦合电感电路的分析，线性变压器和理想变压器的电压电流关系及其分析方法，此外，还要引入耦合系数、同名端、变比、反映阻抗等概念。本章的知识结构如图 11-1 所示。

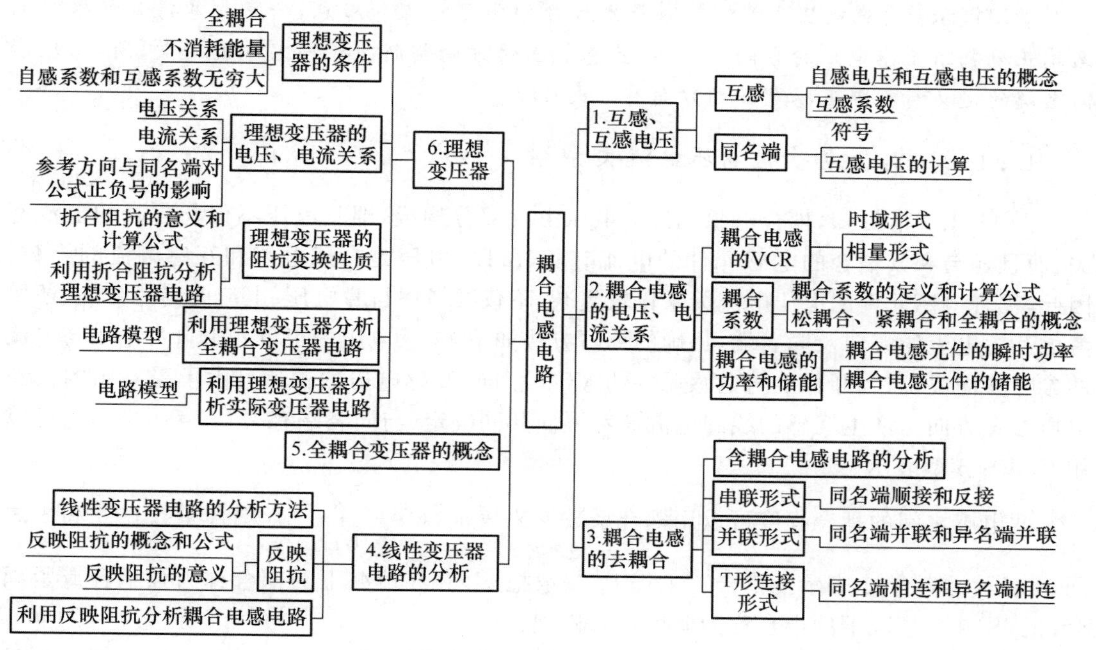

图 11-1 第 11 章知识结构

11.1.1 互感、互感电压

在电感线圈之间有耦合的情况下，当一个电感中的电流变化时，就会在与其耦合的电感中产生电压，这个电压就是互感电压。如果相互耦合的电感线圈中都有变化的电流通过，每个电感中的电压就由自感电压和互感电压两部构成。自感电压是由电感线圈自身的电流变化产生的电压。如果多个电感线圈之间都有耦合，就有多个互感电压，但自感电压只有一个。本书只讨论两个电感耦合的情况，多个电感耦合的分析方法与此类似。

自感电压就是之前章节中不考虑耦合时的电感电压，其大小除与电流的变化率有关外，还与电感元件的电感值有关。互感电压按照同样的方法计算，衡量互感电压大小的参数称为互感系数，简称互感。在线圈周围没有铁磁性物质的情况下，两个线圈的互感系数相等，一般用 M 表示。

电感之间的耦合作用会使电感电压增加或减小。当电感线圈自身电流产生的自感磁链与耦合电感线圈电流产生的互感磁链相互加强时，互感电压与自感电压方向一致，电感电压增加，否则，电感电压减小。在不知线圈绕向（通常线圈被封装起来）的情况下，通常根据同名端来判定互感电压的方向。

同名端定义如下：给两个耦合电感线圈的某一端子分别通以电流（流入），如果这两个电流在两个电感线圈中产生的磁通相互加强，则定义此两电感线圈的这两个端子为同名端。同名端是在电感线圈被封装前确定好的，确定好后就做上标记，以便使用时确定互感电压的方向。

根据同名端判断互感电压方向的方法为：如果一个线圈中的电流从同名端流入，则另一个线圈的同名端就是在该线圈中产生互感电压时的正极性端。

学习提示： 自感电压方向的判断是本部分的学习重点和难点，一定要掌握如何根据同名端正确判断互感电压的方向。其实，互感电压的方向判断基于同名端的定义，所以，理解同名端的定义对判断互感电压的方向有很大帮助。

11.1.2 耦合电感的电压电流关系

由 11.1.1 节可知，耦合电感元件的电压由两部分构成，即其电压不仅与自身的电流有关，而且还与和其耦合的电感元件的电流有关，所以，电压是自感电流和互感电流的函数。因此，耦合电感元件的电压电流关系比较复杂，不仅要考虑自身电压、电流的参考方向，还要考虑互感电流的方向及同名端，正确的列写方法如下：自感电压的正负号由自身电压与电流的参考方向决定，判断标准与电感元件的 VCR 相同；互感电压的正负号由承受互感的线圈电压参考方向与产生互感的线圈电流参考方向共同决定（与同名端有关）。互感电压也可以用 CCVS 模型表示。

两电感之间的耦合程度可以用耦合系数 k 来表征，$k=\dfrac{M}{\sqrt{L_1L_2}}$。耦合系数在 0 和 1 之间，0 表示无耦合，1 表示全耦合。工程上，一般把 $k>0.5$ 情况下的耦合称为强耦合或紧耦合；把 $k<0.5$ 情况下的耦合称为弱耦合或松耦合。

两个有耦合的电感元件实际上是一种二端口元件（将在第 12 章介绍），所以，耦合电感元件的功率和储能要统筹考虑。如果耦合电感元件本身的电压、电流为关联参考方向，则某

时刻的瞬时功率为 $p(t)=u_1i_1+u_2i_2$，储能为 $w=\frac{1}{2}L_1i_1^2+\frac{1}{2}L_2i_2^2\pm Mi_1i_2$。储能式中，最后一项前的正负号根据自感磁通与互感磁通的方向确定；如果自感磁通与互感磁通的方向一致，则取正号；否则，取负号。

学习提示： 大家一定要掌握并能正确列写耦合电感元件的电压电流关系，即 $u_1(t)=L_1\frac{\mathrm{d}i_1}{\mathrm{d}t}\pm M\frac{\mathrm{d}i_2}{\mathrm{d}t}$，$u_2(t)=L_2\frac{\mathrm{d}i_2}{\mathrm{d}t}\pm M\frac{\mathrm{d}i_1}{\mathrm{d}t}$，特别是互感电压电流关系。在正弦激励下，耦合电感元件电流电压关系的相量形式为 $\dot{U}_1=\mathrm{j}\omega L_1\dot{I}_1\pm \mathrm{j}\omega M\dot{I}_2$，$\dot{U}_2=\mathrm{j}\omega L_2\dot{I}_2\pm \mathrm{j}\omega M\dot{I}_1$。

11.1.3　耦合电感的去耦

耦合电感电路的另外一种分析方法就是去耦等效，即将耦合电感元件等效变换为没有耦合的电感元件。耦合电感之间的连接方式有串联、并联和T形连接三种，每一种又分两种形式：顺接串联和反接串联，同名端相接并联和异名端相接并联，同名端相连T形连接和异名端相连T形连接。去耦的基本原理是根据两个耦合电感元件的VCR和基尔霍夫定律，让端口的VCR相等。具体的等效电路和等效电感表达式此处不再给出，大家看教材即可。

学习提示1： 串联和并联连接的耦合电感去耦后用一个电感元件等效，T形连接的耦合电感去耦后用三个无耦合的电感元件等效，这一点一定要注意。

学习提示2： 并联和T形连接有时容易混淆，一个基本的原则就是看两个耦合的电感元件是否连接在两个相同的节点之间，以及与其中的一个节点相连的是否还有其他支路。

11.1.4　含耦合电感电路的分析

根据前面介绍的知识，就可以对耦合电感电路进行分析，具体来说有两种分析方法：(1)去耦法，即利用11.1.3节中的知识先对耦合电感元件进行去耦，再对电路进行分析，如果是正弦稳态电路，则用相量法进行分析求解，如果是直流激励的动态电路，则可利用三要素法进行求解；(2)直接分析法，即利用11.1.2节中介绍的知识直接列写电路方程进行求解，注意正确考虑互感电压的极性。

学习提示： 对于有耦合电感的动态电路的分析，用去耦法更方便。对于有耦合电感的正弦稳态电路的分析，则根据自己对知识的掌握程度使用两种方法都可以。

11.1.5　线性变压器电路的分析

两个有耦合的电感线圈可以构成变压器，当其连接在电路中工作时，与电源相连的线圈称为原边或初级线圈，与负载相连的线圈称为副边或次级线圈。如果线圈内没有铁芯，且线圈之间的耦合系数较小，则将其看作线性变压器。

变压器的初级线圈与电源构成原边回路，次级线圈与负载构成副边回路，两个回路间只有磁的耦合，没有电的直接耦合，这也是无线电能传输的结构。在进行电路分析时，可以分别对原边回路和副边回路列写KVL方程进行求解，也可以利用反映阻抗和耦合电感电压的知识，分别对原边回路、副边回路的等效电路进行分析。

反映阻抗是副边回路阻抗在原边的反映，也称为引入阻抗。如果副边回路阻抗为 Z_{22}，则其在原边的反映阻抗为 $Z_f=\frac{\omega^2M^2}{Z_{22}}$。反映阻抗的性质与副边回路阻抗 Z_{22} 的性质相反，即如果 Z_{22} 为容性，则 Z_f 为感性；反之，如果 Z_{22} 为感性，则 Z_f 就为容性。反映阻抗的电阻分量 R_f 在原边回路消耗的功率就是副边回路消耗的功率。另外，由反映阻抗的计算公式可以看出，它是由电感之间的耦合作用引起的，因此，如果电感间没有耦合，即 $M=0$，则反映阻抗也为零，即副边对原边没有影响。

学习提示 1： 单独说变压器的原边和副边没有任何意义，只有当变压器工作于电路中时，才能根据两个线圈的连接关系确定其原、副边。

学习提示 2： 副边回路阻抗是副边回路中所有元件的阻抗之和，计算时，一定不要忘记考虑耦合电感的阻抗。

11.1.6　全耦合变压器

如果线圈内有铁芯，耦合系数等于 1，且不考虑原、副边的绕线电阻，则称该变压器为全耦合变压器。全耦合变压器的电压电流关系为 $\dot{U}_1=n\dot{U}_2$，$\dot{I}_1=\frac{\dot{U}_1}{\mathrm{j}\omega L_1}-\frac{1}{n}\dot{I}_2$。其中，$n$ 是变压器的变比，等于两个线圈的匝数之比。对于全耦合变压器，$n=\sqrt{\frac{L_1}{L_2}}$。

11.1.7　理想变压器的 VCR 及其特性

如果两个线圈的耦合系数等于 1，不消耗能量，且初、次级线圈的自感系数及两线圈之间的互感系数无穷大，但两个线圈自感系数的比值为一常数，并等于两个线圈的匝数之比，则称这两个线圈组成的变压器为理想变压器。注意，理想变压器实际上是不存在的，只是为了分析与其条件接近的变压器才引入的，这是因为线圈自感、互感不可能为无穷大，也不可能没有能量消耗。理想变压器有专用的符号，如图 11-2 所示。

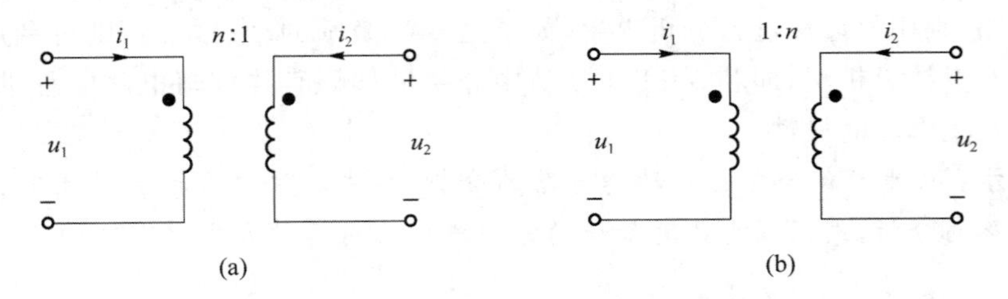

图 11-2　理想变压器的符号

在图 11-2(a)所示的变比、同名端及电压、电流参考方向情况下，理想变压器的电压电流关系为 $u_1=nu_2$，$i_1=-\frac{1}{n}i_2$。如果理想变压器是图 11-2(b)所示的形式，则有 $u_2=nu_1$，$i_2=-\frac{1}{n}i_1$。由此可以看出，n 在哪边，在数值上哪边的电压就是另外一边电压的 n 倍，电流是另外一边电流的 $1/n$ 倍。

当理想变压器的电压、电流参考方向及同名端改变时，电压电流数值关系并不会变化，但表达式前的正负号会有变化。正确列写理想变压器电压电流关系的方法为：原边电压与副边电压之比等于他们的匝数比,即原、副边电压与其匝数成正比,如果原、副边电压的参考方向与同名端相同,则电压关系式前取正号,否则,取负号;原边电流与副边电流之比等于其匝数比的倒数,即原、副边电流与其匝数成反比,如果原、副边电流都从同名端流入,则电流关系式前取负号,否则,取正号。

变压器虽然名称上叫变压器,但其还具有变换电流的作用,不仅如此,其还具有变换阻抗的性质。对于图 11-2(a)所示的理想变压器,如果在右边端口接负载 Z_L,则左边端口的等效阻抗为 n^2Z_L,这就是副边阻抗在原边的折合阻抗。

含有理想变压器电路的分析方法与含有线性变压器电路的分析方法相同,即可以分别对原边回路和副边回路列写 KVL 方程进行求解,也可以利用折合阻抗分别对原、副边的等效电路进行分析。

学习提示 1: 折合阻抗的物理意义与线性变压器中反映阻抗的物理意义相同,也是副边阻抗在原边的反映,但计算公式不同。

学习提示 2: 一定要掌握列写理想变压器电压电流关系的方法及分析理想变压器电路的方法。

11.2　部分习题解析

11-1　对图 11-3 所示各互感线圈,确定与“·”所对应的同名端。

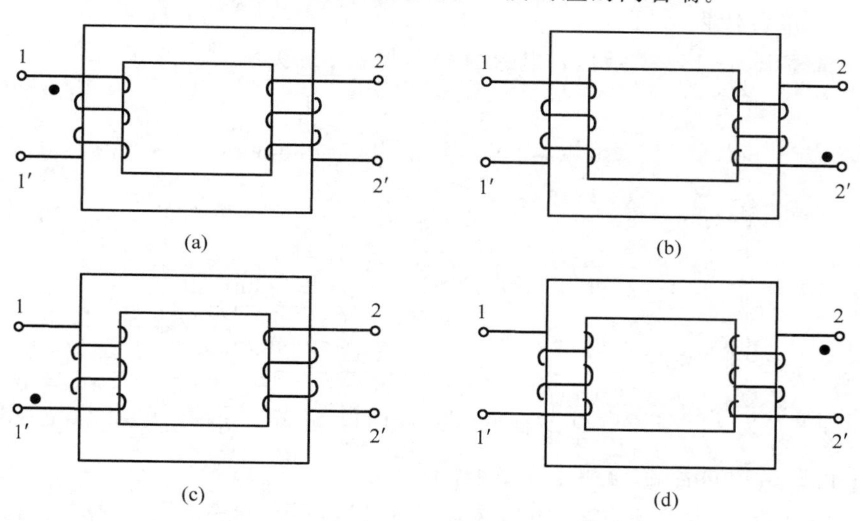

图 11-3　题图 11-1

解析: 此题考查耦合电感线圈同名端的概念及确定方法,涉及电流和磁通的关系。

需要根据右手螺旋定则,给定电流流向,确定磁通的方向,再根据同名端的定义确定同名端。

(a) 给 1 端施以(输入)电流,根据右手螺旋定则确定磁通的方向;再由右手螺旋定则判定在线圈 2 中产生与该磁通同向的电流流向。可以确定当电流从 2 端流入时,两个磁通方向一致,相互加强,因此 1 和 2 为同名端。

(b) 1,原理同(1)。

(c) 2,原理同(1)。

(d) 1,原理同(1)。

11-2　图 11-4 所示电路中,U_s 为直流电压源,a、b、c、d 是耦合电感的四个端子,c 端接电压表的正极,开关 S 打开瞬间,电压表正偏转,试确定耦合电感的同名端。

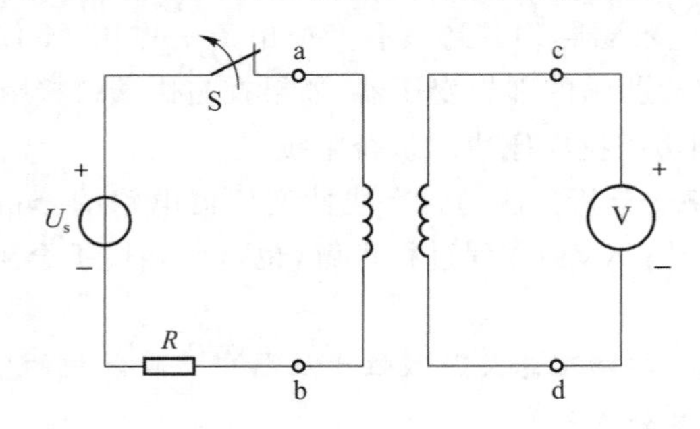

图 11-4　题图 11-2

解析:此题仍然考查同名端的概念,涉及互感电压的知识。需要根据电流变化导致磁通变化,进而引起感应电压变化的知识进行判断。

S 打开瞬间电压表正偏转,说明 $u_{cd}>0$。假设 a 和 c 是同名端,则 cd 端的互感电压为 $u_{cd}=M\dfrac{di_{ab}}{dt}$。S 打开瞬间,$i_{ab}$减小,此时应有 $u_{cd}=M\dfrac{di_{ab}}{dt}<0$,这与假设不符,所以,a 与 d 是同名端,b 与 c 是同名端。

11-3　试写出图 11-5 所示耦合电感中 $u(t)$与 $i(t)$的关系。

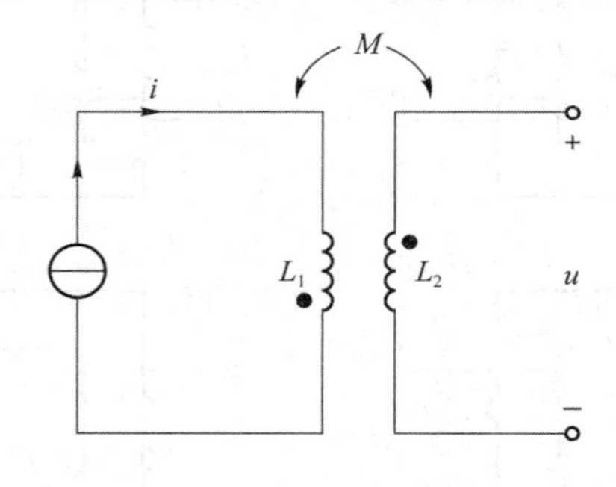

图 11-5　题图 11-3

解析:此题考查同名端、互感电压的概念及计算。

由于右边开路,电流为零,故 u 中只含有互感电压,不含自感电压,根据电路图中的同名端及电压、电流的参考方向可知,$u=-M\dfrac{di}{dt}$。

11-4　耦合电感电路如图 11-6 所示,已知 $i_1(t)=\sqrt{2}\sin(3t)$ A,$M=\dfrac{1}{3}$ H,$L_1=\dfrac{1}{6}$ H,$L_2=1$ H,$R=4\ \Omega$,求电流 $\dot{I}_2$。

解析:此题考查耦合电感电路的分析。列写 $\dot{I}_2$ 所在回路的 KVL 方程,然后求解即可。注意在列写方程时正确考虑互感电压。

根据同名端及 $\dot{I}_1$ 的方向可知,$\dot{I}_1$ 在 L_2 中产生的互感电压的极性为下正上负。按照

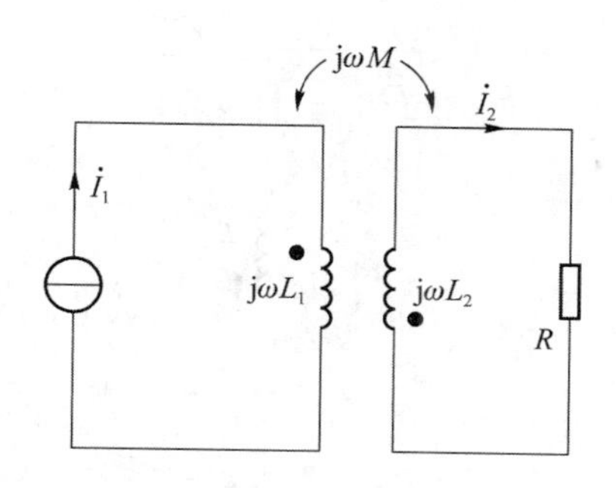

图 11-6　题图 11-4

顺时针绕行方向列写 $\dot{I}_2$ 所在回路的 KVL 方程如下：

$$\dot{I}_2R+\mathrm{j}\omega L_2\dot{I}_2+\mathrm{j}\omega M\dot{I}_1=0$$

$$\dot{I}_2=-\frac{\mathrm{j}\omega M\dot{I}_1}{R+\mathrm{j}\omega L_2}=-\frac{\mathrm{j}3\times\frac{1}{3}\times1\angle-90^\circ}{4+j3\times1}=\frac{1\angle180^\circ}{5\angle36.9^\circ}=0.2\angle143.1^\circ\ \mathrm{A}$$

11-5　试求图 11-7 所示电路的开路电压 $\dot{U}_{ab}$。

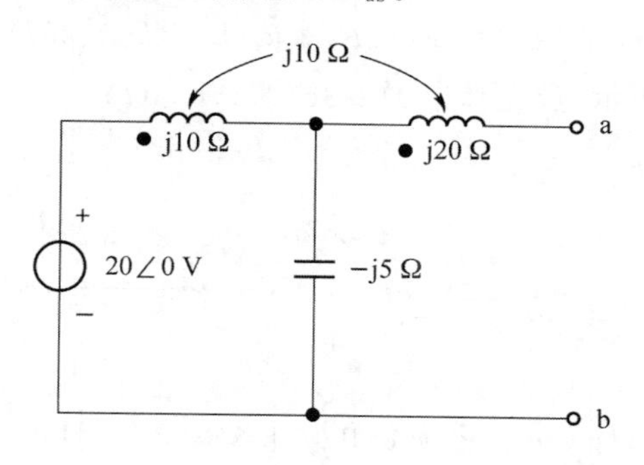

图 11-7　题图 11-5

解析：此题的考查点与题 11-4 一样。一定要注意，虽然 j20 Ω 所在支路没有电流，但由于耦合作用，其两端有电压。

先求出左边回路的电流及电容电压，然后再求 $\dot{U}_{ab}$。同样注意，由于 j20 Ω 所在支路没有电流，所以，j10 Ω 上没有互感电压。假设左边回路电流为 $\dot{I}$（顺时针绕行方向），则有

$$\dot{I}=\frac{20\angle0^\circ}{\mathrm{j}10-\mathrm{j}5}=4\angle-90^\circ\ \mathrm{V}$$

电容电压（上正下负）为

$$\dot{U}_C=-\mathrm{j}5\dot{I}=5\angle-90^\circ\times4\angle-90^\circ=20\angle-180^\circ\ \mathrm{V}$$

$$\dot{U}_{ab}=-\mathrm{j}20\dot{I}+\dot{U}_C=20\angle-90^\circ\times4\angle-90^\circ+20\angle-180^\circ=100\angle-180^\circ=-100\ \mathrm{V}$$

11-6　耦合电感电路如图 11-8 所示，R_1、L_1、R_2、L_2及 M 均已知，试写出各电压与电流 $\dot{I}$ 的关系式。

解析：此题考查耦合电感电路中各电压如何计算，重点是如何计算互感电压。

根据各元件的连接关系及同名端，各电压与电流的关系式如下：

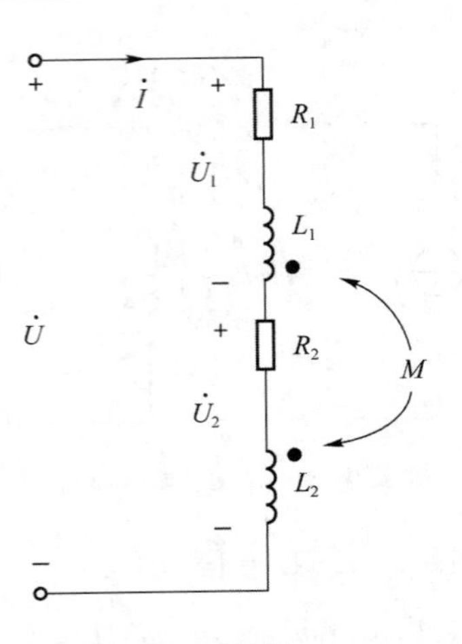

图 11-8　题图 11-6

$$\dot{U}_1=(R_1+j\omega L_1)\dot{I}-j\omega M\dot{I}=(R_1+j\omega L_1-j\omega M)\dot{I}$$

$$\dot{U}_2=(R_2+j\omega L_2)\dot{I}-j\omega M\dot{I}=(R_2+j\omega L_2-j\omega M)\dot{I}$$

$$\dot{U}=\dot{U}_1+\dot{U}_2=[R_1+R_2+j\omega(L_1+L_2-2M)]\dot{I}$$

11-9　已知图 11-9 所示电路中，$i_1(t)=3e^{-20t}$ A，$i_2(t)=-1.8e^{-20t}$ A。求 $u_1(t)$、$u_2(t)$ 和 $u_s(t)$。

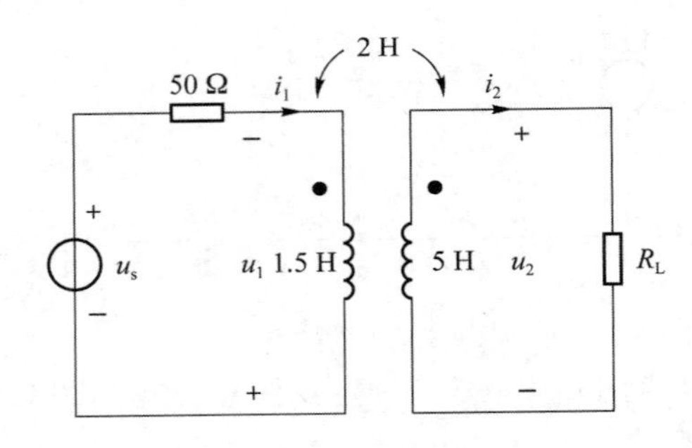

图 11-9　题图 11-9

解析：此题考查耦合电感电路的分析。注意要根据电流方向和同名端正确计算互感电压，总电压等于自感电压和互感电压的代数和。

根据 i_1、i_2 的方向以及同名端可得

$$u_1(t)=-1.5\frac{di_1}{dt}+2\frac{di_2}{dt}=-1.5\times(-20\times3)e^{-20t}+2\times(-20\times(-1.8))e^{-20t}=162e^{-20t}\text{ V}$$

$$u_2(t)=-5\frac{di_2}{dt}+2\frac{di_1}{dt}=-5\times(-20\times(-1.8))e^{-20t}+2\times(-20\times3)e^{-20t}=-300e^{-20t}\text{ V}$$

根据左边回路，可得

$$u_s(t)=50i_1-u_1=50\times3e^{-20t}-162e^{-20t}=-12e^{-20t}\text{ V}$$

11-10　试列写图 11-10 所示电路的网孔电流方程。

解析：分别对左右两个回路列写 KVL 方程，然后增加自感电压。

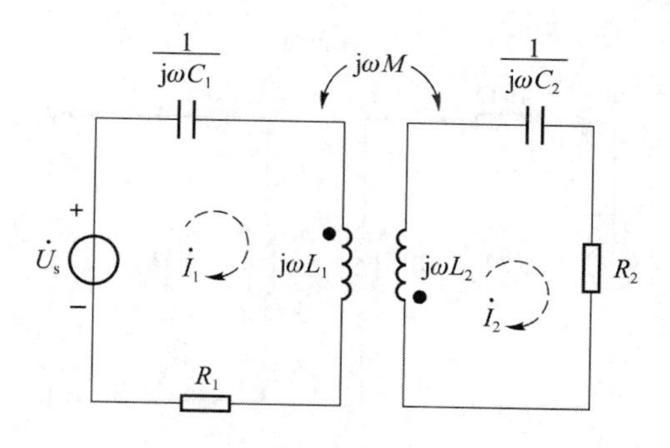

图 11-10 题图 11-10

$$\begin{cases}(R_1+\mathrm{j}\omega L_1-\mathrm{j}\,\dfrac{1}{\omega C_1})\,\dot{I}_1+\mathrm{j}\omega \dot{M}I_2=\dot{U}_s\\(R_2+\mathrm{j}\omega L_2-\mathrm{j}\,\dfrac{1}{\omega C_2})\,\dot{I}_2+\mathrm{j}\omega \dot{M}I_1=0\end{cases}$$

11-12 图 11-11 所示的耦合电感并联电路，若 $L=M$，试求电路的等效阻抗 Z_{ab}。

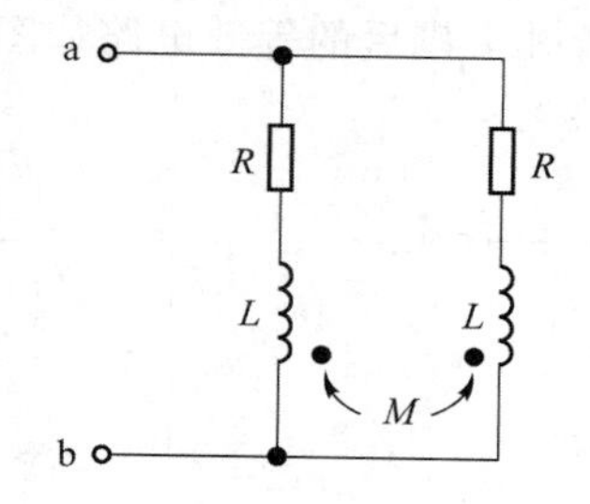

图 11-11 题图 11-12

解析：此题考查耦合电感电路的分析方法，可以利用去耦方法进行求解。

由图可知，这属于 T 形连接，去耦后的等效电路如图 11-12 所示。

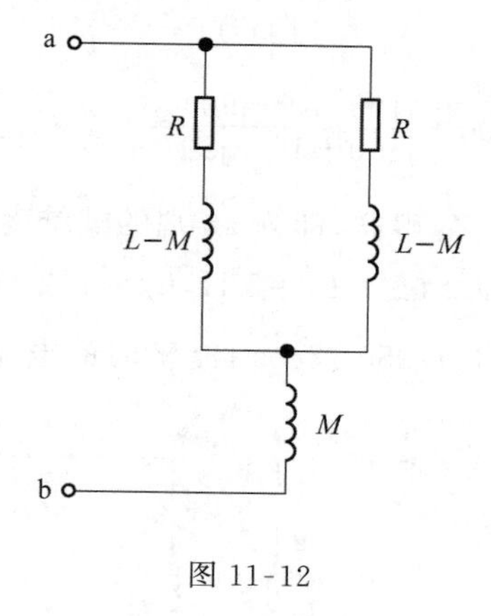

图 11-12

因此

$$Z_{ab}=\frac{1}{2}[R+\mathrm{j}\omega(L-M)]+\mathrm{j}\omega M=\frac{1}{2}[R+\mathrm{j}\omega L+\mathrm{j}\omega M]$$

11-13 求图 11-13 所示电路 ab 端的戴维南等效电路。

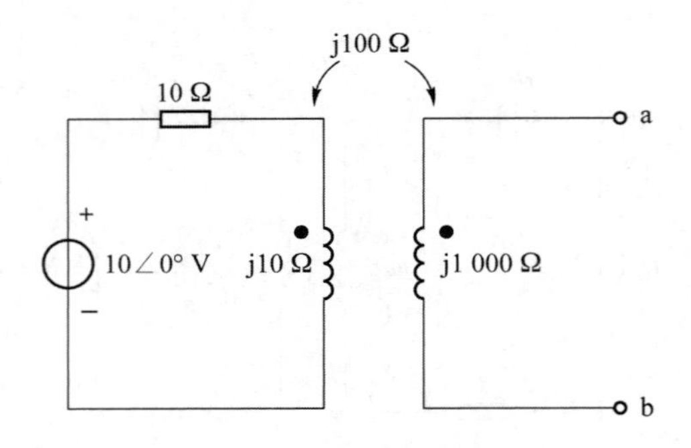

图 11-13　题图 11-13

解析:此题考查含耦合电感电路的分析和戴维南等效电路的知识。

ab 端的开路电压即 j1 000 Ω 上的互感电压,为

$$\dot{U}_{oc}=j100\times\frac{10\angle 0^\circ}{10+j10}=50\sqrt{2}\angle 45^\circ\ \text{V}$$

可以利用短路电流法求等效阻抗,也可以利用 T 形连接的去耦方法求等效阻抗。将电路改画为图 11-14(a)的形式,除源并去耦后的等效电路如图 11-14(b)所示。

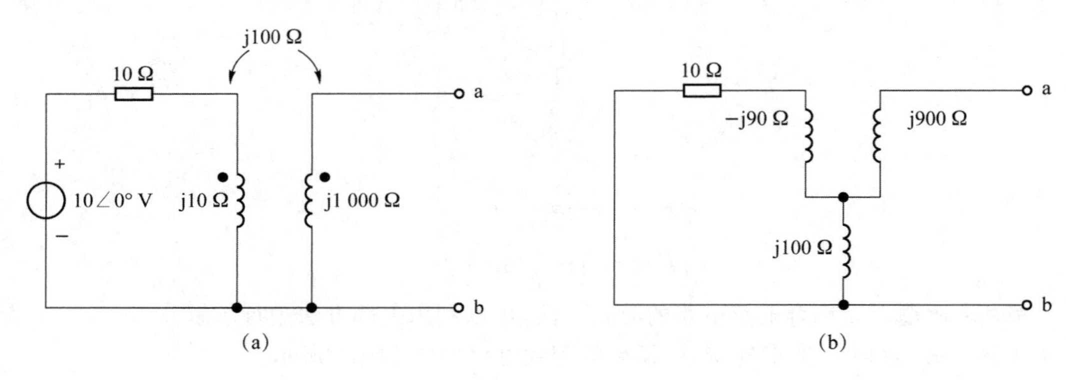

图 11-14

$$Z_{eq}=j900+\frac{j100(10-j90)}{j100+10-j90}=500\sqrt{2}\angle 45^\circ\ \Omega$$

电压为 $\dot{U}_{oc}$ 的电压源与阻抗 Z_{eq} 串联,即为 ab 端的戴维南等效电路。

11-14　电路如图 11-15 所示,已知 $L_1=5$ H,$L_2=1.2$ H,$M=1$ H,$R=10$ Ω,试分别求 $u_s(t)=100\sqrt{2}\cos 10t$ V 和 $u_s(t)=50\sqrt{2}\cos 10t$ V 时的电流 i_2。

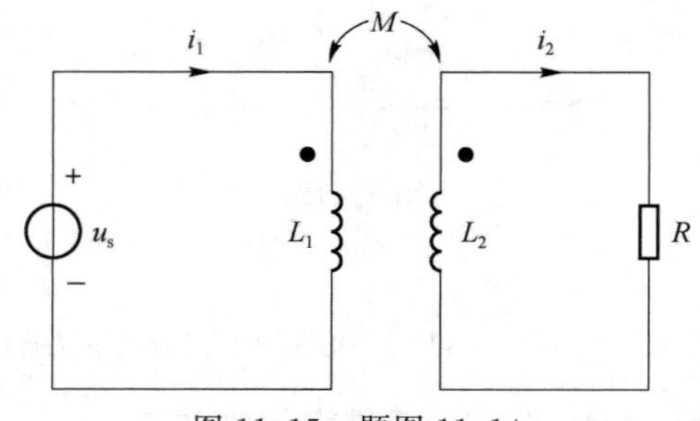

图 11-15　题图 11-14

解析：此题考查耦合电感电路的分析，既可以分别对左右两个回路列写 KVL 方程进行求解，也可以像题 11-13 那样利用戴维南定理进行求解。后一种方法需先移除 R，求其左边电路的戴维南等效电路，然后再连接 R 求电流 i_2。下面给出第一种方法的求解过程。

对左右两个回路列写 KVL 方程如下：

$$\mathrm{j}\omega L_1\dot{I}_1-\mathrm{j}\omega\dot{M}I_2=\dot{U}_s$$

$$(R+\mathrm{j}\omega L_2)\dot{I}_2-\mathrm{j}\omega\dot{M}I_1=0$$

由以上两个方程，可得

$$\dot{I}_2=\frac{\mathrm{j}\omega M\dot{U}_s}{\omega^2M^2-\omega^2L_1L_2+\mathrm{j}\omega RL_1}=\frac{\mathrm{j}10\times1\dot{U}_s}{10^2\times1-10^2\times5\times1.2+\mathrm{j}10\times10\times5}$$

$$=\frac{\mathrm{j}\dot{U}_s}{-50+\mathrm{j}50}=\frac{\dot{U}_s\angle90^\circ}{50\sqrt{2}\angle135^\circ}$$

当 $u_s(t)=100\sqrt{2}\cos 10t$ V 时：

$$\dot{I}_2=\frac{100\angle90^\circ}{50\sqrt{2}\angle135^\circ}=\sqrt{2}\angle-45^\circ\ \mathrm{A},\quad i_2(t)=2\cos(10t-45^\circ)\ \mathrm{V}$$

当 $u_s(t)=50\sqrt{2}\cos 10t$ 时：

$$\dot{I}_2=\frac{50\angle90^\circ}{50\sqrt{2}\angle135^\circ}=\frac{1}{\sqrt{2}}\angle-45^\circ\ \mathrm{A},\quad i_2(t)=\cos(10t-45^\circ)\ \mathrm{V}$$

11-16　电路如图 11-16 所示，u_s 按正弦规律变化，试按照图中给定的网孔电流方向写出电路的网孔电流方程的相量形式。

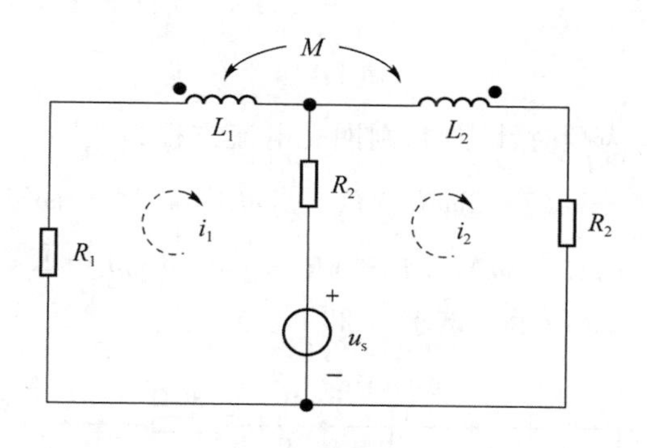

图 11-16　题图 11-15

解析：此题虽然让列写网孔电流方程，但考查的仍然是耦合电感电路的分析，特别是互感电压的计算。既可以按照题 11-10 的方法处理，直接列写网孔电流方程，也可以利用去耦的方法进行处理。方程如下：

$$\begin{cases}(R_1+R_2+\mathrm{j}\omega L_1)\dot{I}_1-(R_2+\mathrm{j}\omega M)\dot{I}_2=-\dot{U}_s\\-(R_2+\mathrm{j}\omega M)\dot{I}_1+(R_2+R_3+\mathrm{j}\omega L_2)\dot{I}_2=\dot{U}_s\end{cases}$$

11-17　电路如图 11-17 所示，u_s 按正弦规律变化，试按照图中给定的网孔电流方向写出电路的网孔电流方程的相量形式。

解析：此题的考查点与题 11-16 一样，解题方法也一样，但是由于此题中有两对耦合电感元件，所以直接列写网孔电流方程时，如果不能正确计算互感电压，则会造成错误，因此，

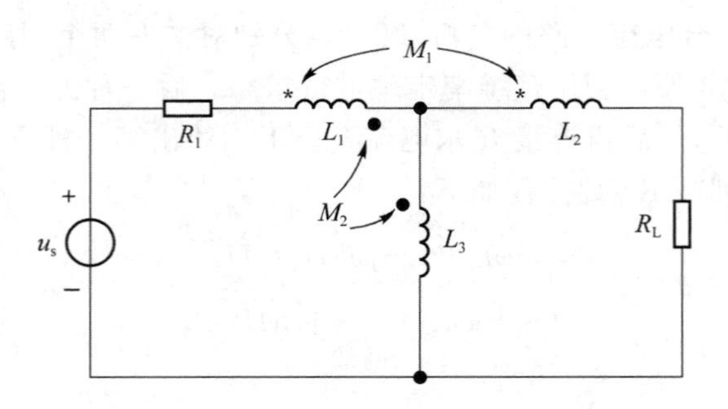

图 11-17　题图 11-16

利用去耦的方法正确率更高。

注意,对两对耦合电感元件分别去耦,图 11-18(a)是 L_1 和 L_3 之间去耦后的等效电路,图 11-18(b)是再进行 L_1 和 L_2 去耦后的等效电路。

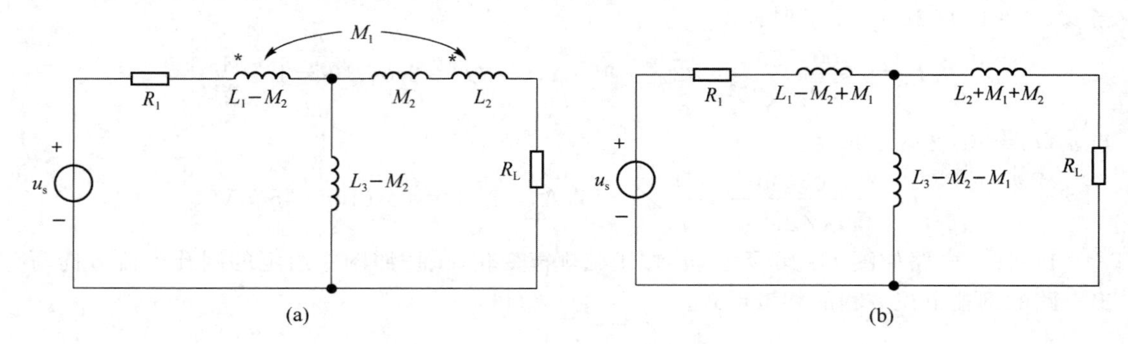

图 11-18

设两个网孔的网孔电流均为顺时针方向,则网孔电流方程为:

$$\begin{cases}(R_1+j\omega L_1+j\omega L_3-2j\omega M_2)\dot{I}_1-(j\omega L_3-j\omega M_1-j\omega M_2)\dot{I}_2=\dot{U}_s\\-(j\omega L_3-j\omega M_1-j\omega M_2)\dot{I}_1+(R_L+j\omega L_2+j\omega L_3)\dot{I}_2=0\end{cases}$$

11-18　电路如图 11-19 所示。试求 i_1 和 i_2。

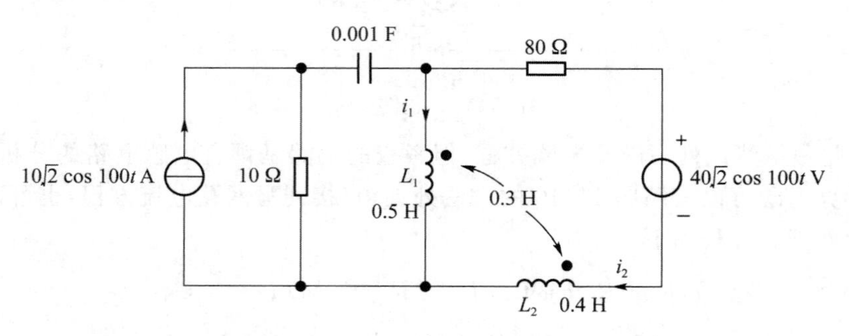

图 11-19　题图 11-17

解析: 此题考查耦合电感电路的分析。可以应用去耦法,也可以不去耦直接列写方程求解。

下面给出去耦的方法,画出去耦后电路的相量模型如图 11-20 所示。同时将左边电流

源与电阻并联的支路等效变换为电压源与电阻串联的支路。

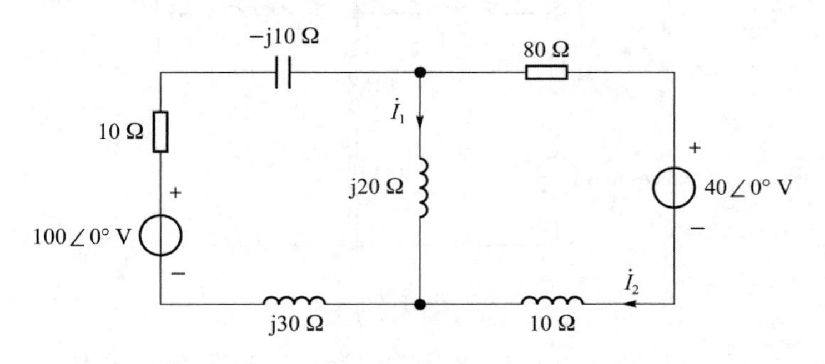

图 11-20

再利用网孔电流法进行求解。假设两个网孔电流均为顺时针方向，则由图 11-20 可以看出，右边网孔电流即为 $\dot{I}_2$，左边网孔电流为 $\dot{I}_1-\dot{I}_2$，因此网孔电流方程如下：

$$\begin{cases}(10-\mathrm{j}10+\mathrm{j}20+\mathrm{j}30)(\dot{I}_1-\dot{I}_2)-\mathrm{j}20\dot{I}_2=100\angle 0^\circ \\ -\mathrm{j}20(\dot{I}_1-\dot{I}_2)+(80+\mathrm{j}10+\mathrm{j}20)\dot{I}_2=-40\angle 0^\circ\end{cases}$$

解得

$$\dot{I}_1=\frac{2-\mathrm{j}76}{35}\approx 2.172\angle -88.49^\circ\ \mathrm{A}$$

$$\dot{I}_2=\frac{36-\mathrm{j}4}{35}\approx 1.035\angle -6.34^\circ\ \mathrm{A}$$

所以

$$i_1(t)=2.172\sqrt{2}\cos(100t-88.49^\circ)\ \mathrm{A}$$

$$i_2(t)=1.035\sqrt{2}\sin(100t-6.34^\circ)\ \mathrm{A}$$

11-20　图 11-21 所示的正弦交流电路中，负载 Z_L 为何值时可获得最大功率？最大功率是多少？

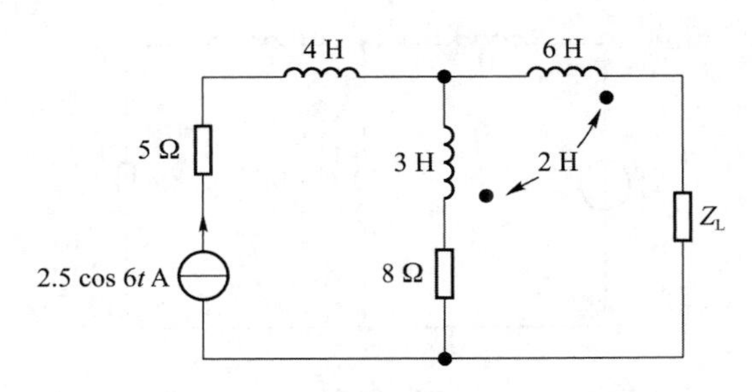

图 11-21　题图 11-19

解析：这是一道将耦合电感电路与最大功率传输定理相结合的题，并需要应用戴维南定理。对于这种类型的题，最好的方法就是去耦，即先去耦，然后用分析正弦稳态电路的方法进行分析求解。

去耦后的等效电路如图 11-22 所示。先求戴维南等效电路。将负载 Z_L 移除电路后，余下的二端网络的开路电压即为 1 H 和 8 Ω 串联支路的电压，等效阻抗为 4 H、1 H 和 8 Ω 串联的等效阻抗，所以

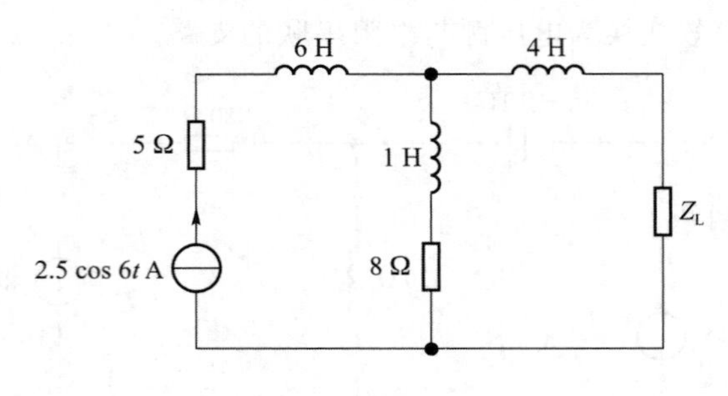

图 11-22

$$\dot{U}_{oc}=1.25\sqrt{2}\angle 0°\times(8+j6\times 1)=12.5\sqrt{2}\angle 36.9°\ \mathrm{V}$$

$$Z_{eq}=8+j6\times(4+1)=(8+j30)\ \Omega$$

因此，当 $Z_L=Z_{eq}^*=(8-j30)\ \Omega$ 时获得最大功率，最大功率为

$$P_{max}=\frac{U_{oc}^2}{4\mathrm{Re}[Z_{eq}]}=\frac{(12.5\times\sqrt{2})^2}{4\times 8}=9.766\ \mathrm{W}$$

11-21　求图 11-23 所示的正弦交流电路中，i_1 与 u_s 同相位时各参数间应满足的条件。

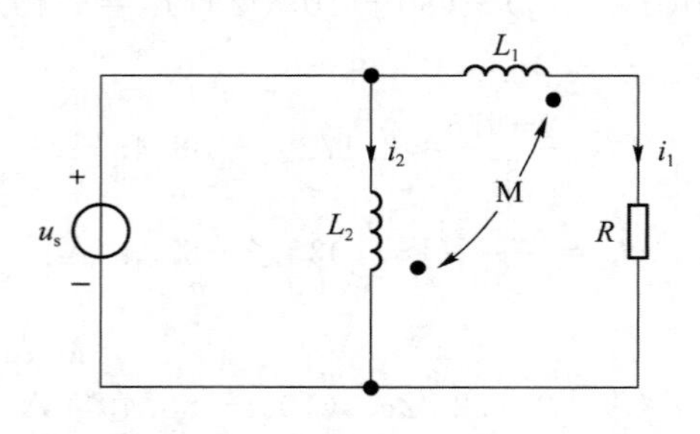

图 11-23　题图 11-20

解析：此题考查的仍然是耦合电感电路的分析。对于这类题，通常也是先去耦，然后再进行分析求解。

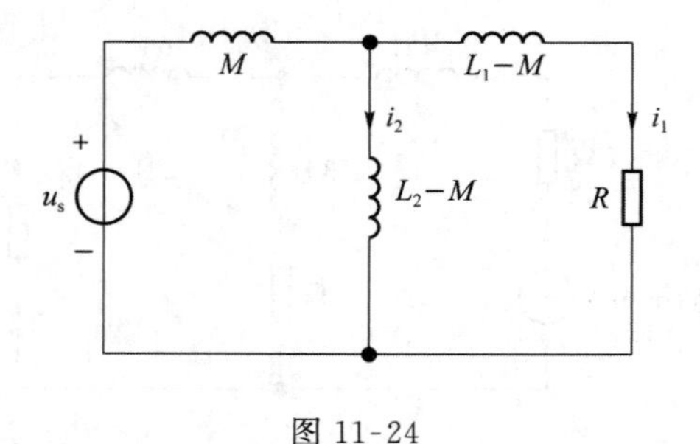

图 11-24

根据图 11-24 所示的电路结构找出 $\dot{I}_1$ 和 $\dot{U}_s$ 的关系。对两个网孔按顺时针方向列写 KVL 方程如下：

$$\begin{cases} j\omega M(\dot{I}_1+\dot{I}_2)+j\omega(L_2-M)\dot{I}_2=\dot{U}_s \\ j\omega(L_1-M)\dot{I}_1+R\dot{I}_1-j\omega(L_2-M)\dot{I}_2=0 \end{cases}$$

解得

$$\dot{I}_1=\frac{j\omega(L_2-M)}{\omega^2(M^2-L_1L_2)+j\omega L_2R}\dot{U}_s$$

当$\frac{j\omega(L_2-M)}{\omega^2(M^2-L_1L_2)+j\omega L_2R}$为纯实数时，$\dot{I}_1$ 和 $\dot{U}_s$ 同相位。如果分子分母的虚部为零，则整个关系式为零，不合理。因此，当 $\omega^2(M^2-L_1L_2)=0$ 时，即 $M=\sqrt{L_1L_2}$时，i_1 与 u_s 同相位。

11-22　图 11-25 所示的电路中，已知 $u_s=(10+30\sqrt{2}\cos 10t)$ V，$L_2=M=1$ H，$L_1=2$ H，求电流 $i_2(t)$及其有效值和电压源供出的平均功率。

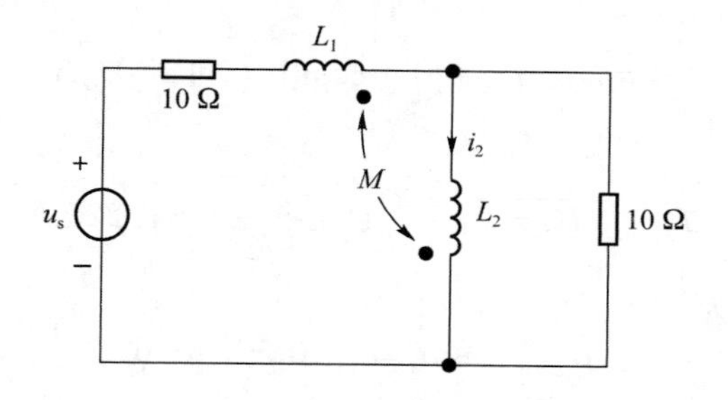

图 11-25　题图 11-21

解析： 此题考查耦合电感电路的分析，但注意，激励包含直流和正弦量两部分，所以要像第 9 章那样进行分析，即分别让直流和正弦量单独作用进行求解，最后再求总和。此题还涉及有效值和功率的概念及计算。

首先进行去耦，去耦后的等效电路如图 11-26 所示。

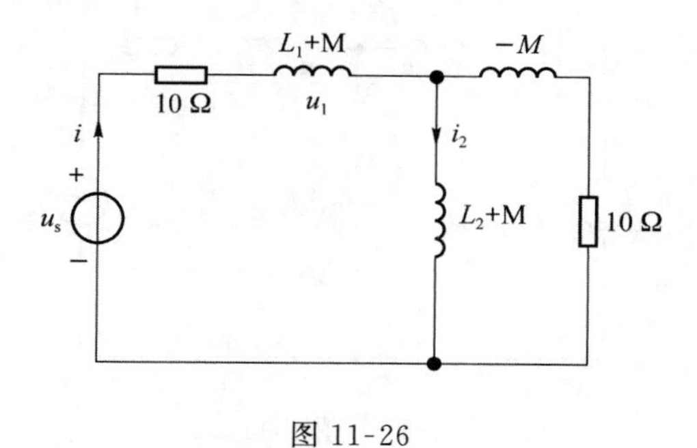

图 11-26

当直流分量 $u_{s0}=10$ V 单独作用时，电感相当于短路，也没有耦合作用，此时 $i_{20}=\frac{10}{10}=1$ A，电压源供出的平均功率为

$$P_0=10i_{20}=10\times1=10\ \text{W}$$

当正弦量 $u_{s1}=30\sqrt{2}\cos 10t$ V 单独作用时：

$$\dot{I}_{11}=\frac{\dot{U}_{s1}}{10+j\omega(L_1+M)+j\omega(L_2+M)//(10-j\omega M)}$$

$$=\frac{30\angle 0^\circ}{10+j10\times3+j10\times2//(10-j10)}=\frac{1}{\sqrt{2}}\angle -45^\circ\ \text{A}$$

利用分压公式可得

$$\dot{I}_{21}=\frac{10-\mathrm{j}\omega M}{\mathrm{j}\omega(L_2+M)+10-\mathrm{j}\omega M}\dot{I}_{11}=\frac{10-\mathrm{j}10}{\mathrm{j}10\times 2+10-\mathrm{j}10}\times\frac{1}{\sqrt{2}}\angle-45^\circ=\frac{1}{\sqrt{2}}\angle-135^\circ\ \mathrm{A}$$

所以

$$i_{21}=\cos(10t-135^\circ)\ \mathrm{A}$$

电源源供出的平均功率为

$$P_1=U_{s1}I_{11}\cos(0-(-45^\circ))=30\times\frac{1}{\sqrt{2}}\times\frac{1}{\sqrt{2}}=15\ \mathrm{W}$$

电流 $i_2(t)$为

$$i_2=i_{20}+i_{21}=[1+\cos(10t-135^\circ)]\ \mathrm{A}$$

其有效值为

$$I_2=\sqrt{I_{20}^2+I_{21}^2}=\sqrt{1^2+\left(\frac{1}{\sqrt{2}}\right)^2}\approx 1.225\ \mathrm{A}$$

电压源供出的平均功率为

$$P=P_0+P_1=10+15=25\ \mathrm{W}$$

11-23　电路如图 11-27 所示，已知 $R=1\ \Omega$，$L_1=6\ \mathrm{H}$，$L_2=4\ \mathrm{H}$，$M=3\ \mathrm{H}$，$C_1=\frac{1}{6}\ \mathrm{F}$，$C_2=\frac{1}{3}\ \mathrm{F}$，$i_s(t)=8\sqrt{2}\cos t\ \mathrm{A}$，$u_s(t)=[18\sqrt{2}\cos t+15\sqrt{2}\cos(2t+30^\circ)]\ \mathrm{V}$。试求：(1)电流 $i(t)$及其有效值；(2)两电源各自供出的有功功率。

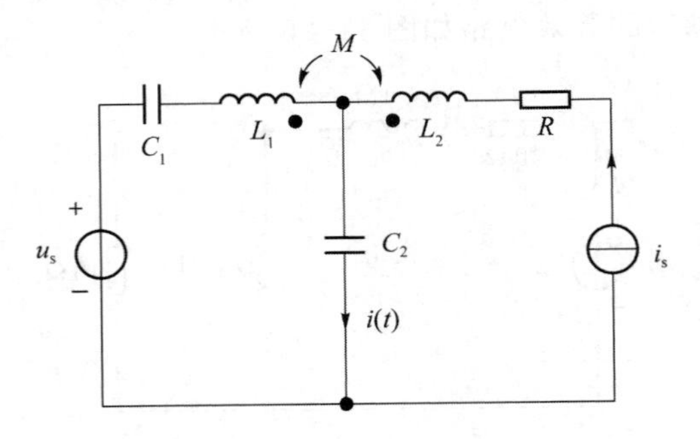

图 11-27　题图 11-22

解析：此题的考查点与题 11-22 一样，解题方法也相同。先进行去耦等效，再分别计算基波和二次谐波单独作用下的响应。

去耦后的等效电路如图 11-28 所示。

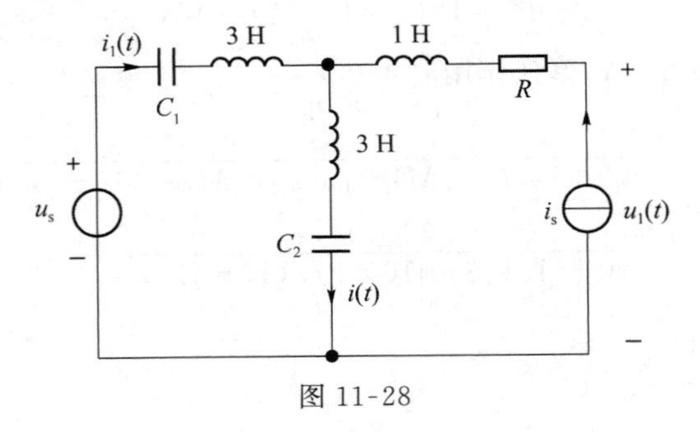

图 11-28

欲求两电源各自供出的有功功率，需要知道通过电压源 $u_s(t)$ 的电流 $i_1(t)$ 和电流源 $i_s(t)$ 两端的电压 $u_1(t)$。根据叠加定理，可得

$$\dot{I}_1=\frac{\dot{U}_s}{-j\frac{1}{\omega C_1}+j3\omega+j3\omega-j\frac{1}{\omega C_2}}-\frac{j3\omega-j\frac{1}{\omega C_2}}{-j\frac{1}{\omega C_1}+j3\omega+j3\omega-j\frac{1}{\omega C_2}}\dot{I}_s$$

$$=\frac{\dot{U}_s-(j3\omega-j\frac{1}{\omega C_2})\dot{I}_s}{-j\frac{1}{\omega C_1}+j3\omega+j3\omega-j\frac{1}{\omega C_2}}$$

$$\dot{U}_1=\frac{j3\omega-j\frac{1}{\omega C_2}}{-j\frac{1}{\omega C_1}+j3\omega+j3\omega-j\frac{1}{\omega C_2}}\dot{U}_s+\left(R+j\omega+\frac{(j3\omega-j\frac{1}{\omega C_2})(j3\omega-j\frac{1}{\omega C_1})}{j3\omega-j\frac{1}{\omega C_1}+j3\omega-j\frac{1}{\omega C_2}}\right)\dot{I}_s$$

根据 KCL，有

$$\dot{I}=\dot{I}_1+\dot{I}_s$$

基波 $i_s(t)=8\sqrt{2}\cos(t)$ A、$u_{s1}(t)=18\sqrt{2}\cos t$ V 作用时：

$$\dot{I}_{1(1)}=\frac{18\angle 0°-(j3-j3)\dot{I}_s}{-j6+j3+j3-j3}=\frac{18\angle 0°}{-j3}=6\angle 90°\text{ A}$$

$$\dot{U}_{1(1)}=\frac{j3-j3}{-j6+j3+j3-j6}\times 18\angle 0°+\left(1+j1+\frac{(j3-j3)(j3-j6)}{j3-j6+j3-j3}\right)8\angle 0°=8\sqrt{2}\angle 45°\text{ V}$$

$$\dot{I}_{(1)}=\dot{I}_{1(1)}+\dot{I}_s=6\angle 90°+8\angle 0°=8+j6\approx 10\angle 36.9°\text{ A}$$

$$i_{(1)}(t)=10\sqrt{2}\cos(t+36.9°)\text{ A}$$

二次谐波 $u_{s2}(t)=15\sqrt{2}\cos(2t+30°)$ V 作用时，电路中没有电流源。

$$\dot{I}_{1(2)}=\frac{15\angle 30°}{-j3+j6+j6-j1.5}=2\angle -60°\text{ A}$$

$$\dot{U}_{1(2)}=\frac{(j6-j1.5)}{-j3+j6+j6-j1.5}\times 15\angle 30°=9\angle 30°\text{ V}$$

$$\dot{I}_{(2)}=\dot{I}_{1(2)}=2\angle -60°\text{ A}$$

$$i_{(2)}(t)=2\sqrt{2}\cos(2t-60°)\text{ A}$$

(1) $i(t)=i_{(1)}(t)+i_{(2)}(t)=[10\sqrt{2}\cos(t+36.9°)+2\sqrt{2}\cos(2t-60°)]$ A

$$I=\sqrt{I_{(1)}^2+I_{(2)}^2}=\sqrt{10^2+(2)^2}=10.2\text{ A}$$

(2) 电压源供出的功率为

$$P_{u_s}=U_{s1}I_{1(1)}\cos(0-90°)+U_{s2}I_{1(2)}\cos(30°-(-60°))=18\times 6\times 0+2\times 9\times 0=0$$

电流源供出的功率为

$$P_{i_s}=U_{1(1)}I_s\cos(45°-0°)=8\sqrt{2}\times 8\times\cos 45°=64\text{ W}$$

11-25　已知图 11-29 所示电路中的负载阻抗 Z_L 在频率为 50 Hz 时为 $7\angle 32°\ \Omega$。如果 $R_1=10\ \Omega$，$R_2=2\ \Omega$，$L_1=20$ mH，$L_2=10$ mH，$M=8$ mH，试计算：

(1)反映阻抗 Z_f；(2)从电源端看电路的输入阻抗 Z_i。

解析： 此题考查线性变压器电路的分析。基本方法是画出原、副边的等效电路，然后对

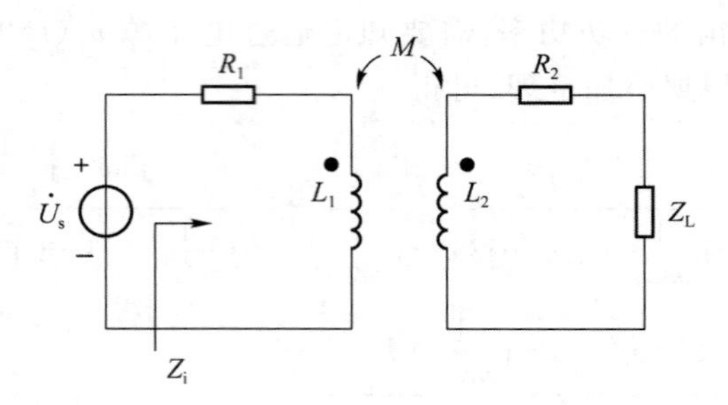

图 11-29　题图 11-24

原、副边分别进行分析，其中涉及一个重要的参数，就是反映阻抗，这也是此题的第一问。此题第二问涉及输入阻抗的概念及计算，这也需要用到反映阻抗。

(1) 根据公式可得

$$Z_f=\frac{(\omega M)^2}{Z_{22}}=\frac{(\omega M)^2}{Z_L+R_2+j\omega L_2}=\frac{(2\pi\times50\times8\times10^{-3})^2}{7\angle32°+2+j2\pi\times50\times10\times10^{-3}}\approx0.6\angle-40.8°\ \Omega$$

(2) $Z_i=R_1+j\omega L_1+Z_f=10+j6.28+0.6\angle-40.8°=(10.45+j5.89)\ \Omega$

11-26　如图 11-30 所示的电路，求当电路为全耦合时的互感系数 M。

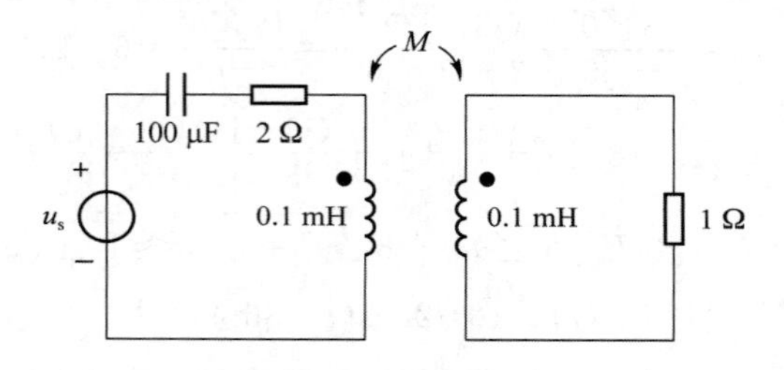

图 11-30　题图 11-25

解析： 此题考查耦合系数的概念及计算。

全耦合时，耦合系数为 1，所以，有

$$k=\frac{M}{\sqrt{0.1\times0.1}}=1,\quad M=\sqrt{0.1\times0.1}=0.1\ \text{mH}$$

11-27　全耦合变压器电路如图 11-31 所示，试确定 $\dot{I}_1=0$ 时负载阻抗 Z_L 的性质及其参数值。

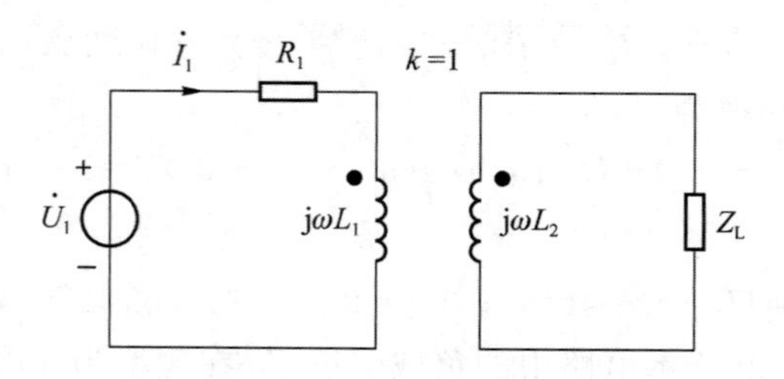

图 11-31　题图 11-26

解析： 此题考查全耦合变压器电路的分析。

$\dot{I}_1=0$ 意味着原边电路开路(阻抗无穷大)，由于原边等效阻抗包含反映阻抗，所以可以推知，此时反映阻抗为无穷大，即

$$Z_f=\frac{(\omega M)^2}{Z_{22}}=\frac{(\omega\sqrt{L_1L_2})^2}{j\omega L_2+Z_L}=\infty$$

由此可知

$$Z_L=-j\omega L_2$$

所以 Z_L 为容性，即

$$\frac{1}{j\omega C}=-j\omega L_2$$

则电容值为

$$C=\frac{1}{\omega^2 L_2}$$

因为全耦合变压器的变比 $n=\sqrt{\frac{L_1}{L_2}}$，所以也可用变比和 L_1 表示为

$$C=\frac{n^2}{\omega^2 L_1}$$

11-29　求图 11-32 所示的电路中，使负载电阻 R 获得最大功率的理想变压器的变比 n。

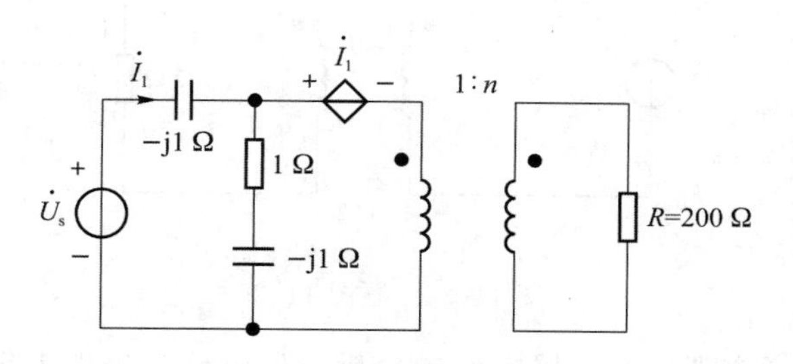

图 11-32　题图 11-28

解析：此题考查含理想变压器电路的分析。一般分析方法是分别对原、副边电路进行分析，即画出原、副边等效电路，其中涉及一个重要参数——折合阻抗。此题的最终问题是确定最大功率时的变化，需要根据戴维南定理得到与负载电阻 R 连接的单口网络的戴维南等效阻抗，最后根据最大功率条件计算变比 n。但注意电阻在副边获得的功率就是其折合阻抗在原边获得的功率，所以，对原边等效电路进行分析即可。这也是常用的分析方法。

反映阻抗为

$$Z_i=n^2R=200n^2$$

原边等效电路如图 11-33(a)所示。利用外加电源法求与折合阻抗连接的单口网络的戴维南等效阻抗，如图 11-33(b)所示。可得

$$\dot{U}+j\dot{I}_1+\dot{I}_1=0,\quad \dot{I}_1=\frac{\dot{U}}{-1-j} \tag{1}$$

对图 11-33(b)的右边回路列 KVL 方程：

$$-j\dot{I}_1+(1-j)\dot{I}=0 \tag{2}$$

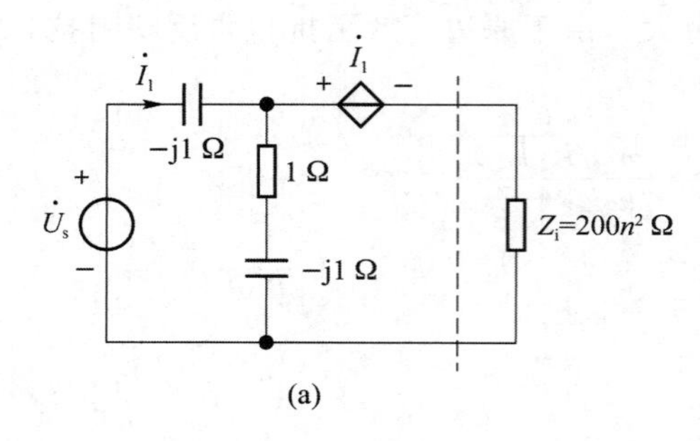

(a)

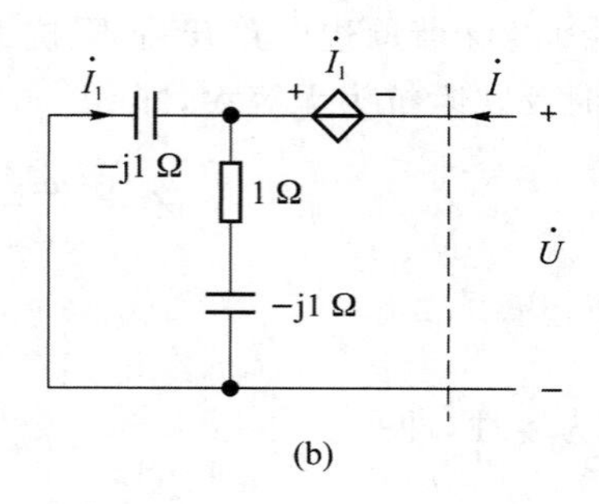

(b)

图 11-33

将(1)式代入(2)式,可得

$$-\mathrm{j}\ \frac{\dot{U}}{-1-\mathrm{j}}+(1-\mathrm{j})\ \dot{I}=0,\quad Z_{\mathrm{eq}}=\frac{\dot{U}}{\dot{I}}=2\ \Omega$$

当 $Z_{\mathrm{i}}=200n^2=Z_{\mathrm{eq}}=2\ \Omega$ 时,负载获得最大功率,此时 $n=\frac{1}{10}$。

11-30　含理想变压器的电路如图 11-34 所示,已知 $\dot{U}_{\mathrm{o}}=100^\circ$ V,试求 $\dot{U}_{\mathrm{s}}$。

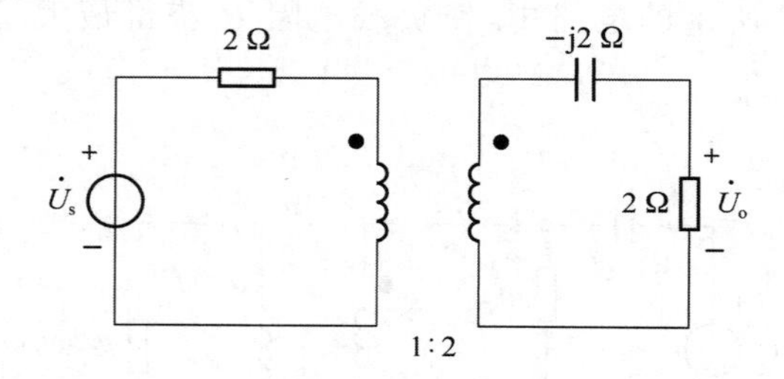

图 11-34　题图 11-29

解析:此题仍然考查理想变压器电路的分析。先由已知条件求出副边电流和电压,再根据变比关系得到原边电流和电压,进而由原边电路得到所求。也可以在求出副边电流和原边电流后,将副边阻抗折合到原边进行分析求解。下面给出第一种方法的解题过程,读者可以自行练习使用第二种方法解题。

副边电流(在 2 Ω 电阻上与 $\dot{U}_{\mathrm{o}}$ 为关联参考方向)为

$$\dot{I}_2=\frac{\dot{U}_{\mathrm{o}}}{2}=5\angle 0^\circ\ \mathrm{A}$$

副边电压(上正下负)为

$$\dot{U}_2=\dot{I}_2(2-\mathrm{j}2)=(10-\mathrm{j}10)\ \mathrm{V}$$

原边电流(顺时针绕行方向)为

$$\dot{I}_1=2\dot{I}_2=10\angle 0^\circ\ \mathrm{A}$$

原边电压(上正下负)为

$$\dot{U}_1=\frac{\dot{U}_2}{2}=(5-\mathrm{j}5)\ \mathrm{V}$$

因此

$$\dot{U}_s=2\dot{I}_1+\dot{U}_1=2\times10\angle0°+5\sqrt{2}\angle-45°=25.5\angle-11.31°\ \text{V}$$

11-31　含理想变压器的电路如图 11-35 所示，试求 $\dot{U}$。

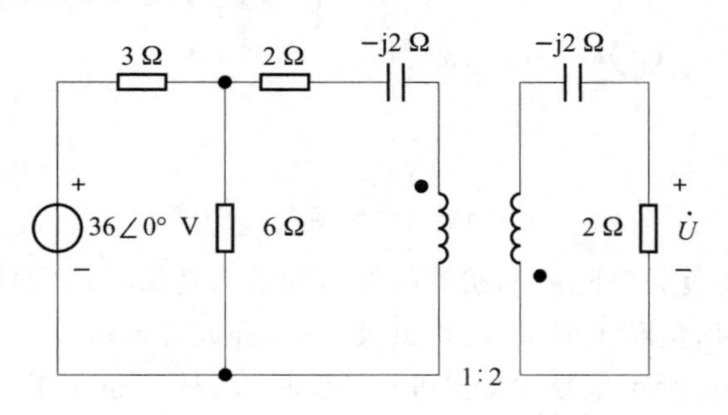

图 11-35　题图 11-30

解析： 此题与题 11-30 的考查点一样，只不过让求的是副边电压。首先，将副边电路阻抗折合到原边；然后，对原边等效电路进行分析计算，求出原边电压；最后，再根据变比关系，求得 $\dot{U}$。

折合阻抗为

$$Z_i=n^2(2-j2)=0.5^2\times(2-j2)=(0.5-j0.5)\ \Omega$$

原边等效电路如图 11-36 所示。注意，将 Z_i 的实部和虚部分别用 0.5 Ω 电阻和 −j0.5 Ω 电容表示，因为待求量 $\dot{U}$ 是副边电路中 2 Ω 电阻上的电压，其折合到原边是 0.5 Ω，所以需要计算图 11-36 中 0.5 Ω 电阻上的电压 $\dot{U}'$。

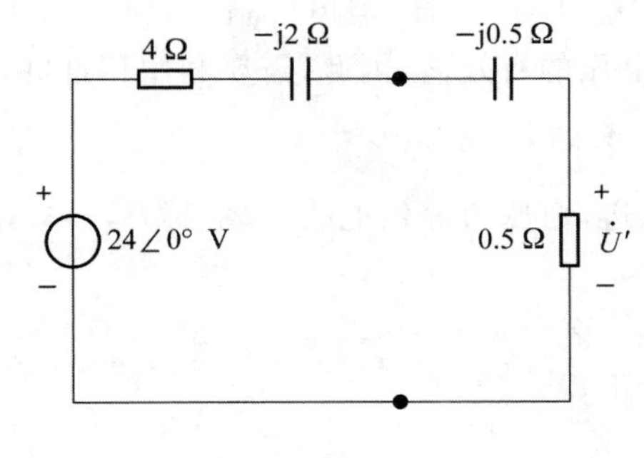

图 11-36

$$\dot{U}'=\frac{0.5}{4-j2-j0.5+0.5}\times24\angle0°\approx2.33\angle29.05°\ \text{V}$$

根据同名端及变比关系，可得

$$\dot{U}=-\dot{U}'\times2=-4.66\angle29.05°\ \text{V}$$

注意：理想变压器折合阻抗的计算和同名端无关，但电压关系和同名端有关。

11-32　含理想变压器的电路如图 11-37 所示，求负载电阻 R_L 获得最大功率时变压器的变比 n。

解析： 此题与题 11-29 的考查点一样，但电路更简单，不过要注意变比的表示不同。直

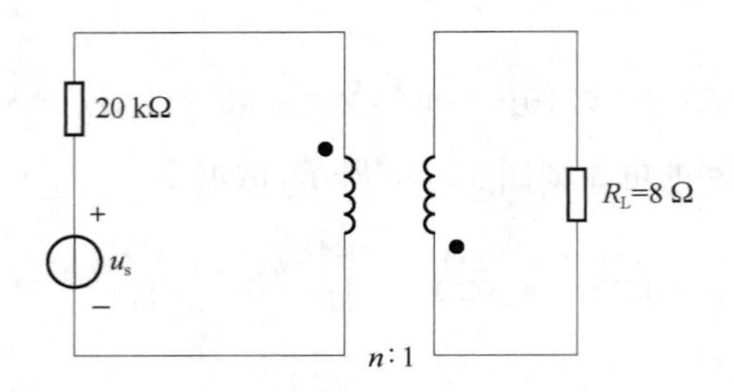

图 11-37　题图 11-31

接利用折合阻抗功率与负载电阻功率相等的性质和最大功率传输定理进行分析和计算。

当 $n^2R_L=20\ \text{k}\Omega$ 时，负载电阻 R_L 获得最大功率，此时 $n=50$。

11-34　如图 11-38 所示电路中，已知 $U_s=380\ \text{V}$，$R_1=600\ \Omega$，$R_2=50\ \Omega$，$R_L=10\ \Omega$，求 U_2。

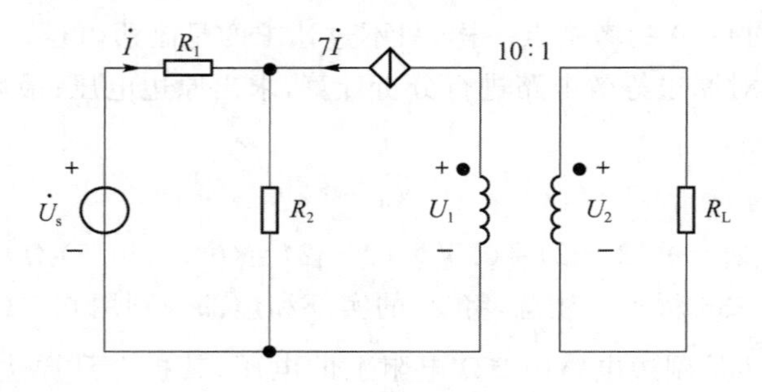

图 11-38　题图 11-33

解析：此题的考查点与题 11-31 一样，但由于副边只有一个负载，所以分析更简单。另外，由于题中只给出了电源电压的有效值，因此，需要利用相量进行计算。

假设电源电压的初相为 0，即 $\dot{U}_s=380\angle 0°\ \text{V}$。

先将副边阻抗折合到原边，由原边等效电路计算出 $\dot{U}_1$，再根据变比关系确定 $\dot{U}_2$。副边到原边的折合阻抗为

$$Z_i=n^2R_L=10^2\times 10=1\ 000\ \Omega$$

原边等效电路如图 11-39 所示。

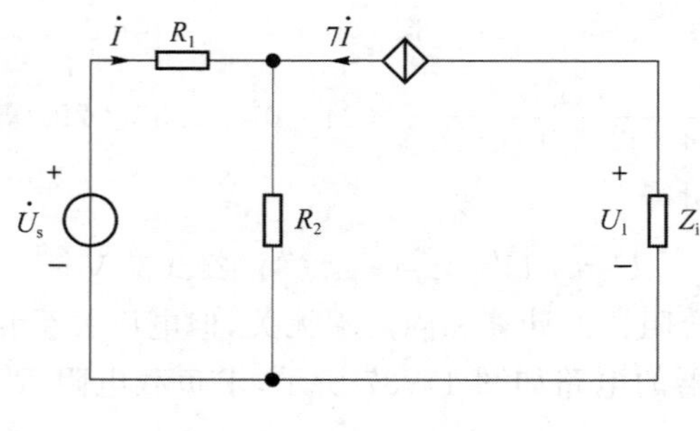

图 11-39

对图 11-39 中左边网孔列写 KVL 方程如下：

$$R_1\dot{I}+R_2(\dot{I}+7\dot{I})=\dot{U}_s$$

即

$$600\dot{I}+50(\dot{I}+7\dot{I})=\dot{U}_s$$

整理得

$$600\dot{I}+400\dot{I}=\dot{U}_S$$

解得

$$\dot{I}=\frac{1}{1\,000}\dot{U}_s=\frac{1}{1\,000}\times 380\angle 0^\circ=0.38\angle 0^\circ\ \text{A}$$

变压器的原边线圈电压为

$$\dot{U}_1=-Z_i\cdot 7\dot{I}_1=-1\,000\times 7\times 0.38\angle 0^\circ=-2\,660\angle 0^\circ\ \text{V}$$

根据理想变压器原、副边的电压关系，可得

$$\dot{U}_2=\frac{\dot{U}_1}{10}=\frac{2\,660\angle 0^\circ}{10}=266\angle 0^\circ\ \text{V}$$

所以，$U_2=266$ V。

11-35　在图 11-40 所示的全耦合变压器电路中，已知 $L_1=L_2=2$ H，$R_1=10\ \Omega$，$C_2=1$ F，$u_{s1}(t)=\cos 2t$ V，$i_{s2}(t)=\cos t$ A，求电流 i_1 和电压 u_2。

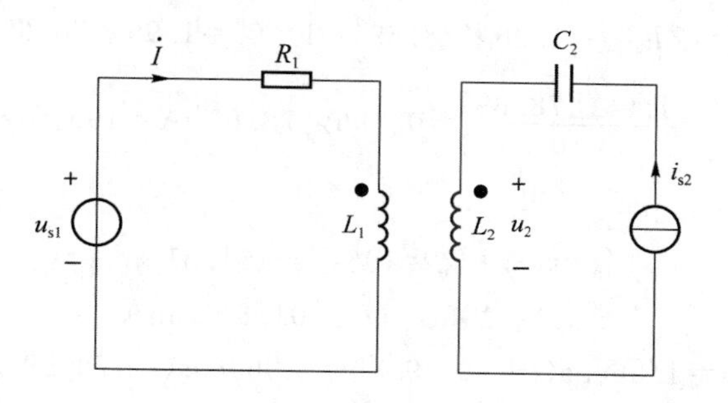

图 11-40　题图 11-34

解析：此题考查全耦合变压器电路的分析。先用理想变压器模型表示全耦合变压器，之后再根据理想变压器的相关性质进行分析求解。

变比 $n=\sqrt{\dfrac{L_1}{L_2}}=1$。按照叠加原理，先分别求出两个激励源单独作用时的响应，然后进行时域相加。

u_{s1} 单独作用时的等效电路如图 11-41(a)所示。$L_1=2$ H，副边到原边的折合阻抗 $Z'_{i1}=\infty$ 变压器的原边电流为

$$\dot{I}'_{1m}=\frac{\dot{U}_{s1m}}{R_1+j\omega L_1}=\frac{1\angle 0^\circ}{10+j2\times 2}\approx 93\angle -21.8^\circ\ \text{mA}$$

所以，

$$\dot{U}'_{2m}=\frac{1}{n}\dot{U}'_{1m}=j\omega L_1\dot{I}'_{1m}=j2\times 2\times 93\angle -21.8^\circ=372\angle 68.2^\circ\ \text{mV}$$

$$i'_1(t)=93\cos(2t-21.8^\circ)\ \text{mA}$$

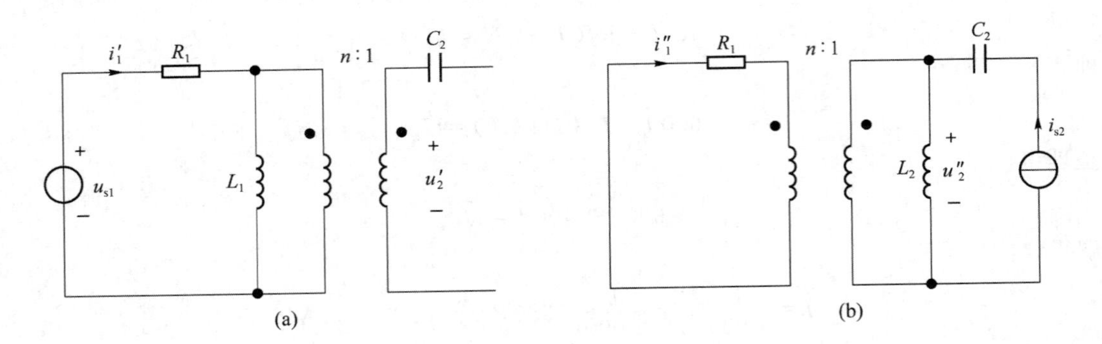

图 11-41

$$u_2'(t)=372\cos(2t+68.2°)\ \text{mV}$$

i_{s2}单独作用时的等效电路如图 11-41(b)所示。注意,此时 $i_{s2}(t)$所在的一边是原边,即电源在哪边,哪边就是原边。$L_2=2$ H,副边到原边的折合阻抗 $Z_{i2}=n^2R_1=10\ \Omega$。原边并联部分的等效阻抗为

$$Z=\frac{Z_{i2}\times j\omega L_1}{Z_{i2}+j\omega L_1}=\frac{10\times j2}{10+j2}\approx 1.96\angle 78.69°\ \Omega$$

变压器的原边电压和原边电流为

$$\dot{U}''_{2m}=Z\dot{I}_{s2m}=1.96\angle 78.69°\times 1\angle 0°=1.96\angle 78.69°\ \text{V}$$

$$\dot{I}''_{2m}=\frac{\dot{U}''_{2m}}{Z_{i2}}=\frac{1.96\angle 78.69°}{10}=0.196\angle 78.69°\ \text{A}=196\angle 78.69°\ \text{mA}$$

所以

$$\dot{I}''_{1m}=-n\dot{I}''_{2m}=196\angle -101.31°\ \text{mA}$$

$$i_1''(t)=196\cos(t-101.31°)\ \text{mA}$$

$$u_2''(t)=1.96\cos(t+78.69°)\ \text{V}=1960\cos(t+78.69°)\ \text{mV}$$

根据叠加定理,有

$$i_1(t)=i_1'(t)+i_1''(t)=[93\cos(2t-21.8°)+196\cos(t-101.31°)]\ \text{mA}$$

$$u_2(t)=u_2'(t)+u_2''(t)=[372\cos(2t+68.2°)+1960\cos(t+78.69°)]\ \text{mV}$$

11-36　图 11-42 所示的电路中,全耦合变压器的初级线圈电阻 $R_1=30\ \Omega$,自感 $L_1=15$ H,次级线圈电阻 $R_2=60\ \Omega$,自感 $L_2=60$ H,两线圈初始储能均为零,负载 $R_L=180\ \Omega$,直流电压源 $U_s=30$ V。若 $t=0$ 时 U_s接入原边回路,求 $i_1(t)$和 $i_2(t)$。

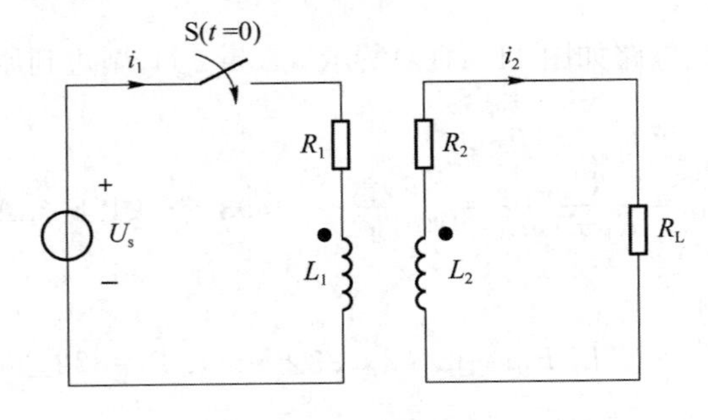

图 11-42　题图 11-35

解析：此题虽然是全耦合变压器电路，但这是与动态电路结合的题目，要求的是过渡过程中电流的变化规律。

用理想变压器模型表示全耦合变压器。将 U_s 接入原边回路，得到电路如图 11-43(a)所示，其中 $n=\sqrt{\frac{L_1}{L_2}}=\sqrt{\frac{15}{60}}=\frac{1}{2}$。再将副边电阻折合到原边，得到原边等效电路如图 11-43(b)所示。

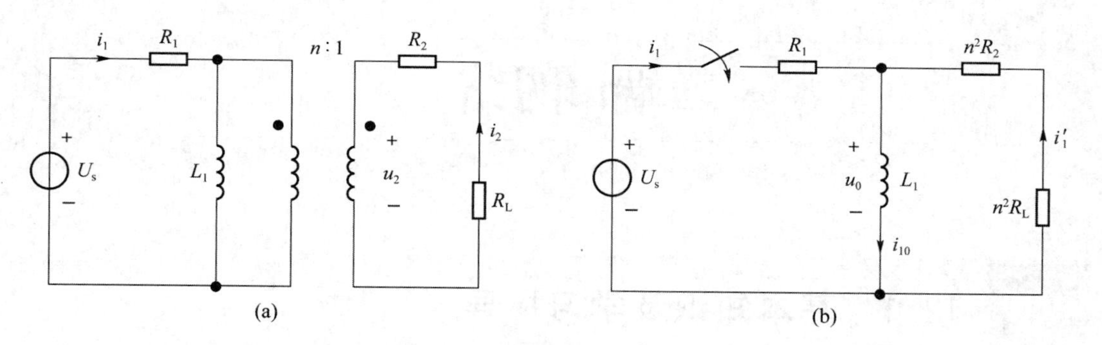

图 11-43

先应用三要素法求 i_{10} 和 u_0，然后根据电路结构再求 $i_1(t)$ 和 $i_2(t)$。与电感串联的等效电阻为

$$R_{eq}=R_1//(n^2R_2+n^2R_L)=\frac{30\times(\frac{1}{2^2}\times60+\frac{1}{2^2}\times180)}{30+\frac{1}{2^2}\times60+\frac{1}{2^2}\times180}=20\ \Omega$$

$$\tau=\frac{L_1}{R_{eq}}=\frac{15}{20}=\frac{3}{4}\ \text{s}$$

$$i_{10}(\infty)=\frac{U_s}{R_1}=\frac{30}{30}=1\ \text{A}$$

所以

$$i_{10}(t)=i_{10}(\infty)(1-e^{-\frac{t}{\tau}})=(1-e^{-\frac{4}{3}t})\ \text{A},\quad t\geqslant0^+$$

$$u_0(t)=L_1\frac{di_{10}}{dt}=15\times\left(\frac{4}{3}e^{-\frac{4}{3}t}\right)=20e^{-\frac{4}{3}t}\ \text{V},\quad t\geqslant0^+$$

$$i'_1(t)=-\frac{u_0}{n^2R_2+n^2R_L}=-\frac{20e^{-\frac{4}{3}t}}{15+45}=-\frac{1}{3}e^{-\frac{4}{3}t}\ \text{A},\quad t\geqslant0^+$$

$$i_1(t)=i_{10}(t)-i'_1(t)=\left(1-\frac{2}{3}e^{-\frac{4}{3}t}\right)\text{A},\quad t\geqslant0^+$$

$$i_2(t)=\frac{1}{n}i'_1(t)=-\frac{1}{6}e^{-\frac{4}{3}t}\ \text{A},\quad t\geqslant0^+$$

第 12 章

二端口网络

12.1 基本知识及学习指导

二端口网络的定义在 1.1.7 节中已经给出。前面章节介绍的主要是单口网络,对二端口网络介绍的不多,但涉及了二端口元件,例如受控源、运算放大器、变压器。实际上,一个电路把激励源和负载移除后,剩下的就是二端口网络。本章的主要内容包括二端口网络,二端口网络 VCR 的几种描述形式及 4 种主要参数,互易二端口网络和对称二端口网络,二端口网络的等效、连接以及有端接的二端口网络的分析,二端口网络的特性阻抗。本章的知识结构如图 12-1 所示。

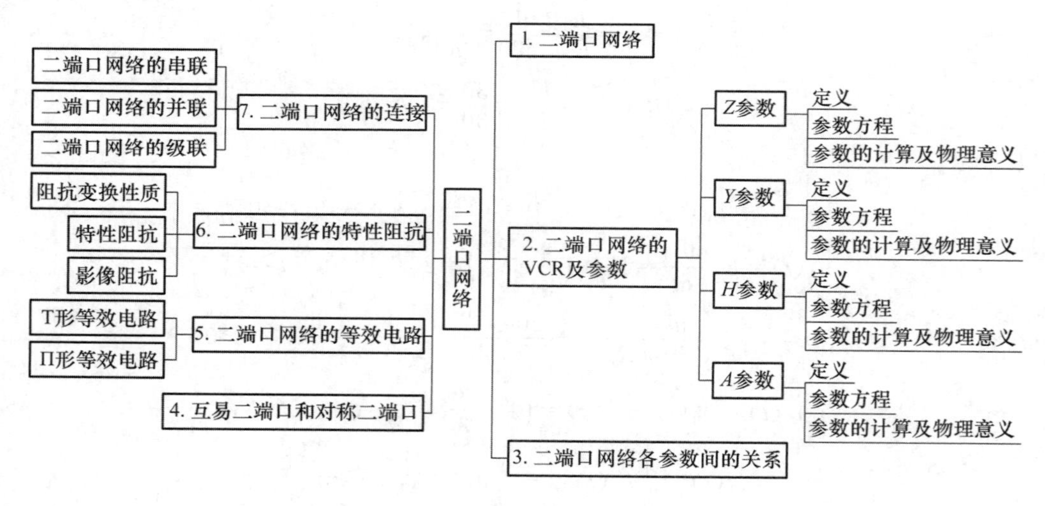

图 12-1 第 12 章知识结构

12.1.1 二端口网络

二端口网络有 4 个端钮,只有当这 4 个端钮两两构成一个端口时,才能称为二端口网络,否则就是四端口网络。

由于二端口网络有两个端口，所以就有两对端口电压和电流，这使得二端口网络的端口不像单口网络那么简单。例如，无源单口网络端口的 VCR 服从欧姆定律，而对于无源二端口网络，每个端口的电压电流关系就不能简单地写成欧姆定律的形式了。如何表示无源二端口网络的 VCR 是本章解答的重要问题之一。本章只讨论无源二端口网络，所以，本章涉及的所有二端口网络都默认是无源二端口网络。

12.1.2 二端口网络的 VCR 及参数

有 6 种方程可以描述二端口网络端口的 VCR，其中应用较多的有 4 种，分别是 Z 参数方程、Y 参数方程、H 参数方程和 A 参数方程。图 12-2 是二端口网络的一般形式，图中标明了其端口及端口的电压、电流参考方向。下面针对图 12-2 分别对这 4 种方程进行介绍。

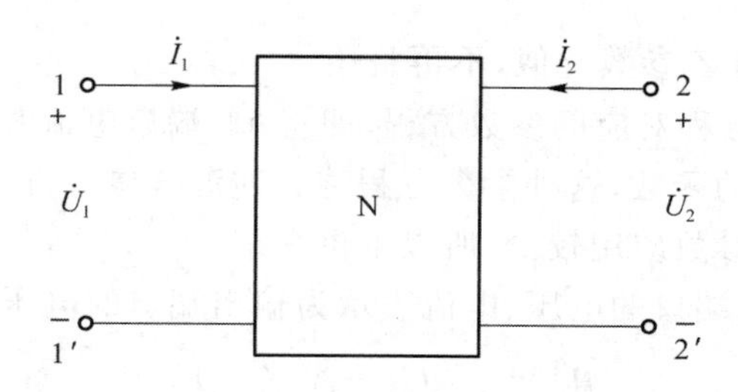

图 12-2 二端口网络

Z 参数方程是将端口电压表示为端口电流的函数，形式为

$$\begin{cases}\dot{U}_1=Z_{11}\dot{I}_1+Z_{12}\dot{I}_2\\ \dot{U}_2=Z_{21}\dot{I}_1+Z_{22}\dot{I}_2\end{cases}$$

Z 参数方程可以写为形如欧姆定律的形式，即 $\dot{U}=\boldsymbol{Z}\dot{I}$，但注意其中的 3 个量都是矩阵。其中，$\boldsymbol{Z}$ 是方阵，$\dot{U}$ 和 $\dot{I}$ 都是列向量。$\boldsymbol{Z}=\begin{bmatrix}Z_{11} & Z_{12}\\ Z_{21} & Z_{22}\end{bmatrix}$ 称为 Z 参数矩阵，其中的 4 个元素称为 Z 参数，具有阻抗的量纲，所以也称为阻抗参数，这是一组开路参数。

对于给定的二端口网络，如果求出了 Z 参数，就能得到二端口网络的 Z 参数方程。Z 参数的计算方法可由 Z 参数方程推出，具体如下：

$$Z_{11}=\left.\frac{\dot{U}_1}{\dot{I}_1}\right|_{\dot{I}_2=0},\quad Z_{21}=\left.\frac{\dot{U}_2}{\dot{I}_1}\right|_{\dot{I}_2=0},\quad Z_{12}=\left.\frac{\dot{U}_1}{\dot{I}_2}\right|_{\dot{I}_1=0},\quad Z_{22}=\left.\frac{\dot{U}_2}{\dot{I}_2}\right|_{\dot{I}_1=0}$$

还有一种方法也能确定 Z 参数，即根据给定的二端口网络，分别列写两个端口的 VCR，并将其整理为 Z 参数方程的形式，则按照对应关系即可确定 Z 参数。

Y 参数方程是将端口电流表示为端口电压的函数，形式为

$$\begin{cases}\dot{I}_1=Y_{11}\dot{U}_1+Y_{12}\dot{U}_2\\ \dot{I}_2=Y_{21}\dot{U}_1+Y_{22}\dot{U}_2\end{cases}$$

Y 参数方程也可以写为用电导表示的形如欧姆定律的形式，即 $\dot{I}=\boldsymbol{Y}\dot{U}$，同样，式中 3 个量都是矩阵。其中，$\boldsymbol{Y}=\begin{bmatrix}Y_{11} & Y_{12}\\ Y_{21} & Y_{22}\end{bmatrix}$ 是 Y 参数矩阵，$\boldsymbol{Y}$ 中的 4 个元素称为 Y 参数，具有导纳的量

纲，所以也称为导纳参数，这是一组短路参数。

Y 参数的确定方法与 Z 参数类似，不再赘述。

H 参数方程是将 $11'$ 端口电压和 $22'$ 端口电流表示为 $11'$ 端口电流和 $22'$ 端口电压的函数，形式为

$$\begin{cases}\dot{U}_1=H_{11}\dot{I}_1+H_{12}\dot{U}_2\\ \dot{I}_2=H_{21}\dot{I}_1+H_{22}\dot{U}_2\end{cases}$$

方程中的 4 个参数称为 H 参数，它们可以构成 H 参数矩阵，即 $\boldsymbol{H}=\begin{bmatrix}H_{11} & H_{12}\\ H_{21} & H_{22}\end{bmatrix}$。由于 H_{11} 具有阻抗的量纲，H_{22} 具有导纳的量纲，而 H_{12} 和 H_{21} 是无量纲的量，所以 H 参数又称为混合参数。

H 参数的确定方法与 Z 参数类似，不再赘述。

还有一种与 H 参数方程对应的参数方程，即将 $11'$ 端口电流和 $22'$ 端口电压表示为 $11'$ 端口电压和 $22'$ 端口电流的函数，这种参数方程称为逆混合参数方程。该方程对应的 4 个参数称为逆混合参数，这种参数应用较少，所以不再介绍。

A 参数方程是将输入端口的电压、电流表示为输出端口的电压、电流的函数，形式为

$$\begin{cases}\dot{U}_1=A_{11}\dot{U}_2+A_{12}(-\dot{I}_2)\\ \dot{I}_1=A_{21}\dot{U}_2+A_{22}(-\dot{I}_2)\end{cases}$$

方程中的 4 个参数称为 A 参数，它们可以构成 A 参数矩阵，即 $\mathbf{A}=\begin{bmatrix}A_{11} & A_{12}\\ A_{21} & A_{22}\end{bmatrix}$，其中 A_{11} 和 A_{22} 是无量纲的量，A_{12} 具有阻抗的量纲，A_{21} 具有导纳的量纲。由于 A 参数方程是按照能量传输的形式列写的，所以，A 参数又称为传输参数。注意到，A 参数方程中的电流 $\dot{I}_2$ 前面有一负号，这是与其他参数方程不同的。从能量传输的角度考虑，电流 $\dot{I}_2$ 应该从端口流出，但为了与二端口网络端口电压、电流的表示一致，仍假定 $\dot{I}_2$ 从端口流入，所以在方程中加一负号。

A 参数的确定方法与 Z 参数类似，不再赘述。

还有一种与 A 参数方程对应的参数方程，即将输出端口的电压、电流表示为输入端口的电压、电流的函数，这种参数方程称为逆传输参数方程，对应的四个参数称为逆传输参数。这种参数应用较少，这里不再介绍。

学习提示 1： 理论上，同一个二端口网络端口的 VCR 可以有 6 种表示方式，也应该有 6 种参数，但是，并不是每种参数都存在。

学习提示 2： 要学会理解记忆。对于各种参数，只要掌握了对应的参数方程，就可以得到计算参数的方法，即让某一个端口短路或开路。

学习提示 3： 二端口网络的 6 种参数间具有固定的关系，相关内容请查看教材，本书不再给出。

12.1.3　互易二端口网络和对称二端口网络

互易二端口网络是满足互易定理的二端口网络。通常不含受控源，仅由线性电阻、电

容、电感(互感)元件组成的二端口网络是互易二端口网络。

对于互易二端口网络,各种参数矩阵中的 4 个参数间有相互关系,任意一组参数中只有 3 个是独立的,所以只需计算出 3 个参数,就可以根据相互关系求出另一个参数。具体关系如下:

$$Z_{12}=Z_{21},\quad Y_{12}=Y_{21},\quad H_{12}=-H_{21},\quad A_{11}A_{22}-A_{12}A_{21}=1$$

如果互易二端口网络的两个端口可以交换,且交换后端口电压和端口电流的数值不变,这样的二端口网络就是对称二端口网络。

对于对称二端口网络,各种参数中的 4 个参数除满足互易二端口网络的参数关系外,还有如下关系:

$$Z_{11}=Z_{22},\quad Y_{11}=Y_{22},\quad A_{11}=A_{22},\quad H_{11}H_{22}-H_{12}H_{21}=1$$

可以看出,对称二端口网络的任意一组参数中只有 2 个是独立的,所以只需计算出 2 个参数,就可以根据相互关系求出另外 2 个参数。

学习提示: 对称二端口网络首先是互易二端口网络。对称是指电气特性对称,而不是指结构对称,但结构对称的二端口网络一定是对称二端口网络,而对称二端口网络在结构上不一定对称。

12.1.4　二端口网络的等效电路

无源单口网络可以用一个阻抗元件或者导纳元件等效,但由于二端口网络有两个端口,就不能用一个元件等效了。二端口网络有两种常用的等效电路模型,分别是 T 形等效电路和Π形等效电路。

T 形等效电路:互易二端口网络的 T 形等效电路用三个连接为 T 形的阻抗等效,如图 12-3(a)所示;非互易二端口网络的 T 形等效电路用三个连接为 T 形的阻抗和一个 CCVS 等效,如图 12-3(b)所示。三个等效阻抗元件的参数与 Z 参数具有如下关系:

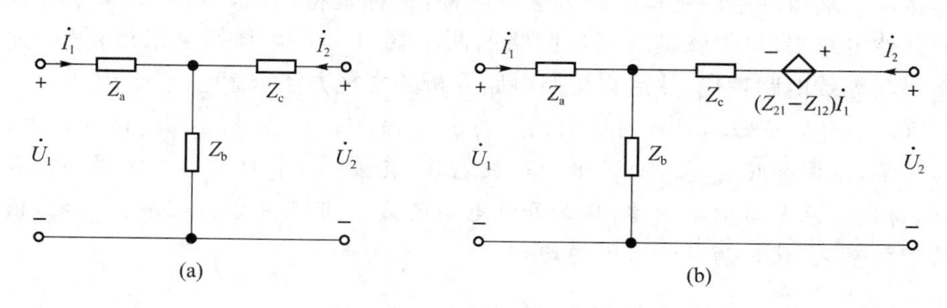

图 12-3　T 形等效电路

$$Z_a=Z_{11}-Z_{12},\quad Z_b=Z_{12},\quad Z_c=Z_{22}-Z_{12}$$

对于图 12-3(b)所示的非互易二端口网络,CCVS 的控制系数为 $Z_{21}-Z_{12}$。CCVS 也可以放在左边端口,即与 Z_a 串联,此时 CCVS 的极性为左正右负,其控制系数为 $Z_{12}-Z_{21}$,三个等效阻抗元件和 CCVS 的参数与 Z 参数的关系如下:

$$Z_a=Z_{11}-Z_{21},\quad Z_b=Z_{21},\quad Z_c=Z_{22}-Z_{21}$$

Π形等效电路:互易二端口网络的Π形等效电路用三个连接为Π形的导纳等效,如图 12-4(a)所示;非互易二端口网络的Π形等效电路用三个连接为Π形的导纳和一个 VCCS

等效，如图 12-4(b)所示。三个等效导纳元件的参数与 Y 参数具有如下关系：

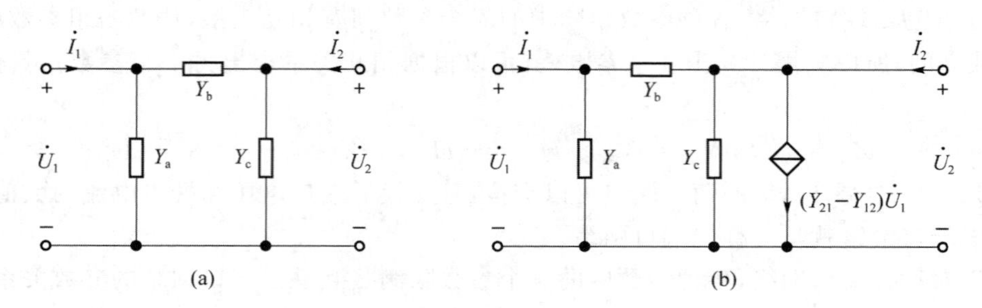

图 12-4 Π形等效电路

$$Y_a=Y_{11}+Y_{12},\quad Y_b=-Y_{12},\quad Y_c=Y_{22}+Y_{12}$$

对于图 12-4(b)所示的非互易二端口网络，VCCS 的控制系数为 $Y_{21}-Y_{12}$。VCCS 也可以放在左边端口，即与 Y_a 并联，此时 VCCS 的电流为从上向下，其控制系数为 $Y_{12}-Y_{21}$，三个等效导纳元件和 VCCS 的参数与 Y 参数的关系如下：

$$Y_a=Y_{11}+Y_{21},\quad Y_b=-Y_{21},\quad Y_c=Y_{22}+Y_{21}$$

学习提示：要理解记忆等效元件的参数关系，并掌握其基本原理，即端口的 VCR 等效。计算等效元件的参数时，列写两个网络端口的 VCR，令其相等即可。

12.1.5 有端接的二端口网络

二端口网络不是孤立存在的，它是电路中的一部分，必须连接电源和负载，才能完成一定的工作，这就是有端接的二端口网络，即在端口处有其他电路与之相接。通常在输入端连接电源，输出端连接负载。如果考虑电源的内阻抗，则称为双端接的二端口网络；如果不考虑电源的内阻抗，则称为单端接的二端口网络。

有端接的二端口网络的基本分析方法有两种：一种是将二端口网络的参数方程以及与其连接的其他电路端口(也就是二端口网络的两个端口)的 VCR 联立求解；另一种是将二端口网络用其等效电路替代，然后再按照电路分析的常规方法求解。

学习提示：有端接的二端口网络的两种分析方法都比较容易掌握。相对来说，第一种方法较为简单，不需要记忆二端口网络的等效电路，直接解方程即可。但如果涉及最大功率传输问题，特别是互易二端口网络，那么等效电路的方法可能更容易理解。总之，根据个人对知识的掌握情况，使用两种方法解题均可。

12.1.6 二端口网络的特性阻抗

二端口网络具有阻抗变换的性质，当在 22′端口接负载 Z_{L2} 时，则 11′端口的输入阻抗 Z_{i1} 可以用双口网络的某种参数和 Z_{L2} 表示，用 A 参数表示的表达式为 $Z_{i1}=\dfrac{A_{11}Z_{L2}+A_{12}}{A_{21}Z_{L2}+A_{22}}$。同理，如果在 11′端口接负载 Z_{L1}，则 22′端口的输入阻抗 Z_{i2} 为 $Z_{i2}=\dfrac{A_{22}Z_{L1}+A_{12}}{A_{21}Z_{L1}+A_{11}}$。

如果令负载阻抗 $Z_{L2}=Z_{c2}$，则输入阻抗 Z_{i1} 也等于 Z_{c2}，可以求得

$$Z_{c2}=\frac{A_{11}-A_{22}\pm\sqrt{(A_{11}-A_{22})^2+4A_{12}A_{21}}}{2A_{21}}$$

可见,阻抗的值只与二端口网络的参数有关,也就是只与二端口网络本身的结构和元件参数有关,所以称其为11′端口的特性阻抗。同理,可得22′端口的特性阻抗为

$$Z_{c1}=\frac{-(A_{11}-A_{22})\pm\sqrt{(A_{11}-A_{22})^2+4A_{12}A_{21}}}{2A_{21}}$$

对于对称二端口网络,因为 $A_{11}=A_{22}$,所以有

$$Z_{c1}=Z_{c2}=Z_{c}=\sqrt{\frac{A_{12}}{A_{21}}}$$

称其为二端口网络的特性阻抗。

影像阻抗是二端口网络中另外一个与网络本身有关的量,其定义为:如果在二端口网络的22′端口接负载阻抗 Z_{im2},其11′端口的输入阻抗为 Z_{im1};而如果在11′端口接负载阻抗 Z_{im1},其22′端口的输入阻抗为 Z_{im2},则称这样两个特定的阻抗为二端口网络的影像阻抗。可以看出,负载阻抗和输入阻抗在二端口网络两侧形成镜像关系。

根据影像阻抗的定义,可以得到

$$Z_{im1}=\sqrt{\frac{A_{11}A_{12}}{A_{21}A_{22}}},\quad Z_{im2}=\sqrt{\frac{A_{22}A_{12}}{A_{21}A_{11}}}$$

对于对称二端口网络,则有

$$Z_{im1}=Z_{im2}=Z_{im}=\sqrt{\frac{A_{12}}{A_{21}}}$$

学习提示:对于对称二端口网络,其特性阻抗与影像阻抗的值一样,但要注意二者的定义不同,不能混淆。

12.1.7　二端口网络的连接

当计算复杂二端口网络的参数时,可以将其分解为几个简单二端口网络,先计算简单二端口网络的参数,再根据其连接关系,最后求得总的二端口网络的参数。本书以两个二端口网络的连接为例,介绍常见的三种连接形式——串联、并联和级联。对于多个二端口网络的连接,可以依此类推。

串联的二端口网络如图12-5所示,可以看出,各串联二端口网络的端口电流相等,且等于总的二端口网络的端口电流,而总的二端口网络的端口电压等于各串联二端口网络的端口电压之和。

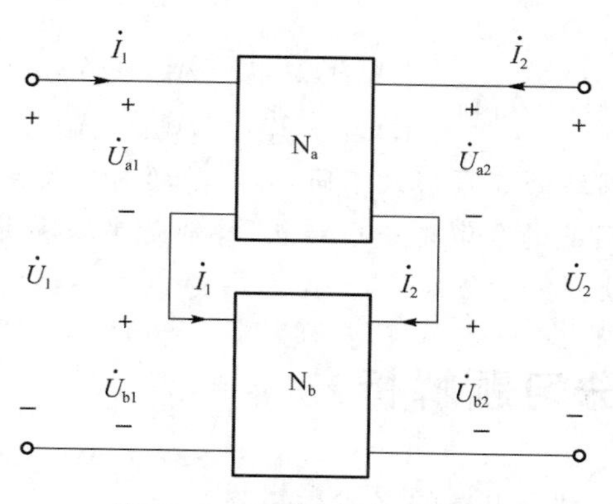

图12-5　二端口网络的串联

总的二端口网络的阻抗参数等于各串联的二端口网络的阻抗参数之和。对于图 12-5,有

$$\boldsymbol{Z}=\boldsymbol{Z}_{\text{a}}+\boldsymbol{Z}_{\text{b}}=\begin{bmatrix}Z_{\text{a11}}+Z_{\text{b11}} & Z_{\text{a12}}+Z_{\text{b12}}\\ Z_{\text{a21}}+Z_{\text{b21}} & Z_{\text{a22}}+Z_{\text{b22}}\end{bmatrix}$$

并联的二端口网络如图 12-6 所示,可以看出,各并联二端口网络的端口电压相等,且等于总的二端口网络的端口电压,而总的二端口网络的端口电流等于各并联二端口网络的端口电流之和。

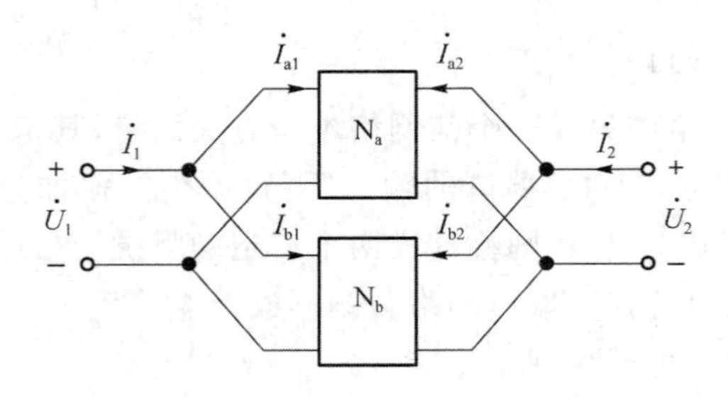

图 12-6　二端口网络的并联

总的二端口网络的导纳参数等于各并联的二端口网络的导纳参数之和。对于图 12-6,有

$$\boldsymbol{Y}=\boldsymbol{Y}_{\text{a}}+\boldsymbol{Y}_{\text{b}}=\begin{bmatrix}Y_{\text{a11}}+Y_{\text{b11}} & Y_{\text{a12}}+Y_{\text{b12}}\\ Y_{\text{a21}}+Y_{\text{b21}} & Y_{\text{a22}}+Y_{\text{b22}}\end{bmatrix}$$

级联的二端口网络如图 12-7 所示,可以看出,前一个二端口网络的输出端口电压等于后一个二端口网络的输入端口电压,而前一个二端口网络的输出端口电流与后一个二端口网络的输入端口电流大小相等,方向相反。

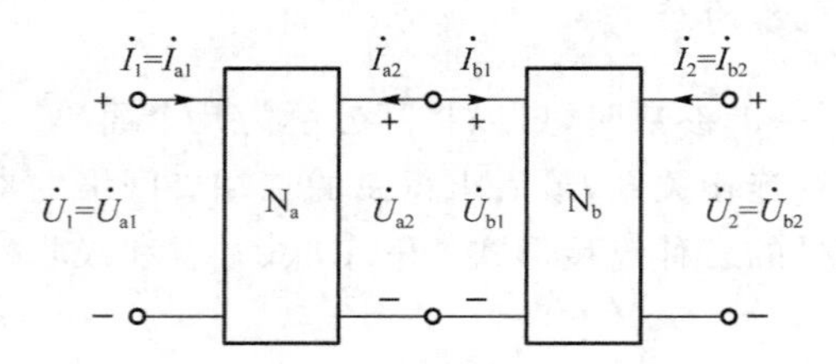

图 12-7　二端口网络的级联

总的二端口网络的传输参数等于各级联的二端口网络的传输参数之积。对于图 12-7,有

$$\boldsymbol{A}=\boldsymbol{A}_{\text{a}}\boldsymbol{A}_{\text{b}}=\begin{bmatrix}A_{\text{a11}} & A_{\text{a12}}\\ A_{\text{a21}} & A_{\text{a22}}\end{bmatrix}\begin{bmatrix}A_{\text{b11}} & A_{\text{b12}}\\ A_{\text{b21}} & A_{\text{b22}}\end{bmatrix}$$

学习提示 1: 二端口网络的连接形式不同,其参数的对应关系不同,这一点一定要注意。

学习提示 2: 二端口网络的分解是一个难点,特别是串联和并联,需要根据两种连接方式的电压、电流关系特点决定。

12.2　部分习题解析

12-1　求图 12-8 所示耦合电感的 Z 参数矩阵。

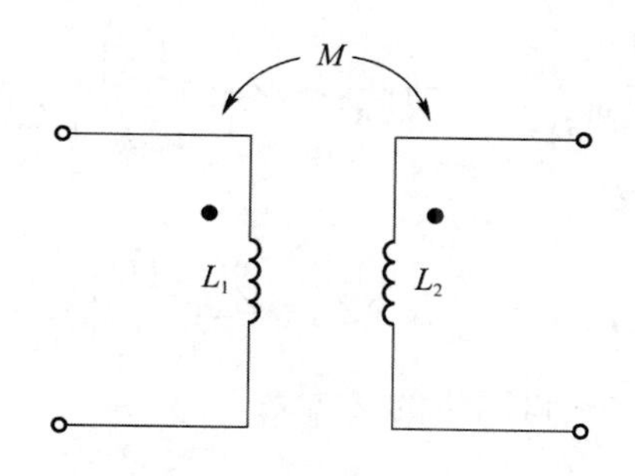

图 12-8　题图 12-1

解析：此题考查二端口网络 Z 参数的概念和计算。根据 Z 参数的计算公式和耦合电感的 VCR 进行计算。

假设两端口电压都为上正下负，电流从上端钮流入，则根据同名端可以写出 VCR 如下：

$$\dot{U}_1 = \mathrm{j}\omega L_1 \dot{I}_1 + \mathrm{j}\omega \dot{M} I_2$$
$$\dot{U}_2 = \mathrm{j}\omega L_2 \dot{I}_2 + \mathrm{j}\omega \dot{M} I_1 \tag{1}$$

所以，在右边端口开路的情况下：

$$Z_{11} = \left.\frac{\dot{U}_1}{\dot{I}_1}\right|_{\dot{I}_2=0} = \mathrm{j}\omega L_1,\quad Z_{21} = \left.\frac{\dot{U}_2}{\dot{I}_1}\right|_{\dot{I}_2=0} = \mathrm{j}\omega M$$

在左边端口开路的情况下：

$$Z_{12} = \left.\frac{\dot{U}_1}{\dot{I}_2}\right|_{\dot{I}_1=0} = \mathrm{j}\omega M,\quad Z_{22} = \left.\frac{\dot{U}_{22}}{\dot{I}_{22}}\right|_{\dot{I}_1=0} = \mathrm{j}\omega L_2$$

因此，Z 参数矩阵为

$$\begin{bmatrix} \mathrm{j}\omega L_1 & \mathrm{j}\omega M \\ \mathrm{j}\omega M & \mathrm{j}\omega L_2 \end{bmatrix}$$

实际上，将 Z 参数方程 $\begin{cases} \dot{U}_1 = Z_{11}\dot{I}_1 + Z_{12}\dot{I}_2 \\ \dot{U}_2 = Z_{21}\dot{I}_1 + Z_{22}\dot{I}_2 \end{cases}$ 与方程组(1)比较也可以得到 Z 参数矩阵，这种方法更简单。

12-2　求图 12-9 所示二端口网络的 Z 参数。

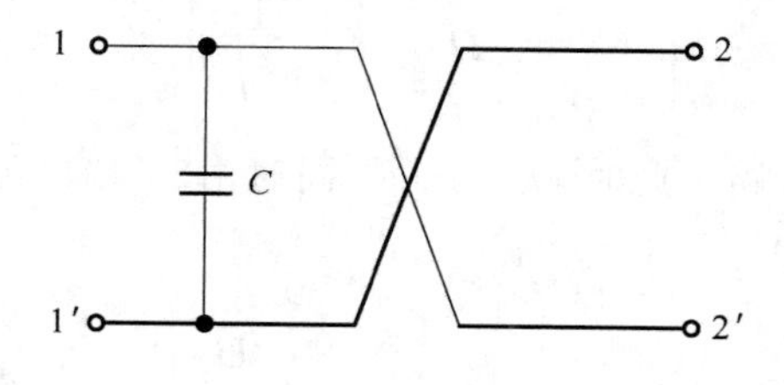

图 12-9　题图 12-2

解析：此题的考查点与题 12-1 相同。注意此题两线交叉处是非连接的。

令 $\dot{I}_2=0$，即 22′端口开路，则有

$$Z_{11}=\frac{\dot{U}_1}{\dot{I}_1}\bigg|_{\dot{I}_2=0}=-\mathrm{j}\,\frac{1}{\omega C},\quad Z_{21}=\frac{\dot{U}_2}{\dot{I}_1}\bigg|_{\dot{I}_2=0}=\mathrm{j}\,\frac{1}{\omega C}$$

令 $\dot{I}_1=0$,即 11′端口开路,则有

$$Z_{21}=\frac{\dot{U}_2}{\dot{I}_1}\bigg|_{\dot{I}_1=0}=\mathrm{j}\,\frac{1}{\omega C},\quad Z_{22}=Z_{22}=\frac{\dot{U}_2}{\dot{I}_2}\bigg|_{\dot{I}_1=0}=-\mathrm{j}\,\frac{1}{\omega C}$$

12-4 求图 12-10 所示二端口网络的 Z 参数。

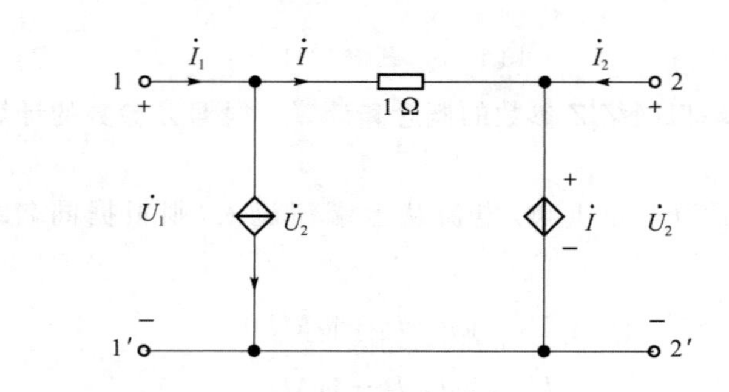

图 12-10 题图 12-4

解析:此题的考查点与题 12-1 相同,但电路较为复杂。对于公式 $Z_{11}=\frac{\dot{U}_1}{\dot{I}_1}\Big|_{\dot{I}_2=0}$,不能直接找到 $\dot{U}_1$ 与 $\dot{I}_1$ 的关系,需要将其他变量用 $\dot{U}_1$ 或 $\dot{I}_1$ 表示出来,整理后得到只有 $\dot{U}_1$ 和 $\dot{I}_1$ 的表达式。本题中,其他参数的计算也是采用同样的方法。

令 $\dot{I}_2=0$,即 22′端口开路。此时,1 端钮处节点的 KCL 方程为 $\dot{I}_1=\dot{I}+\dot{U}_2$,且由 22′端口可得 $\dot{I}=\dot{U}_2$,因此

$$\dot{I}_1=2\dot{I},\quad \dot{I}=\frac{1}{2}\dot{I}_1$$

11′端口的电压为

$$\dot{U}_1=\dot{I}+\dot{I}=2\times\frac{1}{2}\dot{I}_1=\dot{I}_1$$

所以

$$Z_{11}=\frac{\dot{U}_1}{\dot{I}_1}\bigg|_{\dot{I}_2=0}=1\,\Omega,\quad Z_{21}=\frac{\dot{U}_2}{\dot{I}_1}\bigg|_{\dot{I}_2=0}=\frac{1}{2}\,\Omega$$

令 $\dot{I}_1=0$,即 11′端口开路。此时,$\dot{I}=-\dot{U}_2$,同时由22′端口可知 $\dot{I}=\dot{U}_2$,因此,有 $\dot{U}_2=\dot{I}=0$。由11′端口可知 $\dot{U}_1=\dot{I}+\dot{I}=0$,所以

$$Z_{12}=\frac{\dot{U}_1}{\dot{I}_2}\bigg|_{\dot{I}_1=0}=0,\quad Z_{22}=\frac{\dot{U}_2}{\dot{I}_2}\bigg|_{\dot{I}_1=0}=0$$

12-6 求图 12-11 所示二端口网络的 Y 参数。

解析:此题考查二端口网络 Y 参数的概念和计算。注意此题两线交叉处是非连接的。假设两端口电压为上正下负,电流从上端钮流入。

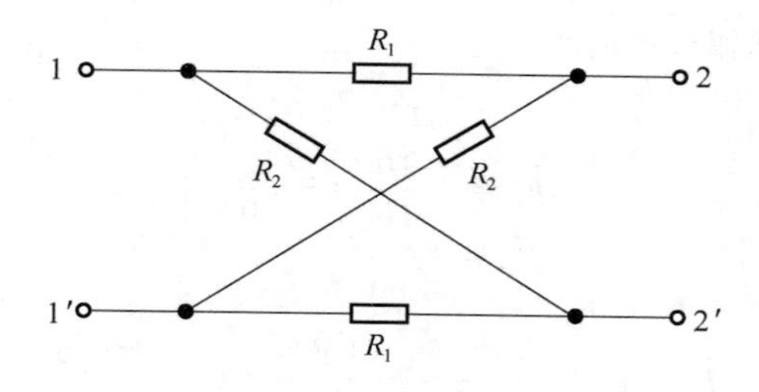

图 12-11　题图 12-3

令$\dot{U}_2=0$,即22′端口短路,此时从11′端口看,电路为两个 R_1 与 R_2 并联支路的串联形式,因此,有

$$Y_{11}=\frac{\dot{I}_1}{\dot{U}_1}\bigg|_{\dot{U}_2=0}=\frac{R_1+R_2}{2R_1R_2},\quad Y_{21}=\frac{\dot{I}_2}{\dot{U}_1}\bigg|_{\dot{U}_2=0}=\frac{R_1-R_2}{2R_1R_2}$$

令$\dot{U}=0$,即11′端口短路,此时从22′端口看,电路为两个 R_1 与 R_2 并联支路的串联形式,因此,有

$$Y_{12}=\frac{\dot{I}_1}{\dot{U}_2}\bigg|_{\dot{U}_1=0}=\frac{R_1-R_2}{2R_1R_2},\quad Y_{22}=\frac{\dot{I}_2}{\dot{U}_2}\bigg|_{\dot{U}_1=0}=\frac{R_1+R_2}{2R_1R_2}$$

注意:不同情况下电路的结构不同,如果由原图看不清电路中元件之间的连接关系,一定要重新画一下电路。另外,此二端口网络为互易二端口网络,所以,求出 Y_{11}、Y_{21}后根据对称二端口网络的特性可以直接写出 Y_{12}和 Y_{22}。

12-7　求图 12-12 所示二端口网络的 Y 参数。

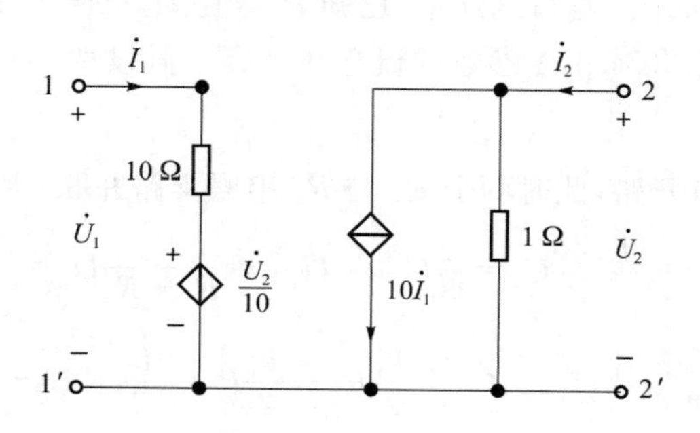

图 12-12　题图 12-6

解析: 此题的考查点与题 12-6 相同,但电路稍为复杂,需要采用题 12-4 所述方法进行分析求解。

令$\dot{U}_2=0$,即22′端口短路,此时,1 Ω 电阻被短路,$\dot{I}_2=10\dot{I}_1$。对11′端口,有

$$\dot{U}_1=10\dot{I}_1+\frac{\dot{U}_2}{10}=10\dot{I}_1=\dot{I}_2$$

所以

$$Y_{11}=\frac{\dot{I}_1}{\dot{U}_1}\bigg|_{\dot{U}_2=0}=\frac{1}{10}\ \text{S},\quad Y_{21}=\frac{\dot{I}_2}{\dot{U}_1}\bigg|_{\dot{U}_2=0}=1\ \text{S}$$

令$\dot{U}_1=0$,即11′端口短路,此时

$$\dot{I}_1=-\frac{\frac{\dot{U}_2}{10}}{10}=-\frac{\dot{U}_2}{100}$$

对22′端口,有

$$\dot{I}_2=10\dot{I}_1+\frac{\dot{U}_2}{1}=-\frac{10\dot{U}_2}{100}+\dot{U}_2=\frac{9}{10}\dot{U}_2$$

所以

$$Y_{12}=\left.\frac{\dot{I}_1}{\dot{U}_2}\right|_{\dot{U}_1=0}=-\frac{1}{100}\ \mathrm{S},\quad Y_{22}=\left.\frac{\dot{I}_2}{\dot{U}_2}\right|_{\dot{U}_1=0}=\frac{9}{10}\ \mathrm{S}$$

12-8　求图 12-11 所示二端口网络的 H 参数。

解析:此题考查二端口网络 H 参数的概念和计算。假设两端口电压为上正下负,电流从上端钮流入。

令$\dot{U}_2=0$,即22′端口短路,则有

$$H_{11}=\left.\frac{\dot{U}_1}{\dot{I}_1}\right|_{\dot{U}_2=0}=\frac{2R_1R_2}{R_1+R_2},\quad H_{21}=\left.\frac{\dot{I}_2}{\dot{I}_1}\right|_{\dot{U}_2=0}=\frac{R_1-R_2}{R_1+R_2}$$

令$\dot{I}_1=0$,即11′端口开路,则有

$$H_{12}=\left.\frac{\dot{U}_1}{\dot{U}_2}\right|_{\dot{I}_1=0}=\frac{R_2-R_1}{R_1+R_2},\quad H_{22}=\left.\frac{\dot{I}_2}{\dot{U}_2}\right|_{\dot{I}_1=0}=\frac{2}{R_1+R_2}$$

12-9　在图 12-11 所示二端口网络中,已知 $R_1=10\ \Omega$,$R_2=20\ \Omega$,试求其 A 参数矩阵。

解析:此题考查二端口网络 A 参数的概念和计算。假设两端口电压为上正下负,电流从上端钮流入。

令 $\dot{I}_2=0$,即22′端口开路,此时两个 R_1 与 R_2 串联支路并联,因此,有

$$\dot{U}_{21'}=\frac{R_2}{R_1+R_2}\dot{U}_1=\frac{2}{3}\dot{U}_1,\quad \dot{U}_{2'1'}=\frac{R_1}{R_1+R_2}\dot{U}_1=\frac{1}{3}\dot{U}_1$$

$$\dot{U}_2=\dot{U}_{21'}-\dot{U}_{2'1'}=\frac{1}{3}\dot{U}_1,\quad \dot{U}_2=\frac{\dot{I}_1}{2}R_2-\frac{\dot{I}_1}{2}R_1=\frac{\dot{I}_1}{2}\times 20-\frac{\dot{I}_1}{2}\times 10=5\dot{I}_1$$

所以

$$A_{11}=\left.\frac{\dot{U}_1}{\dot{U}_2}\right|_{\dot{I}_2=0}=3,\quad A_{21}=\left.\frac{\dot{I}_1}{\dot{U}_2}\right|_{\dot{I}_2=0}=0.2\ \mathrm{S}$$

令 $\dot{U}_2=0$,即22′端口短路,此时,

$$\dot{I}_2=-\frac{\dot{U}_1-0.5\dot{U}_1}{R_1}-\frac{0.5\dot{U}_1}{R_2}=-\frac{\dot{U}_1}{40},\quad \dot{I}_1=\frac{\dot{U}_1}{R_1//R_2+R_1//R_2}=\frac{3\dot{U}_1}{40}$$

所以

$$A_{12}=-\left.\frac{\dot{U}_1}{\dot{I}_2}\right|_{\dot{U}_2=0}=40\ \Omega,\quad A_{22}=-\left.\frac{\dot{I}_1}{\dot{I}_2}\right|_{\dot{U}_2=0}=A_{11}=3$$

传输参数矩阵为$\begin{bmatrix}3 & 40\\0.2 & 3\end{bmatrix}$。

12-10　求图12-12所示二端口网络的传输参数。

解析：此题的考查点与题12-6相同，电路与题12-7相同，分析方法也类似。

令 $\dot{I}_2=0$，即22′端口开路，则有

$$\dot{U}_2=-10\dot{I}_1,\quad \dot{U}_1=10\dot{I}_1+\frac{\dot{U}_2}{10}=-\dot{U}_2+\frac{\dot{U}_2}{10}=-\frac{9}{10}\dot{U}_2$$

所以

$$A_{11}=\left.\frac{\dot{U}_1}{\dot{U}_2}\right|_{\dot{I}_2=0}=-\frac{9}{10},\quad A_{21}=\left.\frac{\dot{I}_1}{\dot{U}_2}\right|_{\dot{I}_2=0}=-\frac{1}{10}\text{ S}$$

令 $\dot{U}_2=0$，即22′端口短路，则有

$$\dot{I}_2=10\dot{I}_1,\dot{U}_1=10\dot{I}_1+\frac{\dot{U}_2}{10}=10\dot{I}_1=\dot{I}_2$$

所以

$$A_{12}=-\left.\frac{\dot{U}_1}{\dot{I}_2}\right|_{\dot{U}_2=0}=-1\ \Omega,\quad A_{22}=-\left.\frac{\dot{I}_1}{\dot{I}_2}\right|_{\dot{U}_2=0}=-\frac{1}{10}$$

12-11　已知二端口网络的Z参数矩阵为$\begin{bmatrix}3 & 1\\2 & 5\end{bmatrix}\Omega$，试求该二端口网络的T形等效电路。

解析：此题考查二端口网络T形等效电路的知识，直接利用公式计算即可。

由Z参数矩阵可以看出，$Z_{12}\neq Z_{21}$，所以该二端口网络为非互易二端口网络，其T形等效电路如图12-13所示。

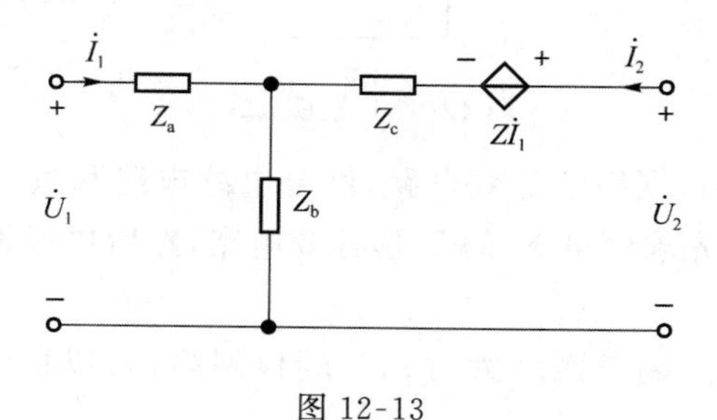

图12-13

根据公式，求得Z_a、Z_b、Z_c、Z参数如下：

$$Z_a=Z_{11}-Z_{12}=3-1=2\ \Omega,\quad Z_b=Z_{12}=1\ \Omega,\quad Z_c=Z_{22}-Z_{12}=5-1=4\ \Omega$$

受控源的系数为

$$Z=Z_{21}-Z_{12}=2-1=1\ \Omega$$

12-12　已知二端口网络的Y参数矩阵为$\begin{bmatrix}3 & -2\\-2 & 2\end{bmatrix}$S，试求该二端口网络的Π形等效电路。

解析：此题考查二端口网络Π形等效电路的知识，直接利用公式计算即可。

由 Y 参数矩阵可以看出，因为 $Y_{12}=Y_{21}$，所以该二端口网络为互易二端口网络，其Π形等效电路如图 12-14(a)所示。

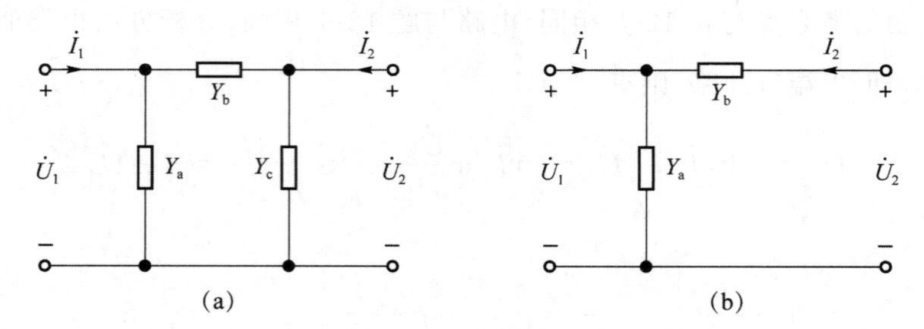

图 12-14

根据公式，求得 Y_a、Y_b、Y_c 参数如下：

$$Y_a=Y_{11}+Y_{12}=3-2=1\ \text{S},\quad Y_b=-Y_{12}=-Y_{21}=2\ \text{S},\quad Y_c=Y_{22}+Y_{12}=2-2=0$$

因为 $Y_c=0$，相当于开路，所以，实际等效电路如图 12-14(b)所示。

12-13　电路如图 12-15 所示，已知网络 N_0 不含独立源，其 Z 参数矩阵为 $\begin{bmatrix} j & -j \\ -j & j \end{bmatrix}\Omega$，试求 ab 端的戴维南等效电路。

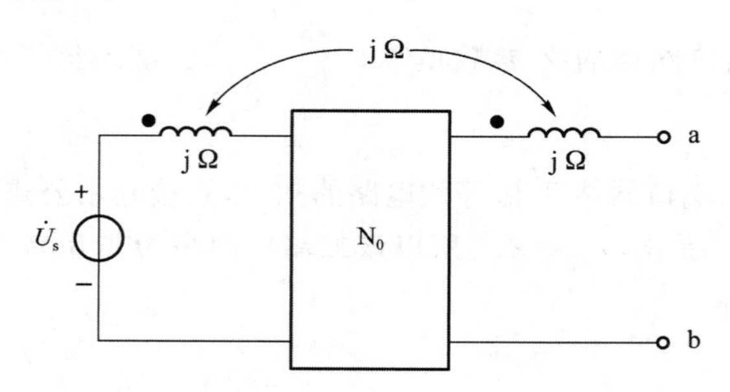

图 12-15　题图 12-7

解析：此题考查二端口网络的等效电路、耦合电感电路和戴维南定理的相关知识。由于已知的是 Z 参数，因此先求网络 N_0 的 T 形等效电路，然后再根据戴维南定理确定戴维南等效电路。

由 Z 参数矩阵知，该二端口网络为对称二端口网络，所以得到 N_0 的 T 形等效电路如图 12-16(a)所示。其中

$$Z_1=Z_{11}-Z_{12}=\text{j}2\ \Omega,\quad Z_2=Z_{12}=-\text{j}1\ \Omega$$

再将电感之间的耦合去掉，得到如图 12-16(b)所示的等效电路。端口的开路电压（上正下负）为

$$\dot{U}_{oc}=\frac{-\text{j}-\text{j}}{2\text{j}+2\text{j}-\text{j}-\text{j}}\dot{U}_s=-\dot{U}_s$$

等效阻抗为

$$Z_{eq}=2\text{j}+2\text{j}+\frac{(2\text{j}+2\text{j})(-\text{j}-\text{j})}{2\text{j}+2\text{j}-\text{j}-\text{j}}=0$$

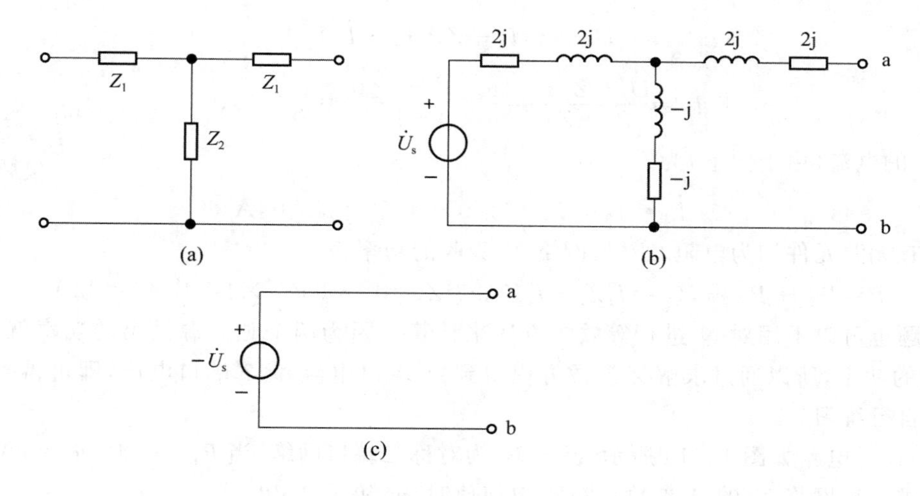

图 12-16

所以，ab 端的戴维南等效电路就是一个电压源，如图 12-16(c)所示。

12-14　电路如图 12-17 所示，已知网络 N_0 不含独立源，其 Z 参数矩阵为 $\begin{bmatrix}2 & 1\\1 & 2\end{bmatrix}\ \Omega$。若 $\dot{U}_s=6\angle0°\ \text{V}$，$\dot{I}_s=4\angle0°\ \text{A}$，两电源频率相同，求网络 N_0 吸收的功率。

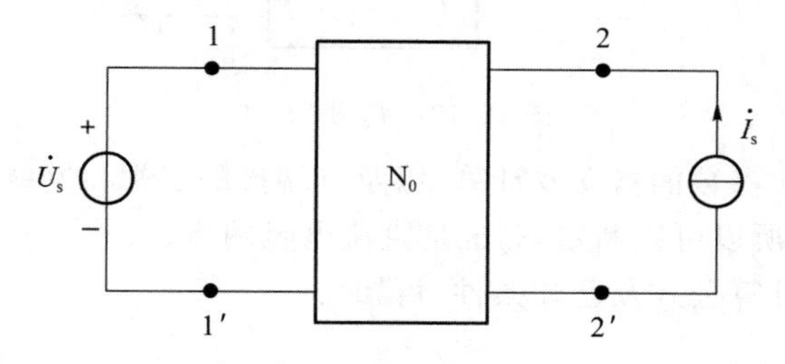

图 12-17　题图 12-8

解析：此题考查二端口网络等效电路和功率的相关知识。

从 Z 参数矩阵可以看出，网络 N_0 为对称二端口网络，将其用 T 形电路模型进行等效得到图 12-18 所示的电路，根据此电路计算出 3 个阻抗元件吸收的功率或 2 个独立源供出的功率，此即为网络 N_0 吸收的功率。

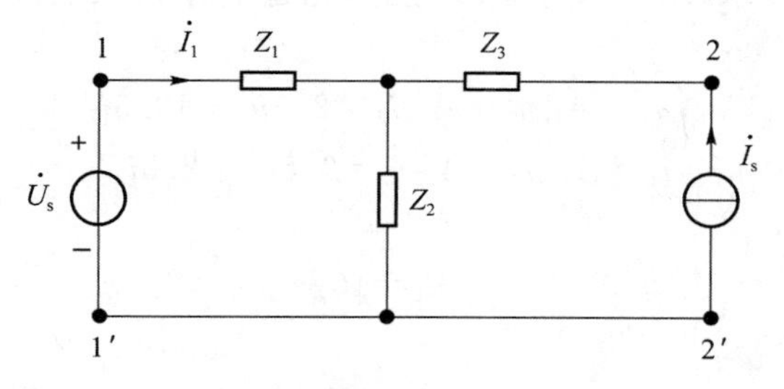

图 12-18

根据等效电路参数与 Z 参数的关系，可得

$$Z_1=Z_3=Z_{11}-Z_{12}=1\ \Omega,\quad Z_2=Z_{12}=1\ \Omega$$

对左边回路列写 KVL 方程：

$$\dot{U}_s = Z_1\dot{I}_1 + Z_2(\dot{I}_s + \dot{I}_1)$$

$$\dot{I}_1 = \frac{\dot{U}_s - Z_2\dot{I}_s}{Z_1 + Z_2} = \frac{6\angle 0° - 4\angle 0°}{1+1} = 1\angle 0°\ \text{A}$$

通过 Z_2 的电流(由上向下)为

$$\dot{I}_2 = \dot{I}_1 + \dot{I}_s = 1\angle 0° + 4\angle 0° = 5\angle 0°\ \text{A}$$

因为所有无源元件均为电阻,所以,网络 N_0 吸收的功率为

$$P = P_{Z_1} + P_{Z_2} + P_{Z_3} = I_1^2 Z_1 + I_2^2 Z_2 + I_s^2 Z_3 = 1^2\times 1 + 5^2\times 1 + 4^2\times 1 = 42\ \text{W}$$

此题也可以不用对 N_0 进行等效的方法来计算。因为两个独立源供出的功率就是网络 N_0 吸收的功率,所以通过求解 Z 参数方程得到11′端口电流和22′端口电压,即可得到所求。读者可自行练习。

12-16 电路如图 12-19 所示,已知 N_0 为对称二端口网络,当 $R_L=\infty$ 时,$u_2=4$ V,$i_1=2$ A,试求:(1)网络 N_0 的 A 参数;(2)R_L 取何值时,u_2 等于 2 V?

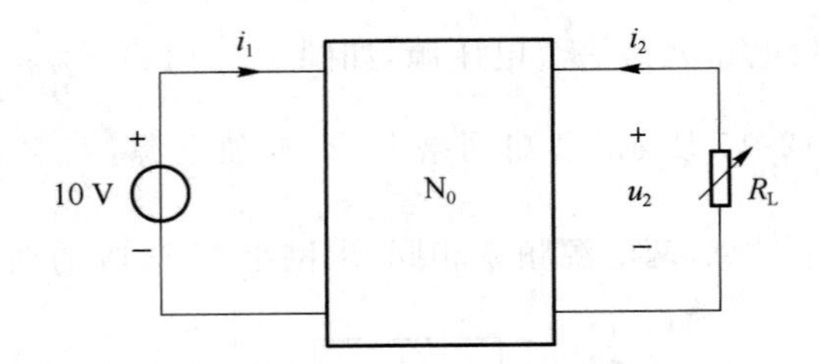

图 12-19 题图 12-10

解析: 此题考查 A 参数的概念及计算,以及有端接的二端口网络的分析。

因为激励是直流,所以可以断定 N_0 也是直流电阻网络。

(1) 根据 A 参数计算公式及已知条件,可知

$$A_{11} = \left.\frac{u_1}{u_2}\right|_{i_2=0} = \frac{10}{4} = 2.5 = A_{22},\quad A_{21} = \left.\frac{i_1}{u_2}\right|_{i_2=0} = \frac{2}{4} = 0.5\ \text{S}$$

$$A_{12} = \frac{A_{11}A_{22}-1}{A_{21}} = \frac{2.5\times 2.5 - 1}{0.5} = 10.5\ \Omega$$

(2) 由(1)求出的 A 参数得到 A 参数方程,与外接的两个支路的 VCR 联立,求得 u_2 的表达式,然后根据题目要求,求出 R_L。需要注意,此题中 i_2 是从端口流出的,所以,A 参数方程为

$$\begin{cases} u_1 = A_{11}u_2 + A_{12}i_2 = 2.5u_2 + 10.5i_2 \\ i_1 = A_{21}u_2 + A_{22}i_2 = 0.5u_2 + 2.5i_2 \end{cases} \tag{1}$$

电源端的 VCR 为

$$u_1 = 10 \tag{2}$$

负载端的 VCR 为

$$u_2 = R_L i_2 \tag{3}$$

(1)式中的第一个方程、(2)式和(3)式联立,求得

$$u_2 = \frac{10 - 2.5u_2}{10.5}R_L$$

将 $u_2=2$ V 代入，可求得

$$R_L=4.2\ \Omega$$

12-17　电路如图 12-20 所示，N_0 为对称二端口网络。当 $i_2=0$ 时，$u_2=12$ V，$i_1=2$ A。若在输出端接一电阻 $R=3\ \Omega$，试求 i_1 和 i_2。

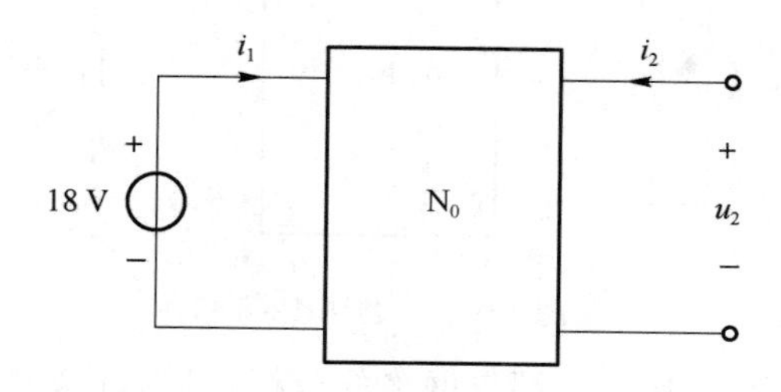

图 12-20　题图 12-11

解析：此题考查有端接的二端口网络的分析。有两种分析方法：一是像题 12-16 那样，根据已知条件确定 N_0 的某组参数，然后将参数方程和端口的 VCR 联立求解；二是由此组参数画出二端口网络 N_0 的等效电路，然后针对等效电路进行分析求解。下面给出第二种分析方法，第一种方法读者可自行练习。

由已知条件可以求出 N_0 的 Z 参数。同时由已知可以判断这是电阻网络，所以，Z 参数可以用 R 参数表示。

$$R_{11}=\frac{u_1}{i_1}\bigg|_{i_2=0}=\frac{18}{2}=9\ \Omega=R_{22},\quad R_{21}=\frac{u_2}{i_1}\bigg|_{i_2=0}=\frac{12}{2}=6\ \Omega=R_{12}$$

由 R 参数可以画出 N_0 的 T 形等效电路，连接电阻 $R=3\ \Omega$ 后的等效电路如图 12-21 所示。其中，

$$R_a=R_{11}-R_{12}=9-6=3\ \Omega=R_c,\quad R_b=R_{12}=6\ \Omega$$

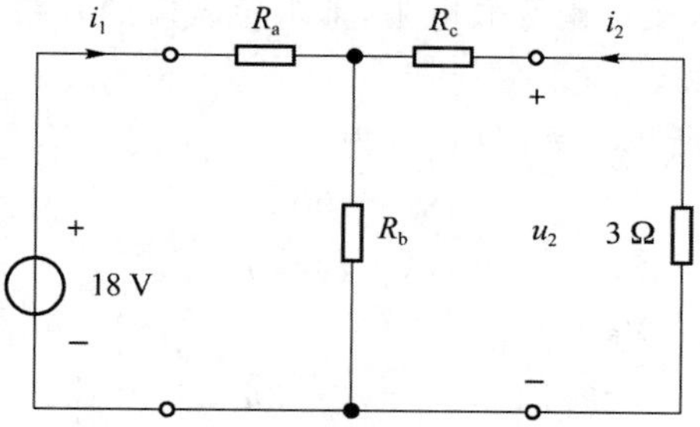

图 12-21

由图 12-21 中元件参数及电路结构，可以求得

$$i_1=\frac{18}{R_a+R_b//(R_c+3)}=\frac{18}{3+\dfrac{6\times(3+3)}{6+3+3}}=3\ \text{A}$$

$$i_2=-\frac{R_b}{R_b+(R_c+3)}i_1=-\frac{6}{6+3+3}\times 3=-1.5\ \text{A}$$

12-18　已知图 12-22 所示电路中，网络 N_0 不含独立源，其 R 参数矩阵为

$\begin{bmatrix} 100\ \Omega & 500\ \Omega \\ 1\ \text{k}\Omega & 10\ \text{k}\Omega \end{bmatrix}$，试求：(1) 比值$\dfrac{u_2}{u_s}$；(2) 输出电阻 R_o（即输出端的戴维南等效电阻）。

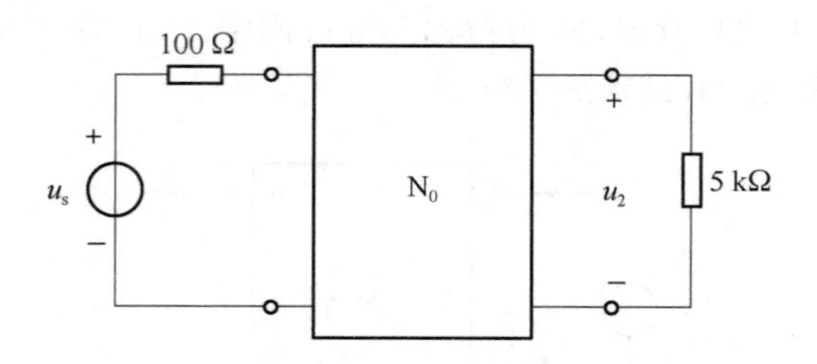

图 12-22　题图 12-12

解析： 此题仍然考查有端接的二端口网络的分析，只不过这是双端接，第 2 问涉及戴维南定理的知识。与题 12-17 一样，有两种分析方法，即等效电路法和直接求解方程法。下面给出直接求解方程法。

(1) 假设 N_0 与电源端连接的端口为11′，端口电压 u_1 为上正下负，电流 i_1 从上端钮流入；与负载端连接的端口为22′，电流 i_2 也从上端钮流入，则由 R 参数矩阵得到 R 参数方程：

$$\begin{cases} u_1 = R_{11}i_1 + R_{12}i_2 = 100i_1 + 500i_2 \\ u_2 = R_{21}i_1 + R_{22}i_2 = 1\,000i_1 + 10\,000i_2 \end{cases} \tag{1}$$

电源端和负载端端口的 VCR 分别为

$$u_1 = u_s - 100i_1 \tag{2}$$

$$u_2 = -5\,000i_2 \tag{3}$$

从方程组(1)、(2)式和(3)式中消去 u_1、i_1 和 i_2，可得

$$\frac{u_2}{u_s} = 2$$

(2) 利用短路电流法求戴维南等效电阻，即求负载端的开路电压和短路电流，仍然利用方程组(1)和(2)式进行求解。

负载端开路时，$i_2=0$，所以方程组(1)变为

$$\begin{cases} u_1 = 100i_1 \\ u_2 = 1\,000i_1 \end{cases} \tag{4}$$

将(2)式与方程组(4)联立，可得

$$u_{oc} = u_2 = 5u_s$$

负载端短路时，$u_2=0$，所以方程组(1)变为

$$\begin{cases} u_1 = 100i_1 + 500i_2 \\ 0 = 1\,000i_1 + 10\,000i_2 \end{cases} \tag{5}$$

将(2)式与方程组(5)联立，可得

$$i_{sc} = i_2 = -\frac{u_s}{1\,500}$$

因为从22′端口向左看，u_2 和 i_2 为非关联参考方向，所以输出阻抗为

$$R_o = -\frac{u_{oc}}{i_{sc}} = -\frac{5u_s}{-\dfrac{u_s}{1\,500}} = 7\,500\ \Omega$$

注意：此题并没有给出 u_s 的数值，但这并不影响最后所求量的值，因为在求解过程中 u_s 会被消掉，所以读者不要认为没给具体数值就不能求解。即使不能消掉 u_s，保持即可，大家要掌握这种分析方法。

12-19　求图 12-23 所示对称二端口网络的特性阻抗。

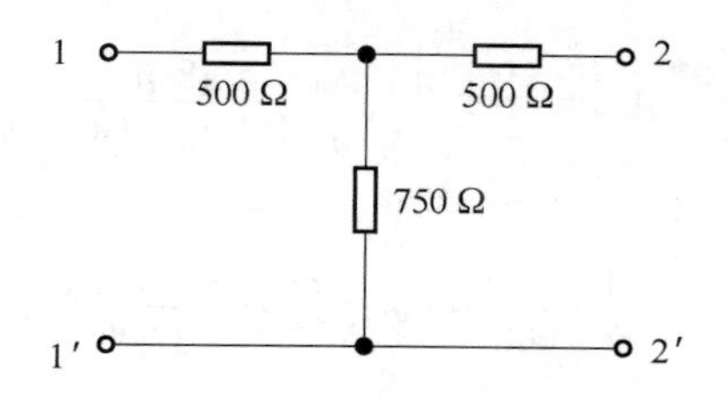

图 12-23　题图 12-13

解析：此题考查特性阻抗的概念及计算。根据对称二端口网络特性阻抗的计算公式，求出其 A_{12} 和 A_{21} 参数即可。

按照二端口网络端口电压、电流的常规参考方向，有

$$A_{12}=\frac{u_1}{-i_2}\bigg|_{u_2=0}=\frac{u_1}{-(-\dfrac{u_1}{500+750//500}\times\dfrac{750}{750+500})}=\frac{4\ 000}{3}\ \Omega$$

$$A_{21}=\frac{i_1}{u_2}\bigg|_{i_2=0}=\frac{1}{750}\ \mathrm{S}$$

特性阻抗为

$$Z_c=\sqrt{\frac{A_{12}}{A_{21}}}=\sqrt{\frac{4\ 000}{3}\times 750}=1\ 000\ \Omega$$

12-20　求图 12-24 所示二端口网络的特性阻抗。

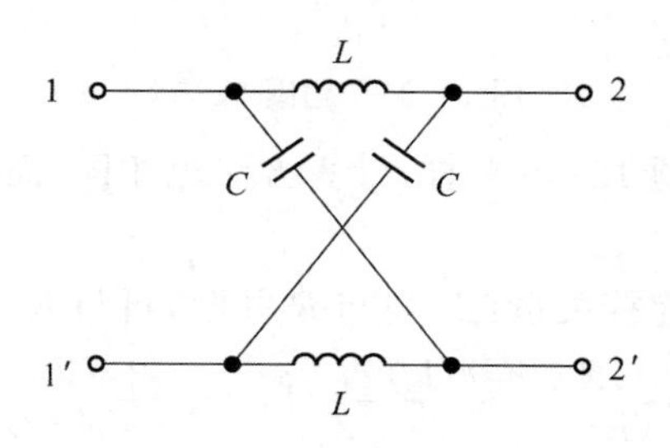

图 12-24　题图 12-14

解析：此题的考查点与题 12-19 一样，而且该二端口网络也是对称二端口网络，所以按照题 12-19 的方法计算即可。

注意，两个电容元件所在支路是交叉的，所以，当22′端口短路时，电路为两个 LC 并联支路的串联形式；当22′端口开路时，电路为两个 LC 串联电路的并联形式。因此，22′端口短路时，有

$$\dot{U}_1=2(\frac{1}{\mathrm{j}\omega C}//\mathrm{j}\omega L)\dot{I}_1=\frac{\mathrm{j}2\omega L}{1-\omega^2 LC}\dot{I}_1$$

$$\dot{I}_2=\dot{I}_C-\dot{I}_L=\frac{j\omega L}{\frac{1}{j\omega C}+j\omega L}\dot{I}_1-\frac{\frac{1}{j\omega C}}{\frac{1}{j\omega C}+j\omega L}\dot{I}_1=-\frac{1+\omega^2 LC}{1-\omega^2 LC}\dot{I}_1$$

$$A_{12}=\left.\frac{\dot{U}_1}{-\dot{I}_2}\right|_{\dot{U}_2=0}=\frac{j2\omega L}{1+\omega^2 LC}$$

22′端口开路时，有

$$\dot{U}_2=\frac{1}{2}(\frac{1}{j\omega C}-j\omega L)\dot{I}_1=\frac{1+\omega^2 LC}{j2\omega C}\dot{I}_1$$

$$A_{21}=\left.\frac{\dot{I}_1}{\dot{U}_2}\right|_{\dot{I}_2=0}=\frac{j2\omega C}{1+\omega^2 LC}$$

特性阻抗为

$$Z_c=\sqrt{\frac{A_{12}}{A_{21}}}=\sqrt{\frac{L}{C}}$$

12-21　已知图 12-25 所示的二端口网络中，$Z_1Z_2=R^2$，且 $R=1\ \Omega$，试求该二端口网络的特性阻抗。

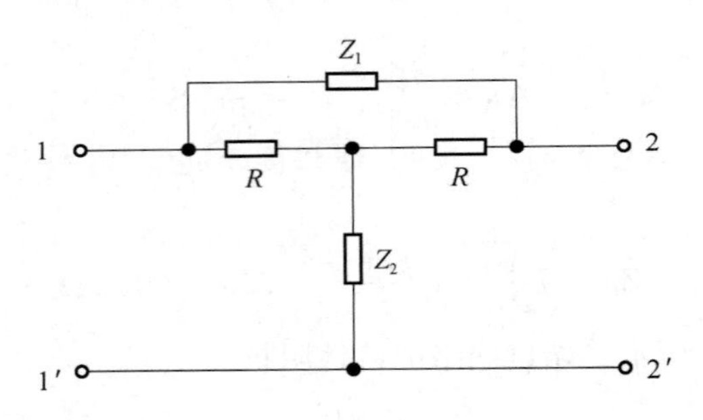

图 12-25　题图 12-15

解析：此题的考查点与题 12-19 一样，计算方法也相同，而且此二端口网络也是对称二端口网络。

当22′端口短路时，元件连接关系：Z_2 先与 R 并联，再与 R 串联，最后与 Z_1 并联。

$$\dot{U}_1=\frac{(R+Z_2//R)Z_1}{(R+Z_2//R)+Z_1}\dot{I}_1=\frac{2+Z_1}{2+Z_1+2Z_2}\dot{I}_1$$

$$\dot{I}_2=\dot{I}_{Z_2}-\dot{I}_1=\frac{Z_1}{(R+Z_2//R)+Z_1}\cdot\frac{R}{Z_2+R}\dot{I}_1-\dot{I}_1=\frac{-2-2Z_2}{2+Z_1+2Z_2}\dot{I}_1$$

$$A_{12}=\left.\frac{\dot{U}_1}{-\dot{I}_2}\right|_{\dot{U}_2=0}=\frac{2+Z_1}{2+2Z_2}$$

当22′端口开路时，元件连接关系：Z_1 先与 R 串联，再与 R 并联，最后与 Z_2 串联。

$$\dot{U}_2=R\frac{R}{Z_1+R+R}\dot{I}_1+Z_2\dot{I}_1=\frac{2+2Z_2}{2+Z_1}\dot{I}_1$$

$$A_{21}=\left.\frac{\dot{I}_1}{\dot{U}_2}\right|_{\dot{I}_2=0}=\frac{2+Z_1}{2+2Z_2}$$

特性阻抗为

$$Z_c=\sqrt{\frac{A_{12}}{A_{21}}}=1\ \Omega$$

12-22　求图12-26所示二端口网络的特性阻抗。

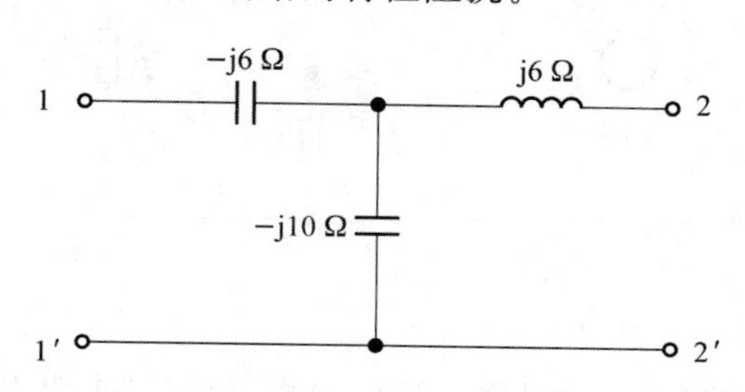

图12-26　题图12-16

解析：此题的考查点与题12-19一样，但此二端口网络不是对称二端口网络，如果按照公式计算需要先计算出4个 A 参数。其实，求特性阻抗也可以根据特性阻抗的定义来求，即在负载阻抗和输入阻抗相等的情况下，此阻抗就等于输入端的特性阻抗。对此题来说，这样求更简单。

首先，计算11′端口的特性阻抗 Z_{c2}：在22′端口接入负载 Z_{c2}，列方程

$$(Z_{c2}+j6)//(-j10)-j6=Z_{c2}$$

解得

$$Z_{c2}=-j6\ \Omega$$

然后，计算22′端口的特性阻抗：在11′端口接入负载 Z_{c1}，列方程

$$(Z_{c1}-j6)//(-j10)+j6=Z_{c1}$$

解得

$$Z_{c1}=j6\ \Omega$$

读者可以练习用 A 参数计算。

12-23　题图12-27所示的电路中，已知无源二端口网络N的 Z 参数为 $Z_{11}=12\ \Omega$，$Z_{12}=Z_{21}=8\ \Omega$，$Z_{22}=20\ \Omega$，试求电压 $\dfrac{\dot{U}_2}{\dot{U}_s}$。

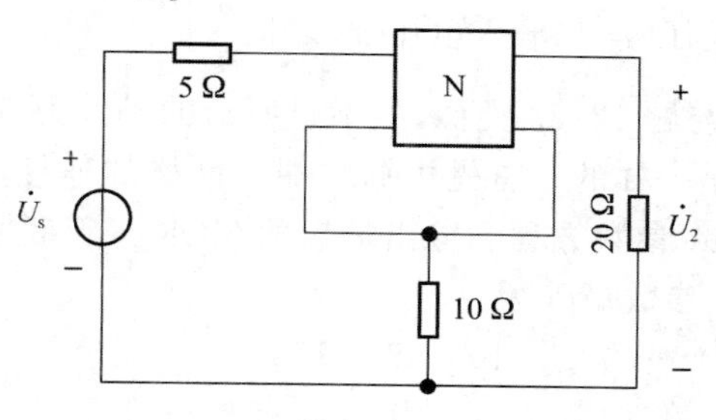

图12-27　题图12-17

解析：此题考查二端口网络的连接以及端接二端口网络分析的知识。

先对二端口网络进行分解，由图 12-28 所示的电路图可以看出，网络 N 与 10 Ω 电阻所在的网络（假设为 N_1）是串联关系，所以要用 Z 参数计算。而 N 的 Z 参数已知，因此需要先求出 N_1 的 Z 参数，再求出总的二端口网络的 Z 参数，最后求输出与输入的比值。

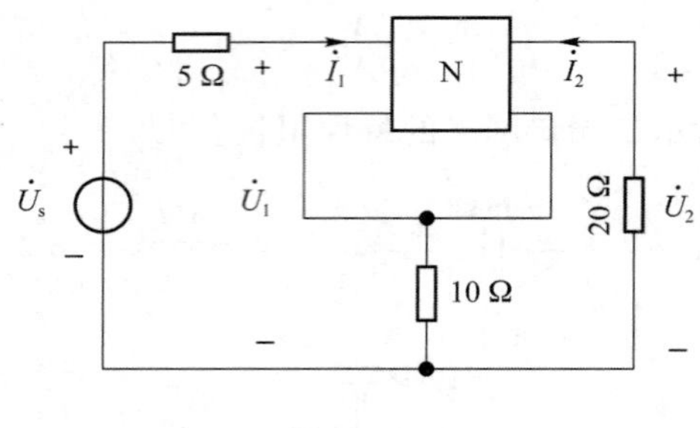

图 12-28

根据图 12-28，可以看出，N_1 是对称二端口网络，很容易求出 $\boldsymbol{Z}_1=\begin{bmatrix}10 & 10\\10 & 10\end{bmatrix}$ Ω，所以总的二端口网络的 Z 参数矩阵为

$$\boldsymbol{Z}_0=\boldsymbol{Z}+\boldsymbol{Z}_1=\begin{bmatrix}12 & 8\\8 & 20\end{bmatrix}+\begin{bmatrix}10 & 10\\10 & 10\end{bmatrix}=\begin{bmatrix}22 & 18\\18 & 30\end{bmatrix}\ \Omega$$

总的二端口网络的 Z 参数方程为

$$\dot{U}_1=22\dot{I}_1+18\dot{I}_2$$
$$\dot{U}_2=18\dot{I}_1+30\dot{I}_2$$

输入端的 VCR 为

$$\dot{U}_1=\dot{U}_s-5\dot{I}_1$$

输出端的 VCR 为

$$\dot{U}_2=-20\dot{I}_2$$

以上四式联立，可得

$$\frac{\dot{U}_2}{\dot{U}_s}=0.35$$

12-25　两个 A 参数矩阵均为 $\begin{bmatrix}2 & 10\\ \frac{1}{5} & 2\end{bmatrix}$ 的不含独立源的二端口网络级联后，试求空载和负载为 10 Ω 时的输出电压 u_2 与输入电压 u_1 之比 $\frac{u_2}{u_1}$。

解析：此题的考查点与题 12-23 类似，只不过所给的条件为端口网络参数的 A 参数，且网络为级联，但求解思路是一样的。首先根据二端口网络的连接关系求出总的二端口网络的 A 参数矩阵，然后根据 A 参数方程和输出端口的 VCR 进行联立求解。

总的二端口网络的 A 参数矩阵为

$$\boldsymbol{A}=\begin{bmatrix}2 & 10\\ \frac{1}{5} & 2\end{bmatrix}\begin{bmatrix}2 & 10\\ \frac{1}{5} & 2\end{bmatrix}=\begin{bmatrix}6 & 40\\0.8 & 6\end{bmatrix}$$

A 参数方程为

$$\begin{cases} u_1 = A_{11}u_2 + A_{12}(-i_2) = 6u_2 - 40i_2 \\ i_1 = A_{21}u_2 + A_{22}(-i_2) = 0.8u_2 - 6i_2 \end{cases}$$

空载时，$i_2=0$，由 A 参数方程的第一个方程，可得 $u_1=6u_2$，所以

$$\frac{u_2}{u_1}=\frac{1}{6}$$

负载为 10 Ω 时，$u_2=-10i_2$，将 $i_2=-0.1u_2$ 带入 A 参数方程的第一个方程，可得 $u_1=6u_2+4u_2=10u_2$，所以

$$\frac{u_2}{u_1}=\frac{1}{10}$$

12-26　图 12-29 所示的电路中，已知 N_a 的 A 参数矩阵为 $\begin{bmatrix} \frac{4}{3} & 2 \\ \frac{1}{6} & 1 \end{bmatrix}$，$N_b$ 是对称网络，N_a、N_b 中都不含独立源。当 $i_3=0$ 时，测得 $u_3=3$ V，$i_2=-6$ A。

（1）求 N_b 的 A 参数。

（2）若33′端接电阻 $R=6$ Ω，求 i_3。

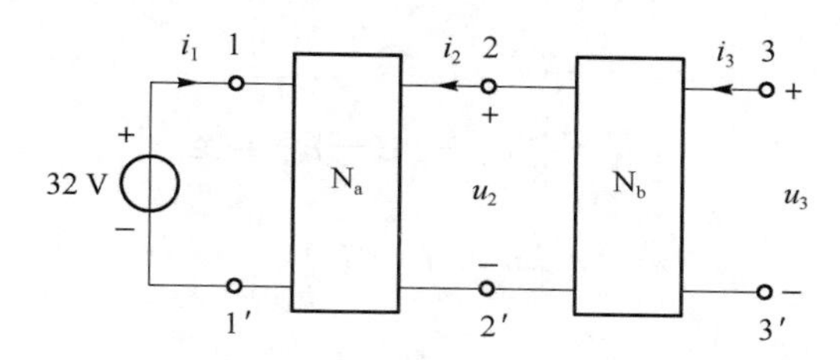

图 12-29　题图 12-19

解析：此题考查二端口网络的级联、A 参数计算以及端接二端口网络的分析。是一道比较综合的题目。

（1）设 N_b 的 A 参数矩阵为 $\begin{bmatrix} A_{11} & A_{12} \\ A_{21} & A_{22} \end{bmatrix}$，则总的二端口网络的 A 参数矩阵为

$$\boldsymbol{A}=\begin{bmatrix} \frac{4}{3} & 2 \\ \frac{1}{6} & 1 \end{bmatrix}\begin{bmatrix} A_{11} & A_{12} \\ A_{21} & A_{22} \end{bmatrix}=\begin{bmatrix} \frac{4}{3}A_{11}+2A_{21} & \frac{4}{3}A_{12}+2A_{22} \\ \frac{1}{6}A_{11}+A_{21} & \frac{1}{6}A_{12}+A_{22} \end{bmatrix}$$

得到 N_b 的 A 参数方程和总的二端口网络的 A 参数方程，分别表示为如下方程组(1)和(2)。

$$\begin{cases} u_2 = A_{11}u_3 + A_{12}(-i_3) \\ i_2' = A_{21}u_3 + A_{22}(-i_3) \end{cases} \tag{1}$$

$$\begin{cases} u_1 = (\frac{4}{3}A_{11}+2A_{21})u_3 + (\frac{4}{3}A_{12}+2A_{22})(-i_3) \\ i_1 = (\frac{1}{6}A_{11}+A_{21})u_3 + (\frac{1}{6}A_{12}+A_{22})(-i_3) \end{cases} \tag{2}$$

其中，$i_2'=-i_2$。

由已知，当 $i_3=0$ 时，测得 $u_3=3$ V，$i_2=-6$ A，因此，由方程组(1)的第 2 个方程可得

$$A_{21}=\frac{i_2'}{u_3}=\frac{-i_2}{u_3}=\frac{6}{3}=2\ \mathrm{S}$$

又因为 $u_1=32$ V，因此，由方程组(2)的第 1 个方程可得

$$\frac{4}{3}A_{11}+2A_{21}=\frac{u_1}{u_3}=\frac{32}{3}$$

$$A_{11}=\frac{32-6A_{21}}{4}=\frac{32-6\times2}{4}=5$$

因为 N_b 是对称网络，所以有

$$A_{22}=A_{11}=5,\quad A_{11}A_{22}-A_{21}A_{12}=1,\quad A_{12}=\frac{A_{11}A_{22}-1}{A_{21}}=\frac{5\times5-1}{2}=12\ \Omega$$

因此，N_b 的传输参数为

$$A_{11}=5,\quad A_{12}=12\ \Omega,\quad A_{21}=2\ \mathrm{S},\quad A_{22}=5$$

(2) 根据(1)的结论，可以得到总的二端口网络的 A 参数矩阵为

$$\boldsymbol{A}=\begin{bmatrix}\frac{4}{3} & 2\\ \frac{1}{6} & 1\end{bmatrix}\begin{bmatrix}5 & 12\\ 2 & 5\end{bmatrix}=\begin{bmatrix}\frac{32}{3} & 26\\ \frac{17}{6} & 7\end{bmatrix}$$

则 A 参数方程为

$$\begin{cases}u_1=\dfrac{32}{3}u_3+26(-i_3)=32\\ i_1=\dfrac{17}{6}u_3+7(-i_3)\end{cases}\tag{3}$$

当负载端接 6 Ω 电阻时：

$$u_3=-6i_3\tag{4}$$

方程组(3)中第一个方程与(4)式联立，可求得

$$i_3=-\frac{16}{45}\ \mathrm{A}$$